普通高等院校环境科学与工程类系列规划教材

# 能源与环境

韦保仁　编著

U0224279

中国建材工业出版社

**图书在版编目（CIP）数据**

能源与环境/韦保仁编著．—北京：中国建材工
业出版社，2015.1
普通高等院校环境科学与工程类系列规划教材
ISBN 978-7-5160-1084-6

Ⅰ. ①能…　Ⅱ. ①韦…　Ⅲ. ①能源－关系－环境－高
等学校－教材 Ⅳ. ①X24

中国版本图书馆 CIP 数据核字（2014）第 302710 号

## 内　容　简　介

　　本书在介绍常规能源和新能源的基础上，重点介绍了由于能源开发和使用造成的二氧化碳、二氧化硫、氮氧化物排放，特别是目前广受关注的 PM2.5 污染以及应对这些污染的方法。本书最后讨论可持续框架下的能源开发和利用，介绍了生命周期评价和为环境而设计等方法。

　　本书的编著过程中，作者尽量做到通俗易懂，便于跨专业的人员阅读；采用了国家统计局、IPCC、环境保护部等机构最新的权威数据和资料，并引用了大量研究人员的研究成果，在此特向这些研究人员表示衷心的感谢。

　　本书适合作为普通高等院校环境类和能源类等相关专业教材，也可作为相关专业从业人员的参考用书。

**能源与环境**

韦保仁　编著

出版发行：中国建材工业出版社
地　　址：北京市海淀区三里河路 1 号
邮　　编：100044
经　　销：全国各地新华书店
印　　刷：北京雁林吉兆印刷有限公司
开　　本：787mm×1092mm　1/16
印　　张：16.5
字　　数：412 千字
版　　次：2015 年 1 月第 1 版
印　　次：2015 年 1 月第 1 次
定　　价：**49.00 元**

本社网址：www.jccbs.com.cn　　微信公众号：zgjcgycbs
本书如出现印装质量问题，由我社市场营销部负责调换。联系电话：(010) 88386906

# 前　言

能源是社会进步的推动力，充足的能源是维持社会进步和人民正常生活的必要保障。人类社会千百年来对能源的使用，在推动社会进步的同时，也面临能源枯竭和因为能源开发、使用带来的环境污染的困扰。

本书在介绍常规能源和新能源的基础上，重点介绍了由于能源开发和使用造成的二氧化碳、二氧化硫、氮氧化物排放，特别是目前广受关注的 PM 2.5 污染以及应对这些污染的方法。本书最后讨论可持续框架下的能源开发和利用，介绍了生命周期评价和为环境而设计等方法。

本书的编著过程中，作者尽量做到通俗易懂，便于跨专业的人员阅读；采用了国家统计局、IPCC、环境保护部等机构最新的权威数据和资料，并引用了大量研究人员的研究成果，在此特向这些研究人员表示衷心的感谢。

限于作者水平和时间，书中不妥之处在所难免，敬请读者批评指正。

编　者
2015 年 1 月于苏州

# 目　　录

# 第一章 绪 论

## 第一节 能源的定义与分类

### 一、能源的定义

能源有多种定义。《科学技术百科全书》中说："能源是可从其获得热、光和动力之类能量的资源"；《大英百科全书》中说："能源是一个包括着所有燃料、流水、阳光和风的术语，人类用适当的转换手段便可让它为自己提供所需的能量"；《日本大百科全书》中说："在各种生产活动中，我们利用热能、机械能、光能、电能等来做功，可作为这些能量源泉的自然界中的各种载体，称为能源"；我国的《能源百科全书》中说："能源是可以直接或经转换提供人类所需的光、热、动力等任一形式能量的载能体资源"。可见，能源是一种呈多种形式的，且可以相互转换的能量的源泉。

能源，就是指能够直接或经过转换而提供能量的资源。从广义上讲，在自然界里有一些自然资源本身就拥有某种形式的能量，它们在一定条件下能够转换成人们所需要的能量形式，这种自然资源显然就是能源。如薪柴、煤、石油、天然气、水能、太阳能、风能、地热能、波浪能、潮汐能、海流能和核能等。但在生产和生活过程中，由于需要或为便于运输和使用，常将上述能源经过一定的加工、转换，使之成为更符合使用要求的能量来源，如煤气、电力、焦炭、蒸汽、沼气和氢能等，它们也称为能源，因为它们同样能为人们提供所需的能量。

### 二、能源的分类

由于能源形式多样，因此通常有多种不同的分类方法。它们或按能源的来源、形成、使用分类，或从技术、环保角度进行分类。不同的分类方法，都是从不同的侧重面来反映各种能源的特征。

**1. 按地球上能源的来源分类**

（1）第一类能源是来自地球外天体的能源

人们现在使用的能源主要来自太阳能，故太阳有"能源之母"的说法。现在，除了直接利用太阳的辐射能（宇宙射线及太阳能）之外，还大量间接地使用太阳能源，如化石燃料（煤、石油、天然气等），它们就是千百万年前绿色植物在阳光照射下经光合作用形成有机质而长成的根茎及食用它们的动物遗骸，在漫长的地质变迁中所形成的，此外如生物质能、流水能、风能、海洋能和雷电等，也都是由太阳能经过某些方式转换而形成的。

（2）第二类能源是地球自身蕴藏的能量

这里主要指地热能资源及原子能燃料，还包括地震、火山喷发和温泉等自然呈现出的能量。

（3）第三类能源是地球和其他天体引力相互作用而形成的

这主要指地球和太阳、月球等天体间有规律运动而形成的潮汐能。

**2. 按获得的方法分类**

（1）一次能源

一次能源即在自然界中天然存在的，可供直接利用的能源，如煤、石油、天然气、风能、水能和地热能等。

（2）二次能源

二次能源即由一次能源直接或间接加工、转换而来的能源，如电力、蒸汽、焦炭、煤气、氢气以及各种石油制品等。大部分一次能源都转换成容易输送、分配和使用的二次能源，以适应消费者的需要。二次能源经过输送和分配，在各种设备中使用，即终端能源。

**3. 按被利用的程度、生产技术水平和经济效果等分类**

（1）常规能源

常规能源是在相当长的历史时期和一定的科学技术水平下，已经被人类长期广泛利用的能源，不但为人们所熟悉，而且也是当前主要能源和应用范围很广的能源，如煤炭、石油、天然气、水力和电力等。其开发利用时间长、技术成熟、能大量生产并广泛使用，如煤炭、石油、天然气、薪柴燃料和水能等，常规能源有时又称之为传统能源。

（2）新能源

新能源中一些虽属古老的能源，但只有采用先进方法才能加以利用，或采用新近开发的科学技术才能开发利用的能源；有些能源近一二十年来才被人们所重视，新近才开发利用，而且在目前使用的能源中所占的比例很小，但属于很有发展前途的能源，如太阳能、地热能、潮汐能和生物质能等，核能通常也被看作新能源，尽管核燃料提供的核能在世界一次能源的消费中已占 15%，但从被利用的程度看还远不能和已有的常规能源相比；另外，核能利用的技术非常复杂，可控核聚变反应至今未能实现，这也是将核能仍视为新能源的主要原因之一。不过也有不少学者认为，应将核裂变作为常规能源，核聚变作为新能源。新能源有时又称为非常规能源或替代能源。常规能源与新能源是相对而言的，现在的常规能源过去也曾是新能源，今天的新能源将来也会成为常规能源。

**4. 按是否可以再生分类**

（1）可再生能源

可再生能源是在自然界中可以不断再生并有规律地得到补充的能源，如太阳能和由太阳能转换而成的水能、风能、生物质能等。它们可以循环再生，不会随其本身的转化或人类的利用而日益减少。

（2）不可再生能源

不可再生能源是经过亿万年形成的、短期内无法恢复的能源，如煤、石油、天然气、核燃料等。它们随着大规模地开采利用，其储量越来越少，总有枯竭之时。

**5. 按能源本身的性质分类**

（1）含能体能源

含能体能源本身就是可提供能量的物质，如石油、煤、天然气、氢等，它们可以直接储存，因此便于运输和传输。含能体能源又称之为载体能源。

（2）过程性能源

过程性能源是指由可提供能量的物质的运动所产生的能源，如水能、风能、潮汐能和电力等，其特点是无法直接储存。

**6. 按是否能作为燃料分类**

（1）燃料能源

燃料能源是可作为燃料使用的能源，包括矿物燃料（煤炭、石油、天然气），生物质燃料（薪柴、沼气、有机废物等），化工燃料（甲醇、酒精、丙烷以及可燃原料铝、镁等），和核燃料（铀、钍、氚等）四大类。

（2）非燃料能源

非燃料能源是不可作为燃料使用的能源，多数具有机械能，如水能、风能等；有的含有热能，如地热能、海洋热能等；有的含有光能，如太阳能、激光等。

**7. 按对环境的污染情况分类**

（1）清洁能源

清洁能源即对环境无污染或污染很小的能源，如太阳能、水能、海洋能等。

（2）非清洁能源

非清洁能源即对环境污染较大的能源，如煤、石油等。

另外还有一些有关能源的术语或名词，如商品能源、非商品能源、农村能源、绿色能源和终端能源等。它们也都是从某一方面来反映能源的特征。例如，商品能源是指流通环节大量消费的能源，如煤炭、石油、天然气和电力等，而非商品能源则指不经流通环节而自产自用的能源，如农户自产自用的薪柴、秸秆，牧民自用的牲畜粪便等。

# 第二节 能源与社会发展

## 一、能源利用与人类文明

人类进化发展的程序是一部不断向自然界索取能源的历史，人类文明的每一步都和能源的使用息息相关。回顾人类的历史，可以明显地看出能源和人类文明进步间的密切关系。人类文明经历了三个能源时期，即薪柴时代、煤炭时代和石油时代。

**1. 薪柴时代**

薪柴是人类第一代主体能源。自从人类利用"火"开始，就以薪柴、秸秆和动物的排泄物等生物质燃料来烧饭和取暖，用草饲养牲畜，同时靠人力、畜力、简单的风力和水力机械作动力，从事生产活动和交通运输。这个以薪柴等生物质燃料为主要能源的时代，延续了很长时间，生产和生活水平都极低，社会发展迟缓。从远古时代直至中世纪，在马车的低吟声中，人类渡过了悠长的农业文明时代。

**2. 煤炭时代**

人类认识和利用煤炭的历史非常悠久，中国是世界上最早发现并使用煤炭、石油和天然气的国家之一。有文字记载的开采和利用煤炭的历史，可以追溯到2 000多年前的战国时代。人类真正进入煤炭时代则是在18世纪欧洲兴起的产业革命，以煤炭取代薪柴作为主要能源，蒸汽机成为生产的主要动力，工业得到迅速发展，劳动生产力有了很大的增长。煤炭时代的到来是人类对能源这种资源旺盛需求的结果，煤炭推动了工业革命的进程。特别是19世纪末，电磁感应现象的发现，使得由蒸汽机作动力的发电机开始出现，电力开始进入社会的各个领域，电动机代替了蒸汽机，电灯代替了油灯和蜡烛，电力成为工矿企业的主要动力，成为生产和生活照明的主要来源，出现了电话、电影。在此过程中，不但社会生产力有了大幅度的增长，而且人类的生活水平和文化水平也有极大的提高，从根本上改变了人类社会的面貌。工业文明逐步扩大煤炭的利用，大量的煤炭转换成更加便于输送和利用的电力，煤炭也成为人类文明的第二代主体能源。

### 3. 石油时代

和煤炭一样，人类对石油的认识并不是在现代才有的。2 000多年前，我国西北地区人民用石油点灯；北魏时期用石油润滑车轴；唐宋以来用石油制作蜡烛及油墨；北宋时，开封出现了炼油作坊。我国古代的石油钻井工艺也不断改进。北宋中期开始以简单的机械冲击钻井（即顿钻）代替手工掘井，宋末元初，开始了以畜力绞车的钻井工艺。13世纪，在我国陕北的延长开凿出世界第一口石油井。美国人于1859年在宾夕法尼亚州打出了西方第一口石油井。后者被作为现代石油业的起点载入了史册。随后，俄国也开始开采石油，并在1897～1906年铺设了第一条输油管道。1886年德国的戴姆勒（Daimler，1834～1900）制成了第一台使用液体石油的内燃机；19世纪末，发明了以汽油和柴油为燃料的奥托内燃机和狄塞尔内燃机；20世纪初，美国福特公司成功研制了第一辆汽车。特别是20世纪50年代，美国、中东、北非相继发现了巨大的油田和气田，从此石油开采和内燃机互为需求，形成了世界能源革命的新时期，将人类飞速推进到现代文明时代。在此过程中，西方发达国家或地区很快地从以煤为主要能源结构转为以石油和天然气为主要能源结构。

到1960年，全球石油的消费量超过煤炭，成为第三代主体能源。汽车、飞机、内燃机车和远洋客货轮的迅猛发展，不但极大地缩短了地区和国家之间的距离，也大大促进了世界经济的繁荣。30多年来，世界上许多国家或地区依靠石油和天然气，创造了人类历史上空前的物质文明。

### 4. 新能源与可再生能源时代

值得注意的是，传统工业文明比农耕文明的发展速度快，但持续性差。随着世界人口的增加，经济的飞速发展，能源消费量持续增长，能源给环境带来的污染也日益严重。与此同时，由于人类的活动，地球生态系统也受到破坏，森林锐减、物种毁灭、气候变暖、沙漠扩大、灾害频发。此外，1974年及1980年发生两次能源危机，也使欧美等发达国家认识到过度依靠石油并非长远之计，因此在提高能源利用效率的同时，如何充分开发与利用新能源与可再生能源，保持能源与环境协调，促进社会可持续发展是摆在全人类面前的共同任务。

## 二、能源与经济发展

能源是国民经济的重要基础和命脉，是现代化生产的主要动力来源。现代工业和现代农业都离不开能源动力。人类社会对能源的需求首先表现为经济发展的需求，反过来，能源促进人类社会进步首先表现为促进经济的发展，而经济增长是经济发展的首要物质基础和中心内容。

### 1. 能源在经济增长中的作用

能源是经济增长的推动力量，并限制经济增长的规模和速度。

（1）能源推动生产的发展和经济规模的扩大

投入是经济增长的前提条件，在投入的其他要素具备时，必须有能源为其提供动力才能运转，而且运转的规模和程度也受能源供应的制约。物质资料的生产必须要依赖能源为其提供动力，只是能源的存在形式发生了改变。从历史上看，煤炭取代木材，石油取代煤炭以及电力的利用，都促进生产发展走入一个更高的阶段，并使经济规模急剧扩大。

（2）能源推动技术进步

迄今为止，特别是在工业交通领域，几乎每一次的重大技术进步都是在"能源革命"的推动下实现的。蒸汽机的普遍利用是在煤炭大量供给的条件下实现的；电动机更是直接依赖电力的利用；交通运输的进步与煤炭、石油、电力的利用直接相关。农业现代化或现代农业的进步，包括机械化、水利化、化学化、电气化等同样依赖于能源利用的推动。此外，能源的开发和利用所产生的技术进步需求，也对整个社会技术进步起着促进作用。

（3）能源是提高人民生活水平的主要物质基础之一

生产离不开能源，生活同样离不开能源，而且生活水平越高，对能源的依赖性就越大。火的利用首先也是从生活利用开始的，从此，生活水平的提高就与能源联系在一起了。这不仅在于能源促进生产发展，为生活的提高创造了日益增多的物质产品，而且依赖于民用能源的数量增加和质量提高。民用能源既包括炊事、取暖、卫生等家庭用能，也包括交通、商业、饮食服务业等公共事业用能。所以，民用能源的数量和质量是制约生活水平的主要基础之一。

**2. 经济增长对能源的需求**

经济增长对能源的需求首先或最终体现为对能源总需求的增长，主要有以下三种情况。

① 经济增长的速度低于其对能源总量需求的增长，即每增长单位国内生产总值（GDP）所增加的能源需求大于原来单位 GDP 的平均能耗量。

② 经济增长与其对能源总量需求同步增长，即每增加单位的 GDP 所增加的能源需求等于原来单位 GDP 的平均能耗量。

③ 经济增长的速度高于其对能源总量需求的增长，即每增长单位的 GDP 所增加的能源需求小于原来单位 GDP 的平均能耗量。

这三种情况在人类社会发展的历史上都曾出现过，而且在当今世界的不同国家或地区也同时并存。在一般情况下，能源消耗总是随着经济增长而增长，并且在大多数时候存在一定的比例关系。到目前为止，经济增长的同时保证能源总量需求下降仅属个别的特殊情况。

世界各国经济发展的实践证明，在经济正常发展的情况下，能源消耗总量和能源消耗增长速度与国民经济生产总值和国民经济生产总值增长率成正比例关系。这个比例关系通常用能源消费弹性系数来表示，其值可用式（1-1）计算，即

$$e = \frac{能源消费年增长率}{经济年增长率} = \frac{\Delta E/E}{\Delta M/M} \tag{1-1}$$

式中 $E$ 为前期能源消费量，亿 t 标准煤；$\Delta E$ 为本期能源消费增量，亿 t 标准煤；$M$ 为前期经济产量，亿美元；$\Delta M$ 为本期经济产量增量，亿美元。

根据式（1-1）分子选择的不同又可分为一次能源消费弹性系数和电力消费弹性系数，不特别说明一般是指一次能源消费弹性系数。$e$ 值越大，说明国民经济产值每增加 1%，能源消费的增长率越高；这个数值越小，则能源消费增长率越低。能源弹性系数的大小与国民经济结构、能源利用效率、生产产品的质量、原材料消耗、运输及人民生活需要等有关。

世界经济和能源发展的历史显示，处于工业化初期的国家或地区，经济的增长主要依靠能源密集工业的发展，能源效率也较低，因此能源弹性系数通常多大于1。例如，发达国家或地区工业化初期，能源增长率比工业产值增长率高一倍以上。到工业化后期，一方面经济结构转向服务业，另一方面技术进步促使能源效率提高，能源消费结构日益合理，因此能源弹性系数通常小于1。尽管各国或地区的实际条件不同，但只要处于类似的经济发展阶段，它们就具有大致相近的能源弹性系数。发展中国家或地区的能源弹性系数一般大于1，工业化国家或地区能源弹性系数大多小于1；人均收入越高，弹性系数越低。

我国自20世纪80年代以后，能源消费弹性系数一般都低于1，大多在0.5左右，1999年甚至低至0.16。自2003年开始能源消费弹性系数超过1，2003年、2004年两项系数均大于1.5，此时能源消费增长的速度明显超过经济增长速度，从2006年开始有所回落。

经济增长在对能源总量需求增长的同时，也日益扩展其对能源产品品种或结构的需求。首先，从一次能源中占主体地位的品种来划分，经济增长对一次能源的需求，经历了从薪柴到煤炭，又从煤炭到石油的发展，而且品种数量日益扩大。目前，各国政府不约而同地寻找替代石油的能源，也反映了经济增长对能源品种的需求。其次，即使对同一能源产品，也有不同的品种需求。品种需求在某些方面也包含着质量需求。特别是在发达国家或地区，能源产品质量是否符合环境保护要求已经成为其能源战略的重要内容之一。从历史发展及其趋势看，经济增长与其对能源产品质量的需求也是按相同方向变化的。

## 三、能源增长与人民生活

人们的日常生活处处离不开能源，不仅是衣、食、住、行，而且文化娱乐、医疗卫生都与能源密切相关。随着生活水平的提高，所需的能源也越多。因此从一个国家人民的能耗量就可以看出一个国家人民的生活水平，如生活最富裕的北美地区比贫穷的南亚地区每年每人的平均能耗要高出55倍。

现代社会生产和生活，究竟需要多少能源？按目前世界情况大致有以下三种水平：

① 维持生存所必需的能源消费量（以人体需要和生存可能性为依据），每人每年约400kg标准煤。

② 现代化生产和生活的能源消费量，即为保证人们能丰衣足食、满足起码的现代化生活所需的能源消费量，为每人每年1 200~1 600kg标准煤。

③ 更高级的现代化生活所需的能源消费量，以发达国家或地区的已有水平作参考，使人们能够享受更高的物质文明与精神文明，每人每年至少需要2 000~3 000kg标准煤。

表1-1是我国近20多年的人均生活能源消费量。由表可见，我国人均生活能源消费量逐年增长，2011年比1985年增长了一倍以上。不过，直到2011年，我国人均生活能源消费量也只达到278.3kg标准煤，当然，这一统计结果基本只包括食和住两项，基本没有包括衣，特别是行。就是这样，我国人均生活能耗依然属于非常低的范围。

表 1-1　人均生活能源消费量

| 年份 | 平均每人生活消费能源（kg 标准煤） | 生活消费能源种类和数量 | | | | |
| --- | --- | --- | --- | --- | --- | --- |
| | | 煤炭（kg） | 电能（kW·h） | 煤油（kg） | 液化石油气（kg） | 天然气（m³） | 煤气（m³） |
| 1985 | 126.7 | 148.7 | 21.2 | 1.2 | 0.9 | 0.4 | 1.3 |

续表

| 年份 | 平均每人生活消费能源（kg 标准煤） | 生活消费能源种类和数量 | | | | | |
|---|---|---|---|---|---|---|---|
| | | 煤炭（kg） | 电能（kW·h） | 煤油（kg） | 液化石油气（kg） | 天然气（m³） | 煤气（m³） |
| 1990 | 139.2 | 147.1 | 42.4 | 0.9 | 1.4 | 1.6 | 2.5 |
| 1995 | 130.7 | 112.3 | 83.5 | 0.5 | 4.4 | 1.6 | 4.7 |
| 2000 | 123.7 | 67.0 | 115.0 | 0.6 | 6.8 | 2.6 | 10.0 |
| 2005 | 194.1 | 77.0 | 221.3 | 0.2 | 10.2 | 6.1 | 11.1 |
| 2010 | 258.3 | 68.5 | 383.1 | 0.1 | 10.9 | 17.0 | 14.5 |
| 2011 | 278.3 | 68.5 | 418.1 | 0.2 | 12.0 | 19.7 | 10.9 |

数据来源：《中国统计年鉴 2013》。

# 第三节　能源与环境

## 一、环境的定义

环境是相对于某一事物来说的，指围绕着某一事物（通常称其为主体）并对该事物产生某些影响的所有外界事物（通常称其为客体），即环境是指相对并相关于某项中心事物的周围事物。环境因中心事物的不同而不同，随中心事物的变化而变化。围绕中心事物的外部空间、条件和状况，构成中心事物的环境。

环境是指周围所在的条件，对不同的对象和科学学科来说，环境的内容也不同。

对生物学来说，环境是指生物生活周围的气候、生态系统、周围群体和其他种群。

对文学、历史和社会科学来说，环境指具体的人生活周围的情况和条件。

对建筑学来说，是指室内条件和建筑物周围的景观条件。

对企业和管理学来说，环境指社会和心理的条件，如工作环境等。

对热力学来说，是指给所研究的系统提供热或吸收热的周围所有物体。

对化学或生物化学来说，是指发生化学反应的溶液。

从环境保护的宏观角度来说，就是这个人类的家园地球。

《中华人民共和国环境保护法》从法学的角度对环境概念进行了阐述："本法所称环境是指影响人类生存和发展的各种天然的和经过人工改造的自然因素的总体，包括大气、水、海洋、土地、矿藏、森林、草原、野生生物、自然遗迹，人文遗迹、风景名胜区、自然保护区、城市和乡村等。"

通常认为，自然要素由四大系统组成：陆地生态系统（土壤、森林、草原、野生动植物等），水生态系统（河流、湖泊、海洋、水下生物等），大气（大气、阳光、声等），人类生活和工作聚集地（城市、乡村、人文历史遗迹、自然景观区域等）组成。土壤、大气、河流、湖泊、海洋、森林、草原、野生动植物、自然遗迹、人文遗迹、自然保护区、风景名胜区是较为普遍列举的环境要素，有的国家或地区也将光、声、阳光、气味、味道、地球内部、基因物质等纳入其中。总的趋势是范围越来越广。

许多时候，环境要素既包括自然要素，也包括社会、文化要素。

## 二、我国面临的主要环境问题

我国是一个发展中大国，几十年来，尤其是改革开放以来经济发展突飞猛进，与此同时，随着工业化和城市化的发展，环境问题明显地摆在了世人面前，并严重威胁经济与社会的进一步发展。

### 1. 水体污染及水资源问题

随着经济的高速发展，我国要继续发展钢铁、冶金、煤炭、石油、化工、建材等工业，因此，存在严重的结构性污染，尤其是水体污染。

水是人类消耗最多的自然资源，水资源的可持续利用是所有自然资源可持续开发利用的最重要的一个问题。由于人类活动的影响，使得水资源减少，污染加剧，危及人类对水资源的基本需求，进而引发一系列的经济、社会问题。

我国的水体污染主要是由工业废水、农药、生活污水、以及各种固、气体等废弃物排放所造成的。水体污染对人体与社会的危害及其所造成的各种损失十分巨大。

根据国家环保部发布的公告，2012 年，全国废水排放总量为 684.6 亿 t，化学需氧量排放总量为 2423.7 万 t，与上年相比下降 3.05%；氨氮排放总量为 253.6 万 t，与上年相比下降 2.62%。表 1-2 列出了我国 2012 年废水中污染物的主要排放源。由表可见，我国废水中污染物主要来源为生活源和农业源。

表 1-2　2012 年全国废水中主要污染物排放量

| COD（万 t） | | | | | 氨氮（万 t） | | | | |
|---|---|---|---|---|---|---|---|---|---|
| 排放总量 | 工业源 | 生活源 | 农业源 | 集中式 | 排放总量 | 工业源 | 生活源 | 农业源 | 集中式 |
| 2 423.7 | 338.5 | 912.7 | 1 153.8 | 18.7 | 253.6 | 26.4 | 144.7 | 80.6 | 1.9 |

目前，我国的河流、湖泊和水库都遭到了不同程度的污染。北方的污染负荷重于南方，根据国家环保部发布的数据：

长江流域总体水质良好。160 个国控断面中，Ⅰ～Ⅲ类、Ⅳ～Ⅴ类和劣Ⅴ类水质断面比例分别为 86.2%、9.4% 和 4.4%。

长江干流水质为优。42 个国控断面中，Ⅰ～Ⅲ类和Ⅳ～Ⅴ类水质断面比例分别为 97.6% 和 2.4%。长江支流水质良好。118 个国控断面中，Ⅰ～Ⅲ类、Ⅳ～Ⅴ类和劣Ⅴ类水质断面比例分别为 82.2%、11.9% 和 5.9%。

黄河流域轻度污染。61 个国控断面中，Ⅰ～Ⅲ类、Ⅳ～Ⅴ类和劣Ⅴ类水质断面比例分别为 60.7%、21.3% 和 18.0%。主要污染指标为五日生化需氧量、化学需氧量和氨氮。

黄河干流水质为优。26 个国控断面中，Ⅰ～Ⅲ类和Ⅳ～Ⅴ类水质断面比例分别为 96.2% 和 3.8%。黄河支流为中度污染。35 个国控断面中，Ⅰ～Ⅲ类、Ⅳ～Ⅴ类和劣Ⅴ类水质断面比例分别为 34.3%、34.3% 和 31.4%。主要污染指标为五日生化需氧量、化学需氧量和氨氮。

2012 年，62 个国控重点湖泊（水库）中，Ⅰ～Ⅲ类、Ⅳ～Ⅴ类和劣Ⅴ类水质的湖泊（水库）比例分别为 61.3%、27.4% 和 11.3%。主要污染指标为总磷、化学需氧量和高锰酸盐指数。

太湖轻度污染。主要污染指标为总磷和化学需氧量。从分布看，西部沿岸区为中度污染，北部沿岸区、湖心区、东部沿岸区和南部沿岸区均为轻度污染。

滇池重度污染。主要污染指标为总磷、化学需氧量和高锰酸盐指数。从分布看，草海和外海均为重度污染。营养状态评价结果表明，全湖总体为中度富营养状态。从分布看，草海和外海均为中度富营养状态。

巢湖轻度污染。主要污染指标为石油类、总磷和化学需氧量。

从分布看，西半湖为中度污染，东半湖为轻度污染。营养状态评价结果表明，全湖总体为轻度富营养状态。从分布看，西半湖为中度富营养状态，东半湖为轻度富营养状态。

由此可见，我国像长江这样的大型水体也有 4.4% 的机会出现劣 V 类水，当然主要出现在其支流，事实上，这已经是比较严重的情形；黄河的状况就更为严重，其支流已造成中度污染。大型湖泊，例如滇池已造成重度污染。

地下水环境质量也不容乐观。2012 年，全国 198 个地市级行政区开展了地下水水质监测，监测点总数为 4 929 个，其中国家级监测点 800 个。依据《地下水质量标准》（GB/T 14848—1993），综合评价结果为水质呈优良级的监测点 580 个，占全部监测点的 11.8%；水质呈良好级的监测点 1 348 个，占 27.3%；水质呈较好级的监测点 176 个，占 3.6%；水质呈较差级的监测点 1 999 个，占 40.5%；水质呈极差级的监测点 826 个，占 16.8%。

主要超标指标为铁、锰、氟化物、"三氮"（亚硝酸盐氮、硝酸盐氮和氨氮）、总硬度、溶解性总固体、硫酸盐、氯化物等，个别监测点存在重金属超标现象。

**2. 城市大气污染**

由于城市工业集中，人口密度大，大气污染十分严重，主要的污染源是工业和家庭燃煤污染，属于煤烟型污染。烟尘、二氧化硫和氮氧化物是我国城市大气污染的主要污染物。

根据国家环保部公告，2012 年，我国二氧化硫排放总量为 2 117.6 万 t，与上年相比下降 4.52%；氮氧化物排放总量为 2 337.8 万 t，与上年相比下降 2.77%。表 1-3 列出了大气污染物排放的主要污染源，由表可见，大气污染物依然主要来源于工业源。

表 1-3 2012 年全国废气中主要污染物排放量

| $SO_2$（万 t） | | | | 氮氧化物（万 t） | | | | |
|---|---|---|---|---|---|---|---|---|
| 排放总量 | 工业源 | 生活源 | 集中式 | 排放总量 | 工业源 | 生活源 | 机动车 | 集中式 |
| 2 117.6 | 1 911.7 | 205.6 | 0.3 | 2 337.8 | 1 658.1 | 39.3 | 640.0 | 0.4 |

按照《环境空气质量标准》（GB 3095—1996），对 325 个地级及以上城市（含部分地、州、盟所在地和省辖市，以下简称地级以上城市）和 113 个环境保护重点城市（以下简称环保重点城市）的二氧化硫、二氧化氮和可吸入颗粒物三项污染物进行评价，结果表明：2012 年，全国城市环境空气质量总体保持稳定。全国酸雨污染总体稳定，但程度依然较重。

2012 年，地级以上城市环境空气质量达标（达到或优于二级标准）城市比例为 91.4%，与上年相比上升 2.4 个百分点。其中海口、三亚、兴安、梅州、河源、阳江、阿坝、甘孜、普洱、大理、阿勒泰，11 个城市空气质量达到一级。超标（超过二级标准）城市比例为 8.6%。

**3. 声环境状况**

根据 GB 3096—2008，按区域的使用功能特点和环境质量要求，声环境功能区分为以下五种类型：

0 类声环境功能区：指康复疗养区等特别需要安静的区域。

1 类声环境功能区：指以居民住宅、医疗卫生、文化教育、科研设计、行政办公为主要功能，需要保持安静的区域。

2 类声环境功能区：指以商业金融、集市贸易为主要功能，或者居住、商业、工业混杂，需要维护住宅安静的区域。

3 类声环境功能区：指以工业生产、仓储物流为主要功能，需要防止工业噪声对周围环境产生严重影响的区域。

4 类声环境功能区：指交通干线两侧一定距离之内，需要防止交通噪声对周围环境产生严重影响的区域，包括 4a 类和 4b 类两种类型。4a 类为高速公路、一级公路、二级公路、城市快速路、城市主干路、城市次干路、城市轨道交通（地面段）、内河航道两侧区域；4b 类为铁路干线两侧区域。

2012 年，全国城市区域声环境和道路交通声环境质量基本保持稳定；3 类功能区达标率高于其他类功能区，0 类及 4 类功能区夜间噪声超标较严重。

区域声环境监测的 316 个城市中，区域声环境质量为一级的城市占 3.5%，二级占 75.9%，三级占 20.3%，四级占 0.3%。与上年相比，城市区域声环境质量一级、三级和四级的城市比例分别下降 1.3、1.2 和 0.3 个百分点，二级城市比例上升 2.8 个百分点，总体上看，各类功能区昼间达标率高于夜间，3 类功能区达标率高于其他类功能区，0 类及 4 类功能区夜间达标率低于其他类功能区。表 1-4 列出了我国 2012 年全国城市功能区检测点的达标情况。

表 1-4　2012 年全国城市功能区监测点位达标情况

| 功能区类别 | 0 类 | | 1 类 | | 2 类 | | 3 类 | | 4 类 | |
|---|---|---|---|---|---|---|---|---|---|---|
| | 昼 | 夜 | 昼 | 夜 | 昼 | 夜 | 昼 | 夜 | 昼 | 夜 |
| 达标点次 | 83 | 56 | 1 725 | 1 376 | 2 406 | 2 100 | 1 628 | 1 457 | 1 826 | 876 |
| 监测点次 | 114 | 114 | 1 975 | 1 975 | 2 654 | 2 654 | 1 667 | 1 667 | 2 018 | 2 018 |
| 达标率（%） | 72.8 | 49.1 | 87.3 | 69.7 | 90.7 | 79.1 | 97.7 | 87.4 | 90.5 | 43.4 |

### 4. 固体废弃物污染

2012 年，全国工业固体废物产生量为 329 046 万 t，综合利用量（含利用往年储存量）为 202 384 万 t，综合利用率为 60.9%，如表 1-5 所示。

表 1-5　2012 年全国工业固体废物产生及利用情况

| 产生量（万 t） | 综合利用量（万 t） | 储存量（万 t） | 处置量（万 t） |
|---|---|---|---|
| 329 046 | 202 384 | 70 826 | 59 787 |

### 5. 生态破坏

（1）森林破坏、草地退化

森林不但为人们提供薪材，为经济发展提供原材料，还为各种野生动、植物提供了优越的栖息环境。森林的破坏不仅使木材和林副产品资源短缺，珍稀野生动植物濒临灭绝，还加剧了自然灾害的发生频率和危害程度，使陆地生态环境日益恶化。

草地是十分重要的自然资源和生产资料，既是维系人类生存和发展的基本条件，也是陆地生态系统的主体组成部分。由于人们长期无节制地掠夺式利用自然资源，使草地等资源日趋枯竭，人类面临着资源危机。目前，草地沙化、退化、碱化现象日趋严重，水土流失加剧，干旱、洪涝等自然灾害频繁发生，生态环境恶化，已影响到国民经济的可持续发展，社会的安定团结。草地退化的原因主要是牲畜的发展与草地的生产能力不适应，草原建设和管理落后以及滥垦、过度放牧造成的，另外，草场的病、虫、鼠害加重了草原的退化，草原退化又进一步导致这些灾害的加剧，这样形成了恶性循环。

（2）水土流失

全国现有水土流失面积 294.91 万 $km^2$，占普查范围总面积的 31.12%。其中，水力侵蚀面积 129.32 万 $km^2$，风力侵蚀面积 165.59 万 $km^2$。

## 三、能源消费与环境污染

在人类的生产和生活中，需要将能源从初级形式转换为可以消费应用的高级形式。这种转换过程对环境产生了各方面的负面影响。

各种能量中，热能、机械能和电能消费最多，它们在不同的工业装置中完成各种转换过程。如锅炉把燃料化学能→热能，汽轮机把热能→机械能，发电机把机械能→电能，三者组成火力发电厂；汽车的内燃机将燃料化学能→热能→机械能；水电站将水的位能→动能→电能；太阳能集热器或电池分别将光能转换为热能或电能等。高品质的电能也可以转换为光、热或机械能，用于照明、取暖或做功。这些在人为干预下的能量转换过程，不仅得到了造福于人类的结果，而且产生了有害于环境的某些不良效应，即环境污染。

根据热力学定律，任何能量转换装置的效率都不能达到 100%。例如，使用非再生性常规能源，火力发电厂将煤的化学能转化为电能的效率约为 40%；汽车发动机将石油化学能转化为机械能的效率约为 25%；核电站的效率约为 33%。可见，大部分能源在消费过程中以热能的形式散失于环境，造成热污染，同时还向环境排放有害污染物，产生不良的环境效应。因此，提高能源资源利用效率，不仅可以减少能耗，节约能源，提高产品的经济性；而且减少环境污染，有利于环境保护。

多数环境污染问题与能源应用直接有关，如空气污染、水体和土壤污染、热污染、放射性污染、固体废物和噪声等。化石燃料的燃烧，排放的 $SO_2$、$NO_x$、$CO$、碳氢化合物和烟尘等直接污染大气，污染物在大气中经过物理过程和光化学反应形成酸雨和光化学烟雾影响涉及更广的范围，除大气之外，还包括水体和土壤。排放的大量 $CO_2$ 和废热引起温室效应，造成区域性和全球性的危害。能源工业产生的大量固体废物也污染大气、水和土壤。

近年来，出现了切尔诺贝利、日本福岛等几次核电站重大事故，使公众对核电站辐射有了许多担忧。此外，核电站同样向环境排放废热。

# 第二章　常规能源

这里的常规能源主要是指煤炭、石油、天然气以及水能等。

## 第一节　煤　　炭

### 一、煤炭的形成与分类

煤是由泥炭或腐泥转变而来。泥炭主要是高等植物遗体在沼泽中经过生物化学作用而形成的：通常在低洼的沼泽，植物经历了繁殖、死亡期后，堆积于沼泽的底部，在厌氧菌的作用下，形成了各种较简单的有机化合物及其残余物，这一氧化分解作用称为腐殖化作用。此后，被分解的植物遗体被上部新的植物不断覆盖，转到沼泽较深部位，从氧化环境转入弱氧化甚至还原环境中。在缺氧条件下，原先形成的有机化合物发生复杂的化学合成作用，转变为腐殖酸及其他合成物，从而使植物遗体形成一种松软有机质的堆积物，积聚成泥炭层。

腐泥的形成过程与泥炭不同。低等植物和浮游生物在繁殖、死亡后，遗体堆积在缺氧的水盆地的底部，主要是厌氧细菌参与下进行分解，再经过聚合和缩合作用形成暗褐色和黑灰色的有机软泥，即腐泥层。

泥炭或腐泥不断被上层沉积物覆盖，埋藏到一定深度，经受压力、温度等作用，发生了新的一系列物理和化学变化。在这个过程的早期阶段，进行的是成岩作用，泥炭在沉积物的压力作用下，发生了压紧、失水、胶体老化、固结等一系列变化，生化作用逐渐消失，化学组成也发生缓慢地变化，最后变成密度较大、较为致密的褐煤。这是一个从无定形胶态物质逐渐转变成岩石状物质的过程，故称为成岩阶段。在这一过程中发生在地下 $200\sim400m$ 的深度，此时泥炭中的植物残留成分逐渐消失，腐殖酸的含量先增加后减少，从元素组成上看，碳含量增加，氧和氢的含量逐渐降低。压力和时间是这个阶段起主导作用的因素，它使泥炭变成褐煤，腐泥转变成腐泥褐煤。后期则受变质作用的影响，使褐煤向烟煤、无烟煤演化。当褐煤继续沉降到较深处时，受到不断增高的温度和压力的影响，煤的内部分子结构、物理性质和化学性质方面发生重大变化。影响变质作用的重要因素是温度（有人把变质过程称为天然的干馏过程），其次是时间和压力。从褐煤转变成烟煤和无烟煤，随着煤化程度的增高，煤中含碳量增加，氢含量、氧含量和挥发分含量减少，煤的反射率增高，密度增大。

根据成煤物质及成煤条件，可以把煤分成腐植煤、腐泥煤和残植煤三大类。腐植煤是高等植物残体经过成煤作用形成的；腐泥煤是死亡的低等植物和浮游生物经过成煤作用形成的；残植煤是由高等植物残体中最稳定的部分（如孢子、角质层、树脂、树皮等）所形成。腐植煤是自然界分布最广、蕴藏量最大、用途最多的煤，因此它是人们研究的主要对象。根据煤化程度不同，腐植煤可分为泥煤、褐煤、烟煤和无烟煤四大类，泥煤煤化程度最低，无烟煤煤化程度最高。

在规定条件下，可以将煤中的物质粗略分为四部分，四部分的结果可初步判断煤的性质，作为对其合理利用的依据。

**1. 水分**

煤中水分包括外在水分和内在水分，合称为全水分。外在水分又称表面水分，是指在开采、运输、洗选和储存期间，附着于颗粒表面或存在于直径大于 $5\sim10\mu m$ 的毛细孔中的外来水分。这部分水分变化很大，而且易于蒸发，可以通过自然干燥方法去除。一般规定：原煤试样在温度为（$20\pm1$）℃、相对湿度为（$65\pm1$）％的空气中自然风干后失去的水分即为外在水分。

内在水分又称固有水分，是指吸附或凝聚在煤粒内部直径小于 $5\sim10\mu m$ 毛细孔中的水分，也就是原煤试样失去了外在水分后所剩余的水分。内在水分需要在较高温度下才能从煤样中除掉。一般可以通过分别测定外在水分和全水分，并由全水分减去外在水分求出。全水分的测定方法是将原煤试样置于 $102\sim105$℃的烘箱内约 2h，使之干燥至恒重，其所失去的水分即为全水分。

另外，煤中还会含有结晶水，它是指以化学方式与煤中矿物质结合的水，如存在于高岭土（$Al_2O_3 2SiO_2 \cdot 2H_2O$）和石膏（$CaSO_4 \cdot 2H_2O$）中的水，结晶水需要在 200℃以上才能从煤中分解析出。

**2. 挥发分**

失去水分的干燥煤样，在隔绝空气的条件下，加热到一定温度时，析出的气态物质占煤样质量的百分数称为挥发分。挥发分主要有碳氢化合物、$H_2$、CO、$H_2S$ 等可燃气体和少量 $O_2$、$CO_2$ 和 $N_2$ 组成；煤中挥发分析出后，如与空气混合不良，在高温缺氧条件下易化合成难以燃烧的高分子复合烃，产生炭黑，形成大量黑烟。

挥发分并不是以固有的形态存在于煤中，而是煤被加热分解后析出的产物。不同煤化程度的煤，挥发分析出的温度和数量不同。煤化程度浅的煤，挥发分开始析出的温度就低。在相同的加热时间内，挥发分析出的数量随煤的煤化程度的提高而减少。挥发分析出的数量除决定于煤的性质外，还受加热条件的影响，加热温度越高、时间越长，则析出的挥发分越多。因此，挥发分的测定必须按统一规定进行，即将失去水分的煤样，在（$900\pm10$）℃的温度下，隔绝空气加热 7min，试样所失去的质量占原煤试样质量的百分数，即为原煤试样的挥发分含量。

**3. 固定碳和灰分**

原煤试样去除水分、挥发分之后剩余的部分称为焦炭，它由固定碳和灰分组成。把焦炭放在箱形电炉内，在（$815\pm10$）℃的温度下灼烧 2h，固定碳基本烧尽，剩余的部分就是灰分，其所占原煤试样的质量分数，即为该煤的灰分含量；此过程失去的质量占原煤试样的质量分数，即固定碳的含量。

灰分是煤中以氧化物形态存在的矿物质，包括原生矿物质、次生矿物质和外来矿物质。原生矿物质是原始成煤植物含有的矿物质，它参与成煤，很难除去，一般不超过 1％～2％；次生矿物质为成煤过程中由外界混入到煤层中的矿物质，通常这类矿物质在煤中的含量在10％以下，可用机械法部分脱除。外来矿物质为采煤过程中由外界掉入煤中的物质，它随煤层结构的复杂程度和采煤方法而异，一般为 5％～10％，最高可达 20％以上，可以用重力洗选法除去。除去全部水分和灰分的煤被称为干燥无灰基煤。

### 二、煤的元素分析成分及其特性

煤是由有机物质和无机物质混合组成的，以有机质为主。煤中有机物质主要由碳（C）、氢（H）、氧（O）及少量的氮（N）、硫（S）等元素构成。通常所说的元素分析是指测定煤中碳、氢、氧、氮、硫、灰分（A）和水分（M）的测定。煤中碳、氢、氮和硫的含量是用直接法测出的，氧含量一般用差减法获得。

**1. 煤的元素分析成分**

（1）碳（C）

碳为煤中主要可燃成分，燃料中的碳多以化合物形式存在，在煤中占 $50\%\sim95\%$。碳完全燃烧时，生成 $CO_2$，纯碳可释放出 32 866kJ/kg 的热量，不完全燃烧时生成 $CO$，此时的发热量仅为 9 270kJ/kg。碳的着火与燃烧都比较困难，因此含碳量高的煤难以着火和燃尽。

（2）氢（H）

氢为煤中重要的可燃成分，完全燃烧时，氢可释放出 120 370kJ/kg 的热量，是纯碳发热量的 4 倍。煤中氢含量一般是随煤的变质程度加深而减少。因此变质程度最深的无烟煤，其发热量还不如某些优质的烟煤。此外，煤中氢含量多少还与原始成煤植物有很大的关系，一般由低等植物（如藻类等）形成的煤，其氢含量较高，有时可以超过 $10\%$；而由高等植物形成的煤，其氢含量较低，一般小于 $6\%$。氢十分容易着火，燃烧迅速。

（3）硫（S）

硫为煤中的有害成分，硫完全燃烧时，可释放出 9 040kJ/kg 的热量。煤中硫通常以无机硫和有机硫的状态存在。无机硫多以矿物杂质的形式存在于煤中，按所属的化合物类型分为硫化物硫和硫酸盐硫；有机硫则是直接结合于有机母体中的硫，煤中有机硫主要由硫醇、硫化物及二硫化物三部分组成；煤中偶尔还有单质硫的存在。煤中硫的含量与成煤时沉积环境有关，在各种煤中硫的含量一般不超过 $1\%\sim2\%$，少数煤的硫含量可达 $3\%\sim10\%$ 或更高。

据统计，我国煤中有 $60\%\sim70\%$ 的硫为无机硫，$30\%\sim40\%$ 为有机硫，单质硫的比例一般很低，无机硫绝大部分是以黄铁矿（$FeS_2$）的形式存在。硫燃烧后的产物是 $SO_2$ 和 $SO_3$，在与水蒸气相遇后会生成亚硫酸和硫酸，引起大气污染以及锅炉尾部受热面的低温腐蚀。此外，煤中的黄铁矿质地坚硬，在煤粉磨制过程中将加速磨煤部件的磨损，在炉膛高温下又容易造成炉内结渣。

（4）氮（N）

氮为煤中氮含量较少，仅为 $0.5\%\sim2\%$。煤中氮主要来自成煤植物。在燃料高温燃烧过程中会生成 $NO_x$，引起大气污染。在炼焦过程中，氮能转化成氨及其他含氮化合物。

（5）氧（O）

氧为氧是煤中不可燃成分，燃烧中由于赋存状态的变化，起助燃作用。煤中氧主要以羧基、羟基、甲氧基、羰基和醚基存在，其含氧量随煤化程度增高而明显减少。

**2. 煤的元素分析成分的基准**

为了应用的方便，煤的元素分析成分分为多种基准表示，即元素成分的不同内容。

（1）收到基

收到基是以收到状态的煤为基准，计算煤中全部成分的组合称为收到基，见式(2-1)，

即
$$C_{ar} + H_{ar} + O_{ar} + N_{ar} + S_{ar} + A_{ar} + M_{ar} = 100\% \tag{2-1}$$

式中　碳（C）、氢（H）、氧（O）、氮（N）、硫（S）、灰分（A）和水分（M）元素分析成分。

(2) 空气干燥基

自然干燥失去外在水分的成分组合称为空气干燥基，见式（2-2），即
$$C_{ad} + H_{ad} + O_{ad} + N_{ad} + S_{ad} + A_{ad} + M_{ad} = 100\% \tag{2-2}$$

(3) 干燥基

以无水状态的煤为基准的成分组合称为干燥基，见式（2-3），即
$$C_d + H_d + O_d + N_d + S_d + A_d = 100\% \tag{2-3}$$

(4) 干燥无灰基

以无水无灰状态的煤为基准的成分组合称为干燥无灰基，见式（2-4），即
$$C_{daf} + H_{daf} + O_{daf} + N_{daf} + S_{daf} = 100\% \tag{2-4}$$

**3. 煤的发热量**

煤的发热量是指单位质量的煤完全燃烧时所放出的全部热量，以 kJ/kg 或 MJ/kg 表示。根据燃烧产物中水的状态不同，煤的发热量可分为高位发热量 $Q_{gr}$ 和低位发热量 $Q_{net}$。煤的高位发热量是指 1kg 煤完全燃烧时所产生的热量，其中包含煤燃烧时所生成水蒸气的汽化潜热；在高位发热量中扣除全部水蒸气汽化潜热后的发热量，称为低位发热量。在实际利用中，为避免燃烧热各尾部受热面的低温腐蚀，燃烧生成烟气的排烟温度一般高于 110～160℃，此时烟气中的水蒸气仍然以蒸汽状态存在，不可能凝结而放出汽化潜热，因此在燃烧热的热工计算时都采用燃料的低位发热量。煤的发热量的大小因煤种不同而不同，取决于煤中可燃成分和数量，含水分、灰分高的煤发热量较低。煤的发热量通常用实验测定，也可以通过元素分析或工业分析的结果估算。

煤的发热量与煤种有关，为了工业应用的方便，将低位发热量为 29 310kJ/kg 的煤称为标准煤。

**4. 煤的分类**

由于研究内容和使用的不同，煤的分类有多种方法。依据煤的工业用途、工艺性质和质量要求进行的分类，称为工业分类法，工业分类是为了合理地使用煤炭资源及统一使用规格。根据煤的元素组成进行的分类，则称科学分类法。最有实用意义的是将煤的成因与工业利用结合起来，以煤的变质程度和工艺性质为依据的技术分类法。

各种以煤为燃料或原料的工业对煤都有其特定的技术要求，只有恰当地使用煤种才能保证产品质量，合理地利用煤炭资源。近代以煤的变质程度和工艺性质为参数的分类法发展较快，使煤分类具有更严格的科学性和广泛的实用性。但由于各国煤炭资源特点不同，以及工业技术发展水平的差异，各主要产煤国或以煤为主要能源的国家都根据本国情况，采用不同的分类方法。1956 年，联合国欧洲经济委员会（ECE）煤炭委员会在国际煤分类会议上提出了国际硬煤分类表，其分类方法是以挥发分为划分类别的指标，将硬煤（烟煤和无烟煤）分成十个级别；以黏结性指标（自由膨胀序数或罗加指数）将硬煤分成四个类别；又以结焦性指标（奥亚膨胀度或葛金焦型）将硬煤分成六个亚类型，每个煤种均以三位阿拉伯数字表示，将硬煤分为 62 个煤类。

1989 年 10 月国家标准局发布了中国煤炭分类（GB 5751—1986），将中国煤分为 14 类。

为大家所熟悉的煤种有无烟煤、焦煤、褐煤等。

### 三、煤炭资源

2004 年我国《矿产资源/储量分类》规定储量分为四类：储量、基础储量、资源量、查明资源储量。其中储量是基础储量中经济可开采部分，即可采储量；资源量是查明了矿产资源的一部分，是指仅经过概略研究推断的矿产资源，大致相当于探明储量；基础储量也是查明矿产资源的一部分，是指经过详查或勘探，且经过可行性研究的那部分矿产资源。

#### 1. 世界煤炭资源

根据 2012 年英国石油公司（BP）对世界能源的统计报告资料，目前世界煤炭的探明可采储量为 $8.609 \times 10^{11}$ t。其中，美国为 $2.372 \times 10^{11}$ t，俄罗斯为 $1.57 \times 10^{11}$ t，中国为 $1.145 \times 10^{11}$ t。表 2-1 所示为 2012 年全球部分国家或地区煤炭能源储量情况，其中储采比为当前可采储量除以当前的年采煤量。因此，美国、俄罗斯、中国煤炭可采储量分别占世界总量的 27.6%、18.2% 和 13.3%，我国的煤炭可采储量位居第三。显然，以当前中国煤炭的储量和年产量，储采比非常低。在我国这样一个以煤为主的能源结构下，应该说我国能源形势十分严峻。当然，随着技术的进步，可采储量会发生变化；能源构成、储采比也会发生变化。

**表 2-1　2012 年全球部分国家或地区煤炭能源储量情况**

| 国家或地区 | 煤炭总储量（单位：百万 t） | 占全球比重 | 储采比 |
| --- | --- | --- | --- |
| 中国 | 114 500 | 13.3% | 31 |
| 印度 | 60 600 | 7.0% | 100 |
| 俄罗斯 | 157 010 | 18.2% | 443 |
| 巴西 | 4 559 | 0.5% | >100 |
| 美国 | 237 295 | 27.6% | 257 |
| 加拿大 | 6 582 | 0.8% | 98 |
| 墨西哥 | 1 211 | 0.1% | 88 |
| 北美洲合计 | 245 088 | 28.5% | 244 |
| 中南美国家或地区合计 | 12 508 | 1.5% | 129 |
| 欧亚大陆国家或地区合计 | 304 604 | 35.4% | 238 |
| 中东非洲合计 | 32 895 | 3.8% | 124 |
| 亚太国家或地区合计 | 265 843 | 30.9% | 51 |

#### 2. 中国煤炭资源

我国煤炭资源绝对值数量十分可观。据 1997 年完成的全国第三次煤炭资源预测与评估，中国埋深小于 2 000m 的煤炭资源总量为 $5.566\ 3 \times 10^{12}$ t。其中，预测资源量为 $4.552\ 1 \times 10^{12}$ t，发现煤炭储量为 $1.014\ 2 \times 10^{12}$ t。在已发现煤炭储量中，已查证的煤炭储量为 $7.241 \times 10^{11}$ t，煤资源量为 $2.901 \times 10^{11}$ t。在已查证的煤炭储量中，生产和在建煤矿已利用的储量为 $1.868 \times 10^{11}$ t，尚未利用的精查储量为 $8.41 \times 10^{10}$ t，详查储量为 $1.829 \times 10^{11}$ t，普

查储量为 $2.702 \times 10^{11}$ t。

中国煤炭资源分布相对集中，北方地区已发现资源占全国的 90.29%，形成山西、陕西、宁夏、河南、内蒙古中南部和新疆的富煤地区；南方地区发现资源的 90% 集中在四川、贵州和云南三省。表 2-2 所示为中国煤炭资源总量（2 000m 以浅）的分区统计结果。

表 2-2　中国煤炭资源总量（2 000m 以浅）的分区统计结果

| 区域 | 东北 | 华北 | 西北 | 华南 | 滇藏 | 合计 |
|---|---|---|---|---|---|---|
| 资源总量（$\times 10^8$ t） | 3 933 | 28 118 | 19 786 | 3 783 | 76 | 55 697 |
| 比例 | 7.06 | 50.49 | 35.52 | 6.79 | 0.14 | 100 |

其中，不同煤种的储量比例见表 2-3 所示。

表 2-3　中国不同煤种的储量比例　　　　　　　　　单位：%

| 炼焦用煤 | | | | | 非炼焦用煤 | | | | | | | 合计 |
|---|---|---|---|---|---|---|---|---|---|---|---|---|
| 气煤 | 肥煤 | 焦煤 | 瘦煤 | 其他 | 贫煤 | 无烟煤 | 弱黏煤 | 不黏煤 | 长焰煤 | 褐煤 | 其他 | |
| 16.7 | 3.68 | 4.99 | 4.21 | 0.39 | 5.37 | 13.05 | 2.48 | 15.23 | 5.91 | 14.6 | 13.35 | 100 |

中国煤炭储量的平均硫分为 1.1%，硫分小于 1% 的低硫、特低硫煤占 63.5%，主要在华北、东北、西北和华东的部分区域；含硫量大于 2% 的占 16.4%，主要在南方、山东、山西、陕西和内蒙古西部的部分区域。

中国煤炭的灰分普遍偏高，一般在 15%~25%，灰分低于 10% 的特低灰煤占全国储量的 15%~20%，主要在大同、鄂尔多斯等区域。

## 四、煤炭的生产

### 1. 世界煤炭生产

20 世纪的后 50 年，世界煤炭生产的发展呈大幅度波动状况：20 世纪 50 年代是煤炭生产的黄金时代，1960 年煤炭产量比 1950 年增长 41.4%，在一次能源的生产结构中占 49%。20 世纪 60 年代，在中东廉价石油的竞争下，煤炭生产速度下降，1970 年煤炭产量仅比 1960 年增长 13.9%，石油于 1966 年首次超过煤炭成为世界第一能源。到 20 世纪 70 年代，由于石油危机使煤炭工业重现生机，产量加速增长，1980 年煤炭产量比 1970 年增长 29.3%。20 世纪 80 年代煤炭工业继续发展，1990 年煤炭产量比 1980 年增长 24.5%。20 世纪 90 年代煤炭工业面临世界能源市场的激烈竞争和环境要求的双重压力，再加上俄罗斯经济的严重滑坡，煤炭生产发展停滞不前，前四年出现负增长，1995 年、1996 年后开始有所回升。

到 21 世纪，世界煤炭产量总体持续增加。2007 年，世界煤炭产量达 $6.4 \times 10^9$ t。目前，全世界共有 60 多个产煤国家，从 1990 年以后，我国已成为世界上产煤最多的国家之一。

### 2. 中国煤炭生产

我国煤炭产量自 20 世纪 90 年代，一直位居世界首位。2007 年我国的煤炭产量已占世界产量的 40%。目前，我国已开工建设 13 个大型煤炭基地，形成 5~7 个亿 t 级的特大型企业，5~6 个 5 000 万 t 级的大型企业。基地建设将按照发展循环经济的要求，建成煤炭调出、电力供应、煤化工及资源综合利用等基地。13 个大型煤炭基地如下：

（1）神东基地

神府东胜矿区是我国已探明储量最大的煤田，已探明储量 $2.236 \times 10^{11}$ t，位列世界八大煤田之一。矿区位于陕西省神木县北部、府谷县西部和内蒙古自治区鄂尔多斯市的南部，地处乌兰木伦河和窟野河的两侧，面积为 $3\,481$ km²。煤种以不黏结煤为主，属于特低－低硫、特低－低灰、特低磷、中高发热量、高挥发分煤，是世界上少有的优质动力用煤和化工用煤。

（2）晋北基地

晋北基地是以大同矿区为主的动力煤基地，大同矿区位于山西省北部，包括大同市、朔州市的左云、右玉、山阴和怀仁县。煤炭大致为一长方形，面积为 $2\,550$ km²。煤种主要是弱黏煤、气煤、不黏煤、1/3 焦煤和长焰煤等，保有储量为 $1.5 \times 10^{10}$ t。

（3）晋东基地

晋东基地主要涵盖山西省阳泉、翼城、阳城、盂县和晋城等高煤阶矿区，是山西省著名的无烟煤矿区。其中的沁水煤田保有储量为 $8.4 \times 10^{10}$ t，煤质优良，具有低灰、低硫、低磷、高发热量和硬度大等特点，构造简单，煤层稳定，易于开采。

（4）蒙东基地

蒙东基地主要有蒙东霍林河、东北的调兵山、沈阳、抚顺及黑龙江四大矿区。其中霍林河矿区位于内蒙古通辽市霍林郭勒市境内，保有储量为 $1.3 \times 10^{10}$ t，面积为 540 km²。煤种属于高煤阶褐煤，水分含量高、发热量低、可磨性较差、中等灰分、低硫煤。

（5）云贵基地

云贵基地主要指贵州西部与云南连接的六枝、盘县、水城和老厂矿区。其中云南的小龙潭矿区位于云南省南部的开原市境内，保有储量为 $1.0 \times 10^9$ t。煤种为褐煤，灰分在 15%～25%，挥发分大于 50%，硫分大于 2.5%。

（6）河南基地

河南基地包括平顶山、义马、郑州、鹤壁、焦作、登封等矿区，探明储量为 $2 \times 10^{10}$ t。其中郑州矿区面积为 $1\,000$ km²，煤种主要为低灰的无烟煤、贫煤、贫瘦煤。

（7）鲁西基地

鲁西基地包括兖州、枣滕、新汶、龙口、淄博、肥城、黄河北、济宁和巨野九个矿区，矿区探明煤炭储量为 $1.6 \times 10^{10}$ t，煤种绝大部分为气煤，少部分为气肥煤。

（8）晋中基地

晋中基地包括太原西山、古交煤、乡宁、汾西矿区、霍州矿区、万安勘探区和克城煤矿，保有储量为 $3.58 \times 10^{10}$ t，煤种以焦煤为主。

（9）两淮基地

两淮基地包括淮南矿区、淮北矿区、徐州矿区，探明煤炭储量为 $3 \times 10^{10}$ t。淮南矿区地跨定远、怀远、长丰、凤台、颍上、利辛、阜阳、阜南、林泉、淮南等县市，含煤面积为 $3\,200$ km²，煤种以气煤、肥煤、焦煤为主。淮北矿区地跨淮北、濉溪、砀山、萧县、宿县、固镇、蒙城和涡阳等市县，含煤面积约 $6\,912$ km²，煤种有气煤、肥煤、焦煤、瘦煤、贫瘦煤、贫煤、无烟煤和天然焦。徐州矿区位于徐州市的铜山、沛县，包括贾汪、九里山、闸河、市沛四个煤田，含煤面积为 866 km²，保有储量为 $1.4 \times 10^9$ t，煤种以气煤、焦煤、肥煤为主。

（10）黄陇基地

黄陇基地包括陕西黄陵、甘肃华亭、庆阳等相近矿区，探明储量为 $2 \times 10^{10}$ t，煤种以弱黏结煤为主，发热量高，低灰、低硫、低磷，是优质的民用、动力、化工和气化用煤。

（11）冀中基地

冀中基地包括开滦、峰峰和蔚县矿区，探明煤炭储量为 $1.5 \times 10^{10}$ t。开滦矿区位于河北省唐山市，地跨丰润、丰南、滦县、滦南、玉田和唐山六个县市，总面积为 760km²，煤种主要为焦煤，其次是气煤。峰峰矿区位于太行山东麓，邯郸市西南，面积为 1 260km²，煤种为肥煤和焦煤。

（12）宁东基地

宁东基地主要包括鸳鸯湖、灵武、横城三个矿区以及马家滩、积家井、萌城、韦州和石沟驿八个探矿区，远景规划面积为 2 855km²，探明储量为 $3.1 \times 10^{10}$ t，煤种以不黏煤和长烟煤为主，是优质的化工、动力用煤。

（13）陕北基地

陕北基地位于陕西榆神地区，包括锦界、大保当、曹家滩、金鸡滩、杭来湾、榆树湾及西湾等，面积为 5 500km²，探明储量为 $3.01 \times 10^{10}$ t，是国内外罕见的可建设特大型现代化矿区的条件优越地区之一，煤种以不黏煤和长焰煤为主，具有低灰、低硫、低水、高挥发分、高发热量等特性。

进入 21 世纪，中国的煤炭产量持续增加。2007 年，中国的煤炭产量为 $2.54 \times 10^9$ t，占世界煤炭生产的 40%，远高于煤炭产量第二的美国（$1.04 \times 10^9$ t）。我国采煤方式以地下采煤为主，适合于露天开采的煤炭资源不多，仅有露天煤矿 66 处。

中国煤炭资源总量虽然较多，但探明程度低，人均占有储量较少，约为世界人均可采储量的 55%。此外，中国煤炭资源和现有生产力呈逆向分布造成了"北煤南运"和"西煤东调"的被动局面。大量煤炭自北向南、由西到东长距离运输，给煤炭生产和运输造成了极大的压力。

**3. 中国煤炭消费**

根据《中国统计年鉴》，中国一次能源构成中，煤炭占 70% 以上。因此，煤炭的消费在能源消费中占有很高的比例。表 2-4 列出了 2001～2012 年间我国能源生产总量以及原煤在能源生产总量中的比例。表 2-5 列出了 1990～2011 年间我国煤炭生产和消费的平衡，由表可知，我国煤炭除了自己生产，还有部分进口，同时也有部分出口。

表 2-4 2001～2012 年能源生产总量和原煤的比例

| 年份 | 能源生产总量（万 t 标准煤） | 原煤比例（%） | 年份 | 能源生产总量（万 t 标准煤） | 原煤比例（%） |
|---|---|---|---|---|---|
| 2001 | 143 875 | 73.0 | 2007 | 247 279 | 77.7 |
| 2002 | 150 656 | 73.5 | 2008 | 260 552 | 76.8 |
| 2003 | 171 906 | 76.2 | 2009 | 274 619 | 77.3 |
| 2004 | 196 648 | 77.1 | 2010 | 296 916 | 76.6 |
| 2005 | 216 219 | 77.6 | 2011 | 317 987 | 77.8 |
| 2006 | 232 167 | 77.8 | 2012 | 331 848 | 76.5 |

**表 2-5　1990～2011 年间煤炭平衡表**　　　　　单位：万 t

| 项目 | 1990 | 1995 | 2000 | 2005 | 2010 | 2011 |
|---|---|---|---|---|---|---|
| 生产量 | 107 988.3 | 136 073.1 | 138 418.5 | 234 951.8 | 323 500.0 | 351 600.0 |
| 进口量 | 200.3 | 163.5 | 217.9 | 2 617.1 | 16 309.5 | 18 209.8 |
| 出口量（一） | 1 729.0 | 2 861.7 | 5 506.5 | 7 172.4 | 1 910.4 | 1 465.8 |
| 年初年末库存差额 | −4 238.5 | 86.8 | 3 664.7 | −3 455.4 | −8 127.2 | −7 782.5 |
| 消费量 | 105 523.0 | 137 676.5 | 141 091.7 | 231 851.1 | 312 236.5 | 342 950.2 |

表 2-6 列出了 1990～2011 年间发电、炼焦、供热部门消费的煤炭在全部煤炭消费中的比例。由表可知，煤炭最大的用户是发电部门。这些年来，发电用煤所占的比例还在增长。炼焦业也占了非常大的比例，近些年已经占到煤炭消费量的 15%。

**表 2-6　1990～2011 年间发电、炼焦等行业煤炭消费比例**

| 项目 | 1990 | 1995 | 2000 | 2005 | 2010 | 2011 |
|---|---|---|---|---|---|---|
| 总消费量（万 t） | 105 523 | 137 676.5 | 141 091.7 | 231 851.1 | 312 236.5 | 342 950.2 |
| 发电 | 26% | 32% | 40% | 45% | 49% | 51% |
| 供热 | 3% | 4% | 6% | 6% | 5% | 5% |
| 炼焦 | 10% | 13% | 12% | 14% | 15% | 15% |

从煤炭消费的区域来看，在 2005 年，华东地区占 28.2%，华北地区占 25.4%，华中地区占 13.6%，东北地区占 10.8%，西南地区占 10.0%，西北地区占 6.7%，华南地区占 5.3%。

# 第二节　石　　油

## 一、石油的形成与分类

石油又称"原油"，在化石能源中含量仅次于煤。它是一种黄色、褐色或黑色的、流动或半流动的、黏稠的可燃性液体。古代大量的生物死亡后，沉积于水底，与其他淤积物一道，随着地壳的变迁，埋藏的深度不断增加，先是被好氧细菌，然后是厌氧细菌彻底改造，细菌活动停止后，有机物便开始了以地温为主导的地球化学转化阶段，并经历生物和化学转化过程。一般认为，有效的生油阶段从 50～60℃开始，到 150～160℃时结束。

石油的主要组成成分是碳、氢组成的烃类，如烷烃、环烷烃、芳香烃等，占 95%～98%。此外，还有微量钠（Na）、铅（Pb）、铁（Fe）、镍（Ni）、钒（V）等金属元素，以及少量的氧（O）、氮（N）、硫（S）以化合物、胶质、沥青质等非烃类物质形态存在，其元素组成见表 2-7，其成分随产地的不同而变化很大。

**表 2-7　石油中的元素组成**　　　　　单位：%

| C | H | O | N | S | 微量金属（mg/L） |
|---|---|---|---|---|---|
| 85～90 | 10～14 | 0～1.5 | 0.1～2 | 0.2～0.7 | 100 |

通常可用许多物性指标来说明石油的特性，如黏度、凝点、盐含量、硫含量、蜡含量、胶质、沥青质、残炭、沸点和馏程等。其中凝点是在测定条件下能观察到的油品流动的最低温度值，它的测定对于柴油和润滑油在寒冷地区的使用非常重要，按规定，用于寒冷地区的油品的凝点应低于这些地区所能达到的最低气温。原油的硫含量十分重要，这是决定原油是否需作进一步处理的依据。残炭是表示原油倾向于生成炭质和金属残渣的指标，在测定条件下这些炭质和金属残渣不易燃烧和蒸发。原油中的蜡与油的流动点有密切关系。在原油运输和装卸过程中，油的流动点必须低于原油在油轮、输油管道和储油罐中所能遇到的最低温度。含蜡较多的原油需要用特殊的加热设备，或者用含蜡少的油将它冲淡，以保证冬季管路正常运行。

由于石油的组成极其复杂，确切的分类相当困难，通常在市场上有以下三种分类方法：

① 按石油的密度分类，将石油分为轻质石油、中质石油、重质石油和特重质石油。

② 按石油中的硫含量分类，硫含量小于 0.5％ 为低硫石油，硫含量为 0.5％～2.0％ 为含硫石油，硫含量大于 2.0％ 者称高硫石油；世界石油总产量中，含硫石油和高硫石油约占75％；石油中的硫化物对石油产品的性质影响较大，加工含硫石油时应对设备采取防腐蚀措施。

③ 按石油中的蜡含量分类，蜡含量为 0.5％～2.5％ 者称低蜡石油，蜡含量在 2.5％～10％ 的为含蜡石油，含量大于 10％ 者为高蜡石油。

## 二、石油的加工和产品

### 1. 石油的加工

开采出来的石油（原油）虽然可以直接作燃料用，而且价格便宜。但是，对于车辆、飞机的发动而言，必须把原油炼制成燃料油才能使用。

石油的炼制过程主要分为三个阶段，它们分别是原油蒸馏、二次加工、油品精制加工过程。

原油蒸馏，这是对原油加工的首要步骤，它是利用原油中各种化合物的不同沸点，对原油进行的初步分流，由于在原油中含有不同的盐类物质，所以在其阶段还会对原油进行脱盐处理，所以这在石油炼制过程中处于龙头地位。通过对原油进行蒸馏过后，我们会得到少量的轻馏分物质，还有就是重馏分物质以及渣油。原油经过常压蒸馏会生成轻汽油、重柴油、直馏轻柴油、直馏煤油等物质，而轻汽油经过催化重整可以得到氢气以及汽油组分。

二次加工，通过对原油进行蒸馏处理过后，得到少量的轻馏分物质，大量的有用物质还残存在重馏分和渣油中，我们需要对重馏分物质和渣油进行二次处理，从中提取出我们需要的物质。在二次加工处理过程中，我们不能够简单的利用原油物质的物理性质来提取物质，需要对其进行化学处理。其处理的方法主要包括加氢裂化、催化重整、催化裂化处理以及减粘处理等。原油经过减压馏分后对其进行催化裂化处理，进行气体分离处理会得到叠合汽油、烷基化油、催化汽油等物质；经过催化裂化后，进行加氢处理，在高压情况下，加催化剂进行化学反应，产生了汽油以及柴油，焦化处理也能得到汽油和柴油以及石油焦。

通过二次处理过后，石油炼制出来的成品基本上已经完成，但是这些物质还没有达到其指标要求，如果要得到成品，还需要进行后续的精加工处理。

由于石油的产品按照分类主要是汽油、柴油、煤油、燃料重油以及润滑油等工业用油，而这些石油产品的质量标准不同，所以在炼制成产品前，经过二次处理过后，还需要进行精致处理，即特殊的工业处理才能够打造出合格的油产品。比如说在此阶段为了减低汽油、柴油的含硫量而进行的加氢精加工处理，以及对油产品的除臭精加工工业处理等。

这是目前石油炼制过程中需要处理的三个阶段，在实际的工业处理工程中，在每一个阶段都比较复杂，而且其中不但涉及原油的物理变化还包括化学变化。

**2. 石油产品**

根据应用目的的不同，石油可以加工成的产品主要有：

（1）溶剂油

包括石油醚、橡胶溶剂油、香花溶剂油等，主要用于橡胶、油漆、油脂、香料、药物等领域作溶剂、稀释剂、提取剂和洗涤剂。

（2）燃料油

它包括石油气、汽油、煤油、柴油、重质燃料油。石油气用于制造合成氨、甲醇、乙烯和丙烯等，汽油用于汽车和螺旋桨式飞机，煤油用于点灯、喷气式发动机和农药制造，柴油用于柴油发动机；汽油专用指标（抗爆性）是辛烷值，柴油的专用指标（着火性能）是十六烷值。

（3）润滑油

润滑油可用作以下用途：

① 汽、柴油机油，分别用于汽油发动机和柴油发动机的润滑和冷却。

② 机械油，用于纺织机、机床等。

③ 压缩机油，用于汽轮机、冷冻机和汽缸。

④ 齿轮油，用于齿轮传动机，汽车、拖拉机变速箱。

⑤ 液压油，用于液压机械的传动装置。

⑥ 电器用油，用于变压器、电缆绝缘。

（4）润滑脂

润滑脂用于低速、重负荷或高温下工作的机械。

（5）石蜡和地蜡

石蜡和地蜡用于火柴、蜡烛、蜡纸、电绝缘材料、橡胶。

（6）沥青

沥青用于建筑工程防水、铺路、涂料、塑料、橡胶等工业。

（7）石油焦

石油焦用于制造电极、冶金过程的还原剂和燃料。

## 三、石油资源

### 1. 世界石油资源

总体来看，世界石油探明储量自 1980 年 936 亿 t 上升到 2011 年的 2 264 亿 t，年均增长率 4.29%。受制于石油的地质特性，探明储量并非是匀速增加的，而是呈现明显的阶梯状增长的特点。根据其关键的节点年，可以将世界石油探明储量的变化分为四个阶段。第一阶段（1980~1987年）：石油探明储量增长速度较快，从936亿t持续稳定增长至1286亿t。第二阶段（1988~1998年）：石油探明储量1988年增加至1406亿t之后一直保持着稳定的态势，期间增长幅度很小。第三阶段（1999~2007年）：石油探明储量在1999年从1497亿t增长到1696亿t之后保持缓慢增加的趋势。第四阶段（2008~2013年）：2008年石油探明储量超过2000亿t，并且石油探明储量再次出现较快增长的趋势。从四个阶段可以看出，石油探明储量在过去的30多年内，每过10年都会出现一次跃升，并保持一段时间的平稳。从储采比来看，世界石油储采比稳定，呈现缓慢上升的趋势，储采比一直稳定在40年以上，2011年储采比达到了54年。整体上随着石油勘探开发技术的不断提高，油价的变动和成熟探区的新增储量，世界石油可供开采的年份有所增加。

不过，各大产油区的探明储量变化趋势并不相同，对1980年以来的探明储量做时间序列分析可以发现，中东地区石油探明储量多年来一直稳居世界第一，占据世界石油储量的半壁江山。从长时间序列来看，中东石油探明储量不断增长，增长幅度小且稳定，占世界的比重出现先升后降的特征。1980年中东石油探明储量496.45亿t，占世界总储量的53.03%，1988年探明储量猛增了118.44亿t，总量达到894.57亿t，占世界总量的63.60%。随着中南美洲、非洲的石油探明储量的增长，中东占世界石油探明储量的比重逐步降低至50%以下，2011年占48%。北美大陆石油探明储量占世界的比重呈现先升后降的特点。在1980~1985年，北美大陆的探明储量占世界储量的17%~19%，1986年之后尽管探明储量稳定在160~180亿t之间，随着中南美洲和中东地区储量增加，比重持续下降，至1998年仅为9.15%。1999年之后，因加拿大油砂的发现，北美大陆石油探明储量占世界比重上升至18.80%。中南美洲石油探明储量增长明显。探明储量从1980年的36.63亿t增加到2011年的445.71亿t，占世界储量的比重从3.91%稳步增长到19.69%。中南美洲因委内瑞拉的石油探明储量出现明显的调整，1982年（18.93%）、1985年（73.19%）、2007年（10.91%）、2008年（60.98%）、2009年（19.45%）和2010年（36.70%）的年际增幅均超过了10%。欧洲及中亚的石油探明储量增长稳定，1980~2011年共增长了78.76亿t，占世界的比重维持在7.34%~12.23%之间，变化平稳。非洲的探明储量自1980~2011年从73.20亿t增加到181.42亿t，占世界探明储量的5.72%~9.04%之间。储量增加最明显的年份为1995年（10.68%）、2000年（10.23%）、2003年（10.36%）。亚太地区石油探明储量的增长速度较慢，占世界石油比重很小。1985年之前尚能占到世界总量的5%左右，之后持续降低。从1980~2011年，30年间探明储量仅增长了10亿t，占世界比重下滑到2.50%。

从储采比来看，2011年世界石油储采比为54.2年，其中中南美洲的储采比最高，超过100年，中东的储采比为78.7年，北美与非洲的储采比均为41年左右，欧洲的储采比为22年，亚太地区储采比仅为14年。从2004~2011年，中东地区的储采比一直高于世界平均水平，一直稳定在78.7~84.8年之间，略有波动。中南美洲储采比在2007年之前一直略高于世界平均水平，但2009年之后储采比随石油探明储量的提升骤然升高，2011年储采比超过100年。北美在2010年之前储采比一直在11.9~15年之间，2011年因为加拿大油砂的被计入而提高到了41.7年。

从各国石油探明储量来看,世界范围内的石油分布非常不均衡。2011 年,将重油计算在内委内瑞拉石油探明储量达到 406.17 亿 t,占世界储量比重的 17.94%,居首位。其次为沙特阿拉伯、加拿大、伊朗,分别占世界比重的 16.06%、10.60% 和 9.15%。伊拉克、科威特、阿联酋和俄罗斯均超过 100 亿 t,占世界储量的比重均超过 5%,分别为 8.66%、6.14%、5.92% 和 5.34%。利比亚、尼日利亚、美国、哈萨克斯坦、卡塔尔、巴西和中国探明储量超过 20 亿 t。

表 2-8 列出了 2013 年世界各地区及主要国家石油剩余探明储量,其中增幅是指 2013 年相对于上一年探明储量的增加幅度。

**表 2-8　2013 年世界各地区及主要国家石油剩余探明储量**

| 序号 | 国家或地区 | 绝对量（亿 t） | 增幅（%） | 采储比（年） | 序号 | 国家或地区 | 绝对量（亿 t） | 增幅（%） | 采储比（年） |
|---|---|---|---|---|---|---|---|---|---|
| | 世界总计 | 2 252.76 | 0.4 | 59.9 | 6 | 科威特 | 139.04 | 0.0 | 108.5 |
| | 欧佩克总计 | 1 644.99 | −0.3 | 107.2 | 7 | 阿联酋 | 133.97 | 0.0 | 101.1 |
| 1 | 中东 | 1 094.69 | 0.3 | 95.4 | 8 | 俄罗斯 | 109.59 | 0.0 | 21.1 |
| 2 | 西半球 | 741.73 | 0.6 | 72.6 | 9 | 利比亚 | 66.40 | 1.0 | 107.7 |
| 3 | 非洲 | 173.60 | −0.8 | 42.1 | 10 | 尼日利亚 | 50.88 | −0.2 | 53.3 |
| 4 | 东欧、俄罗斯、哈萨克斯坦等 | 164.42 | 0.0 | 24.5 | 11 | 美国 | 43.53 | 9.8 | 11.6 |
| 5 | 亚太地区 | 62.84 | 1.0 | 16.6 | 12 | 哈萨克斯坦 | 41.10 | 0.0 | 50.8 |
| 6 | 西欧 | 15.48 | 3.9 | 11.6 | 13 | 卡塔尔 | 34.58 | −0.6 | 95.1 |
| 1 | 委内瑞拉 | 407.86 | 0.1 | 330.9 | 14 | 中国 | 33.39 | 2.8 | 15.9 |
| 2 | 沙特阿拉伯 | 364.51 | 0.2 | 77.7 | 15 | 巴西 | 18.11 | 0.5 | 17.3 |
| 3 | 加拿大 | 237.26 | 0.1 | 142.6 | 16 | 阿尔及利亚 | 16.71 | 0.0 | 29.2 |
| 4 | 伊朗 | 215.48 | 1.8 | 168.7 | 17 | 墨西哥 | 13.80 | −1.9 | 10.9 |
| 5 | 伊拉克 | 192.19 | −0.7 | 119.2 | 18 | 安哥拉 | 12.41 | −13.5 | 14.2 |

资料来源:《油气杂志》2013-12-02。

**2. 中国石油资源**

我国石油储量主要储集于中、新生界陆相盆地,储层非均质性严重、构造活动频繁、地质条件十分复杂。经过几代石油工作者的艰苦努力,建国半个多世纪以来,我国的石油工业取得了巨大成就。根据各公司年鉴统计,截至 2008 年年底,全国累计探明油田 614 个,累计探明石油地质储量 $287.2 \times 10^{10}$ t,技术可采储量 $78.4 \times 10^{10}$ t,采收率平均为 27.3%。其中:中国石油天然气股份有限公司累计探明石油地质储量占 63%;中国石油化工股份有限公司占 25%;中国海洋石油总公司占 10%;地方公司占 2%。

（1）已探明储量含油气盆地分布现状

陆地东部的松辽盆地和渤海湾盆地,累计探明石油地质储量占全国总探明储量的 60%,仍是主体;陆地中西部的鄂尔多斯、准噶尔、吐哈、柴达木等主要含油气盆地,探明地质储量所占比例为 26%,是极其重要的战略接替区;海域的渤海湾、珠江口和莺歌海等盆地,探明地质储量占 14%,仍然有很大的增长空间。

我国累计石油探明储量超过 10 亿 t 的盆地依次为：渤海湾盆地（包括冀东、大港、胜利、华北、中原、辽河及渤海海域）、松辽盆地（包括大庆、吉林等）、鄂尔多斯盆地（包括长庆、延长等）、准噶尔盆地（包括新疆大部分探区）、塔里木盆地（包括塔里木探区及新疆部分探区）。我国 70% 以上的石油资源量集中在占总数不到 30% 的少数盆地中，较少的盆地拥有绝大多数资源量，仍然是我国油气资源分布的特点之一。

（2）已探明储量含油区分布现状

我国油气资源分布特点决定了已探明储量分布比较集中，主要分布在几个大含油区。$10 \times 10^8$ t 级的含油气油区有位于松辽盆地的大庆油区、吉林油区和位于渤海湾盆地的胜利油区、辽河油区、天津油田分公司、大港油区、华北油区以及位于鄂尔多斯盆地的长庆油区等，截至 2008 年年底探明储量为 $228.3 \times 10^8$ t，占全部总探明储量的 80%。

我国石油资源总量算丰富，但是人均资源量为世界平均水平的 18.3%，属于名副其实的贫油大国。资源品质相对较差，油田的规模比较小，没有世界级的大油田。在我国已发现的 600 多个油田中，除大庆、胜利等主要油田外，其他油田普遍存在原油品位低、埋藏深、类型复杂、工艺要求高等问题。剩余的可采储量中，低渗或特低渗油、稠油和埋藏深度大于 3 500m 的超过 50%，所以资源的开采难度加大。尽管我国石油资源总量比较丰富，由于我国仍处于发展中国家或地区，而且人口基数大，同时石油的勘探风险投入不足，使得我国后备可采储量相对不足。

## 四、石油生产

全球石油产量自 2010 年以来持续小幅增长，2013 年略增 0.8% 至 37.64 亿 t，未能突破 38 亿 t。欧佩克 2013 年石油产量下滑 2.2%，从上年的 16.04 亿 t 回落至 15.35 亿 t，占全球石油产量的 41%。我国石油产量连续 4 年保持在 2 亿 t 水平以上，2013 年增产 2.2%，达到 2.11 亿 t，仍居世界第四位。

表 2-9 列出了全球石油产量靠前的一些国家或地区和石油产量。全球石油产量排名前五位的国家依次为俄罗斯、沙特阿拉伯、美国、中国和加拿大，它们的石油总产量占全球产量的 46.3%。美国由于对页岩和其他致密岩层的成功开发，2012 年石油产量继上年大增 11.9%，首次突破 3 亿 t 后，2013 年继续高歌猛进，增产 16.2%，产量达到 3.77 亿 t。根据国际能源署（IEA）和美国能源信息署（EIA）的数据，美国在 2013 年 7 月日均油气当量产量（301.4 万 t）已超过俄罗斯（300 万 t），白宫在 2013 年 9 月宣布美国石油产量 20 年来首次超过进口量。EIA 在 2013 年底预测，美国 2016 年石油产量将达到 4.75 亿 t，接近其 1970 年创下的 4.8 亿 t 的产量峰值。加拿大得益于重油和油砂生产，增产势头保持强劲，石油产量连续 4 年增幅在 4% 以上，2012 年增产 6.6% 至 1.55 亿 t，2013 年增产 6.4% 至 1.66 亿 t。

俄罗斯和中国产量平稳增长。沙特阿拉伯继前两年年均增产 8% 后，2013 年减产 1.4% 至 4.69 亿 t。在其他前 10 大产油国中，伊拉克、科威特和阿联酋近两年均保持较快增速。相反，伊朗由于美国和欧盟对其实行禁运，石油产量连年下跌，2012 年跌幅为 14.7%，产量跌至 1.53 亿 t，排名第 6 位；2013 年跌幅为 14.8%，产量跌至 1.28 亿 t，排名第九位。墨西哥石油产量已是连续 9 年递减。墨政府在 2013 年底结束了实行长达 75 年的油气资源国有化政策，希望通过私人资本和外国资本的进入来提振本国的油气产业。

在各地区中，西半球实现了 7.1% 的产量增长，增量主要来自美国和加拿大，总产量向中东靠近；非洲减产 4.9%，西欧减产 9.3%；中东、亚太、东欧及前苏联地区的石油产量变化不大。非洲近几年石油产量一波三折，2011 年减产 11%，2012 年增产 12%，2013 年减产 4.9% 至 4.12 亿 t。尼日利亚、利比亚、阿尔及利亚和安哥拉等欧佩克成员国由于政局动荡，石油产量均有下滑，其中尼日利亚和利比亚跌幅超过 12%。南苏丹首次进入《油气杂志》年终统计，石油产量增幅达到 416%。西欧继 2012 年减产 7% 后，2013 年继续大幅减产 9.3% 至 1.33 亿 t。挪威、英国持续高速减产。北海地区由于老旧设施维护，致使油气产量遭受重创，跌至历年低点。东欧及前苏联地区石油产量增长平缓，同比增长 0.9% 至 6.71 亿 t；亚太地区石油产量持稳，同比增长 0.1% 至 3.78 亿 t；中东地区 2012 年石油产量增产 2%，2013 年减产 0.8%。

表 2-9    2013 年世界各地区及主要国家石油产量

| 序号 | 国家或地区 | 绝对量（万 t） | 增幅（%） | 序号 | 国家或地区 | 绝对量（万 t） | 增幅（%） |
|---|---|---|---|---|---|---|---|
| | 世界总计 | 376 390.5 | 0.8 | 6 | 伊拉克 | 16 128.5 | 10.5 |
| | 欧佩克总计 | 153 477.0 | −2.2 | 7 | 阿联酋 | 13 255.0 | 2.0 |
| 1 | 中东 | 114 773.5 | −0.8 | 8 | 科威特 | 12 810.0 | 4.4 |
| 2 | 西半球 | 102 100.5 | 7.1 | 9 | 伊朗 | 12 774.0 | −14.8 |
| 3 | 东欧、俄罗斯、哈萨克斯坦等 | 67 148.5 | 0.9 | 10 | 墨西哥 | 12 651.0 | −0.6 |
| 4 | 非洲 | 41 233.0 | −4.9 | 11 | 委内瑞拉 | 12 326.5 | −0.6 |
| 5 | 亚太地区 | 37 798.5 | 0.1 | 12 | 巴西 | 10 461.0 | 1.5 |
| 6 | 西欧 | 13 336.5 | −9.3 | 13 | 尼日利亚 | 9 552.0 | −16.0 |
| 1 | 俄罗斯 | 52 019.5 | 0.8 | 14 | 安哥拉 | 8 760.5 | −0.2 |
| 2 | 沙特阿拉伯 | 46 896.5 | −1.4 | 15 | 哈萨克斯坦 | 8 094.5 | 2.3 |
| 3 | 美国 | 37 674.0 | 16.2 | 16 | 挪威 | 7 444.0 | −6.4 |
| 4 | 中国 | 21 056.5 | 2.2 | 17 | 利比亚 | 6 167.5 | −12.0 |
| 5 | 加拿大 | 16 638.0 | 6.4 | 18 | 阿尔及利亚 | 5 719.0 | −1.8 |

资料来源：《油气杂志》，2013-12-02。

## 五、石油消费

今天，石油已经像血液一样维系着日常经济生活的正常运转，直接影响着一个国家的经济发展甚至政治稳定和国家安全。石油已成为现代工业社会最有战略意义的能源与基础原料，不但交通高度依赖石油，石油消费更是衡量一个国家或地区经济发达程度的标尺。

### 1. 世界石油消费

目前在世界一次能源的消费中，石油仍是最重要的能源。根据 2012 年的统计资料，世界一次性能源消费约为 $1.248 \times 10^{10}$ t 标准油，其中石油消费量占 33.1%。

石油消费，美国无疑是世界第一大石油消费国，中国现已处于第二位。紧接着的是日本、印度和巴西。今后随着发展中国家或地区的发展，人口的增加，石油消费量必将持续增加。石油作为化石能源的一种，是不可再生的，未来石油的枯竭是必然的趋势。

表 2-10 列出了 2012 年世界 12 个国家的石油消费数量。表中同比是指比 2011 年增长的百分数。占比是指 2012 年占世界石油消费总量的百分数。

**表 2-10    2012 年世界石油主要消费国情况**

| 排序 | 国家 | 消费量（亿 t） | 同比（%） | 占比（%） |
| --- | --- | --- | --- | --- |
| 1 | 美国 | 8.2 | −2.3 | 19.8 |
| 2 | 中国 | 4.84 | 5.0 | 11.7 |
| 3 | 日本 | 2.18 | 6.3 | 5.3 |
| 4 | 印度 | 1.72 | 5.0 | 4.2 |
| 5 | 俄罗斯 | 1.48 | 2.5 | 3.6 |
| 6 | 巴西 | 1.26 | 2.5 | 3.0 |
| 7 | 德国 | 1.12 | −0.7 | 2.7 |
| 8 | 韩国 | 1.09 | 2.5 | 2.6 |
| 9 | 加拿大 | 1.04 | −0.9 | 2.5 |
| 10 | 墨西哥 | 0.93 | 2.3 | 2.2 |
| 11 | 伊朗 | 0.9 | 4.3 | 2.2 |
| 12 | 法国 | 0.81 | −3.6 | 2.0 |

2012 年，世界石油消费总量为 41.3 亿 t，比 2011 年增长 0.9%，已连续 3 年在化石燃料中处于最低的增长率。分地区看，欧美地区原油消费继续回落，其中，北美消费量为 10.17 亿 t（占世界 24.6%），同比下降 1.8%；欧洲和欧亚大陆消费量 8.8 亿 t（占世界 21.3%），同比下降 2.5%。亚太和中东地区原油消费继续增长，其中，亚太地区消费量 13.89 亿 t（占 33.6%），同比上升 3.7%；中东消费量 3.96 亿 t（占 9.1%），同比上升 4.5%。经合组织国家或地区的石油消费下降 1.3%（53 万桶/天），为过去 7 年中的第 6 次下降，占全球消费量的 52.2%，为有记录以来的最小份额；非经合组织的石油消费增长了 140 万桶/天，即增长 3.3%。

从原油主要消费国来看，2012 年美国、中国、日本、印度、俄罗斯依然占据前五位。美国原油消费仍居首位，为 8.2 亿 t，比 2011 年下降 2.3%，占世界消费量的 9.8%，消费量和占比均有下降；中国消费量为 4.84 亿 t，再次创纪录，同比增长 5.0%，低于过去十年的平均水平，占比 11.7%；日本消费量 2.8 亿 t，同比增长 6.3%，这是自 1994 年以来最强劲的增长。

**2. 中国石油消费**

近年我国原油及成品油消费量增长的原因主要是宏观经济和投资的高增长、汽车销量增加、农机总动力上升及航空运输持续快速增长。表 2-11 列出了我国自 1990～2011 年间的石油平衡。由表可见，1991 年，我国石油消费量 1.15 亿 t，到 2011 年，消费量已达 4.5 亿 t，20 年增长了约 4 倍。由平衡表可见，我国 1990 年还有相当大的石油净出口量，这些年来，随着石油消费量的不断增长，石油进口数量日益增长。2011 年，我国进口石油数量已经超过生产量，进口依存度已经达到了 60.5%。

表 2-11 中国历年石油平衡表 单位：万 t

| 项 目 | 1990 | 1995 | 2000 | 2005 | 2010 | 2011 |
|---|---|---|---|---|---|---|
| 可供量 | 11 435.0 | 16 072.7 | 22 631.8 | 32 539.1 | 44 178.4 | 45 659.2 |
| 生产量 | 13 830.6 | 15 005.0 | 16 300.0 | 18 135.3 | 20 301.4 | 20 287.6 |
| 进口量 | 755.6 | 3 673.2 | 9 748.5 | 17 163.2 | 29 437.2 | 31 593.6 |
| 出口量（一） | 3 110.4 | 2 454.5 | 2 172.1 | 2 888.1 | 4 079.0 | 4 117.0 |
| 年初年末库存差额 | −40.8 | −151.0 | −1 244.6 | 128.8 | −1 481.2 | −2 105.0 |
| 消费量 | 11 485.6 | 16 064.9 | 22 495.9 | 32 537.7 | 43 245.2 | 45 378.5 |
| 净进口量 | −2 354.8 | 1 218.7 | 7 576.4 | 14 275.1 | 25 358.2 | 27 476.6 |
| 进口依存度（%） | −20.5 | 7.6 | 33.7 | 43.9 | 58.6 | 60.5 |

数据来源：《中国统计年鉴 2013》。

中国作为一个发展中的人口大国，随着经济的发展，石油的消费必将持续增加。而从我国的资源条件看，东部油田减产，西部油田发展比预期慢，海洋油田产量还比较低。所以，原油产量大幅度提高的可能性比较小。因此，我国石油供需矛盾已经非常尖锐。

表 2-12 列出了石油的主要消费部门（工业、交通仓储和邮政业）自 1990～2011 年间每年的石油消费量，以及它们在我国石油消费中的占比。由表可见，两部门将近消费我国大约 80% 的石油，实实在在是我国的主要消费部门。从消费的绝对量看，两部门消费的量的每年都在增长；从相对量看，交通仓储和邮政业的相对占比明显增长，而工业部门的占比则有所回落。

表 2-12 石油主要消费部门及其消费百分比 单位：万 t

| 项目 | 1990 | 1995 | 2000 | 2005 | 2010 | 2011 |
|---|---|---|---|---|---|---|
| 消费量 | 11 485.6 | 16 064.9 | 22 495.9 | 32 537.7 | 43 245.2 | 45 378.5 |
| 工业 | 7 321.6 | 9 349.3 | 11 248.5 | 14 245.1 | 17 448.8 | 18 005 |
| 工业占比（%） | 63.7 | 58.2 | 50.0 | 43.8 | 40.3 | 39.7 |
| 交通仓储和邮政 | 1 683.2 | 2 863.6 | 6 399 | 10 709.5 | 14 870.3 | 16 021 |
| 交通仓储和邮政占比（%） | 14.7 | 17.8 | 28.4 | 32.9 | 34.4 | 35.3 |

数据来源《中国统计年鉴 2013》。

石油是经济发展的血液，是全世界各国发展强大的首要战略问题。尤其是在全球经济一体化过程中，谁掌握了石油谁就主宰了世界。2010 年中国已跃居世界第一大能源消费国，随着经济的快速发展，中国对能源的需求日益增加。据国际能源机构（IEA）预测，我国 2030 年的对外依存度将达到 75%，英国 BP 石油公司预测我国石油对外依存度甚至达到 80%。石油消费对外依赖程度的攀升，使得油气资源的安全供应成为中国经济健康发展的重要战略保障。如何应对不确定的国际能源体系，保障国家的能源安全，是 21 世纪中国所面临的重大挑战。

# 第三节 天 然 气

## 一、天然气的分类与特性

天然气是除煤和石油之外的另一种重要的一次能源，天然气的生成过程同石油类似，但它比石油更容易生成。天然气可以分为纯天然气、石油伴生气、凝析气、煤层气和可燃冰（天然气水合物）。纯天然气即气田气，为独立成藏的气层气；石油伴生气是开采石油时的副产品，即与石油一起开采到地面的溶解气；凝析气是指在地下呈气态，到地表呈液态的低分子烃类；煤层气是伴随煤矿开采而产生的，它以吸附状态存储于煤层内，在 $7\sim17$MPa 和 $40\sim70℃$ 时 1t 煤可吸附 $13\sim30m^3$ 的甲烷；可燃冰是一种新发现的能源，为白色固体结晶物质，海洋大陆架下 $500\sim1\,000$m 和寒冷永久冻土中是可燃冰形成的理想场所。按开采方法，将气田气和油田气称为常规天然气，而将开采困难的致密储层气（低渗透率、低孔隙率、低产）、超深层气以及储层特殊的煤层气、页岩气、水溶气、深盆气和可燃冰称为非常规气。

天然气主要由甲烷、乙烷、丙烷和丁烷等烃类组成，其中甲烷占 $80\%\sim90\%$，其他主要的有害杂质是 $CO_2$、$H_2O$、$H_2S$ 和其他含硫化合物。气体种类不同，成分略有差别。对于气田气，以甲烷为主，相对分子量为 16.65，低位发热量为 36.4MJ/$Nm^3$。对于油田气，含有一定比例的乙烷、丙烷等，相对分子量为 23.33，低位发热量为 48.38MJ/$Nm^3$。煤层气与油田气性质相当，相对分子量为 22.76，低位发热量为 33.44MJ/$Nm^3$。可燃冰比较特殊，由水分子和燃气分子构成，外层是水分子构架，核心是燃气分子。燃气分子绝大多数是甲烷，所以天然气水合物也称为甲烷水合物。$1m^3$ 可燃冰（固体）可释放出 $168m^3$ 的甲烷和 $0.8m^3$ 的水蒸气。因此，可燃冰是一种高能量密度的能源。

天然气的勘探、开采同石油类似，但采收率较高，可达 $60\%\sim95\%$。大型稳定的气源常用管道输送至消费区，每隔 $80\sim160$km 需设一增压站。天然气利用的另一种方式是液化天然气，液化后的天然气体积仅为原来体积的 1/600，因此可以冷藏运输，运到使用地后再气化。

因为天然气含有一定的有害成分，在使用前也需净化，即脱硫、脱水、脱二氧化碳和脱杂质等。从天然气中脱除 $H_2S$ 等，一般采用醇胺类溶剂；脱水则采用二甘醇、三甘醇、四甘醇等，其中三甘醇用得最多；也可采用多孔吸附剂，如活性氧化铝、硅胶和分子筛等。

## 二、天然气的用途

天然气可以直接作为燃料，燃烧时有很高的发热值，对环境的污染也较小，同时还是重要的化工原料。天然气市场非常广阔，它主要用于以下几个方面。

### 1. 发电燃料

天然气作燃料，采用燃气轮机的联合循环发电具有造价低、建设周期短、启停迅速、热效率高、利于环保等特点。因此，天然气发电的成本低于燃煤发电和核电站，特别是在利用小时数较低的情况下，天然气发电具有电网调峰的特殊优势。天然气发电在国外已大量采用，我国天然气发电也将加快发展，预计到 2020 年占到总发电量的 5.6%～7.1%。

### 2. 民用燃料

天然气是优质的民用及商业燃料，据预测，中国城镇人口到 2020 年将达 7.3 亿。其中大、中型城市人口 3.5 亿，气化率将为 85%～95%，其他城镇人口 3.8 亿，气化率将达 45%。

### 3. 化肥及化工原料

氮肥的主要原料包括合成气和天然气，其中天然气作为氮肥原料的比例约为 50%。同时天然气还可作为生产甲醇、炼油厂的制氢以及其他化工用气。

### 4. 工业燃料

天然气用作工业燃料主要用于石油天然气的开采、非金属矿物制品、石油加工、黑色金属冶炼和压延加工以及燃气生产和供应等方面。

### 5. 交通运输

经过液化的天然气，可用于车辆，作为传统燃料油的替代品或混合燃料，从一定程度上可减轻对石油的依赖。

## 三、天然气资源

### 1. 世界天然气资源

这些年，全球天然气剩余探明储量继续增长。据美国《油气杂志》统计，2011 年末全球天然气剩余储量为 $191 \times 10^{12} m^3$，比 2010 年增长 1.5%，增幅比上年高约 1 个百分点。

但是，各地区的储量变化差距较大。如表 2-13 所示，保持增长只有中东和西半球两个地区，其余地区均有不同程度的减少。其中，增量最大的是中东地区，增加 $32\ 172.7 \times 10^8 m^3$；增幅最大的是西半球，达 5.8%。亚洲—大洋洲地区在储量净增量和变化率两项指标上减幅最大，储量减少 $9\ 282.4 \times 10^8 m^3$，下降 6.1%；其次是非洲地区，减少 $2\ 350.6 \times 10^8 m^3$，下降 1.6%；西欧天然气储量继续下跌，比上年减少了 $1\ 249.5 \times 10^8 m^3$，但跌幅由上年的 8.0% 减至 3.1%；储量减幅最小的是东欧和前苏联，减少 $698.9 \times 10^8 m^3$。

表 2-13　2012 年世界天然气剩余探明储量　　　　　　　　单位：$10^8 m^3$

| 国家或地区 | 2011 年 | 2012 年 | 变化量 | 变化率 |
|---|---|---|---|---|
| 亚洲—大洋洲 | 152 227.65 | 142 945.20 | −9 282.45 | −6.1% |
| 西欧 | 40 226.01 | 38 976.53 | −1 249.48 | −3.1% |
| 东欧和前苏联 | 616 407.74 | 615 708.80 | −698.94 | −0.1% |
| 中东 | 760 780.83 | 792 953.49 | 32 172.65 | 4.2% |
| 非洲 | 146 614.34 | 144 263.78 | −2 350.56 | −1.6% |
| 西半球 | 166 270.40 | 175 832.08 | 9 561.68 | 5.8% |
| 世界总量 | 1 882 526.97 | 1 910 679.88 | 28 152.91 | 1.5% |
| 石油输出国组织（OPEC）总量 | 909 398.25 | 943 094.80 | 33 696.55 | 3.7% |

资料来源：《油气杂志》。

根据 2013 年的数据，全球天然气剩余探明储量接近 199 万亿 $m^3$，比 2012 年增长 3.4%，全球天然气尚可开采 57 年。

储量前五强分别为俄罗斯（47.8 万亿 $m^3$）、伊朗（33.8 万亿 $m^3$）、卡塔尔（25.1 万亿 $m^3$）、美国（10.5 万亿 $m^3$）和沙特阿拉伯（8.2 万亿 $m^3$），五国总储量为 125.4 万亿 $m^3$，占全球总储量的 63.1%。

对于煤层气而言，当前，全球埋深浅于 2 000m 的煤层气资源量约为 $2.4 \times 10^{14} m^3$，与常规天然气资源量相当。世界上有 74 个国家或地区蕴藏煤层气资源，中国煤层气资源量为 $3.68 \times 10^{13} m^3$，据世界第三位。

据估计全球可燃冰中甲烷的总量约为 $1.8 \times 10^{16} m^3$，其含碳量约为石油、常规天然气和煤含碳量总量的两倍，乐观的估计，当全球化石能源枯竭殆尽，天然气水合物将成为新的替代能源。到目前为止，世界上已发现的海底天然气水合物主要分布区有大西洋海域的墨西哥湾、加勒比海、南美东部陆缘、非洲西部陆缘和美国东岸外的布莱克海台等，西太平洋海域的白令海、鄂霍茨克海、日本海、苏拉威西海和新西兰北部海域等。陆上寒冷永冻土中的可燃冰主要分布在西伯利亚、阿拉斯加和加拿大的北极圈内。

可燃冰虽然给人类带来了新的能源希望，但它也可对全球气候和生态环境甚至人类的生存环境造成严重的威胁。当前大气中的二氧化碳以每年 0.3% 的速率增加，而大气中的甲烷却以每年 0.9% 的速率在更为迅速地增加着。全球海底可燃冰中的甲烷总量约为地球大气中甲烷量的 3 000 倍，如此大量的甲烷气如果释放，将对全球环境产生巨大影响，严重地影响全球气候。因此，对于可燃冰的开发，需要进行大量的基础研究工作。美国 1994 年制订了《甲烷水合物研究计划》，称天然气水合物是未来世纪的新型能源，1999 年又制订了《国家甲烷水合物多年研究和开发项目计划》。日本于 1994 年制订了庞大的海底天然气水合物研究计划，1995 年又专门成立天然气水合物开发促进委员会。前苏联自 20 世纪 70 年代末以来，先后在黑海、里海、白令海、鄂霍茨克海、千岛海沟和太平洋西南部等海域进行海底天然气水合物研究。印度科学与工业委员会设有重大项目"国家海底天然气水合物研究计划"，于 1995 年开始对印度近海进行海底天然气水合物研究，现已取得初步的良好结果。

**2. 中国天然气资源**

中国天然气行业发展已进入快车道，天然气需求快速上升，储产量不断增长。随着全球能源需求的不断增长，控制温室气体排放、治理环境污染、发展低碳经济已成为全球共识；同时，"十二五"正值中国能源结构调整的关键期，天然气行业发展面临良好的历史机遇，天然气作为化石能源向非化石能源过渡的桥梁作用将日益突出。

自 20 世纪 80 年代以来，中国进行了三次系统的天然气资源评价。1986 年第一次资源评价，中国天然气资源量为 33.6 万亿 $m^3$；1994 年第二次资源评价，天然气资源量为 38.04 万亿 $m^3$；2005 年完成全国第三次油气资源评价。第三次资源评价结果认为，中国陆地和近海海域 115 个含油气盆地常规天然气远景资源量达 56 万亿 $m^3$，可采资源量为 22 万亿 $m^3$，主要分布在塔里木、鄂尔多斯、四川、东海以及柴达木等 9 个含油气盆地，9 个盆地天然气可采资源量 18.43 万亿 $m^3$，占全国总量的 83.7%（表 2-14）。总体看，中国天然气资源量在不断增加，每 10 年新增天然气资源量 10 万亿 $m^3$ 左右。

表 2-14　中国天然气资源分布　　　　　　　　单位：万亿 $m^3$

| 盆地名称 | | 远景资源量 | 地质资源量 | 可采资源量 |
|---|---|---|---|---|
| 主要盆地 | 塔里木 | 11.34 | 8.86 | 5.86 |
| | 鄂尔多斯 | 10.70 | 4.67 | 2.90 |
| | 四川 | 7.19 | 5.37 | 3.42 |
| | 东海 | 5.10 | 3.64 | 2.48 |
| | 柴达木 | 2.63 | 1.60 | 0.86 |
| | 松辽 | 1.80 | 1.40 | 0.76 |
| | 莺歌海 | 2.28 | 1.31 | 0.81 |
| | 琼东南 | 1.89 | 1.11 | 0.72 |
| | 渤海湾（含海上） | 2.16 | 1.09 | 0.62 |
| | 合计 | 45.09 | 29.05 | 18.43 |
| 其他盆地（合计） | | 10.80 | 5.98 | 3.60 |
| 全国 | | 55.89 | 35.03 | 22.03 |

国内学者研究表明，中国非常规天然气资源也较为丰富。据估计，煤层气、页岩气、水溶气和天然气水合物远景资源量超过 150 万亿 $m^3$，除煤层气为第三次资源评价结果外，其余为国内机构和专家估计值。其中，45 个主要含气盆地 2 000m 以浅煤层气地质资源量约 36.8 万亿 $m^3$，埋深 1 500m 以浅的可采资源量 10.87 万亿 $m^3$（表 2-15）；鄂尔多斯、沁水、准噶尔等 9 个地质资源量大于 1 万亿 $m^3$ 的盆地，资源量合计达到 30.97 万亿 $m^3$，主要分布在中西部地区。

据中国石油勘探开发研究院廊坊分院估算（2008 年），中国页岩气资源量约 30.7 万亿 $m^3$，主要分布在南方古生界、华北下古生界、塔里木盆地寒武-奥陶系等海相页岩，以及松辽盆地、准噶尔盆地、鄂尔多斯盆地、吐哈盆地和渤海湾盆地等陆相页岩中。另外，水溶气和天然气水合物资源量超过 72 万亿 $m^3$。

表 2-15　中国煤层气资源分布　　　　　　　　单位：亿 $m^3$

| 地区 | 盆地 | 地质资源量 | 可采资源量 |
|---|---|---|---|
| 东部 | 沁水 | 39 500 | 11 216 |
| | 二连浩特 | 25 816 | 21 026 |
| | 海拉尔 | 15 957 | 4 503 |
| | 豫西 | 6 744 | 1 154 |
| | 徐淮 | 5 784 | 1 482 |
| | 宁武 | 3 643 | 1 129 |
| 中部 | 鄂尔多斯 | 98 633 | 17 870 |
| | 四川 | 6 042 | 2 110 |
| 西部 | 天山 | 16 261 | 6 671 |
| | 塔里木 | 19 338 | 6 866 |
| | 三塘湖 | 5 942 | 1 752 |
| | 准噶尔 | 38 268 | 8 077 |
| | 吐哈 | 21 198 | 4 100 |

续表

| 地区 | 盆地 | 地质资源量 | 可采资源量 |
|------|------|-----------|-----------|
| 南方 | 川南黔北 | 9 693 | 3 045 |
| | 滇东黔西 | 34 723 | 12 892 |
| 其他 | | 20 576 | 4 811 |
| 全国 | | 368 118 | 108 700 |

预计随着今后勘探的不断深入、技术的进步和地质认识的不断深化，天然气资源量还将进一步增加。

## 四、天然气生产

2011 年世界天然气商品产量（总产量－放空烧却量－回注量－加工损失量）为 33 091×$10^8 m^3$，比上年增加 1 000×$10^8 m^3$，增幅 3.1％，增幅比 2010 年下降 4.2 个百分点（表 2-16）。其中，亚洲－大洋洲地区的天然气生产开始受限，增长乏力，产量增幅由上年的 11.1％急剧下降至 0.3％。全球天然气商品产量增长主要依赖于中东、北美和独联体国家的贡献。

表 2-16 2011 年世界天然气商品产量表　　　　　单位：$10^8 m^3$

| 地区 | 2010 年 | 2011 年 | 增长量 | 变化率 |
|------|---------|---------|--------|--------|
| 北美 | 8 040 | 8 486 | 446 | 5.5％ |
| 独联体 | 7 849 | 8 212 | 363 | 4.6％ |
| 中东 | 4 711 | 5 245 | 534 | 11.3％ |
| 亚洲－大洋洲 | 4 843 | 4 859 | 16 | 0.3％ |
| 欧洲 | 3 011 | 2 729 | －282 | －9.4％ |
| 非洲 | 2 089 | 1 967 | －122 | －5.8％ |
| 拉丁美洲 | 1 548 | 1 593 | 45 | 2.9％ |
| 世界合计 | 32 091 | 33 091 | 1 000 | 3.1％ |

2010 年前后，中东地区天然气产量一直保持强势增长，2011 年共生产商品天然气 5 245×$10^8 m^3$，增幅达到了 11％。目前，中东天然气商品产量在全球的份额已达到了 16％，超越亚洲－大洋洲成为世界第三大天然气产区。

美国、俄罗斯和土库曼斯坦的天然气产量继续保持高速增长，巩固了北美和独联体天然气产量在全球领先的地位。这两个地区产量合计超过全球天然气产量的一半。

利比亚的战乱严重影响了上游的油气开发，使非洲的天然气产量减少了 5.8％。由于没有新的天然气发现和投产，欧洲天然气产量出现历史性下跌。

从 2011 年世界天然气生产来看，有以下几方面的特点。

### 1. 北美非常规气推动产量大幅增加

在美国和加拿大非常规天然气产量大幅增长的推动下，北美天然气商品量累计增长 5.6％。其中，美国的天然气商品量比上年激增 7.8％，总量超过 6 500×$10^8 m^3$，年增产量创历史最高水平。其中，页岩气产量增长 37％，达到 1 930×$10^8 m^3$，致密气和煤层气的产量分别为 1 700×$10^8 m^3$ 和 520×$10^8 m^3$。非常规气产量已占美国天然气总产量的 63.8％，而墨西哥湾的常规天然气产量则较上年减少了 19%。

加拿大的天然气商品量与上年基本持平，止住了连续 4 年下滑的走势。其中，不列颠哥伦比亚省的非常规气产量作出了巨大贡献，该省产量剧增了 19%。

**2. 独联体出口推动产量跃升**

2011 年，独联体地区天然气产量达到了 8 212×10⁸m³，增长 4.6%。增加的产量主要来自于俄罗斯和土库曼斯坦，特别是土库曼斯坦的天然气产量跃升了 46.2%，达到 608×10⁸m³，成为地区内仅次于俄罗斯的第二大天然气生产国。俄罗斯的天然气产量同比增加 3%，约为 280×10⁸m³。地区产量大幅增长的直接动因是向中国、欧洲等地的出口量增加。

**3. 欧洲产量跌幅创历史纪录**

在经历了 2010 年的短暂回升之后，2011 年欧洲天然气产量未能扭转向下趋势并历史性地下跌了 9.4 个百分点，仅生产 2 730×10⁸m³。导致产量下跌的主要因素包括：成熟气田的自然递减、生产中的技术问题（维修关井等）、需求下降、无新的天然气发现、管输容量限制及境外进口量增加等。其中，挪威的天然气商品量在保持长达 15 年的稳步增长后首次下跌 4.6%。

**4. 南美各国天然气生产极不均衡**

尽管 2011 年南美的天然气商品量增加 2.9%，达到 1 593×10⁸m³，但各国的发展极不均衡。秘鲁、巴西和玻利维亚的产量分别大幅增长 57%、16% 和 8.5%，而其他主要生产国，如阿根廷、特立尼达和多巴哥等国的产量则出现不同程度下降，其中阿根廷天然气产量再次下跌 3.3%。

**5. 亚洲—大洋洲地区十年来天然气产量首次滞涨**

过去 10 年中，亚洲—大洋洲地区的天然气产量一直保持年均 6.5% 的增幅，然而 2011 年的增幅不足 0.5%。主要原因是印度、澳大利亚及东南亚地区成熟气田的产量递减。其中，印度的产量同比下降了 9%；印度尼西亚则急跌了 5%，直接影响到了液化天然气（LNG）出口。中国是唯一一个产量大幅增加的国家，共生产了约 1 030×10⁸m³，增幅约 10%。产量下跌造成天然气供应短缺，促使地区的进口需求上升并开始计划新建或扩建液化天然气 LNG 接收终端。

**6. 非洲政局动荡致使产量下降**

受到政治纷争、技术困难和资源短缺等多种因素的严重影响，非洲天然气产量下降了 5.8%。其中，利比亚的天然气产量在 2011 年 2 月后锐减，全年产量估计仅 40×10⁸m³，比上年减少 130×10⁸m³。但撒哈拉以南区域的天然气开发取得了显著进步。最为突出的是尼日利亚，其天然气商品量大幅增加，国内供应和液化天然气 LNG 出口均保持增长。莫桑比克、坦桑尼亚和南非等小型国家，国内产量和消费量都有明显增加。

**7. 中东成为世界第三大天然气产区**

2011 年，中东的天然气产量以 530×10⁸m³ 的巨大增量赶超亚洲—大洋洲，成为继独联体和北美之后的第三大产气区。其中，沙特阿拉伯的天然气产量增幅达到 13%，卡塔尔的产量飙升了 25% 以上，也门因液化天然气（LNG）项目投产，2011 年天然气产量增长了 54%，净增 35×10⁸m³。此外，非伴生气田的发展也推动了伊拉克和叙利亚等国天然气产量的增加。

### 五、天然气消费

#### 1. 世界天然气消费

天然气需求持续增长。除欧洲需求量急剧下降以外，世界大多数地区的天然气需求量持续增长，2011 年表观消费量（商品产量＋进口量－出口量）达到 33 091×$10^8$ m³，比上年增长 3.1％（表 2-17）。

表 2-17　2010 与 2011 年世界天然气表观消费量对比表　　　　单位：$10^8$ m³

| 地区 | 2010 年 | 2011 年 | 增长率 |
|---|---|---|---|
| 北美 | 8 238.7 | 8 654.3 | 5.0％ |
| 南美 | 1 402.7 | 1 445.6 | 3.1％ |
| 欧洲 | 5 704.0 | 5 443.7 | －4.6％ |
| 独联体 | 6 268.5 | 6 390.5 | 1.9％ |
| 非洲 | 1 008.5 | 1 038.1 | 2.9％ |
| 中东 | 3 773.5 | 4 025.9 | 6.7％ |
| 亚洲—大洋洲 | 5 695.5 | 6 092.5 | 7.0％ |
| 总计 | 32 091.4 | 33 090.6 | 3.1％ |

注：1. 欧洲地区包括欧盟 27 国、挪威、瑞士、土耳其和中欧国家；

　　2. 数据不包含天然气储存变化；

　　3. 资料来源：任姝艳，王蓓，等. 2011 年世界天然气工业发展评述. 天然气技术与经济，2012，6（4）.

中东地区和亚洲的新兴市场的需求活力最强，2011 年消费量分别比上年增加 6.7％和 7％。其中，亚洲—大洋洲地区占了需求增量的近 40％，共消费天然气约 6 100×$10^8$ m³，取代欧洲，成为继北美和独联体之后的全球第三大天然气消费地区，在全球天然气消费总量中的份额增加至 18.4％。

在北美，天然气价格的竞争力推动该地区 2011 年的天然气需求量飞速上涨了 5％。除去储气量变化和输送损耗后，加拿大和美国的国内天然气消费总量预计分别增长 3.6％和 2.2％，增加量主要来自工业和发电行业的需求。

相反，欧洲（欧盟 27 个成员国、挪威、瑞士、中欧和土耳其）的表观消费量在 2011 年下降了 5％，为 5 444×$10^8$ m³。除去库存变动后的实际消费量仅约 4 687×$10^8$ m³，比 2010 年下降 11.2％。在全球天然气市场中的份额降至 16.5％。

#### 2. 中国天然气消费

表 2-18 列出了 2007～2011 年我国天然气的消费量。由表可见，2007 年，我国天然气消费总量为 6.95×$10^{10}$ m³，仅占当年国内一次能源消费的 3.3％，远低于世界平均水平（23.8％）。多年来由于受"重油轻气"观念的影响，我国的天然气产量一直比较低。进入 21 世纪，我国气田气的储量增长很快，但天然气产量增加却明显滞后，最主要的原因是天然气管线严重不足，难以把中、西部气田的气送到东部经济发达的用气区，因而气田不能进行产能建设。

表 2-18　2007～2011 年我国天然气消费量　　　　　　　　单位：$10^8\,m^3$

| 项目 | 2007 | 2008 | 2009 | 2010 | 2011 |
|---|---|---|---|---|---|
| 消费量 | 695.23 | 812.94 | 895.20 | 1 075.75 | 1 305.30 |
| 增长率 ％ | — | 16.9 | 10.1 | 20.2 | 21.3 |

数据来源：《中国统计年鉴》。

从 20 世纪末到 21 世纪初，我国陆续开工建设了数条国内长距离天然气管道，包括陕京一线、二线、忠武线、西气东输线、淮武联络线、济青线、崖港线、兰银线和大哈线等，覆盖全国的天然气网正在逐步形成。在这几大管线中，西气东输线和陕京线规模最大。

陕京线通过与西气东输冀宁联络线的连接，形成了长庆油田、塔里木油田和华北油田三大气源保障的北京天然气供应格局，也是促进环渤海湾经济发展的重点工程。

西气东输一线和二线工程，累计投资超过 2 900 亿元，不仅是过去十年中投资最大的能源工程，而且是投资最大的基础建设工程；一、二线工程干支线加上境外管线，长度达到 15 000 多公里，这不仅是国内也是全世界距离最长的管道工程；西气东输工程穿越的地区包括新疆、甘肃、宁夏、陕西、河南、湖北、江西、湖南、广东、广西、浙江、上海、江苏、山东和香港特别行政区，惠及人口超过 4 亿人，是惠及人口最多的基础设施工程。

由表 2-18 可见，天然气管道的形成，快速推动了天然气的消费，这些年来，天然气的消费量每年都以两位数增长。2011 年增长率达到了 21.3％。

根据预测，到 2020 年，我国天然气的产量仅可满足全国需求量的 55％～67％，不足的部分需要从丰富的国际天然气资源中获得。因此，除了国内天然气管线的建设，我国政府分别与俄罗斯和土库曼斯坦、乌兹别克斯坦和哈萨克斯坦达成了建设国际天然气管道的协议。通过西气东输管道，源源不断地送往我国各个城市。

专家估计，到 21 世纪中期，全国将形成一张覆盖 31 个省份的天然气管道大网，95％以上的地级市均可用上天然气，能源消费结构也将进一步优化。

在发展陆路天然气管线的同时，中国政府和企业也将在 11 个沿海省、市、自治区建设大型液化天然气（LNG）进口项目，气源来自澳大利亚等国家或地区。其中广东项目规模最大，于 2003 年开工建设，项目有效地缓解我国最发达的珠江三角洲地区的能源紧张局面，对调整能源结构、改善生态环境等产生深远影响。

表 2-19 列出了我国天然气消费的主要部门及其他们消费的占比。由表可见天然气主要用于工业。到 2011 年，工业用的天然气依然占到六成以上。其次，民用生活消费已占到两成左右。民用消费的天然气相对比例在缓慢的增加，由于我国总的天然气消费量增长很快，所以民用天然气的绝对值增长更快。这对提高人民的生活水平具有重要意义。

表 2-19　2007～2011 年中国天然气消费主要部门及其占比　　　单位：$10^8\,m^3$

| 项目 | 2011 | 2010 | 2009 | 2008 | 2007 |
|---|---|---|---|---|---|
| 消费总量 | 1 305.30 | 1 075.75 | 895.20 | 812.94 | 695.23 |
| 工业 | 839.95 | 687.25 | 577.90 | 531.60 | 509.67 |
| 工业占比（％） | 64.3 | 63.9 | 64.6 | 65.4 | 73.3 |

| 项　目 | 2011 | 2010 | 2009 | 2008 | 2007 |
|---|---|---|---|---|---|
| 交通、仓储和邮政业 | 138.35 | 106.70 | 91.07 | 71.55 | 16.89 |
| 交通、仓储和邮政业占比（%） | 10.6 | 9.9 | 10.2 | 8.8 | 2.4 |
| 生活消费 | 264.38 | 226.90 | 177.67 | 170.12 | 133.39 |
| 生活消费占比（%） | 20.3 | 21.1 | 19.8 | 20.9 | 19.2 |

数据来源：《中国统计年鉴》。

# 第四节　水　能

## 一、水能资源

### 1. 水能资源的概念

水能资源指水体的动能、势能和压力能等能量资源。自由流动的天然河流的出力和能量，称为河流潜在的水能资源，或称水力资源。广义的水能资源包括河流水能、潮汐水能、波浪能、海流能等能量资源；狭义的水能资源指河流的水能资源。水能是一种可再生能源。到 20 世纪 90 年代初，河流水能是人类大规模利用的水能资源；潮汐水能也得到了较成功的利用；波浪能和海流能资源则正在进行开发研究。

人类利用水能的历史悠久，但早期仅将水能转化为机械能，直到高压输电技术发展、水力交流发电机发明后，水能才被大规模开发利用。目前水力发电几乎为水能利用的唯一方式，故通常把水电作为水能的代名词。

构成水能资源的最基本条件是水流和落差（水从高处降落到低处时的水位差），流量大，落差大，所包含的能量就大，即蕴藏的水能资源大。

水力发电是利用河流、湖泊等位于高处具有位能的水流至低处，将其中所含之位能转换成水轮机之动能，再藉水轮机为原动力，推动发电机产生电能。利用水力（具有水头）推动水力机械（水轮机）转动，将水能转变为机械能，如果在水轮机上接上另一种机械（发电机）随着水轮机转动便可发出电来，这时机械能又转变为电能。水力发电在某种意义上讲是水的位能转变成机械能，再转变成电能的过程。因水力发电厂所发出的电力电压较低，要输送给距离较远的用户，就必须将电压经过变压器增高，再由空架输电线路输送到用户集中区的变电所，最后降低为适合家庭用户、工厂用电设备的电压，并由配电线输送到各个工厂及家庭。

### 2. 世界水能资源

世界各大洲的水能资源参见表 2-20，其中理论蕴藏量没有考虑河流分段长短、水文数据选择、地形地貌及淹没损失条件等因素的影响，也没有考虑转变为电能的各种效率和损失。理论蕴藏量是按全年平均出力计算，平均出力乘以 8 760h 便为理论的年发电量。技术上可开发的水能资源是根据河流的地形、地质条件，作出河流的梯级开发规划，将各种技术上可能开发的水电厂装机容量和年发电量总计而得。技术上可能开发的水能资源，或由于造价过高、淹没损失太大，或由于输电距离太远等原因，在经济上不合算时，不能被开发利用。

表 2-20　世界各大洲的水能资源

| 地区 | 水能理论蕴藏量 | | 技术上可开发的水能资源 | | 经济上可开发的水能资源 | |
|---|---|---|---|---|---|---|
| | 电量<br>（$\times 10^{12}$ kW·h） | 平均出力<br>（$\times 10^4$ MW） | 电量<br>（$\times 10^{12}$ kW·h） | 装机容量<br>（$\times 10^4$ MW） | 电量<br>（$\times 10^{12}$ kW·h） | 直接容量<br>（$\times 10^4$ MW） |
| 亚洲 | 16.486 | 188.2 | 5.34 | 106.8 | 2.67 | 61.01 |
| 非洲 | 10.118 | 115.3 | 3.14 | 62.8 | 1.57 | 35.83 |
| 拉丁美洲 | 5.67 | 64.7 | 3.78 | 75.6 | 1.89 | 43.19 |
| 北美洲 | 6.15 | 70.2 | 3.12 | 62.4 | 1.56 | 35.64 |
| 大洋洲 | 1.5 | 17.1 | 0.39 | 7.8 | 0.197 | 4.5 |
| 欧洲 | 8.3 | 94.8 | 3.62 | 72.4 | 1.807 | 41.3 |
| 全世界合计 | 48.224 | 550.5 | 19.39 | 387.8 | 9.7 | 221.5 |

全世界江河的理论水能资源为 48.2 万亿度/年，技术上可开发的水能资源为 19.3 万亿度/年。水能是清洁的可再生能源，但和全世界能源需要量相比，水能资源仍很有限，即使把全世界的水能资源全部利用，也不能满足其需求量的 10%。

**3. 我国水能资源**

不论是水能资源蕴藏量，还是可能开发的水能资源，我国在世界各国中均居第一位。最新普查结果显示，我国水能资源理论蕴藏量的总规模是 $6.89 \times 10^8$ kW，技术可开发量是 $4.93 \times 10^8$ kW，经济可开发量是 $3.95 \times 10^8$ kW。据统计，中国水能资源可能开发率（即可能开发的水能资源的年发电量与水能资源蕴藏量的年发电量之比）为 32%，可能开发的水能资源装机容量为 $3.78 \times 10^8$ kW，年发电量为 $1.92 \times 10^{12}$ kW·h。

我国水能资源有以下一些特点：

① 总量丰富，人均资源量不高。水能资源量居世界第一，人均资源量却只占世界平均水平的 2/3 左右。

② 资源分布不均匀。水能资源主要分布在西南、西北等地区，约占总水能资源量的 80%，经济发达的东部沿海地区只占 6%。如长江、金沙江、雅砻江、大渡河、乌江、红水河、澜沧江、黄河和怒江等大江大河的干流水能资源丰富，总装机容量约占全国经济可开发量的 60%，具有集中开发和规模外送的良好条件，如表 2-21 所示。

表 2-21　中国各大流域水能资源统计表

| 分区 | 水能蕴藏量 | | | 可能开发水能资源 | | |
|---|---|---|---|---|---|---|
| | 平均出力<br>（$\times 10^4$ MW） | 年发电量<br>（$\times 10^8$ kW·h/a） | 占全国比例<br>（%） | 装机容量<br>（$\times 10^4$ MW） | 年发电量<br>（$\times 10^8$ kW·h/a） | 占全国比例<br>（%） |
| 全国 | 67 604 | 59 222 | 100 | 37 853 | 19 233 | 100 |
| 长江 | 26 801 | 23 478 | 39.6 | 19 724 | 10 275 | 53.4 |
| 黄河 | 4 055 | 3 552 | 6 | 2 800 | 1 170 | 6.1 |
| 珠江 | 3 348 | 2 933 | 5 | 2 485 | 1 125 | 5.8 |
| 海河、滦河 | 294 | 258 | 0.4 | 214 | 52 | 0.3 |
| 淮河 | 145 | 127 | 0.3 | 66 | 19 | 0.1 |
| 东北诸河 | 1 531 | 1 341 | 2.3 | 1 371 | 439 | 2.3 |

续表

| 分区 | 水能蕴藏量 | | | 可能开发水能资源 | | |
|---|---|---|---|---|---|---|
| | 平均出力<br>($\times 10^4$ MW) | 年发电量<br>($\times 10^8$ kW·h/a) | 占全国比例<br>（%） | 装机容量<br>($\times 10^4$ MW) | 年发电量<br>($\times 10^8$ kW·h/a) | 占全国比例<br>（%） |
| 东南沿海诸河 | 2 067 | 1 811 | 3.1 | 1 390 | 547 | 2.9 |
| 西南国际诸河 | 9 690 | 8 489 | 14.3 | 3 768 | 2 099 | 10.9 |
| 雅鲁藏布江及西藏其他河流 | 15 974 | 13 994 | 23.6 | 5 038 | 2 968 | 15.4 |
| 北方内陆及新疆诸河 | 3 699 | 3 240 | 5.5 | 997 | 539 | 2.8 |

③ 江河水量变化大。年内由于雨季集中，江河会出现季节性枯、丰水现象；年际降水量变化也较大，长江、珠江、松花江最大年际流量与最小年际流量之比可达 2～3 倍，淮河、海河则可高达 15～20 倍。

④ 水能资源可开发率较低。约为 32%，与发达国家或地区有较大差距。例如，美国在 1986 年时已开发 43.3%，加拿大在 1997 时年已开发 42.9%，日本在 1986 时年已开发 95.0%，法国在 1986 年时已开发 92.1%，意大利在 1986 年时已开发 93.0%，西班牙在 1997 年时已开发 61.6%。

## 二、中国水能发展现状与前景

### 1. 水能发展现状

水力发电是最成熟的可再生能源发电技术，在世界各地得到广泛应用。到 2005 年年底，全世界水电总装机容量约为 $8.5 \times 10^8$ kW。目前，发达国家水能资源已基本开发完毕，水电建设主要集中在发展中国家或地区。我国十分重视水能资源的开发，近年来水能开发有以下特点：

① 水电装机容量逐年上升，但占总装机容量比例略有下降。表 2-22 列出了我国自 1990～2011 年间的电力生产量、水电生产量，以及水电在电力生产量中的占比。由表可见，水力发电量逐年增加，但水电在总发电量中的比例却在逐年下降。反映了我国电力需求旺盛，火电和其他电力生产的增长速度比水电发电增长更加迅速。

表 2-22　我国 1990～2011 年水力发电量及其在总发电量中的比例

单位：亿 kW·h

| 项目 | 1990 | 1995 | 2000 | 2005 | 2010 | 2011 |
|---|---|---|---|---|---|---|
| 生产量 | 6 212.0 | 10 077.3 | 13 556.0 | 25 002.6 | 42 071.6 | 47 130.2 |
| 水电 | 1 267.2 | 1 905.8 | 2 224.1 | 3 970.2 | 7 221.7 | 6 989.5 |
| 水电占比（%） | 20.4 | 18.9 | 16.4 | 15.9 | 17.2 | 14.8 |

数据来源：《中国统计年鉴 2013》。

根据国家统计局发布的数据，2014 年上半年，全社会发电量累计为 26 163 亿 kW·h，比去年同期增长 5.8%。其中火力发电量累计 20 995 亿 kW·h，同比增长 4.7%；水力发电量累计 3 713 亿 kW·h，同比增长 9.7%，水电占比 14.2%。

② 水电装机容量和发电量较为集中。主要分布在西南、中南和华中地区，其中，四川、重庆、湖北和湖南占总发电量的 34%；福建、云南、贵州等地区的水电发电量占全国的

25％；而山东、内蒙古、江苏、河北等地区的水电之和不到全国的 1％。

③ 小水电资源丰富。目前，小水电已经发展成为我国最大、发展最快的新能源利用领域。我国小型水电站的理论资源是 $1.8 \times 10^8 kW$，技术可开发资源量是 $7.5 \times 10^7 kW$，其中单站装机容量为 0.1～50MW 的技术可开发量约为 $1.28 \times 10^8 kW$，年发电量约为 $4.5 \times 10^{11}$ kW·h。遍及全国 30 个省（区、市），1 600 多个县（市），其中四川、西藏、云南、新疆是小水电资源技术可开发重点省份。

④ 小水电发展迅速，其发电量占全国水电发电量的 1/3。截至 2004 年年底，全国 30 个省（区、市），共建成了 4.2 多万座小水电站，装机容量达 $3.87 \times 10^4 MW$，发年电量达 $1.104\ 6 \times 10^{11} kW·h$，分别占当时全国水电总装机容量 $1.052\ 4 \times 10^5 MW$ 的 36.7％，当时全国水电总发电量 $3.31 \times 10^{11} kW·h$ 的 33.4％。2005 年农村水电新增装机突破 5 300MW，年发电量为 $1.318\ 0 \times 11 kW·h$。全国已建成 653 个农村水电初级电气化县，并正在建设 400 个适应小康水平的以小水电为主的电气化县。

**2. 水能发展前景**

截至 2008 年年底，中国水电总装机容量已突破 $1.7 \times 10^8 kW$，稳居世界第一。水能开发利用率从改革开放前的技术可开发量不足 10％提高到 27％，虽然稍高于 22％的世界平均水平，但仍远低于水力资源开发程度较高的国家或地区 50％的开发利用率。因此，我国水电事业具有广阔的发展前景。

我国水电开发的规划目标是：到 2020 年全国水电装机容量达到 $3.0 \times 10^8 kW$（其中大、中型水电为 $2.25 \times 10^8 kW$，小水电为 $0.75 \times 10^8 kW$），占可开发水力资源的 80％左右。

# 三、水电站

**1. 水力发电的特点**

水力发电区别于其他能源，具有以下几个特点：

（1）水能的再生

水能来自于江河中的天然水流，江河中的水流主要由自然界汽、水循环形成。水的循环使水电站的水能可以再生，故水能被称为再生能源。

（2）水能的综合利用

水力发电只利用水流中的能量，不消耗水量。因此，水能可以综合利用，除发电以外，可同时兼得防洪、灌溉、航运、给水、水产养殖、旅游等方面的效益。

（3）水能的调节

电能不能储存，生产与消费必须同时完成。水能可存蓄在水库里，根据电力系统的要求进行发电，水库是电力系统的储能库。水库调节提高了电力系统对负荷的调节能力，增加了供电的可靠性与灵活性。

（4）水力发电的可逆性

把高处的水体引向低处驱动水轮机发电，将水能转换成电能；反过来，通过水泵将低处的水送往高处水库储存，将电能又转换成水能。利用这种水力发电的可逆性修建抽水蓄能电站，对提高电力系统的负荷调节能力有独特的作用。

（5）水力发电机组工作的灵活性

水力发电机组设备简单，操作灵活方便，易于实现自动化，具有调频、调峰和负荷调整等功能，可增加电力系统的可靠性。水电站是电力系统动态负荷的主要承担者。

（6）水力发电生产成本低、效率高

与火电相比，水力发电厂运行维修费用低，不用支付燃料费用，故发电成本低廉。水电站的能源利用率高，可达85%以上，而火电厂燃煤热能效率只有30%～40%。如果计及火电厂煤矿及运输投资，水电站造价与火电厂造价相近。

（7）有利于改善生态环境

水电站生产电能基本不产生"三废"，基本不污染环境，扩大的水库水面面积调节了所在地区的小气候，调整了水流的时空分市，有利于改善周围地区的生态环境。

**2. 水电站的基本类型**

水电站的分类标准和分类方式很多。例如，按工作水头分为低水头、中水头和高水头水电站；按水库的调节能力分为无调节（径流式）和有调节（日调节、年调节和多年调节）水电站；按在电力系统中的作用分为基荷、腰荷及峰荷水电站；按集中水头的方式可分为坝式、引水式和混合式水电站等；按水电站的组成建筑物及其特征，可将水电站分为坝式、河床式和引水式三种基本类型。

（1）坝式水电站

坝式水电站常修建于河流中、上游的高山峡谷中。水电站厂房位于坝后，不起挡水作用，也不承受上游水压力。坝式水电站的引水道短，水头损失小，建筑物布置比较集中。当水电站厂房紧靠坝体，布置在坝体非溢流段下游时，称为坝后式水电站；当河谷较窄而水电站机组台数较多时，可将厂房布置在溢流坝段下游，或者让溢流水舌跳越厂房顶泄入下游河道，形成跳跃式水电站，如贵州乌江渡水电站；或让厂房顶兼作送洪道宣泄洪水，形成厂房顶溢流式水电站，如浙江新安江水电站；如坝体足够大，也可将厂房布置在坝内而形成坝内式水电站，如江西上犹江水电站和湖南凤滩水电站。坝式水电站的水头由坝来集中，且一般为中、高水头。

（2）河床式水电站

河床式水电站常修建在河流中、下游河道较平缓处，水电站厂房位于河体内，和坝共同组成挡水建筑物，从而水电站厂房本身承受上游的水压力。

河床式水电站一般均为低水头大流量型水电站，厂房应尽量远离溢流坝段而布置在河岸边。如果厂房与溢流坝段相邻，则厂房与溢流坝段之间在上、下游都应有足够长的导流隔墙，以免泄洪时影响发电。当溢流坝段和厂房均较长、布置上有困难时，可将厂房机组段分散布置于泄水闸闸墩内而形成闸墩式厂房，如宁夏青铜峡水电站；或通过厂房宣泄部分洪水而形成泄水式厂房，如湖北葛洲坝大江、二江水电站。这两种布置方式在泄洪时还可因射流得到增加水头的效益。河床式水电站的水头由挡水建筑物集中，水头一般均低于30～40m。

（3）引水式水电站

引水式水电站一般修建在河流坡度大、水流湍急的山区河段。水电站厂房位于河岸，距水电站取水口较远。这种水电站的引水道较长，并以此集中水电站全部或相当大一部分水头。根据引水道中水流的流态，引水式水电站又分为有压引水式水电站和无压引水式水电站。坝式、河床式及引水式水电站，虽各具特点，但有时它们之间却难以明确划分。从水电站建筑物及其特征的观点出发，一般把引水式开发及筑坝引水混合式开发的水电站统称为引水式水电站。此外，某些坝式水电站也可能将厂房布置在下游河岸上，通过在山体中开凿的引水道供水，这时水电站建筑物及其特征与引水式水电站相似。

### 3. 其他类型水电站

#### （1）抽水蓄能电站

抽水蓄能电站是具有抽水和发电两种功能的可逆式水电站。这种电站有上游和下游两个水库，两库之间形成落差；厂房内装有水泵水轮机组，它在电力系统低谷负荷时利用系统中多余的电能将下降的水抽送到上库，以水的势能形式储存起来，在系统尖峰负荷时再由上库放水发电。所以抽水蓄能电站的工作是由发电和抽水两种工况组成的，它不仅对系统负荷起到了调峰填谷的作用，而且也大为改善了电力系统中火电机组的运行情况。

抽水蓄能电站根据利用水量的情况可分为两大类：一类是纯抽水蓄能电站，它是利用一定的水量在上水库和下水库之间循环进行抽水和发电；另一类是混合式抽水蓄能电站，它修建在河道上，上游水库有天然来水，电站厂房内装有水泵水轮机组和常规的水轮发电机组，既可进行水流的能量转换，又能进行径流发电，可以调节发电和抽水的比例以增加发电量。

#### （2）潮汐水电站

潮汐水电站是在沿海的港湾或河口建造围坝，形成水库，并利用大海涨潮和退潮时所形成的水头进行发电。单向潮汐电站仅在退潮时利用池中高水位与退潮低水位的落差发电；双向潮汐电站不仅在退潮时发电，而且也在涨潮时利用涨潮高水位与池中低水位的水位差发电。

# 第三章 新能源

如前所述，新能源是相对的。现在的新能源，过些年就有可能是常规能源。随着技术的进步，也有可能出现另一些新能源。我们这里主要介绍太阳能、风能、核能和生物质能。常常谈到的新能源还有地热能等；上一章提到的可燃冰等，其实也应属于新能源的范畴。

## 第一节 太 阳 能

### 一、太阳能概述

#### 1. 太阳热辐射

太阳是一个表面辐射温度约为 5 760K 的巨大炽热球体，其中心的温度高达 $2 \times 10^7$ K。在太阳内部进行着激烈的热核反应，使四个氢原子聚变为一个氦原子，并释放出大量的能量（每 1g 氢原子聚变为氦放出 $6.5 \times 10^8$ kJ），它以电磁波的形式不断地向宇宙空间辐射能量。

地球大气层上界接收到的太阳辐射功率约为 $1.73 \times 10^{17}$ W，仅占太阳辐射总能量的二十亿分之一左右。太阳辐射热量的大小用辐射照度来表示。它是指 $1m^2$ 黑体表面在太阳辐射下所获得的辐射能通量，单位为 $W/m^2$。地球大气层外与太阳光线垂直的表面上的太阳辐射照度几乎是定值。在地球大气层外，太阳与地球的年平均距离处，与太阳光线垂直的表面上的太阳辐射照度为 $I_0 = 1 353W/m^2$，被称为太阳常数。

由于太阳与地球之间的距离在逐日变化，地球大气层上边界处与太阳光线垂直的表面上的太阳辐射照度也会随之变化，1月1日最大，为 $1 405W/m^2$，7月1日最小，为 $1 308W/m^2$，相差约 7%。计算太阳辐射时，如果按月份取不同的数值，可达到比较高的精度。表 3-1 给出了各月大气层外边界太阳辐射照度。

**表 3-1  各月大气层外边界太阳辐射照度**

| 月份 | 1 | 2 | 3 | 4 | 5 | 6 | 7 | 8 | 9 | 10 | 11 | 12 |
|---|---|---|---|---|---|---|---|---|---|---|---|---|
| 辐射照度（$W/m^2$） | 1 405 | 1 394 | 1 378 | 1 353 | 1 334 | 1 316 | 1 308 | 1 315 | 1 330 | 1 350 | 1 372 | 1 392 |

地球接受的太阳辐射的 30% 左右以短波辐射反射回去，约有 47% 的太阳辐射能被大气层和地表面所吸收，使其温度升高，然后以长波辐射的形式重新辐射回宇宙空间。剩下的 23% 的太阳辐射能到达地球表面后成为气流和水波的原动力。上述的总能量中只有 0.02% （$4.0 \times 10^{11}$ kW）的能量通过植物和其他的"生产者"机体中的光合作用进入生物系统。另外还有一部分作为化学能储存在植物和动物的机体内，在合适的地理条件下经过数百万年转变成煤、矿物油、天然气等化石能源。

#### 2. 太阳能资源

通常所说的太阳能资源，不仅包括直接投射到地球表面上的太阳辐射能，而且包括像水能、风能、海洋能和潮汐能等间接的太阳能资源，还应包括绿色植物光合作用所固定下来的能量，即生物质能。现在广泛开采并使用的煤炭、石油、天然气等也都是古老的太阳能的产物，即由千百万年前动、植物本体所吸收的太阳辐射能转换而成的。水能是由水位的高差所产生的，由于受到太阳辐射的结果，地球表面上（包括海洋）的水分蒸发，形成雨云在高山地区降水后，即形成水能的主要来源。风能是由于受到太阳辐射，在大气中形成温差和压差，从而造成空气的流动而产生的。潮汐能则是由于太阳和月亮对地球上海水的万有引力作用的结果。总之，严格说来，除了地热能和原子核能以外，地球上的所有其他能源全部都源自太阳能。

### 3. 太阳能资源的特点

与常规能源相比较，太阳能资源具有的优点，包括以下四个方面。

（1）数量巨大

每年到达地球表面的太阳辐射能约为 $1.8 \times 10^{14}$ t 标准煤，即约为目前全世界所消费的各种能量总和的 1 万倍。

（2）时间长久

根据天文学研究的结果表明，太阳系已存在大约有 130 亿年。根据目前太阳辐射的总功率以及太阳上氢的总含量进行估算，太阳尚可存续约 1 000 亿年。

（3）获取方便

太阳能分布广泛，无论大陆、海洋、高山或岛屿，都有太阳能，其开发和利用都很方便。

（4）洁净安全

太阳能安全卫生，对环境无污染，不损害生态环境。

太阳能资源虽有上述几方面常规能源无法比拟的优点，但也存在以下三个方面的缺点。

（1）分散性

到达地球表面的太阳辐射能的总量尽管很大，但是能源密度却很低，北回归线附近夏季晴天中午的太阳辐射强度最大，平均为 $1.1 \sim 1.2 \mathrm{kW/m^2}$，冬季大约只有其一半，而阴天则往往只有 1/5 左右。因此，想要得到一定的辐射功率，一是增大采光面积；二是提高采光面积的集光比。但前者将需占用较大的地面，后者则会使成本提高。

（2）间断性和不稳定性

由于受昼夜、季节、地理纬度和海拔高度等自然条件的限制，以及晴、阴、云、雨等随机因素的影响，太阳辐射是间断和不稳定的。为了使太阳能成为连续、稳定的能源，就必须很好地解决蓄能问题，即把晴朗白天的太阳辐射能尽量储存起来以供夜间或阴雨天使用。

（3）效率低和成本高

太阳能利用有些虽然在理论上是可行的，技术上也成熟，但因其效率较低和成本较高，目前还不能与常规能源相竞争。

## 二、我国太阳能资源

我国幅员辽阔，太阳能资源十分丰富。据估算，我国陆地表面每年接受的太阳辐射能约为 $50 \times 10^{18}$ kJ。从全国太阳年辐射总量的分布来看，以青藏高原地区最大，四川和贵州两省的太阳年辐射总量最小。根据我国气象部门测量太阳能年辐射总量的大小，将我国大陆划分为五类地区，如表 3-2 所示。

表 3-2　中国太阳能分布

| 地区分类 | 级别 | 全年日照小时数 (h) | 太阳辐射年总量 [MJ/(m² · a)] | 相当于燃烧标煤 [kg/(m² · a)] | 包括的地区 |
|---|---|---|---|---|---|
| I | 丰富区 | 3 200～3 300 | ≥6 700 | ≥228 | 青藏高原、甘肃北部、宁夏北部和新疆南部 |
| II | | 3 000～3 200 | 5 860～6 700 | 200～228 | 河北西北部、山西北部、内蒙古南部、宁夏南部、甘肃中部、青海东部、西藏东南部和新疆南部等地 |
| III | 较丰富区 | 2 200～3 000 | 5 020～5 860 | 171～200 | 山东、河南、河北东南部、山西南部、新疆北部、吉林、辽宁、云南、陕西北部、甘肃东南部、广东南部、福建南部、江苏北部和安徽北部等地 |
| IV | | 1 400～2 200 | 4 190～5 020 | 142～171 | 长江中下游、福建、浙江和广东的一部分地区、东北、内蒙古呼盟等地 |
| V | 贫乏区 | <1 400 | <4 190 | <142 | 四川、贵州两省 |

太阳能利用的方法很多，有人总结，太阳能主要有九种用途：

① 太阳能发电。主要是把太阳的能量聚集在一起，加热来驱动汽轮机发电。

② 太阳能光伏发电。将太阳能电池组合在一起，大小规模随意。

③ 太阳能水泵。正在取代太阳能热动力水泵。

④ 太阳能热水器。

⑤ 太阳能建筑。主要有三种形式：即被动式、主动式和"零能建筑"。

⑥ 太阳能干燥。用于对许多农副产品的干燥。

⑦ 太阳灶。可以分为热箱式和聚光式两种。

⑧ 太阳能制冷与空调。这是一种节能型的绿色空调，无噪声、无污染。

⑨ 淡化海水，治理环境等其他用途。

特别受人关注的利用方法主要有太阳能发电、太阳能热水器和太阳能建筑等。

## 三、太阳能发电的主要技术

太阳能发电的主要形式包括：平板型光伏电池与阵列、聚光型光伏发电成套设备、槽式聚光热发电系统、塔式聚光热发电系统、碟式光热发电技术等。

### 1. 平板型光伏电池与阵列

目前投入商用的平板型光伏电池主要采用单晶硅或多晶硅电池技术。通常由单个电池组件串联成电池串，若干个电池串再并联后进行封装，从而制成太阳能电池板。每块太阳能电池板的电池安装容量为 150～200Wp，即在理想条件下（阳光垂直照射，环境温度不超过 25℃，光照度达到一类地区或二类较高地区指标），其直流峰值发电能力为 150～200W。通常情况下，为了保证发电量，太阳能电池板的安装容量要大于预期使用容量。一般条件下，安装容量需要设计为使用容量的 1.3～1.5 倍。

在欧美国家或地区，太阳能电池板主要应用于独立的民居发电，安装容量一般为 3～

5kWp；或者大规模公用建筑或商业建筑的屋顶或幕墙发电，其安装容量通常为 100～1 000kWp。这种太阳能发电形式被称为建筑集成光伏发电，即 BIPV（Building Integrated Photovoltaic）。

平板型光伏发电系统向直流负荷供电时，电池板阵列经汇线箱（盒）汇集后直接提供负荷用电；当与传统交流系统并用时，直流电源汇集后经逆变器产生符合交流电压、频率的单相或三相交流电，汇入用户的电源系统。将太阳能电池板阵列按照规划发电容量进行铺设，形成大规模平板式光伏发电系统，也可以建成大规模光伏电厂。根据国外已建成的大规模平板式光伏电厂经验数据测算，固定式安装的平板光伏发电技术，其每 1MW 安装容量需占地 3.5 英亩，约合 21 市亩。目前最大的平板式光伏电厂，规模不超过 5MW。

平板型光伏发电系统，主要包括太阳能电池板、直流保护与汇集系统、逆变器、交流保护与开关系统、发电量计量、基础结构等部分。如果为大规模并网型电厂，还要考虑直流线路、交流线路、升压站等部分。平板式光伏发电系统光－电总转换效率大约为 16%～18%。在该系统中，为了提高太阳光的发电利用率，可以采用单轴或双轴追踪系统，使阳光直射的时间加长，从而提高发电量。单轴追踪系统可以提高发电量约 25%，双轴追踪系统可以提高发电量约 40%。由于追踪系统需要驱动电池板根据太阳方位角旋转会产生阴影效应，所以占地面积将增加一倍左右。

平板式光伏发电系统结构简单、技术含量低、安装施工方便，且由于晶体硅材料价格下降，所以其成本呈下降趋势。但其发电效率低、运输不便、不便于维护，例如遇到风沙或降雪造成电池板表面遮挡后，需要较长时间进行清扫，影响发电效率，一旦电池板表面形成局部遮挡的"斑点"效应，将导致被遮挡的电池组件发热超温损坏，形成永久损耗。同时，如果采用平板式光伏发电技术建设大规模光伏电厂，其安装和线路施工时间大幅度延长，影响投资回报周期。另外，平板式光伏发电系统主要依赖于大量的晶体硅，成本取决于国际晶体硅材料价格，原材料主要掌握在极少数国家或地区手中，而国内仅有加工企业，存在战略风险。

**2. 聚光型光伏发电成套设备**

聚光型光伏发电技术，简称 CPV（Concentrated Photovoltaic），是最近几年迅速发展的大规模光伏发电技术，主要应用于兆瓦以上规模的并网型太阳能光伏发电厂。与平板型光伏发电技术相比，其受到青睐的主要原因是它的经济性、建设周期短、占地面积小、维护方便和对场地平整程度的要求不如平板型光伏发电系统苛刻。

CPV 系统的发电核心技术是"多结光伏电池"（Multiple－Junction Cell）和"菲涅尔聚光镜"（Fresnel Lens），同时采用高精度双轴太阳方位跟踪技术和液压驱动 CPV 模块对日系统。将较大面积的光照聚集在较小面积的电池表面，可以充分发挥光伏电池的转化效能，产生超过阳光直接照射在电池表面的发电量。在实验室条件下，一片 6 英寸平板电池可以产生 2～3W 电量，而经菲涅尔镜聚焦后同样面积多结电池则可以产生 1 000W 电量。

单独的 CPV 单元主要包括"菲涅尔聚光镜"、多结光伏电池和单元结构支架。菲涅尔镜用于将入射的太阳光聚焦到其焦点上，在焦点位置安装小面积的光伏电池组件，由支架将镜片和电池组合成为一个独立单元。

一个 CPV 系统包括 CPV 模块、基础结构、液压双轴驱动机构、光照及风速传感器、自动控制系统、直流线路和逆变器、并网控制和保护等部分。

CPV 发电设备 1MW 发电容量占地面积为 4～6 英亩,大约 30 亩。适合于太阳光照度极高和较高的平坦、开阔地区。以美国为例,从洛杉矶地区开始直到加利福尼亚是美国大陆太阳能资源最优和较优的地区,CPV 技术的年发电量比平板式技术要再高 25% 左右。

聚光型光伏发电设备光－电转化率高、抵御气候影响的能力强、对场地平整程度要求低、方便实现规模化、投资成本较低、对半导体材料的依赖程度低,安装周期短便于实现投资回报。同时,聚光型光伏发电技术成本和设备集中度比较分散,易于实现就地组装,也方便实现本地产业化生产,战略风险相对较小。但该系统基础施工要求高、完全依赖于大型机械安装,对安装施工队伍和运行维护人员的技术水平要求高,且不时需要进行专业化的系统调试。

**3. 槽式光热发电技术**

分别采用槽式聚光镜和吸热管来聚焦和吸收太阳光热能,进而转化成电能。槽式聚光镜是一种高精密度的太阳反射镜,按主要制造材料可分为两种:玻璃反射镜和铝板反射镜,反射镜的横截面采用槽式抛物面。吸热管一般由碳钢或合金钢材料制作,具体根据设计运行温度而定。吸热管安装在抛物镜的焦线上,与聚光镜一起构成槽式聚光器。

槽式聚光器的聚光比比较低,一般不超过 100。槽式光热发电技术在欧美具有 20 多年的商业化运行经验,技术比较成熟,产生的水蒸气已经达到 371℃ 的商业化电站运行温度,电站年均光热电转换效率已达 16%,理论峰值光热电转换效率最高可达 21%。

目前带储热系统的槽式光热电站,发电功率所需土地约 $20m^2/kW$(露天布置聚光镜场),10MW 的槽式光热电站占地 300 亩,50MW 槽式光热电站占地 1 500 亩。如若采用玻璃房内布置聚光镜,则占地面积可减半。目前国外带储热系统的槽式光热电站功率造价折合人民币 2.5 万元/kW 左右,不带储热系统的槽式光热电站功率造价人民币 2.2 万元/kW 左右。槽式光热电站目前可设计建设的单机发电规模以不超过 50MW 为宜,适合建设集中式光热电站,规模越大单位功率造价越低。

槽式光热电站一般采用一维跟踪方式,如果聚光镜焦线采用南北布置,则只需要在东西方向根据太阳的视位置变化而调整聚光镜的旋转角度,以保证阳光始终直射聚光镜,跟踪系统比较简单。

槽式光热发电应用的典型案例有:20 世纪 80～90 年代美国加州建造的由九座电站组成的 354MW 的 SEGS 系列电站;西班牙 Andasol1-2(100MW);希腊的克里达电站(50MW)。

目前国内已经建成试运行的典型槽式光热发电示范项目有:国电青松吐鲁番新能源 180kW 槽式光热发电示范项目;兰州大成能源在甘肃兰州建设的 200kW 槽式菲涅尔电站;华能集团在海南三亚南山电厂 1.5MW 线性菲涅尔光热发电项目。

**4. 塔式光热发电技术**

采用平面玻璃银镜阵列聚集太阳光辐射到吸热器去加热工质,吸热器则安装在聚光镜阵列中间的高塔顶部,目前比较流行的是多面体腔式吸热器。

塔式光热发电技术由于采用大面积的聚光镜阵列来聚集太阳光,可以达到 1 000 以上的聚光比,因此聚集的光强很高,能将吸热工质(一般采用工业熔盐)加热到 565℃ 的工作温度,目前能将水蒸气加热到高达 540℃ 的商业化电站运行温度,电站年均光热电转换效率已达 13.7%,理论峰值光热电转换效率最高可达 23%。

目前带储热系统的塔式电站，发电功率所需土地约 $66m^2/kW$ 左右，10MW 塔式光热电站占地 1 000 亩，50MW 塔式电站占地 5 000 亩。因此，考虑到占地面积和吸热器的体积限制，塔式光热电站可设计建造的单塔发电规模以不超过 10MW 为宜，塔式适合建设集中式大型光热电站。

目前带储热系统塔式光热电站单位功率造价在人民币 2.5 万元/kW，与槽式光热电站差不多。塔式光热电站采用二维太阳跟踪方式，对跟踪系统的精准度要求很高，跟踪系统比较复杂。

典型的塔式水/蒸汽太阳能光热发电试验电站有：美国在 20 世纪 80～90 年代建成的 10MW Solar One，后来增加熔盐储热系统，演化为 Solar Two；西班牙的 CESA-1 和 11MW 的 PS10 电站（2007 年投运）。皇明太阳能、华电集团和中科院在北京延庆合作建设 1MW 塔式光热发电项目已经正式运行；浙江中控太阳能在青海德令哈 50MW 塔式光热电站一期 10MW 已经完工；青岛神泰能源准备投资 16 亿元在山东平度市建设塔式热气流光热电站。

**5. 碟式光热发电技术**

采用旋转抛物面聚光镜，将阳光聚焦在焦点上，采用斯特林发电机吸收光能加热工质驱动发电机发电。碟式聚光镜的聚光比很高，可以产生 2 000℃ 以上的高温，目前的发电机材料还难以承受如此高的温度，因此斯特林发电机吸热器一般不能布置在正焦点位置上，而是偏移焦点一段距离，以防止高温毁坏发电机。

碟式光热发电具有很高的光热电转换效率，年均光热电转换效率已达 25%，峰值光热电效率理论上最高可达到 30%，但造价高昂，是几种光热发电技术中最高的，目前功率造价在人民币 4～6 万元/kW。

碟式（斯特林）系统适合小型的分布式发电，和其他太阳能光热发电系统不同，碟式（斯特林）系统是由斯特林发电机直接实现由热能到机械能到电能的转化，而不需要汽轮机。这种系统规模较小，高效、模块化，可以灵活单独使用或者集成使用。

碟式光热发电单碟装机容量一般以不超过 25kW 为宜，单位发电功率所需土地约 $50m^2/kW$ 左右，最适宜建设分布式小型光热发电系统，也能建设集中式光热电站。

**6. 线性菲涅尔式光热发电技术**

是槽式光热发电技术的一种简化。该技术采用长条形反光板代替槽式抛物镜，即线性菲涅尔聚光器，制造更为简单。线性菲涅尔聚光器的聚光比一般为 10～80，年平均效率 10%～18%，理论峰值效率可达 20%，蒸汽参数可达 250～500℃，发电功率所需土地约 $15m^2/kW$ 左右。目前单位功率造价比槽式低 45% 左右。

线性菲涅尔式光热发电技术与槽式一样，采用一维跟踪，跟踪系统比较简单。电站单机规模以不超过 50MW 为宜，适合建设集中式光热电站。目前，华能海南 1.5MW 线性菲涅尔天然气耦合电站已经投运。

## 四、我国太阳能发电现状

我国对太阳能光伏发电的研究和开发起步较晚，1980 年以后，政府才对其加大支持力度，2002 年政府启动了"光明工程"，重点发展太阳能光伏发电。2009 年开始，又推出太阳能光电建筑应用示范项目和金太阳示范工程。根据中国有色金属工业协会硅业分会的统计，从 2002～2010 年，中国光伏装机容量从 20.3MW 增加到 500MW，增长了 23.6 倍，年均增长 49.3％；光伏发电累计容量从 45MW 增加到 797.5MW，增加了 16.7 倍。根据半导体设备暨材料协会（SEMI）的统计，2011 年中国国内新增光伏装机容量 2.7GW，占到 2011 年全球新增光伏装机容量的 10％左右。水利水电规划总院的数据显示，截止到 2012 年底，中国光伏发电容量已经达到了 7 982.68MW，超越美国占据第三，但是最重要的还是集中在西部地区。中国 19 个省（区）共核准了 484 个大型并网光伏发电项目，核准容量是 11 543.9MW；中国 15 个主要省（区）已累计建成 233 个大型并网光伏发电项目，总的建设容量为 4 193.6MW，2012 年兴建 98 个。其中青海、宁夏、甘肃三省（区）的建设容量和市场份额都占据了半壁江山。为了解决这种光伏发电集中的问题，从 2012 年 12 月开始了分布式光伏发电示范项目的新一轮技术评审，到 2013 年 5 月，中国 26 个省（区）市共上报了 140 个示范区，每一个示范区项目不是一个独立项目，可能涵盖了若干个市、县或者是镇，它的总容量是 16 529.6MW。根据 OFweek 行业研究中心的最新数据显示，2013 年上半年中国新增光伏装机 2.8GW，其中 1.3GW 为大型光伏电站。截至 2013 年上半年，中国光伏发电累计建设容量已经达到 10.77GW，其中大型光伏电站 5.49GW，分布式光伏发电系统 5.28GW。

进入 21 世纪的今天，太阳能光伏发电这种新兴的产业开始向民用领域渗透，最明显的是在民用建筑设计、施工中的应用，在船舶、交通枢纽等运输业中也有应用。2008 年的国家鸟巢体育馆拥有 100kWp 并网光伏电站；深圳国际园林花卉博览园拥有 1MWp 的并网光伏电站；上海世博园区中国馆和主题馆拥有的 3MWp 的并网光伏电站；2009 世运会主场馆在看台的屋顶上安装了太阳能光伏发电系统，装机容量为 1 027kW；呼和浩特东站的站房安装的太阳能光伏发电系统的直流峰值总功率为 132.48kW；山西省肿瘤医院 2011 年建设实施的装机容量 2.07MW 级屋顶光伏并网系统；广东省立中山图书馆拥有 181kWp 的太阳能光伏发电系统。使用太阳能光伏产生的电能作为船舶的推动力，2007 年中国沈阳泰克太阳能应用有限公司研制成功了"001 号"太阳能旅游船；2010 年首艘由中国国内集成商自主集成的太阳能混合动力电力推进系统船舶——"尚德国盛号"太阳能混合动力游船问世。太阳能光伏发电在中国国内大型交通枢纽中应用较多，如上海虹桥枢纽光伏发电装机容量达 6.57MW、杭州东站枢纽光伏发电装机容量达 10MW、南京南站枢纽光伏发电装机容量达 10.67MW 等。

我国光热发电项目属于国家 863 计划，于 2006 年立项，2008 年获得国家发展改革委批准。

2011 年 6 月国家发展改革委颁布的《产业结构调整指导目录》中，鼓励新增新能源产业，光热发电放在首位。《可再生能源发展"十二五"规划》中明确指出，我国太阳能光热发电目标为 2015 年装机达到 1GW，2020 年达到 3GW，年增装机容量 300MW 以上，但按目前"光热发电西北圈地"的情况看来，未来规模将远超规划。

我国初步拟定的四个重点光热发电试点地区是：内蒙古鄂尔多斯高地沿黄河平坦沙漠、甘肃河西走廊平坦沙漠、新疆吐鲁番盆地和塔里木盆地、西藏拉萨。这四个地区除了光照好，还具备丰富水源及电网接入条件，非常适合建设光热电站。

随着设备国产化技术的成熟，2012 年下半年，甘肃金塔、宁夏哈纳斯、中广核宁夏德令哈、大唐鄂尔多斯等几个 50MW 以上的大项目相继开工，国内光热发电项目进入实质性建设阶段。

2012 年国家能源局印发的《太阳能发电发展"十二五"规划》制定的目标是，到 2015 年底，太阳能发电装机容量达到 21GW 以上，其中还包括 1GW 光热发电的装机。

德国全球变化咨询委员会的研究表明，要实现全球能源的可持续发展，则要求可再生能源替代比例将要从 2020 年的 20％升高到 2050 年的 50％。中国幅员辽阔，大部分地区太阳光资源丰富，储量巨大，理论上中国陆地上每年接受的太阳光能折合成标准煤的话，相当于 $1.7 \times 10^4$ 亿 t，中国 1/4 的土地属于沙漠、沙漠化及潜在的沙漠化土地，如果利用其中的 1％安装太阳能光伏发电装置，发电量就能满足全国的用电需求。在化石燃料日趋紧张的今天，太阳能资源开发利用的潜力还是非常大的。根据欧洲欧盟委员会联合研究中心（JRC）的预测，到 21 世纪末可再生能源在能源结构中占到 80％以上，太阳能发电占到 60％以上。

# 第二节　风　　能

## 一、风能概述

风是空气流动的一种自然现象。地球被 120km 厚的大气层所包围，由于地球表面受到的太阳辐射不均匀，赤道附近吸收的热量要比极地多，这种受热不均匀的现象引起了大气层压力不均衡，从而使大气层中的空气沿地球表面水平方向从高压区域向低压区域流动。这种空气流动会强烈地受到地转偏向力的影响，在北半球，地转偏向力垂直于气流速度矢量且指向其右方，在南半球则相反。这种空气流动造成的动能称之为风能。

风能是一种可再生能源，究其产生的原因是由于太阳的辐射引起的，实际上是太阳能的一种能量转换形式。据测算，全球的风能约为 $2.74 \times 10^9$ MW，其中可利用的风能为 $2 \times 10^7$ MW，比地球上可开发利用的水能总量还要大 10 倍。自 20 世纪 70 年代，伴随着世界能源危机和人们对能源与环境问题的重新认识，风能资源的利用又得到了世界各国的普遍重视，风能资源的利用技术也得到了快速发展。风能作为一种无污染和可再生的新能源，特别是对沿海岛屿、交通不便的边远山区、地广人稀的草原牧场，以及远离电网和近期内电网还难以达到的农村、边疆，是解决生产和生活能源的一种可靠途径。

## 二、风的特性

### 1. 风随时间的变化

风随时间而变化，包括每日的变化和季节的变化。通常一天之中风的强弱在某种程度上可以看作是周期性的，如地面上夜间风弱，白天风强。由于季节的变化，太阳和地球的相对位置也发生变化，使地球上存在季节性的温差。因此，风向和风的强度也会发生季节性变化。我国大部分地区风的季节性变化情况是：春季最强，冬季次之，夏季最弱。当然也有部分地区例外，如沿海的浙江省温州地区，夏季季风最强，春季季风最弱。

### 2. 风随高度的变化

从空气运动的角度，通常将不同高度的大气层分为三个区域。离地面 2m 以内的区域称为底层；2～100m 的区域称为下部摩擦层，二者总称为地面境界层；从 100～1 000m 的区段称为上部摩擦层，以上三区域总称为摩擦层。摩擦层之上是自由大气层。地面境界层内空气流动受涡流、黏性和地面植物及建筑物等的影响，风向基本不变，但越往高处风速越大。

风速随高度而变化的经验公式很多，通常采用如下指数公式，即

$$v = v_0 \left(\frac{H}{H_0}\right)^n \tag{3-1}$$

式中 $v$ 为距地面高度为 $H$ 处的风速，m/s；$v_0$ 为高度为 $H_0$ 处的风速，m/s；$n$ 为经验常数。

一般取 $H_0$ 为 10m，经验常数取决于大气稳定度和地面粗糙度，其值为 1/8～1/2。在开阔、平坦、稳定度正常的地区为 1/7。不同地面情况的地面粗糙度 $\alpha$ 如表 3-3 所示。一般情况下可用表中的值估算出各种高度下的风速，用 $\alpha$ 代替式（3-1）中的指数 $n$。

**表 3-3 地面粗糙度**

| 地面情况 | 粗糙度 $\alpha$ |
|---|---|
| 光滑地面，硬地面，海洋 | 0.10 |
| 草地 | 0.14 |
| 城市平地，有较高草地，树木极少 | 0.16 |
| 高的农作物，篱笆，树木少 | 0.20 |
| 树木多，建筑物极少 | 0.22～0.24 |
| 森林，村庄 | 0.28～0.30 |
| 城市有高层建筑 | 0.40 |

**3. 风的随机性变化**

如果用自动记录仪来记录风速，就会发现风速是不断变化的，一般所说的风速是指变动部位的平均风速。通常自然风是一种平均风速与瞬间激烈变动的紊流相重合的风。紊乱气流所产生的瞬时高峰风速也叫阵风风速。

## 三、风的能量与测量

**1. 风能**

风具有一定的质量和速度，因而它具有产生能量的基本要素。风能 $E$ 可用式（3-2）表示，即

$$E = \frac{1}{2}\rho A v^3 \tag{3-2}$$

式中 $\rho$ 为空气密度，kg/m³；$A$ 为单位时间气流通过的截面积，m²；$v$ 为风速，m/s。

**2. 风能密度**

风能密度 $W$ 是估计风能潜力大小的一个重要指标，其定义为气流在单位时间内垂直通过单位面积的风能。风能密度的公式为

$$W = \frac{1}{2}\rho v^3 \tag{3-3}$$

从式（3-3）可知，风能密度是空气质量密度 $\rho$ 和风速 $v$ 的函数。$\rho$ 值的大小随气压、气温和湿度等大气条件的变化而变化。一般情况下，计算风能或风能密度是采用标准大气压下的空气密度。由于不同地区海拔高度不同，其气温、气压不同，因而空气密度也不同。在海拔高度 500m 以下，即常温标准大气压力下，空气密度值可取为 1.225kg/m³，如果海拔高度超过 500m，必须考虑空气密度的变化。中国各地区温度及海拔相差很大，因此空气密度

也有明显差别。由于风速时刻在变化，仅用风能密度的一般表达式，还不能得出某一地点的风能潜力。一般风速是用平均值表示的，平均风能密度可采用直接计算和概率计算两种方法求得，各气象台站都有详细的数据记录资料。

**3. 有效风能密度**

实际上，风能不可能全部转换成机械能，也就是说，风力机不能获得全部理论上的能量，它受到多种因素的限制。当风速由零逐渐增加达到某一风速 $v_m$（切入风速）时，风力机才开始提供功率。在该风速下，风力机所得到的有用功率是整个风力机在无载荷损失时所吸收的。然后，风速继续增加（达到某一确定值 $v_n$ 额定风速），在该风速下风力机提供额定功率或正常功率。超过该值时，利用调节系统，输出功率将保持常数。如果风速继续再增加到某一值 $v_k$（切断风速）时，出于安全考虑，风力机应停止运转。

在实际的风能利用中，将除去这些不可利用的风速后，得出的平均风速所求出的风能密度称之为有效风能密度。世界各国根据各自的风能资源情况和风力机的运行经验，制定了不同的有效风速范围及不同的风力机切入风速、额定风速和切断风速。中国有效风能密度所对应的风速范围是 $3\sim25\text{m/s}$。

**4. 风速与风级**

风速就是空气在单位时间内移动的距离，国际单位是 m/s。由于风每一瞬时的速度都不相同，所以通常所说的风速是指在一段时间内的平均值，如日平均风速、月平均风速和年平均风速等。风速的分布与气候、地形等因素有关，取值方法不同也会引起风能计算的很大误差。我国现行的风速观测有定时四次 2min 平均风速和一日 24 次自动记录 10min 平均风速两种。

尽管风速数据已能精确地表示风的强弱，但是人们在日常生活中还是习惯用风级来表示。世界气象组织将风力分为 13 个等级，如表 3-4 所示，在没有风速计时可以根据表中的描述来粗略估计风速。

表 3-4　蒲福风力等级

| 风力等级 | 自由海面状况（浪高） | | 陆地地面征象 | 距地 10m 高处的相当风速（m/s） |
|---|---|---|---|---|
| | 一般（m） | 最高（m） | | |
| 0 | — | — | 静，烟直 | 0～0.2 |
| 1 | 0.1 | 0.1 | 烟能表示方向，但风向标不能转动 | 0.3～1.5 |
| 2 | 0.2 | 0.3 | 人面感觉有风，树叶微响，风向标能转动 | 1.6～3.3 |
| 3 | 0.6 | 1.0 | 树叶及微枝摇动不息，旌旗展开 | 3.4～5.4 |
| 4 | 1.0 | 1.5 | 能吹起地面灰尘和纸张，树的小枝摇动 | 5.5～7.9 |
| 5 | 2.0 | 2.5 | 有叶的小树摇摆，内陆的水面有小波 | 8.0～10.7 |
| 6 | 3.0 | 4.0 | 大树枝摇动，举伞困难 | 10.8～13.8 |
| 7 | 4.0 | 5.5 | 全树摇动，迎风步行感觉不便 | 13.9～17.1 |
| 8 | 5.5 | 7.5 | 树枝折毁，人向前行感觉阻力甚大 | 17.2～20.7 |
| 9 | 7.0 | 10.0 | 建筑物有小损，烟囱顶部及平屋摇动 | 20.8～24.4 |
| 10 | 9.0 | 12.5 | 可使树木拔起或使建筑物损坏较重，陆上少见 | 24.5～28.4 |
| 11 | 11.5 | 16.0 | 陆上很少见，有则必有广泛破坏 | 28.5～32.6 |
| 12 | 14.0 | — | 陆上绝少见，摧毁力极大 | 32.7～36.9 |

#### 5. 风向和风频

风是具有大小和方向的矢量，通常把风吹来的地平方向定为风的方向，即风向。如空气由东向西流动称为东风。在陆地上一般用 16 个方位来表示不同的风向。

风频是指风向的频率，即在一定时间内某风向出现的次数占各风向出现总次数的百分比，通常以式（3-4）计算，即

$$f_i = \frac{N_i}{N_t} \times 100\% \tag{3-4}$$

式中　$f_i$ 为某风向频率；$N_i$ 为某风向出现的次数；$N_t$ 为风向的总观测次数。

在实际的风能利用中，总是希望某一风向的频率尽可能大些，尤其是不希望在较短的时间内出现风向频繁变化的情况。

此外，描述风的参数还有风速频率，又称风速的重复性，即一定时间内某风速时数占各风速出现总时数的百分比。按相差 1m/s 的时间间隔观测 1 年（1 月或 1 天）内各种风速吹风时数与该时间间隔内吹风总时数的百分比，称为风速频率分布。利用风速频率分布可以计算某一地区单位面积上全年的风能。

#### 6. 风的测量

风的测量是了解风的特性和风力资源的基础。进行风的测量的主要目的是正确估计某地点可利用风能的大小，为装备风力机提供风能数据。

风的测量包括风向测量和风速测量两项，风向和风速随时间的变化是很大的，估算风能资源必须测量每日、每年的风速风向，了解其变化的规律。作为计算风能资源基本依据的每小时风速值有三种不同的测算方法：

① 将每小时内测量的风速值取平均值。

② 将每小时最后 10min 内测量的风速值取平均值。

③ 在每小时内选几个瞬时测量风速值再取其平均值。

世界气象组织推荐 10min 平均风速，中国目前采用 10min 平均风速，测量点上配有自动记录仪器，对风向和风速作连续记录，从中整理出各正点前 10min 的平均风速和最多风向，并选取日最大风速（10min 平均）和极大风速（瞬时）以及对应的风向和出现时间。

风的测量仪器主要有风向器、杯形风速器和三杯轻便风向风速表等。

#### 7. 风能特点

风能就是空气流动所产生的动能。风速为 9～10m/s 的五级风，吹到物体表面上的力约为 0.1kN/m²。风速为 20m/s 的九级风吹到物体表面上的力约为 0.5kN/m²。台风的风速可达 50～60m/s，它对物体表面上的压力，可高达 2kN/m² 以上。

风能与其他能源相比，既有其明显的优点，又有其突出的局限性。风能具有蕴藏量巨大、可再生、分布广泛、无污染四个优点。但同时风能也存在明显的局限：

（1）密度低

这是风能的一个重要缺陷。由于风能来源于空气的流动，而空气的密度是很小的，因此风力的能量密度也很小，只有水力的 1/1 000。从表 3-5 可以看出，在各种能源中，风能的含能量是极低的，这给其利用带来一定的困难。

表 3-5　各种能源的能流密度

| 能源类别 | 风能<br>(风速 3m/s) | 水能<br>(流速 3m/s) | 波浪能<br>(波高 2m) | 潮汐能<br>(潮差 10m) | 太阳能 | |
|---|---|---|---|---|---|---|
| 能流密度（kW/m²） | 0.02 | 20 | 30 | 100 | 晴天平均 1.0 | 昼夜平均 0.16 |

（2）不稳定

由于气流瞬息万变，因此风的脉动、日变化、季变化以至年际的变化都十分明显，波动很大，极不稳定。

（3）地区差异大

由于地形的影响，风力的地区差异非常明显。一个邻近的区域，有利地形下的风力，往往是不利地形下的几倍甚至几十倍。

## 四、我国的风能资源

中国的风能资源分布广泛，其中较为丰富的地区主要集中在东南沿海及附近岛屿以及北部（东北、华北、西北）地区。此外内陆也有个别风能丰富点，近海风能资源也非常丰富。

中国气象局 2007 年 7 月开始组织实施的全国风能资源详查和评价工作显示：我国陆上离地面 50m 高度达到 3 级以上风能资源的潜在开发量约 23.8 亿 kW；我国内蒙古的蒙东和蒙西、新疆哈密、甘肃酒泉、河北坝上、吉林西部和江苏近海等 7 个千万千瓦级风电基地风能资源丰富，陆上 50m 高度 3 级以上风能资源的潜在开发量约 18.5 亿 kW；7 个千万千瓦级风电基地总的可装机容量约为 5.7 亿 kW；初步估计，我国 5m 至 25m 水深线以内近海区域、海平面以上 50m 高度可装机容量约 2 亿 kW。

（1）沿海及其岛屿地区风能丰富带

山东、江苏、上海、浙江、福建、广东、广西和海南等沿海近 10km 宽的地带是沿海及其岛屿地区风能丰富带，这些地区受台湾海峡的影响，每当冷空气南下到达海峡时，由于狭管效应使风速增大。冬春季的冷空气、夏秋的台风，都能影响到沿海及其岛屿，是我国风能最佳丰富区，其年风功率密度在 200W/m² 以上，风功率密度线平行于海岸线。沿海岛屿风功率密度在 500W/m² 以上，如台山、平潭、东山、南鹿、大陈、嵊泗、南澳、马祖、马公、东沙等，可利用小时数在 7 000～8 000h。这一地区特别是东南沿海，由海岸向内陆是丘陵连绵，风能丰富地区仅在距海岸 50km 之内。

（2）北部地区风能丰富带

北部地区风能丰富带包括东北三省、河北、内蒙古、甘肃、宁夏和新疆等近 200km 宽的地带，风功率密度在 200～300W/m² 以上，阿拉山口、达坂城、辉腾锡勒、锡林浩特的灰腾梁、承德围场等地区可达 500W/m² 以上。可开发利用的风能储量约 2 亿 kW，约占全国可利用储量的 79%。

（3）其他风能丰富区

此外，内陆风能丰富点主要是存在湖泊以及特殊地形地区，如都阳湖附近较周围地区风能就大，湖南衡山、湖北的九宫山、河南的嵩山、山西的五台山、安徽的黄山、云南太华山等也明显大于平地风能。

东部沿海水深 5～20m 海域的近海风能丰富，但限于技术条件，实际的技术可开发风能资源量远远小于陆上。

## 五、风能利用的途径

目前风能利用主要包括风力发电、风力提水、风力助航和风力致热等。

### 1. 风力提水

风力提水从古至今一直得到较普遍的应用。20 世纪下半叶，为解决农村、牧场的生活、灌溉和牲畜用水以及为了节约能源，风力提水机有了很大的发展。

### 2. 风力助航

在机动船舶发展的今天，为节约燃油和提高航速，古老的风力助航也得到了重新应用和发展。现已在万吨级货船上采用计算机控制的风帆助航，节油率达 15％。

### 3. 风力发电

风力发电是目前风能利用的主要形式，受到世界各国的高度重视，发展速度很快。风力发电通常有三种运行方式：

① 独立运行方式。通常是一台小型风力发电机向一户或几户提供电力，它用蓄电池蓄能，以保证无风时的供电。

② 组合运行方式。风力发电与其他发电方式（如柴油机发电、太阳能发电）相结合，向一个单位、一个村庄、一个海岛供电。

③ 并网运行方式。风力发电并入常规电网运行，向大电网提供电力，通常是一处风场安装几十台甚至几百台风力发电机，是风力发电的主要发展方向。

### 4. 风力致热

家庭用能中热能的需要越来越大，为解决家庭及低品位工业热能的需要，风力致热有了较大的发展。风力致热是将风能转换成热能。目前有三种转换方法：一是风力机发电，再将电能通过电阻丝发热，变成热能；二是由风力机将风能转换成空气压缩，由风力机带动离心压缩机，对空气进行绝热压缩而放出热能；三是将风力机直接转换成热能，显然这种方法致热效率最高。风力机直接转换为热能也有多种方法。最简单的是搅拌液体致热，即风力机带动搅拌器转动，从而使液体（水或油）变热。

风力机还有多种用途，如海水淡化、电水解等。

## 六、国外风电发展状况

世界国家和地区因其风能资源状况、各政府政策的不同，以及风电技术发展程度的差异，风电产业发展各不相同。目前，国外主要风电市场有美国、德国等，而且它们风能相关技术发展水平位于世界领先地位。

美国从 1974 年起开始对风能进行系统的研究，能源部对风能项目的投资累计已达到 25 亿美元。2008 年已成功超越德国，跃居世界首位。据美国风能协会（AWEA）统计，2009 年，美国风电装机容量达 35 159MW；到 2012 年，美国的累计装机容量居世界第二，达到 60 007MW。据美国能源部预测，在未来 15 年内，风电将增加 6 倍，并在保持现有风电增长率的基础上，实现 2030 年电力供应的 20％来自于风能。

德国是欧洲风力发电增长量最多的国家。风力发电发展迅速，根据德国风能研究所

（DEWI）统计数据，截至 2009 年，德国风电累计装机容量达到 26 000MW，风电在全国电力消耗中约占 7％。到 2012 年底，德国累计装机容量 31 308MW。

考虑到风电技术及能源发展的需要，欧洲进一步修订了风电发展的计划和目标：到 2020 年欧洲风电装机达到 180GW，发电量达到 4 300 亿 kW·h，分别占欧洲发电装机容量和发电量的 20％和 12％；2030 年风电装机容量要达到 300GW，发电量要达到 7 200 亿 kW·h，届时分别占欧盟发电装机容量和发电量的 35％和 20％。因此，在不久远的将来，风电将成为世界的主要替代能源之一。

风电事业如此迅猛的发展，极大依赖于风电技术的成熟和各国优惠政策的扶持。很多国家或地区积极出台促进风能发展的计划与政策，例如，美国政府实施一系列法律法规及经济激励措施；德国也出台促进风电入市政策；英国实施风电到户计划，2007 年 12 月，政府宣布全面风力发电计划，将在英国沿岸地区安装 7 000 座风力发电机，预计 2020 年实现家家户户使用风电；丹麦确立风电长期发展目标，在能源法中提出：2030 年以前丹麦风电装机容量将达 5.5GW，实现发电量占全国总发电量 50％的目标；西班牙确定风能发展的长期政策，在加大信贷对风电开发支持的同时，将风能发电量与 $CO_2$ 排放权直接挂钩，从而为未来风能发展确定了长期的经济政策；印度出台促进风能发展的优惠政策，历来重视以租赁形式促进风电场项目开发，并发挥私营企业在风力发电计划实施中的重要作用，同时推动大型私营企业与机构转向投资风能开发项目等。

自 20 世纪 90 年代中期以来，在各国风电扶持政策的推动下，风电成本达到每 5 年下降 20％，预计到 2020 年，即使没有补贴，风电成本也将接近常规能源，这为未来风电的发展创造了广阔的前景。

表 3-6 列出了 2012 年全球风电累计装机容量前十位的国家及其份额。

**表 3-6　2012 年全球风电累计装机容量前十位的国家**

| 排名 | 国家 | 容量（MW） | 份额（％） |
|------|------|-----------|-----------|
| 1 | 中国 | 75 324 | 26.7 |
| 2 | 美国 | 60 007 | 21.2 |
| 3 | 德国 | 31 308 | 11.1 |
| 4 | 西班牙 | 22 796 | 8.1 |
| 5 | 印度 | 17 421 | 6.5 |
| 6 | 英国 | 8 445 | 3.0 |
| 7 | 意大利 | 8 144 | 2.9 |
| 8 | 法国 | 7 564 | 2.7 |
| 9 | 加拿大 | 6 200 | 2.2 |
| 10 | 葡萄牙 | 4 525 | 1.6 |
| 其他国家和地区 | | 39 853 | 14.1 |
| 排名前十的国家累计装机量总计 | | 242 734 | 85.9 |
| 全球总计 | | 282 587 | 100 |

资料来源：全球风能理事会。

## 七、我国风电发展状况

我国风电产业虽然起步较晚，但在国家政策驱动及全球发展态势的引领下，我国风电发展迅猛。统计数据显示，截至 2008 年，风电累计装机容量达 12 210MW，跃居世界第四，标志着我国风电进入大规模开发阶段；截至 2009 年，风电累计装机容量达 25 800MW，年同比增长 114%，居第三位。2010 年 1～10 月，全国风力发电量达到 583 亿 kW·h，比上年同期增长 56.9%，占到全国发电量的 1.5%。到 2012 年底，我国风电累计装机容量稳居世界第一，达到 75 324MW（表 3-6）。

2012 年是我国出台风电行业规划的重要一年，已出台的规划从技术、市场、产业等方面对"十二五"期间我国风电行业提供了重要的发展依据，对明确我国风电产业的发展方向、推动我国风电产业步入健康可持续的发展道路起到了良好的推动作用。

出台的规划强调了风电累计并网容量和发电量，提高了对国家电网的约束程度：2012 年 7 月，国务院印发的《"十二五"战略性新兴产业发展规划》指出，到 2015 年，累计并网风电装机超过 1 亿 kW，年发电量达到 1 900 亿 kW·h；到 2020 年，累计并网风电装机超过 2 亿 kW，年发电量超过 3 800 亿 kW·h。2012 年 7 月，国家发改委印发的《可再生能源发展"十二五"规划》指出，"十二五"期间，新增风电发电装机容量达到 7 000 万 kW；到 2015 年，海上风电累计并网容量达到 500 万 kW。

同时，2012 年 7 月，国家能源印发的《风电发展"十二五"规划》明确了"十二五"期间我国风电行业的发展原则，为国家能源局提出的风电发展"五个转变"奠定了基础，强调了我国未来风电行业的发展方向。该规划指出，按照集中开发与分散并举的发展原则，在建设九个大型风电基地的同时，加强电网接入条件较好区域的风电开发；重点建设海上风电。加快推进重点沿海地区海上风电的规划和项目建设。

《风电发展"十二五"规划》的总目标是：实现风电规模化开发利用，提高风电在电力结构中的比重，使风电成为对调整能源结构、应对气候变化有重要贡献的新能源；加快风电产业技术升级，提高风电的技术性能和产品质量，使风电成为具有较强国际竞争力的重要战略性新兴产业。

"十二五"时期具体发展指标为：

① 到 2015 年，投入运行的风电装机容量达到 1 亿 kW，年发电量达到 1 900 亿 kW·h。风电发电量在全部发电量中的比重超过 3%。其中，河北、蒙东、蒙西、吉林、甘肃酒泉、新疆哈密、江苏沿海和山东沿海、黑龙江等大型风电基地所在省（区）风电装机容量总计达到 7 900 万 kW，海上风电装机容量达到 500 万 kW。

② "十二五"时期，风电机组整机设计和核心部件制造技术取得突破，海上风电设备制造能力明显增强，基本形成完整的具有国际竞争力的风电设备制造产业体系。到 2015 年，形成 3～5 家具有国际竞争力的整机制造企业和 10～15 家优质零部件供应企业。

在"十二五"时期提升风电产业能力和完善风电发展市场环境的基础上，推动风电以较大规模持续发展。到 2020 年，风电总装机容量超过 2 亿 kW，其中海上风电装机容量达到 3 000 万 kW，风电年发电量达到 3 900 亿 kW·h，力争风电发电量在全国发电量中的比重超过 5%。

# 第三节 核 电

## 一、原子和原子核

世界是由物质构成的。几千年来,人们都在探索物质到底是由什么构成的。近代科学的研究结果回答了这个问题,即物质都是由元素组成的,构成元素的最小单位是原子。原子是由原子核和电子组成,原子的体积非常小,其直径大约为 $1 \times 10^{-10}$ m。在原子中,原子核直径更小,只有 $1 \times 10^{-15}$ m。如果把原子比作一个房间,原子核只不过是房间中的一粒尘土。但原子核的密度却是非常巨大的,约为 $2 \times 10^{17}$ kg/m$^3$。原子核带正电,它周围是数目不等的带负电的电子,每个电子都在自己特定的轨道上绕着原子核运动。

原子核又是由质子和中子组成,质子带正电,中子不带电。质子所带正电荷的大小和电子所带负电荷的大小正好相等,因此整个原子是电中性的。科学家测出质子的质量为 1.007 277 原子质量单位,中子的质量为 1.008 65 原子质量单位,而电子质量仅为 0.000 548 6 原子质量单位,可见原子的质量主要集中在核上。质子所带正电荷的电量为 1.602 191 2 $\times 10^{-19}$ C。如果原子核是由 $Z$ 个质子和 $N$ 个中子组成,则 $Z$ 就是该原子核所属元素的原子序数。$Z + N = A$,$A$ 就是原子核的核子数,也称之为原子核的质量数。因此,如果知道了某元素的原子序数和质量数,就可以知道原子核里的质子数和中子数。质子数相同的原子具有相似的化学性质,处在元素周期表的同一位置,但它们的中子数可能不同。把质子数相同而中子数不同的元素称之为同位素。例如,氢原子核($_1^1$H)只有一个质子,没有中子,而它的同位素氘($_1^2$H)则有一个质子和一个中子,氚($_1^3$H)有两个中子和一个质子。同位素在化学性质方面虽然相似,但其他性质就相差甚远。如氢和氘都是稳定的同位素,而氚却带放射性。

1896 年法国科学家贝可勒尔发现铀元素可自动放射出一种穿透力极强的放射线,它能透过黑纸使底片感光,这就是放射现象。随后,居里夫人、卢瑟福等科学家又发现处于高强度磁场中的镭、镁、钍、钚等元素可以放射出波长不同的 α、β、γ 三种射线。其中,α 射线是由带正电的高速度的氦原子核组成;β 射线是由速度很大的电子组成;而 γ 射线则是一种波长极短,不带电荷的穿透力极强的射线。这些可以放射出射线的同位素称为放射性同位素。通过加速器或核反应可以获得大量的放射性同位素。

放射性同位素的原子核是不稳定的,它能自发地放射出 α、β、γ 射线而转为另一种元素或转变到另一种状态,这一过程称之为衰变。衰变是放射性原子核的基本特征。但放射性同位素的每个核的衰变并不是同时发生的,而是有先有后。为了描述衰变过程的快慢,科学家定义放射性元素的原子核因衰变而减少到原有原子核数一半时所需的时间为半衰期。因此衰变越快的元素,半衰期越短。半衰期是放射性同位素的一个特定常数,它基本上不随外界条件的变动和元素所处状态的改变而改变。

## 二、核能的来源

物质是可以变化的。有些变化发生后物质的分子形式没有发生变化,这类变化被称为物理变化,如水在一定温度下由液体变成固体或气体。还有些物质在变化过程中分子结构发生了变化，而构成分子的原子没有变化，这类变化被称为化学变化。人类生活中利用的能量大多来自于化学能，如化石燃料燃烧时燃料中的碳、氢原子和空气中的氧原子结合，生成 $CO_2$ 和水，同时放出一定的能量，这种原子结合和分离使得电子的位置和运动发生变化，从而释放出的能量称之为化学能。在上述化学反应过程中，组成 $CO_2$ 和水的碳、氢、氧原子并未发生变化。化石燃料利用的是化学反应时分子内放出的轨道电子的部分势能，显然它与原子核无关。如果设法使原子核结合或分离是否也能释放出能量呢？近百年来科学家持之以恒的努力给予的答案是肯定的。这种由于原子核变化而释放出的能量，早先通俗地称为原子能。由于原子能实际上是由于原子核发生变化而引起的，因此应该确切地称之为原子核能，简称核能。

核能来源于将核子（质子和中子）保持在原子核中的一种非常强的作用力——核力。核力与人们熟知的电磁力及万有引力完全不同，它是一种非常强大的短程作用力。当核子间的相对距离小于原子核的半径时，核力显得非常强大；但随着核子间距离的增加，核力迅速减小，一旦超出原子核半径，核力很快下降为零。而万有引力和电磁力都是长程力，它们的强度虽会随着距离的增加而减小，但却不会为零。

科学家在研究原子核结合时发现，原子核结合前后核子质量相差甚远。例如，氦核是由四个核子（两个质子和两个中子）组成，对氦核的质量测量时发现，其质量为 4.002 663 原子质量单位；而若将四个核子的质量相加则应为 4.032 980 原子质量单位。这说明氦核结合后的质量发生了亏损，即单个核的质量要比结合成核的核子质量数大。这种质量亏损现象正是缘于核子间存在的强大核力。核力迫使核子间排列得更紧密，从而引发质量减少的怪现象。根据爱因斯坦提出的质能关系计算，氦核的质量亏损所形成的能量为 $E=28.30\text{MeV}$。当然对单个氦核而言，质量亏损所形成的能量很小，但对 1g 氦而言，其释放的能量达 $6.718\,0\times10^{11}\text{J}$，相当于 $1.91\times10^5\text{kW}\cdot\text{h}$ 的电能。由于核力比原子和与外围电子之间的相互作用力大得多，因此核反应中释放的能量要比化学能大几百万倍。科学家将核反应中由核子结合成原子核时所释放的能量称之为原子核的总结合能。由于各种原子核结合的紧密程度不同，原子核中核子数不同，因此总结合能也会随之变化。

原子的质量数不同，构成原子核的单位核子的结合能也不同。单位核子的结合能越大，意味着原子核越稳定，如铁、锰等质量数为 55 左右的元素最稳定，其核子结合能大约为 8.7MeV/核子。氦核处在一个特殊的轻核点，与其他核相比它非常的稳定（7.1MeV/核子）。重核的核子结合能低于原子量中等的原子核（铀元素为 7.7MeV/核子）。

因此，当将重核裂变为两个原子量中等的原子核时便可以获得能量。如铀裂变时释放的能量略少于 1MeV/核子，而氘、氚两种较轻的原子核聚合成一个较重的氦原子核，释放的能量更多，为数个 MeV/核子。由于结合能上的差异，于是产生了两种不同的利用核能的途径：核裂变和核聚变。

核裂变又称核分裂，它是将平均结合能比较小的重核设法分裂成两个或多个平均结合能大的中等质量的原子核，同时释放出核能。核裂变现象和理论是由德国放射化学家奥托·哈恩于 1939 年提出的，他通过实验证实了铀原子在中子轰击下发生了裂变反应，并用质能公式算出了铀裂变产生的巨大能量。重核裂变一般有自发裂变和感生裂变两种方式。自发裂变是由于重核本身不稳定造成的，因此其半衰期都很长：如纯铀自发裂变的半衰期约为 45 亿年，因此要利用自发裂变释放出的能量是不现实的，如 $1.0\times10^6\text{kg}$ 铀的自发裂变发出的能量一天还不到 1kW·h 电量。感生裂变是重核受到其他粒子（主要是中子）轰击时裂变成两块质量略有不同的较轻的核，同时释放出能量和中子。核感生裂变释放出的能量才是人们可以加以利用的核能。

核聚变又称热核反应，它是将平均结合能较小的轻核，如氘和氚，在一定条件下将它们聚合成一个较重的平均结合能较大的原子核，同时释放出巨大的能量。由于原子核间有很强的静电排斥力，因此一般条件下发生核聚变的概率很小，只有在几千万度的超高温下，轻核才有足够的动能去克服静电斥力而发生持续的核聚变。由于超高温是核聚变发生必需的外部条件，所以又称核聚变为热核反应。

由于原子核的静电斥力同其所带电荷的乘积成正比，所以原子序数越小，质子数越少，聚合所需的动能（即温度）就越低。因此只有一些较轻的原子核，如氢、氘、氚、氦、锂等才容易释放出聚变能。最有希望的聚合反应是氘和氚的反应。

由于核聚变要求很高的温度，目前只有在氢弹爆炸和由加速器产生的高能粒子的碰撞中才能实现。因此，使聚变能能够持续地释放，让其成为人类可控制的能源，即实现可控热核反应仍是 21 世纪科学家奋斗的目标。

到目前为止，达到工业应用规模的核能只有核裂变能，而核聚变能只实现了军用，即制造氢弹，通过有控制地缓慢地释放核聚变能达到大规模的和平利用，叫做受控核聚变或受控热核反应。受控热核反应迄今尚未实现工业化应用。现在所说的核能，一般指的就是核裂变能。

### 三、开发和应用核能的重大意义

人类认识核能存在的历史到现在还不足百年，但核能开发和应用的重要性已经被世界各国普遍接受，核能的开发和应用越来越受到极大的关注。据世界能源理事会统计，2002 年世界一次能源消费中，核能已占总量的 6%，应用最广的核电已占发电总量的 17%。因此，无论从保护环境、合理使用资源来看，还是从人类能源需求的前景来看，发展核能都是必由之路，这是因为核能有其无法取代的优点，核能的优越性主要表现在以下几个方面：

（1）核能是高度浓集的能源

1t 金属铀裂变所产生的热量相当于 $2.7 \times 10^6$ t 标准煤，故核电站的燃料运输量很小，特别适合于建在缺煤少油而又急需用电的地区。

（2）核能是地球上储量最丰富的能源

据《BP 世界能源统计 2009 年》称，全球原油探明储量为 1.258 万亿桶，如果按照 2008 年的年开采速度估算，共可以开采 42 年，天然气可开采 60 年，而煤炭可开采 122 年，人类已经面临后继能源的问题。地球上已探明的铀矿和钍矿资源，按其所含能量计算，相当于有机燃料的 20 倍，只要及早开发利用，即有充分能力替代有机燃料。再进一步说，现在技术先进的国家或地区，都在竞相研究可控热核反应，以期建成热核聚变反应堆。聚变反应堆是利用氢的同位素（氘或氚）的合成聚变核能，聚变能比裂变能更浓集，1t 氘产生的能量相当于 $5.0 \times 10^7$ t 标准煤。自然界无论海水或河水中都含有 1/7 000 的重水，所以也可以说，聚变堆成功后，1t 海水即相当于 350t 标准煤，到那时，人类将不再为能源问题所困扰。

（3）核电远比火电清洁，有利于保护环境

目前世界上 80% 以上的电力都来自烧煤或烧油的火力发电厂，燃烧后排出的大量 $SO_2$、$CO_2$、$NO_x$ 等气体，不仅直接危害人体健康，还导致酸雨和地球大气层的温室效应，破坏生态平衡。比较起来，核电站就没有这些危害，核电站严格按照国际通用的安全规范和卫生规范设计，对放射三废按照"尽力回收储存，不往环境排放"的原则进行严格的处理，排往环境的尾水尾气，只是经过处理回收后余下的一点，数量甚微。国外运行的核电厂每发电 $1\,000\times10^8\,kW\cdot h$，排放的总剂量率约为 $1.2\,\mu Sv$，而燃煤电厂排放的灰尘中所含镭、钍等放射性物的总剂量率约为 $3.5\,\mu Sv$。可见，即使从放射性排放来看，核电厂也比火电厂小。

（4）核电的经济性优于火电

发展核电的国家和我国台湾的经验均证明，核电的成本低于火电，电厂每度电的成本是由建造费、燃料费和运行费三部分组成，主要是建造费和燃料费。核电厂由于特别考究安全和质量，建造费高于火电厂，一般要高出 30%～50%，但燃料费则比火电厂低得多（火电厂燃料费占发电成本的 40%～60%，而核电厂的燃料费则只占发电成本的 20%～30%）。总的算起来，核电厂的发电成本已普遍比火电低 15%～50%。这里还要指出，煤和石油都是化学工业和纺织工业的宝贵原料，它们在地球上的蕴藏量是很有限的，仅作为燃料来烧掉是极不经济的。所以，从合理利用资源的角度来说，也应该用核燃料代替有机燃料。

（5）核电站的安全是能充分保证的

人们在承认核电站的优点的同时，往往担心核电站会发生事故，污染环境和危害居民。前苏联切尔诺贝利核电站发生事故以及日本核电站事故以后，这种担心骤增。事实上，任何方式的能源生产都有一定的风险。例如，1988 年 7 月英北海油田平台的爆炸死亡 166 人；井下采煤的危险性是众所周知的，每年都难免为采煤死亡一些人。比较起来，核电站的风险还是可以接受的。

（6）核电技术能带动国家科技水平的综合提高

核电技术属于高技术领域，它是核物理、反应堆物理、热工、流体力学、结构力学、机械、材料、控制、检测、计算技术、化学和环保等多种学科的综合。反应堆等核装置，既是重型设备，又是由精密构件所组成，既要能耐高温、耐高压、耐辐照、耐腐蚀、高度密封，又要满足抗地震、抗振动、抗冲击、抗疲劳断裂等一系列要求。核电站的系统错综复杂，高度集中，必须做到互相协调，配合得当，以组成完整的核能→热能→机械能→电能转换体系。由于带有强放射性，必须靠自动控制和遥感技术进行操作和检测，而且必须高度可靠，万无一失。所以，发展核电，不仅使技术本身得到发展，而且使一系列相关学科和技术领域登上新的台阶。一个国家能否自行设计和建造核电站，是该国家技术水平和工业能力的重要标志。

## 四、世界核电站现状

### 1. 第一到第四代核电站

核电站从一开始到现在，科学发展大致可以把核电站分为四代。

第一代核电技术：即早期原型反应堆，主要目的是为通过试验示范形式来验证核电在工程实施上的可行性。

苏联在 1954 年建成 5MW 实验性石墨沸水堆型核电站；英国 1956 年建成 45MW 原型天然铀石墨气冷堆型核电站；美国 1957 年建成 60MW 原型压水堆型核电站；法国 1962 年建成 60MW 天然铀石墨气冷堆型核电站；加拿大 1962 年建成 25MW 天然铀重水堆型核电站。这些核电站均属于第一代核电站。

第二代核电技术：第二代核电技术是在第一代核电技术的基础上建成的，它实现了商业化、标准化等，包括压水堆、沸水堆和重水堆等，单机组的功率水平在第一代核电技术基础上大幅提高，达到千兆瓦级。

在第二代核电技术高速发展期，美、苏、日和西欧各国均制定了庞大的核电规划。美国成批建造了 500～1 100MW 的压水堆、沸水堆，并出口其他国家或地区；苏联建造了 1 000MW 石墨堆和 440MW、1 000MW VVER 型压水堆；日本和法国引进、消化了美国的压水堆、沸水堆技术，其核发电量均增加了 20 多倍。

美国三里岛核电站事故和苏联切尔诺贝利核电站事故催生了第二代改进型核电站，其主要特点是增设了氢气控制系统、安全壳泄压装置等，安全性能得到显著提升。此前建设的所有核电站均为一代改进堆或二代堆，如日本福岛第一核电站的部分机组反应堆。我国目前运行的核电站大多为第二代改进型。

第三代核电技术：指满足美国"先进轻水堆型用户要求"（URD）和"欧洲用户对轻水堆型核电站的要求"（EUR）的压水堆型技术核电机组，是具有更高安全性、更高功率的新一代先进核电站。

第三代先进压水堆型核电站主要有 ABWR、System80＋、AP600、AP1000、EPR、ACR 等技术类型，其中具有代表性的是美国的 AP1000 和法国的 EPR。中国已引进 AP1000 等技术，分别在浙江三门和山东海阳等地开工建造。

第四代核电技术：第四代核电是由美国能源部发起，并联合法国、英国、日本等九个国家共同研究的下一代核电技术。目前仍处于开发阶段，预计可在 2030 年左右投入应用。第四代核能系统将满足安全、经济、可持续发展、极少的废物生成、燃料增殖的风险低、防止核扩散等基本要求。

**2. 现有的核电机组**

据国际原子能机构（IAEA）官网最新数据，截止 2014 年 4 月 30 日，全球共有在役核电机组（反应堆）435 个（共 372 751MW），长期关停的核电机组（反应堆）2 个（表 3-7）。统计标准是指首次并网即视为在役。两个长期关停的机组分别为日本 1 个机组（246MW）、西班牙 1 个机组（446MW），共 692MW。

从地域分布上看，机组数量从多到少依次是北美、西欧、远东、中欧和东欧，中东和南亚、拉美、非洲机组数量明显偏少。从这一现象可以大致推断出，核电发展与地域经济社会发展密切相关，即经济越发达的地区，能源需求也就越高，同时，环境对核电装机容量的需求同样也高。

表 3-7　世界各地的核电机组数量及其装机容量

| 地区 | 核电机组数量 | 总装机容量（MW） |
|---|---|---|
| 北美 | 119 | 112 581 |
| 欧洲——西部 | 117 | 113 505 |
| 亚洲——远东 | 98 | 85 136 |
| 欧洲——中部和东部 | 68 | 48 607 |
| 亚洲——中东和南亚 | 25 | 6 913 |
| 拉丁美洲 | 6 | 4 149 |
| 非洲 | 2 | 1 860 |
| 合计 | 435 | 37 2751 |

美国有 100 个核电反应堆,在全球核电装机容量中占据最大份额(27%)。与其他任何形式的发电相比,美国的核电拥有最高的容量系数,即单位时间内实际输出量与最大可能输出量的比率,大约在 90% 左右。虽然铀储量排在世界前十,但美国商用反应堆所使用的铀中,90% 都是靠进口,其中四分之三来自俄罗斯、加拿大、澳大利亚和哈萨克斯坦。

日本 2011 年的核灾难,使得许多国家或地区开始重新考虑核战略。值得注意的是,发展中国家或地区将作为推动核电继续发展的主力军。

据 IAEA 统计,目前全球 435 个核电机组,服役时间最长的是 45 年,大部分机组已经服役 20 年以上,25 年左右的机组最多。这一现象说明自 1986 年及至 1979 年以前,全球核电发展都处于高速发展的黄金时期,而近 20 年时间,全球核电处于停滞不前或缓慢发展的阶段。

据 IAEA 统计,全球 435 个核电机组大部分采用的是压水堆,然后是沸水堆和重水堆,还有少量的气冷石墨堆、轻水石墨堆和快中子增殖堆(表3-8)。美国有 65 个压水堆和 35 个沸水堆。

表 3-8　现有核电机组采用技术统计表

| 技术类型 | 技术说明 | 核电机组数量 | 总装机容量(MW) |
|---|---|---|---|
| PWR | 压水堆 | 274 | 254 049 |
| BWR | 沸水堆 | 81 | 75 958 |
| PHWR | 重水堆 | 48 | 23 900 |
| GCR | 气冷石墨堆 | 15 | 8 045 |
| LWGR | 轻水石墨堆 | 15 | 10 219 |
| FBR | 快中子增殖堆 | 2 | 580 |
| 合计 | | 435 | 372 751 |

## 五、中国核电发展历程

早在 20 世纪 50 年代为了打破美苏两个超级大国的核垄断,中国就启动了核能事业,并相继研制出了原子弹和氢弹。20 世纪 70 年代,周恩来总理在相关会议上提出要将核电转为民用,建造商用核电站。

20 世纪 80 年代初,中国实行改革开放政策,核工业开始走上新的发展道路,开发核电和推广核技术应用成为核工业转民的重要方向,中国核能建设开始起步。此后不久中国第一个商用核电站秦山核电站开始组建。

2004 年 9 月 1 日,时任中国国防科工委副主任、国家原子能机构主任的张华祝在国务院新闻办新闻发布会上透露:中国政府对进一步推动核电发展作出了新的决策,将加快核能发展逐步提高核能在能源供应总量中的比例。此次新闻发布会标志着中国核能有了重大的战略调整,我国核电由"适度发展"进入"积极发展"时期。

2007 年 1 月,国务院批准了《核电中长期发展规划(2005~2020 年)》,根据此规划,到 2020 年,我国核电投产装机容量将实现 4 000 万 kW 的战略目标,届时核电将约占全国电力装机总容量的 5%,核发电量占全国总发电量的 6%。这意味着中国核电发展战略由"积极发展"转向"快速发展",核能正成为中国能源优化的发展方向。

中国核电是从 1985 年真正起步的。截至目前,我国已有秦山一期、二期和三期核电站的 5 台机组，田湾核电站的 2 台机组，大亚湾核电站的 2 台机组和岭澳核电站的 2 台机组共 11 台机组投入运行，总装机容量 910 万 kW。这些核电基地集中分布在沿海的广东、江苏、浙江三个省，为这几个省的经济发展作出了巨大的贡献。

2005 年以来在国家的支持下，中国核电得到了更进一步的发展。一是原有的核电基地得到扩建，如广东岭澳二期、秦山一期扩建、秦山二期扩建等；二是核电基地得到了扩充。除了原有的浙江、广东、江苏之外，又新增了辽宁、福建、山东三省。这批核电项目机组数量达到了 20 个，总装机容量则高达 2 430 万 kW。

自 2007 年国家批准《核电中长期发展规划》以来，中国核电快马加鞭。除了广东、浙江、江苏、辽宁、福建、山东已经事实上成为核电基地外，沿海的海南也先后多次讨论核电发展规划，湖北、湖南、江西、安徽、广西、吉林、四川、重庆等地也争相成为第一批内陆核电站的所在地。过去几十年只在沿海地区发展核电的格局正在被打破，核电建设正加快向我国内陆地区进军。内陆省份多数能源匮乏，比如湖南缺煤少油人均电力装机只有全国平均水平的 58%，能源全部要靠外省输入；湖北也是一个贫煤大省，存在巨大的能源缺口。鉴于这种情况，2008 年上半年，湖南桃花江核电站与湖北大畈核电站、江西彭泽核电站一起获得国家发改委批准，纷纷开展前期准备工作。截至目前，涉及核电规划的省份已经占据了中国的"半壁江山"。

2014 年 5 月 4 日，福建宁德核电站 2 号机组正式投入商业运行；5 月 13 日，辽宁红沿河核电站 2 号机组通过 168h 试运行试验，具备商业运营主要条件。至此，我国在运核电机组总数达到 20 台，装机容量达 18 127.58MW。

2014 年二季度核电累计发电量为 293.86 亿 kW·h，比 2014 年一季度上升了 10.10%，比 2013 年同期上升了 15.81%。累计上网电量为 276 亿 kW·h，比 2014 年一季度上升了 9.81%，比 2013 年同期上升了 15.64%。由此可见，我国的核电正处于一个较快的上升期。

# 第四节　生物质能

生物质能来源广泛，种类繁多，主要包括薪柴、农作物秸秆、动物粪便、海洋生物、城市生活垃圾以及生活工业污水与油污等。生物质能源是仅次于煤炭、石油和天然气的世界第四大能源，地球陆地和海洋每年分别生产 1 000～1 250 亿 t 和 500 亿 t 生物质。生物质能源的年生产量相当于目前世界能源总能耗的 10 倍左右，因而生物质能源的发展潜力巨大。但由于生物质能比较分散、能量密度低，就目前的技术与经济条件，其利用率还较低，2010 年生物质能燃料的生产量达到 5 900 万 t 油当量，仅占全球能源消耗的 13%（《世界能源统计年鉴 2011》）。另外，生物质能属于低污染可再生的清洁能源，其可以改善和保护环境；减少温室气体的净排放量；增加土地资源的利用效率、降低石油进口的依存度，保障能源安全；发展农村经济，增加农民收入，优化农林业结构；以及促进社会和谐等方面具有重要的意义。

## 一、生物质能的相关概念

### 1. 生物质（biomass）

生物质是指利用大气、水、土地等通过光合作用而产生的各种有机体。广义上讲生物质是指包括所有的植物、微生物以及以植物、微生物为食物的动物及其生产的废弃物。例如农作物、农作物废弃物、木材、木材废弃物、动物粪便等。狭义上讲生物质主要是指农林业生产过程中除粮食、果实以外的秸秆、树木等木质纤维素（简称木质素）、农产品加工业下脚料、农林废弃物及畜牧业生产过程中的禽畜粪便和废弃物等物质。生物质资源具有无净碳排放、硫含量低和可生物降解等环境友好可再生性，低污染性，广泛分布性等特点。

**2. 生物质能（biomass energy）**

生物质能是指直接或间接来源于植物的光合作用，将太阳能以化学能形式储存在生物质中的能量形式，生物质能以生物质为载体，可通过转化为不同形态的燃料来替代常规化石燃料的可再生能源。

**3. 生物燃料（biofuel）**

生物燃料是指以生物有机体及其新陈代谢排泄物为原料制取的燃料，包括气态、液态和固态三种形式，可以用来替代化石能源。生物燃料一般是指生物乙醇、甲醇和生物柴油之类的液态生物燃料，生物燃料与化石燃料相比的主要功效在于对温室气体减排具有巨大贡献。生物质和生物质能源及生物燃料的区别：生物能源是指用来生产热能、动能和电能的那部分生物质资源，也是作为能源生物燃料的主要构成部分。需要说明的是：生物质资源都是潜在的生物质能源，只有当生物能源是用来生产热能、动能和电能时才能被称为生物能源；生物燃料是人类所要利用的那部分生物质能源的载体。

**4. 一代、二代和三代生物能源**

生物燃料根据原料与生产技术来源的不同，可以分为第一代、第二代和第三代生物燃料。

（1）一代生物燃料

第一代生物燃料主要是指以玉米、大豆、甘蔗和油菜籽等传统粮食和食用油料作物作为原料来生产的生物液体燃料，主要提炼加工物是生物乙醇和生物柴油，是最主要的交通替代能源，生物乙醇主要是通过小麦、玉米等原料经过发酵、蒸馏、脱水等步骤制成，生物柴油则为以动植物油脂等为原料，经过酯交换反应加工而成的脂肪酸甲酯或乙酯燃料。

第一代生物能源主要问题是原料成本高，而且如果把运输和加工过程都计算在内的话，该类生物燃料所造成的温室气体净排放量几乎与化石能源使用产生的排放相当。另外，一代生物能源还存在与粮争地的问题，引起农产品市场混乱，会威胁粮食安全。尽管一代生物能源的生产技术已经很成熟，但考虑到以上问题，对发展一代生物能源必须进一步加强生物质资源潜力评估、原料品种的选育改造、技术改进以及生物燃料生产过程的全生命周期经济技术分析和优化研究等方面的研究。

（2）二代生物燃料

纤维素乙醇、非粮作物乙醇和生物柴油是第二代生物燃料的代表产品。通过富含纤维素或半纤维素等生物质原料生产二代生物燃料主要包括两种工艺流程，一是原料经过预处理、酶降解和糖化发酵、蒸馏、脱水等步骤完成；二是经高温快速裂解、气化、冷凝后得到的生物质原油，再经"气化——费托合成"等化工工艺处理后得到的精炼油产品——生物合成第二代生物柴油。与一代生物能源生产相比，增加了生物质原料的预处理和纤维素、半纤维素的降解和多个生物催化反应，因而其生产技术要求更高。二代生物能源的原料主要使用非粮作物，秸秆、枯草、甘蔗渣、稻壳、木屑等农林业废弃物，以及主要用来生产生物柴油的动物脂肪、工业藻类等。所以二代和一代之间最重要的区别之一，在于是否以粮食作物为原料。到2020年中国以稻草为原料生产的生物乙醇产量可能会达到1 000万t，或将能替代3 100万t汽油，这将会使中国的原油进口减少10%。总的来说，由于纤维素乙醇的生产涉及多个环节，目前其生产成本很高。因而要大力发展纤维乙醇，必须加强培育能源作物新品种、开发完善农林剩余物生产的工艺流程、提高纤维素降解和木糖发酵的效率等方面研发工作，并对整个过程进行经济、环境等方面的可行性评价。

（3）三代生物燃料

第三代生物燃料是指生产原料是柳枝稷、麻疯树、黄连木、玉绿树等多年生草本植物、快速生长的树木以及藻类，用作商业化的作物，一般称为能源作物而专门用作生物燃料的生产，生产过程同第二代生物燃料。主要特点是来源稳定、产量高，并且能够保证燃料产业化生产需求，能源作物将是可持续生物燃料产业发展的重要组成部分。根据《全国林业生物质能源发展规划（2011～2020年）》，到2020年，中国能源林面积将达到2 000万hm$^2$；每年转化的林业生物质能可替代2 025万t标煤的石化能源，占可再生能源的比例达到3%。到2030年，美国计划多年生能源植物将占所有生物可再生能源的35.2%。在实现不影响粮食生产的前提下可以提供13.66亿t生物质原料，其中3.77亿t是由多年生能源草提供的。

目前，生物燃料正在由第一代向第二、三代生物燃料发展。但由于生产二、三代生物燃料关键性技术没有得到大的突破，估计二、三代生物燃料的商业化生产还有很长的路要走。

## 二、生物能源的来源

二、三代生物燃料是指利用纤维素（cellulose）为原料来生产生物燃料，纤维素是广泛存在于自然界、含量最多的不溶于水及一般有机溶剂的大分子，纤维素是构成植物细胞壁的主体，大约占植物界碳含量的50%以上纤维素广泛分布于农林业废弃物、灌木林、能源作物和城市固体垃圾中，木材中纤维素和半纤维素分别达到40%～50%、10%～30%，而棉花中的纤维素含量则接近100%。

### 1. 农林业废弃物（residue biomass）

农林废弃物包括两类：农作物秸秆和森林剩余物。

（1）农作物秸秆

秸秆是农作物成熟后茎叶（穗）部分的总称。通常指小麦、水稻等和其他农业生产收获籽实后的剩余部分。农作物秸秆是农村传统的农户炊事、取暖燃料，而且还用作饲料和工业原料。农作物产量、自然地理和农业生产条件等因素对农作物秸秆资源量影响较大，而且由于农作物秸秆分布比较分散，农作物秸秆的产量通常根据农作物产量、草谷比和收获指数等来间接估算获得。

农业生产的秸秆产量相当惊人，2000年全球秸秆产量合计为319 156.61万t，其中大部分没有得到利用。我国是秸秆生产大国，2008年中国秸秆总产量约为84 219万t，占当年全国农田生物质总产量50.41%和陆地植被总生长量的30.86%。2008年我国秸秆的消费结构分别为：生活用能秸秆资源量为1.36亿t；直接还田为2.33亿t；饲用秸秆为1.29亿t；工业原料用秸秆约为2 000万t；焚烧废弃秸秆约为1.29亿t，2008年主要农作物秸秆可能源化利用量大约为2.65亿t。

（2）森林生产剩余物

林业"三剩物"主要包括采伐剩余物、造材剩余物、木材加工剩余物。据统计，全世界林业三剩达 26 亿 $m^3$，相当于 7～10 亿 t 标准煤，占世界能源结构的 10%。按照"十一五"期间森林采伐限额和木材采伐出材率推算，我国在"十一五"期间木材采伐剩余物和加工剩余物总计约 8 056 万 t，可替代 4 592 万 t 标准煤。

**2. 能源作物**

能源作物（dedicated energy crop/dedicated biomass crop）是指专门用来规模化人工栽培生产加工并形成食品和饲料以外的以能源为主的生物基产品的植物，生物能源作物主要指多年生的纤维和油料植物，除生产化学材料和天然纤维外，主要用来生产商业生物能源的作物。能源植物（energy plant）是指一年生和多年生植物，栽培目的是生产固体、液体、气体或其他形式的能源。能源作物和能源植物的主要区别在于能源作物是经一定人工驯化而广泛应用于农业生产，后者则包括还没有应用于栽培生产的能源植物种类。

目前，许多国家或地区都通过引种栽培驯化能源植物或"石油植物"，并建立"石油植物园"、"能源农场"、"能源林场"等能源基地来生产生物燃料。常用的新型能源作物主要有柳枝稷、芒属植物、柳属植物、麻疯树、芦竹等。

（1）柳枝稷（*Switch grass*）

柳枝稷为禾本科黍属 C4 植物，多年生暖季型草本植物，是原产于美国的土生种，而且地理分布范围广，中国大部分地区均适合柳枝稷生长。主要包括两个生态类型，高地生态型：主要分布在美国中部和北部地区，适应干旱环境，茎秆较细，分枝多，在半干旱环境中生长良好；低地生态型，主要分布于潮湿地带，诸如漫滩、平原，植株高大，茎秆粗壮，成束生长。柳枝稷生长生产力高，中国引进的柳枝稷主要种植在华北低山丘陵区和黄土高原的中南部以及南方的山区。柳枝稷具有较好的生态效益，且生产费用低。另外，柳枝稷植株中含有大约 70% 的成分是纤维素，可以产出称为纤维素乙醇的燃油并可作为燃料使用。

（2）芒属植物（*Miscanthus*）

芒草（学名：*Miscanthus*）是各种芒属植物的统称，含有 15～20 个物种，属禾本科。全世界共有约 14 个野生种，大多分布在亚洲，少量产于非洲。中国拥有 7 个种，如中国芒与巨芒（*M. giganteus*，又名大象草）分布几乎贯穿了全国整个气候带，而且包括了生物质产量最高的种类，是芒草自然资源很丰富的国家。利用芒荻类草本植物生产酒精生物燃料，前景广阔。

芒草的发电量相当可观，1t 芒草的发电量相当于 3 桶原油，芒草也是一种生态友好型能源植物。中国需要生态恢复的土地超过 100 万 $km^2$，研究认为，如果用来种植芒草，按 10t/$hm^2$ 的保守产量计算，一年干芒草产量能达 10 亿 t，如用于燃烧发电，即能达到 2007 年全国总发电量的 45%；而如果拿出 5 亿 t 转化成乙醇，则能取代中国 2010 年全年的汽油用量。美国有研究者认为，如果用美国一半的休闲耕地（约 700 万 $hm^2$）来种植芒草，就能够取代 2008 年美国汽油用量的 20%，并能减少 30% 因使用汽油导致的二氧化碳排放。

（3）柳属植物（*Willow*）

柳属植物属于杨柳科柳属，是杨柳科进化水平最高的属，全世界现有 560 种，乔木或灌木，适应性强，从赤道到北极都有分布。中国有 257 种、122 个变种、33 个变型。主要分布在东北、西北、西南地区。具有适应性很强、生长快、容易繁殖、萌芽能力强、遗传改良潜力巨大、抗病虫危害、无需使用化学农药或除草剂等特点。用来做能源植物的主要是有灌木类蒿柳和毛枝柳，一般收获期为三年。欧洲、北美先后都大面积引种，我国从 2004 年也开始引进了瑞典培育专用能源柳植物，近年又引入了美国竹柳，并得到了广泛应用。

（4）桉树（*Eucalyptus*）

桉树是桃金娘科桉树属的总称，由于桉树的适应性广、耐干旱瘠薄、种植容易、速生高产等特点，是目前国际上三大速生造林树种之一，南方各省桉树人工林的轮伐期为 5～7 年，有的甚至缩短至 3～4 年，是我国最重要的速生商品林外来树种，我国共引进桉树 300 多个品种，进行过育苗造林的有 200 多个品种。目前，我国桉树人工林 170 万 hm²，仅次于巴西，居世界第二位，而且还以每年以近 10％的速度在增长。树材质坚硬，嫩枝富含挥发性油，树叶富含桉叶油，是一种很好的能源原材料，桉树木材燃烧后每千克能产生 19 687～22 983kJ 的热量，1t 桉树可获取优质燃料 5 桶之多。我国云南大部分地区种植的蓝桉、直干桉、史密斯桉等桉叶出油率高，桉叶油中所含的桉叶素以史密斯桉最高，为 81.65％，其次是直干桉 71.1％，蓝桉为 69.2％。

（5）麻疯树（*Jatropha*）

我国种子含油量在 40％以上的油料植物有 154 种，其中能够规模化生产的乔灌木树种有 30 多种。小桐子、黄连木、光皮树、文冠果、油桐和乌桕等 6 个树种能够作为能源开发利用，并可规模化培育。据统计 6 个树种现有相对集中分布面积超过 135 万 hm²，果实产量在 100 万 t 以上，如果 50％能够进行加工利用，则可获得 20 余万吨生物柴油。

麻疯树是目前使用最广泛的能源作物。麻疯树也被称为小桐子、芙蓉树、膏桐、亮桐、臭油桐，为大戟科落叶灌木或小乔木。原产于美洲，现广泛分布于海拔 1 600m 以下亚热带及干热河谷地区，我国引种有 300 多年的历史。麻疯树根系粗壮发达，具有较强的耐干旱低温瘠薄的能力，而且可以保水固土、防沙化、改良土壤。小桐子种仁含油率 35％～50％，最高可达 60％以上，野生麻疯树的干果产量可达到 300～800kg/亩，平均产量约 660kg/亩。小桐子油是可再生和生物可降解的，经改性后的小桐子油可适用于各种柴油发动机，其比燃烧化石燃料更清洁，可以有效地减少二氧化碳的排放量。

**3. 城市固体垃圾（MSW）**

城市生活垃圾是指在城市日常生活中或者为日常生活提供服务的活动中产生的固体废物，以及法律、行政法规规定视为生活垃圾的固体废物（《中华人民共和国固体废物污染环境防治法》）。城市生活垃圾的产生量与经济发展、城市规模、人口增长速度及城市居民生活水平成正比关系。我国城市垃圾历年堆存量已达 60 多亿吨，2/3 以上的城市处于垃圾围城的状态，1/4 的城市已经无垃圾填埋堆放场地，城市生活垃圾占用的土地超过 5 亿 m²。

城市垃圾危害严重，主要表现在：淋滤液的排放污染了附近的地下水或地表水源及其周围的环境；居民的生活和健康受到严重影响；增加了大气中温室气体的含量，据统计，全球 6％～18％的甲烷来自垃圾填埋场，是全球第三大 $CH_4$ 排放源；城市垃圾占用很多土地。垃圾的处理方法主要有填埋、堆肥、焚烧和资源回收。填埋是目前最主要的处理方式，约占全国垃圾处理量的 70％以上，如果城市垃圾被充分利用，不仅可以减少污染，减少温室气体排放，而且还可发电和回收生物能源。目前世界上约有 500 多个垃圾填埋场进行了垃圾的回收利用，从城市垃圾中回收的能量相当于每年 200 万 t 原煤。随着垃圾处理技术的发展，目前很多地区利用循环经济中的减量化、再利用、再循环的 3R 原则来处理城市垃圾，进行源头控制，终端处理，加强垃圾的回收利用。而分级处理在垃圾回收中确实可以起到很好的作用，在城市生活垃圾总量一定的前提下，分类收集率越高，可利用的垃圾数量就越高，因此这也是未来有效控制垃圾回收的主要手段。

### 三、生物质的生产转化技术及其应用

生物质是由光合作用产生的所有生物有机体的总称，主要包括农林牧废弃物、林产品加工废弃物、能源作物、海产物（海藻等）和城市垃圾（食物、纸张、天然纤维等有机部分）。能量密度低、不便运输或存储、季节性差异显著、地带性强是生物能源的主要特征，而且生物能源的生产需要中介能量系统以连接新的初始能源和能量消耗装置。目前，生物质能转化利用途径主要包括物理化学法、热化学法和生物化学法等，最终形成热量或电力、固体燃料、液体燃料和气体燃料，转化的二次能源最终被应用于建筑、电力和运输等部门。

**1. 物理转化**

物理转化亦即生物质固化成型技术，由于农林业生产过程中所产生的大量废弃物松散，分布范围广，堆积密度低，通过压缩成型和炭化工艺等物理手段，可以获得具有块状、粒状、棒状等各种高容量和热值的生物质颗粒，这样不仅改变了其燃烧性能，平均提高 20％的燃烧效率，而且可以成为方便收集、运输、储藏的商品能源。

**2. 热化学转化**

热化学转化技术是指在高温加热条件下，通过化学手段将生物质转换成生物燃料物质的技术，主要包括直接燃烧、热裂解、液化和气化等技术。

直接燃烧是最普通直观的转化技术，通过直接燃烧可以获得需要的热量，但生物质直接燃烧利用效率低，燃烧过程中大量的能量被浪费。

气化是指以氧气、水蒸气或氢气等作为气化介质，在高温条件下通过热化学反应将生物质中可燃的部分转化为可燃气的过程。气化产物可直接用来发电、供热或加工处理得到液体燃料。另外，通过生物质气化生产出的生物质合成气，在经过调整碳氢比例，净化处理，最后通过费托合成法催化生成费托燃料油，费托合成燃料是一种具有无硫、无氮、低芳烃含量对环境友好的运输燃料。

直接液化技术通过热化学或生物化学方法将生物质部分或全部转化为液体燃料，包括生物化学法和热化学法。该技术可对水含量较高的生物质直接加工，获得优质生物油，其能量密度大大提高，可直接用于内燃机，热效率是直接燃烧的 4 倍以上。生物质热裂解是指生物质在完全没有氧或缺氧条件下热降解，通过烧炭、干馏和热解液化途径，最终生成木炭、可燃气体和生物油。

可用于热解的生物质的种类非常广泛，包括农业生产废弃物及农林产品加工业废弃物。

**3. 生物化学法**

生物化学转化法是依靠微生物或酶的作用，对生物质能进行生物转化，生产出如乙醇、氢、甲烷等液体或气体燃料。酯化是指将植物油与甲醇或乙醇发生酯化反应，生成生物柴油，并获得副产品甘油。其产物生物柴油可以为柴油机车提供替代燃料外，也可为非移动式内燃机行业提供燃料。

### 四、全球生物能源发展趋势

现代生物能源产业，始于 20 世纪 70 年代初。1973 年世界石油危机后，石油进口国开

始寻找石油替代品，生物能源产业开始在全球范围蓬勃兴起。

1999 年，美国颁布了"发展生物基产品和生物能源"总统令。据联合国环境项目（UN Environment Program）统计，2006 年全球在可再生能源方面的投资是 1 000 亿美元，其中在生物运输燃料方面的投资是 260 亿美元。目前世界生物能源可分为 3 个板块，一是以生物乙醇为代表的美巴板块，领跑在前；二是突出环保和产品多元化的欧洲板块，紧紧跟上；三是起步较晚的跟进板块，有中国、日本、印度等国。在产品上，领跑的是生物乙醇，随后是固体燃料、沼气和生物柴油等。

美国已拟定长远规划，将于 2030 年将 30％的液体燃料由生物酒精替代。美国能源部（DOE）2009 年的资料表明，全美范围内已建设 9 个小规模生物炼制项目，4 个商业化生物炼制项目，4 个酶改良项目，5 个先进生物体（微生物等）研究项目，5 个热化学生物炼制项目，3 个生物能源研究中心以及 6 个能源部联合生物质促进项目。美国还计划到 2020 年，生物能源和生物质化工产品较 2000 年增加 20 倍，达到能源总消费量的 25％，2050 年达到 50％。

2006 年美国总统布什在"国情咨文"中提出，美国要用 6 年的时间攻克技术难关，实现商业化，计划在 2022 年生产的 1 亿 t 乙醇中，纤维素乙醇占 60％以上，到 2030 年用生物燃料代替 30％化石燃料，其中九成以上是非粮原料。事实上，美国已把燃料乙醇工业视作解决经济发展的催化剂。

巴西是世界上最早和最大的甘蔗乙醇生产和使用国，2006 年乙醇产量 1 250 万 t，仅次于美国，并计划于 2025 年产量达 7 200 万 t。为了使更多的农民受惠于生物燃料产业，巴西进一步发展以蓖麻籽、大豆为原料的生物柴油产业。

生物柴油是欧盟国家或地区发展重点，主要利用油菜籽生产生物柴油，2004 年的产量已超过 200 万 t。另外，欧盟的生物质燃烧发电已达到 550 亿 kW·h。其中，瑞典已建成相当成熟的热电联产技术和商业化运行系统，热效率可达 90％以上。瑞典的另外一个突出成就是车用沼气的产业化生产和应用。德国生物能源的发展处于世界前列，生物能源占一次性能源消费 2.3％，占可再生能源市场 60％以上。

印度从 2003 年开始进行燃料乙醇试用，到 2006 年全国强制性使用 E5 汽油，计划在 2020 年达到 20％。目前，印度用废糖蜜生产乙醇，但由于资源有限，拟大力发展甜高粱乙醇。另外，印度计划到 2020 年生产麻疯树生物柴油 5 000 万 t。英国 BP 公司已在印度投资 940 万美元种植 8 000 hm² 麻疯树，计划年生产 7 000 t 生物柴油。

根据 BP 公司 2011 年发布的《BP 世界能源统计》报告，2010 年全球生物燃料的产量增加了 13.8％，成为全球液态燃料中产量增长最多的一项。报告指出，美国和巴西仍然是全球生物燃料生产的领军国家。其中，美国生物燃料产量占世界生物燃料产量的 46.8％，居世界第一位。虽然根据 2012 年《BP 世界能源统计》显示由于美国对生物能源补贴政策的调整，世界生物燃料的增长速度放缓，但美国的生物燃料产量仍然占到了 48.0％，增幅达到 10％。

显然，生物能源在全球的广泛兴起与发展，已成为当今人类文明前进不可抗拒的潮流。

## 五、奥巴马政府的生物能源政策

奥巴马上台以后，面临的首要任务是复兴美国经济，增加就业岗位，减少失业率，发展生物能源的目的也是围绕这几个目标展开。2009 年 1 月，奥巴马在其就职典礼中就承诺，在未来十年内投资 1 500 亿美元用作发展生物燃料、插入式混合动力汽车、可再生能源生产和培养工人熟练的清洁生产技术。2011 年，美国还发布了《安全能源未来蓝图》，奥巴马表示要大力发展生物燃料，他认为生物燃料对美国减少对石油的依赖和创造就业有重要的意义，所以发展生物燃料不仅是政府的责任也需要私营部门的大力参与。美国当时的能源部长朱棣文认为，"推进生物能源是奥巴马政府所有减少美国对外国石油依赖和支持美国工业以及为美国创造就业的重要部分"，"通过创新技术生产下一代的生物能源，我们能增加在关键和不断成长部门的创新帮助提高美国的能源安全同时保护空气和水"。

奥巴马的新能源和生物能源政策是奥巴马新政的重要组成部分。

奥巴马上台之后面临的首要任务就是使美国经济复苏，所以生物能源政策的出发点主要是刺激美国经济复苏、增加就业岗位、扶植新兴产业。奥巴马政府的生物能源政策在带动美国经济走出低谷方面被寄予厚望，可能成为美国经济新的增长点和未来经济增长的一个持续推动力，并进一步在美国将来环保高科技市场占据统治地位。《美国再投资与恢复法案》决定投资 600 多亿美元于清洁能源和可再生能源产业，在诸如研究、制造和建筑等领域创造数百万个新的工作岗位。奥巴马认为，美国国会通过的《美国清洁能源安全法案》将转变美国生产和利用能源的方式，并且指出，创造可再生能源经济方面领先的国家必将成为 21 世纪全球经济的领先者。对生物能源投入的加大有助于建设一个更强大、充满活力的美国经济，不仅创造了许多就业机会，而且增强了美国在全球的创新优势。

奥巴马发展生物能源的另一个目的是加强美国的能源安全。能源安全一直是美国国家安全战略的最重要目标之一。能源安全关系着美国经济的可持续增长，只有保障可靠的能源供应才能让美国树立坚定的信心。但是历届美国政府把保障能源安全的方法都集中在确保石油进口和提高国内供应方面，而奥巴马政府的能源政策试图转变美国经济增长模式，进而增强美国的能源安全，为此他提出了能源独立的口号，极力推动国内的生物能源开发和利用，以此来确保美国的能源安全。

第三个目的是争夺环境与气候变化领域的主导权，进而巩固美国的世界领导地位。当美国拒不签署《京都议定书》并在全球气候变化方面无所作为时，欧盟和日本却在新能源和气候变化等议题上积极行动，逐步掌握了国际能源环境的领导权和话语权。一些在清洁能源领域全球领先的国家或地区显示了要充当世界新能源开发的引领者的意图。一向在政治和经济领域习惯了占据领导地位的美国当然无法接受这个事实，因此在奥巴马执政后立即决定在气候变化议题上有一个新的突破，即提出了新能源战略。首先建立一个强有力的能够履行其能源计划的管理团队，并表示美国将参与气候变化新条约的协商，这一新条约将超越《京都议定书》，不仅包括温室气体排放，还包括向发展中国家或地区提供资金和技术援助以应对气候变化。这表明美国政府立志与欧盟和日本争夺国际环境与气候变化领域的主导权。还应注意的是，奥巴马政府的能源环境政策是作为其整体外交政策调整的有机组成部分来修复美国的国际形象，恢复美国在国际上的领导地位，加强在国际组织框架下的国际合作，因此在美国外交中更重视其软实力。

具体而言，奥巴马生物能源政策的内容主要包括以下几个方面：

第一，出台法律鼓励促进生物能源的开发和利用。美国深刻认识到，谁在生物能源开发上占据先机，谁就能在 21 世纪的国际政治经济中赢得主动。《新能源法案》指出要进一步提高能源利用率，扩大生物能源以及其他可再生能源的使用。该法案提出，对一系列新能源项目实施税收减免、贷款担保和政府拨款支持等措施。美国作为世界上最大的二氧化碳排放国，新能源政策规定减少二氧化碳的管理及储存问题，缩减温室气体的排放，限制未来十年内轿车、轻型卡车和 SUV 的二氧化碳排放量的增长，缓解气候变化，并颁布了《州际清洁空气条例》和《清洁空气汞条例》，要求美国东部地区发电站将二氧化硫、氮氧化物以及汞排放量减少 70%，以有效改善空气质量，保护人类健康与自然资源。

第二，除法律法规的支持，美国也采取了许多的激励措施，包括税收抵免、直接补贴、金融支持等。法律法规支持可再生能源创造新的市场空间，为其发展扫除体制和政策障碍；而激励措施侧重支持可再生能源的产业化，调动各方投资和应用可再生能源的积极性。例如《美国就业机会创造法案》制定了首个国家生物柴油税收抵免政策，规定油作物和动物脂肪每加仑抵免 1 美元和可回收脂肪和油每加仑抵免 50 美分。在美国，航空业也在转向生物燃料。联邦快递公司已经承诺，到 2030 年，它所使用的 1/3 燃料将来自生物能源。预计在 2030 年以前，全球对生物燃料的需求将以每年 8.6% 的速度增长，满足这一需求有赖于政府的支持，因为如同大多数可再生能源一样，发展使用生物燃料仍要依靠经济鼓励措施。以美国为例，联邦标准规定，到 2022 年，在汽油中混合的生物燃料将增加到 360 亿加仑（1.36 亿 kL）。此外，奥巴马政府承诺投入 8 千万美元推动生物燃料研究。

同时，奥巴马政府积极利用各种资源保障美国海外新能源开发的安全和扩大国际生物能源合作。2011 年 10 月，美国国务院专门成立了能源资源局，该局将提升清洁能源使用和通过能源技术更新在市场变化中保持美国的竞争力，为美国能源快速增长的部门出口打开大门。国务卿希拉里·克林顿在该局成立会议上表示："你不能在讨论经济和外交政策的时候不讨论能源。"能源资源局的成立是美国海外清洁能源计划扩展的重要推动力量。

## 六、中国生物能源发展的现状

### 1. 我国生物能发电取得较大进展

根据水电水利规划设计总院和国家可再生能源信息管理中心发布了《2013 中国生物质发电建设统计报告》，截至 2013 年底，除青海省、宁夏回族自治区、西藏自治区以外，全国已经有 28 个省（市、区）开发了生物质能发电项目。全国累计核准容量达到 12 226.21MW，其中并网容量 7 790.01MW，占核准容量的 63.72%。

华东生物质能并网量全国居首。江苏省、山东省生物质发电累计核准容量分别为 1 395MW、1 376MW，分别占全国累计核准容量的 11.42%、11.27%，居全国前两位。核准容量排在三至六位的是湖北省、浙江省、黑龙江省、吉林省，六省累计核准容量占全国总核准容量的 50.08%。浙江省 2013 年新增核准容量为 547.3MW，占全国新增核准容量的 15.89%，是全国新增核准容量最多的省份。

据国家可再生能源信息管理中心相关负责人介绍，生物质能发电区域分布特征比较明显，主要受资源因素和各地区生产特性的影响，燃料资源丰富的地区生物质能发电项目规模效益较高，有利于降低成本。分地区看，生物质能发电装机主要集中在华东地区，并网容量达 3 514.84MW，占全国总装机容量的 45.12%，居全国首位。华中地区、南方地区分别以 1 438MW 和 1 096MW 位列全国第二第三位。

2013 年，全国（不含港澳台地区）生物质发电上网电量 356.02 亿 kW·h。其中，江苏省、山东省、广东省、浙江省上网电量分别为 51.95 亿 kW·h、44.31 亿 kW·h、38.99 亿 kW·h、36.38 亿 kW·h，四省合计上网电量约占全国总上网电量的 48.21%。

农林生物质直燃发电并网量最多。据介绍，从生物质发电技术类型看，农林生物质直接燃烧发电总并网容量为 4 195.3MW，占比 53.85%；垃圾焚烧发电总并网容量 3400.29MW，占比 43.65%；沼气发电并网容量 194.42MW，占比 2.5%。

从单位千瓦的投资角度来看，不同技术类型的生物质发电各有不同。该报告从各技术类型资源丰富地区的典型省份选取发电厂 2012～2013 年的概算数据，统计分析全国不同省份农林生物质发电、垃圾焚烧、沼气发电的投资水平有很大差异。数据显示，2013 年全国农林生物质发电单位千瓦动态投资额为 8 000～10 000 元，平均 9 160 元。全国垃圾焚烧发电平均单位千瓦投资额为 15 000～20 000 元，平均 17 763 元。沼气发电单位千瓦投资额为 10 000～17 000 元，平均 13 015 元。

生物质发电发展的另一个特点是多元开发企业参与建设。除两家最早进入秸秆发电项目的企业——国能生物质发电有限公司和中国节能投资公司，五大发电集团以及上海城投、凯迪电力、光大国际、广东粤电等诸多具备行业基础和资金、技术优势的企业都在参与生物质发电项目开发建设。

据不完全统计，截至 2013 年底，生物质发电累计并网容量排在前十位的企业依次是凯迪、国能、国电、光大国际、上海城投、中节能、深圳市能源环保、广东粤电、河北建设、创冠。按照投资企业类型来看，截至 2013 年底，我国生物质发电项目的建设投资主体中，国有企业并网容量达 2 782MW、民营企业为 4 116MW、外资企业为 491MW、中外合资企业为 401MW。

相关人士表示，2014 年是"十二五"规划的第四年，从产业整体状况分析，生物质发电及生物质燃料目前仍处在政策引导扶持期。"生物质发电行业的标杆企业在技术、成本方面已经具有明显优势，已投产生物质发电项目的盈利能力得到初步验证，直燃生物质开发利用已经初步产业化。预计到 2014 年底，生物质发电装机将有望达到 1 100 万 kW，上网电量有望达到 500 亿 kW·h。

**2. 发展能源作物、能源农业和能源经济是中国生物能源产业化的必经之路**

能源作物培育首先要选择合适的对象。世界各国主要因为原料或资源的不同而采用不同的生物能源发展策略，其次也有战略上的考虑。如美国虽然目前以粮食作物玉米为主要原料，但已拟定计划，将逐渐发展高产木质纤维素为主的 C4 草本植物（如柳枝稷）。近些年来，我国已大力资助生物质降解转化技术方面的研发工作（如科技部多个"863"和"973"项目），取得了一定进展。但有关能源植物培育的项目，少之甚少。然而，2010 年 10 月 16 日在华中农业大学召开的"第二届国际生物能源与生物技术学术会议暨芒草专题研讨会"的会议上，来自美国、欧盟和澳大利亚等多个国家的生物质能专家与企业家，一致认为能源作物选育是开展大规模生物燃料生产的前提条件，生物质资源的多样性和木质纤维素高效降解的（品质）核心技术是关键要素。会议深入讨论了我国主要粮食作物（水稻、小麦、玉米）秸秆和高产草本植物（甜高粱、芒草）、油料植物（麻疯树）和淀粉植物（木薯）等作为能源作物利用的潜能和途径。

基于植物细胞壁结构的复杂性和功能的多样性，能源作物选育涉及的细胞壁基础理论问题首先有待解决，它将直接决定能源作物选育的方向和途径。美国等发达国家或地区很重视此方面的基础研究，联邦能源部即在此领域重点资助。如 2008 年，美国能源部投入成立了三个生物能源研究中心：能源部生物能源科学研究中心，重点研究能源植物杨树和柳枝稷，植物纤维素生物质转化。能源部联合生物能源研究所重点针对模式植物的基础研究（水稻、拟南芥）；以微生物为基础的生物燃料合成研究。能源部大湖生物能源研究中心重点研究能源植物的生物产量；高效转化为燃料的能源植物培育；生物燃料的经济、生态和社会影响。这些中心的资金占到 4.05 亿美元，主要用于植物木质纤维素合成和降解相关的基础研究，而六个商业化生物炼制项目和四个中试生物炼制项目分布只有 3.85 亿美元和 1.14 亿美元。日本通产省已启动一项名为"新阳光工程"的新能源研究计划，也主要用于研究植物生物量的高效转化利用。

我国相关部门正在抓紧制定和完善可再生能源发展的相关配套政策，还将采取有效措施，培育持续稳定的可再生能源市场。同时，加大财政投入，实施税收优惠政策，重点支持可再生能源科学技术研究、应用示范和产业化发展。但是目前在基础研究领域仍投入很少。此外，生物质能源推广利用还存在着社会、资源、技术装备三方面的障碍，当生物质能源真正成为主要能源产业后，对原料质和量的要求势必突出。因此迫切需要在以下方面开展深入研究：能源植物的定向改良、优质能源性状的分子解析、高效纤维生物质的分子设计、耐瘠薄干旱盐碱能源植物的培育等。

能源作物和能源植物的研究和选育目前尚未被重视，其主要原因是传统育种周期较长，作物细胞壁改良可能影响粮食产量，以及生物能源的经济产业链尚未形成等。随着我国"十二五"期间粮食作物转基因工程全面深入的开展，无疑为能源作物培育提供了机遇。

毫无疑问，能源作物的培育、推广和初加工，将牵涉到广大农村和千家万户，因此有必要建立起相应能源农业体系。其理由主要有三点：一是生物质技术体系：据推算，木质纤维素原材料的收集、运输、储藏与预处理必须在基层县市（50～60km）范围内进行，以最低限度减少成本，否则产业盈利的可能性很低。因此迫切需要广大农民的直接参与。如农民收获粮食后，可以直接对作物秸秆进行初步预处理，以便于运输、储藏和深加工。二是农业种植体系：传统农业主要利用可耕用土地去种植粮食作物，而现代能源农业除了保证粮食作物种植外，还需充分利用边际土地去种植高产能源植物。三是农村经济结构体系：从经济效益的角度考虑，生物质原材料的综合利用和副产品深加工利用（如秸秆饲料、造纸和化工产品）是保证生物能源赢利的重要一环。因此，有必要建立起合理的农村经济结构，使之成为我国"三农"事业发展的重要组成部分。显然，发展能源农业不仅可以保证生物能源大规模产业化生产的原料供应，而且将大大促进我国"三农"的发展，即大幅度提高农民的经济收入，改善农村的生产条件和调整农业的结构模式。很显然，开发我国生物质资源，不仅可持续提供清洁能源和改善环境，还可以通过发展能源农业转变农业产业结构，推进农村工业化和城镇化，扩展农民增收渠道。

综上所述：生物能源产业化生产必需建立一套完整的产业链。通用的经济规模概念不适合生物能源产业，发展生物能源产业，应在政府引导和财政税收政策支持下建立中介组织，加强资源开发和技术开发，探索建立"适度规模、就近转化、统筹规划、模块建设、分散生产、集中营销"的产业发展模式。

除了能源作物种植和能源农业体系配套外，我国的基本国策和国情决定了能源经济的宏观调控亦是重要的和不可忽略的一环，它包括从国家和地方多个层面对生物能源产业链全方位的技术指导和政策调控，以保证农业、生物能源产业以及相关产业良性可持续发展。事实上，发展生物能源将涉及多个部门（如经济、农业、能源、财政、环保等），因此，有必要在相关行政部门设立专门机构来促进、指导和调控我国生物能源产业的发展。另外，国家多个部门也应加大专项经费，大力资助生物能源整个产业链的研发和配套工程。

总之，中国生物能源产业化生产必须要同时大力发展能源作物、能源农业和能源经济。

# 第四章　中国能源需求情景分析

## 第一节　中国能源生产与消费现状和能源强度特性

### 一、我国能源生产和消费量

改革开放以后，中国能源总量还保持在较低水平，1980年中国一次能源生产、消费总量分别为6.37亿t标准煤和6.03亿t标准煤。但2012年，中国一次能源生产和消费总量已经是1980年的5.28倍和6.00倍。且一次能源消费增长明显快于生产增长，能源消费总量超过产量主要发生在20世纪90年代前期，但快速的增长过程主要发生在进入21世纪以来，年均增长12.3%。

由于能源禀赋和立足国内的政策导向，煤炭在我国能源消费格局中一直占主导地位。煤炭生产量占能源生产总量的70%以上，而煤炭消费基本占能源消费总量的2/3以上（表4-1）。国内石油生产占能源生产总量比重不断下降，由1980年的23.8%，下降到2009年的9.8%，但石油消费量却不断地增加，由1980年的1.05亿t，增长到2009年的1.89亿t，并在1993年由石油净出口国变为净进口国，近10年来成为世界石油进口增长最快的国家；到2004年，中国石油进口规模突破1亿t大关，达到1.227亿t；2009年，中国石油进口量达到2.56亿t，石油对外依存度超过56.6%。近年来，全球石油进口增长量中的40%来自中国，中国已经成为世界第二大石油消费国。石油供需安全无疑是中国能源安全的核心问题，并在一定程度上影响全球的石油供需走势。

表 4-1　我国一次能源生产和消费及其结构变化情况（1980～2012 年）

| 年　份 | 1980 | 1990 | 2000 | 2005 | 2009 | 2012 |
|---|---|---|---|---|---|---|
| 能源生产总量（万 t 标准煤） | 63 735 | 103 922 | 128 978 | 205 876 | 296 916 | 331 848 |
| 煤炭（%） | 69.4 | 74.2 | 75.3 | 76.49 | 77.3 | 76.5 |
| 石油（%） | 23.8 | 19.0 | 16.6 | 12.6 | 9.8 | 8.9 |
| 天然气（%） | 3.0 | 2.0 | 1.9 | 3.2 | 4.3 | 4.3 |
| 水电、核电等（%） | 3.8 | 4.8 | 6.3 | 7.7 | 9.4 | 10.3 |
| 能源消费总量（万 t 标准煤） | 60 275 | 98 703 | 138 553 | 224 682 | 306 647 | 361 732 |
| 煤炭（%） | 72.2 | 76.2 | 67.8 | 69.1 | 70.4 | 66.6 |
| 石油（%） | 20.7 | 16.6 | 23.2 | 21.0 | 17.9 | 18.8 |
| 天然气（%） | 3.2 | 2.1 | 2.4 | 2.8 | 3.9 | 5.2 |
| 水电、核电等（%） | 3.4 | 5.1 | 6.7 | 7.1 | 7.8 | 9.4 |

资料来源：《中国统计年鉴 2013》。

在改革开放以来的 30 多年中，我国能源结构变化不大，保持了一次能源以煤为主的格局，在能源消费中煤炭所占的比例仅由 1980 年的 72.2% 下降为 2009 年的 70.4%；同期石油所占能源消费比重从 20.7% 下降到 17.9%；天然气比重由 3.1% 上升到 3.9%；非化石能源所占比例从 4.0% 上升到 7.8%。

表 4-2 列出了 1990～2011 年各部门能源消费情况。表中第二行列出了各年能源消费总量，其余各行列出了各个部门消费的能源数量。由表可见，在能源消费总量中，消费最多的是工业，1991 年占总能源消费量的 73.3%；2011 年占 70.8%。工业能源消费比例逐年有所下降，而交通运输的能耗则逐年有所上升，到 2011 年，交通运输能耗已占 8%。生活能耗保持在 11%～16% 之间。

**表 4-2　1990～2011 年各部门能源消费情况**　　　　单位：万 t 标准煤

| 项　　目 | 1990 | 1995 | 2000 | 2005 | 2010 | 2011 |
|---|---|---|---|---|---|---|
| 能源消费总量 | 98 703 | 131 176 | 145 531 | 235 997 | 324 939 | 348 002 |
| 农、林、牧、渔水利业 | 4 852 | 5 505 | 3 914 | 6 071 | 6 477 | 6 759 |
| 工业 | 67 578 | 96 191 | 103 774 | 168 724 | 231 102 | 246 441 |
| 建筑业 | 1 213 | 1 335 | 2 179 | 3 403 | 6 226 | 5 872 |
| 交通运输、仓储和邮政业 | 4 541 | 5 863 | 11 242 | 18 391 | 26 068 | 28 536 |
| 批发、零售业和住宿、餐饮业 | 1 247 | 2 018 | 3 048 | 4 848 | 6 827 | 7 795 |
| 其他行业 | 3 473 | 4 519 | 5 762 | 9 255 | 13 681 | 15 189 |
| 生活消费 | 15 799 | 15 745 | 15 614 | 25 305 | 34 558 | 37 410 |

资料来源：《中国统计年鉴 2013》。

表 4-3 列出了 1990～2011 年中国煤炭消费情况。表中第二行列出了各年煤炭消费总量，其余各行列出了各个部门消费的煤炭数量。由表可见，在煤炭消费总量中，消费最多的是工业，1991 年占总能源消费量的 76.8%；到 2011 年已高达 95.1%。

**表 4-3　1990～2011 年各部门煤炭消费情况**　　　　单位：万 t 标准煤

| 项　　目 | 1990 | 1995 | 2000 | 2005 | 2010 | 2011 |
|---|---|---|---|---|---|---|
| 煤炭消费总量 | 105 523.0 | 137 676.5 | 141 091.7 | 231 851.1 | 312 236.5 | 342 950.2 |
| 农、林、牧、渔水利业 | 2 095.2 | 1 856.7 | 933.4 | 1 513.8 | 1 711.1 | 1 756.6 |
| 工业 | 81 090.9 | 117 570.7 | 127 806.7 | 215 493.3 | 296 031.6 | 326 230.0 |
| 建筑业 | 437.6 | 439.8 | 536.8 | 603.6 | 718.9 | 781.8 |
| 交通运输、仓储和邮政业 | 2 160.9 | 1 315.1 | 882.2 | 811.2 | 639.2 | 645.9 |
| 批发、零售业和住宿、餐饮业 | 1 058.3 | 977.4 | 1 314.6 | 1 674.4 | 1 969.9 | 2 211.7 |
| 其他行业 | 1 980.4 | 1 986.7 | 1 161.0 | 1 715.9 | 2 006.6 | 2 112.2 |
| 生活消费 | 16 699.7 | 13 530.1 | 8 457.0 | 10 039.0 | 9 159.2 | 9 212.0 |

资料来源：《中国统计年鉴 2013》。

煤炭除了在工业中直接消费，还大量地用于发电。表 4-4 列出了 1990～2011 年各年的发电煤炭使用量，以及在煤炭消费总量中的比例。由表可见，这一比例逐年递增，到 2011 年，已经达到 51.2%。

**表 4-4　1990～2011 年中国煤炭发电使用量及其消费比例　单位：万 t 标准煤**

| 项　　目 | 1990 | 1995 | 2000 | 2005 | 2010 | 2011 |
|---|---|---|---|---|---|---|
| 煤炭消费总量 | 105 523.0 | 137 676.5 | 141 091.7 | 231 851.1 | 312 236.5 | 342 950.2 |
| 发电消费量 | 27 204.3 | 44 440.2 | 55 811.2 | 103 263.5 | 154 542.5 | 175 578.5 |
| 发电消费比例% | 25.8 | 32.3 | 39.6 | 44.5 | 49.5 | 51.2 |

表 4-5 列出了 1990～2011 年中国电力生产情况。由表可见，在电力生产量中，火力发电占到绝对大的比例，约占 8 成。2010 年以后，风力发电上升很快，到 2011 年已经和核电不相上下。

**表 4-5　1990～2011 年中国电力生产量　单位：亿 kW·h**

| 项　　目 | 1990 | 1995 | 2000 | 2005 | 2010 | 2011 |
|---|---|---|---|---|---|---|
| 可供量 | 6 230.4 | 10 023.4 | 13 472.7 | 24 940.8 | 41 936.5 | 47 002.7 |
| 生产量 | 6 212.0 | 10 077.3 | 13 556.0 | 25 002.6 | 42 071.6 | 47 130.2 |
| 水电 | 1 267.2 | 1 905.8 | 2 224.1 | 3 970.2 | 7 221.7 | 6 989.5 |
| 火电 | 4 944.8 | 8 043.2 | 11 141.9 | 20 473.4 | 33 319.3 | 38 337.0 |
| 核电 | | 128.3 | 167.4 | 530.9 | 738.8 | 863.5 |
| 风电 | | | | | 446.2 | 703.3 |
| 进口量 | 19.3 | 6.4 | 15.5 | 50.1 | 55.5 | 65.6 |
| 出口量（一） | 0.9 | 60.3 | 98.8 | 111.9 | 190.6 | 193.1 |
| 消费量 | 6 230.4 | 10 023.4 | 13 472.4 | 24 940.3 | 41 934.5 | 47 000.9 |

表 4-6 列出了 1990～2011 年中国电力消费情况。由表可见，中国电力主要由工业部门消费，不过比例逐年有所下降。1990 年工业部门消费了 78.2％的电力；2011 年消费了73.8％。与此对应，随着人们生活水平的提高，生活电力消费则在逐年增长。1990 年生活消费的电力占总消费的 7.7％；2011 年提高到了 12％。

**表 4-6　1990～2011 年中国电力消费情况　单位：亿 kW·h**

| 项　　目 | 1990 | 1995 | 2000 | 2005 | 2010 | 2011 |
|---|---|---|---|---|---|---|
| 电力消费总量 | 6 230.4 | 10 023.4 | 13 472.4 | 24 940.3 | 41 934.5 | 47 000.9 |
| 农、林、牧、渔水利业 | 426.8 | 582.4 | 533.0 | 776.3 | 976.5 | 1 012.9 |
| 工业 | 4 873.3 | 7 659.8 | 10 004.6 | 18 521.7 | 30 871.8 | 34 691.6 |
| 建筑业 | 65.0 | 159.6 | 159.8 | 233.9 | 483.2 | 571.8 |
| 交通运输、仓储和邮政业 | 105.9 | 182.3 | 281.2 | 430.3 | 734.5 | 848.4 |
| 批发、零售业和住宿、餐饮业 | 76.2 | 199.5 | 418.7 | 752.3 | 1 292.0 | 1 503.1 |
| 其他行业 | 202.4 | 234.2 | 623.2 | 1 340.9 | 2 451.8 | 2 753.1 |
| 生活消费 | 480.8 | 1 005.6 | 1 452.0 | 2 884.8 | 5 124.6 | 5 620.1 |

资料来源：《中国统计年鉴 2013》。

## 二、中国能源强度走势及特点

### 1. 中国能源强度走势

这里的能源强度指的是单位 GDP 所消耗的能源。用 2005 年不变价计算，能源强度从 1953 年的 1.442t 标准煤/万元上升到 1978 年的 3.732t 标准煤/万元。1978 年是中国能源强度变化的转折点，从那以后，能源强度逐年下降，从 3.732t 标准煤/万元下降到 2010 年的 1.01t 标准煤/万元。2001 年以后，能源强度有小幅反弹，但仍没有偏离在轻度反弹中继续下降的轨道。2006 年在国家实施节能政策后，能源强度再度下行。

图 4-1 所示为我国历年国内生产总值增长率以及我国历年的能源消费增长率。图 4-2 所示为我国 1985～2012 年能源消费弹性系数。能源消费弹性系数反映的是能源消费增长速度与国民经济增长速度之间比例关系的指标。计算公式为

$$能源消费弹性系数 = \frac{能源消费量年平均增长速度}{国民经济年平均增长速度} \tag{4-1}$$

国民经济年平均增长速度，可根据不同的目的或需要，用国民生产总值、国内生产总值等指标来计算，这里采用国内生产总值指标计算。由此可见，如果能源消费弹性系数＜1，说明国内生产总值的增长比能源增长要快，能源强度进入下降通道；如果能源消费弹性系数＞1，说明能源增长比国内生产总值的增长要快，能源强度进入上升通道。

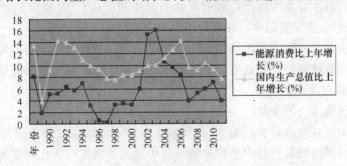

图 4-1　我国历年国民生产总值与能源消费增长值

数据来源：《中国统计年鉴 2013》

图 4-2　我国历年能源消费弹性系数

数据来源：《中国统计年鉴 2013》

改革开放以来，中国能源消费强度除几个年份之外几乎都小于 1（图 4-2），中国能源强度总体几乎呈直线下降的走势，其变化主要经历了三个阶段。

第一阶段，1978～2000年。在这一阶段，中国能源强度持续下降。1978年后，中国对外开放和经济体制改革给经济发展注入了活力，经济得以迅速发展，能源强度快速下降。在1988～1992年之间，中国产业结构尤其是工业结构的变动提高了能源强度，使这一时期能源强度下降幅度降低。1993年，由于经济快速增长，能源强度出现了加速下降的情况。1996年由于关停部分小煤矿引起能源消费量下降，能源强度也快速下降。但这一势头在1999年就被逆转，能源消费量不再下降，从而能源强度下降速度也随之减缓。

第二阶段，2001～2004年。在这一阶段，中国能源强度触底反弹。由于中国经济结构变化，特别是工业结构重型化，2000年以后，中国能源强度触底反弹回升。2002～2004年期间，为了刺激经济增长，政府启动了以增加投资为主导的经济复苏方案。推动了能源消费总量和能源强度快速上升。定性来看，能源消费增长主要源于三个方面，一是由于对以煤炭消费为主的电力需求快速增加。二是以水泥、钢材消费为主的基础设施投资增长。三是出口和消费两方面都带来旺盛的需求，且这一时期中国没有限制高耗能产品的出口。粗放型的经济扩张导致了这一时期的经济结构失衡，"十五"期间，中国一次能源消费总量上升了55%，其中2002～2005年间就上升了44%，中国这三年增加的能源消费总量相当于日本2005年当年的全部能源消费总量。由图4-3可见，这几年的能源消费弹性大于1或在1附近。

第三阶段，2005年至今。在这一阶段，中国能源强度再度下降。从2005年起，能耗强度再次开始下降，其主要原因在于，政府开始强制控制单位GDP能源消费量，将能源强度降低20%纳入"十一五"规划中，并将此作为政府官员的考核指标。

综上所述，改革开放以来中国能耗变化总体上呈现一种持续降低的态势。但是在中国工业化进程和政府实施扩张型财政政策和货币政策的过程中，出现过短暂的反复。

**2. 中国能源强度变化的特征**

（1）中国能源强度持续下降

总体来看，中国在改革开放后的33年间基本保持了能源强度持续下降趋势，这在世界其他国家或地区的经济增长过程中是少见的。从中国能源强度的变化幅度来看，中国能源强度从1978年的3.73t标煤/万元下降到了2010年的1.01t标煤/万元，下降了71%，但能源强度的下降绝对量在逐渐减小，从1978年的当年下降0.175t标煤/万元，减小到2010年当年仅下降0.04t标煤/万元。

（2）中国能源强度下降呈周期反复

改革开放以来，除了2003年和2004年，中国能源强度一直处于下降通道，但下降幅度呈现周期特点。1990年之前，中国能源强度下降较平稳，呈现持续平稳下降态势。1990～1998年间，由于宏观经济走势和宏观经济政策出现较大波动，能源强度的下降也出现较大波动。1993～1994年能源强度下降了10%左右，但随后下降幅度有所收窄，1994～1996年间仅下降2%左右。进一步考察周期性变动较大年份的主要经济事件发现：1997年后，由于大量关闭小煤矿，能源供给减少，部分企业不得不加强能源节约，并寻求替代能源，中国能源强度出现较大幅度下降。但1998年后，伴随着中国第一次房改和加入WTO，国内部分高耗能产业迅速扩张，中国能源强度下降幅度降低，甚至在2004年出现了能源强度反弹。"十一五"以来，随着国家节能减排政策的出台，中国能源强度重新由上升转为下降。

## 三、影响中国能源强度的主要因素和我国能源消费中的一些突出问题

从中国历年，特别是改革开放后能源强度的周期性变化特征，及同期宏观经济政策和其他重大经济事件变化来看，影响中国能源强度的主要因素大致可以分为两类，一是影响所有国家和地区的共性因素，二是影响中国能源强度的个性因素。

**1. 共性因素**

（1）技术水平

技术水平是影响能源强度的重要因素之一。从能源生产和消费的角度来看，技术水平从供需两个方面影响能源强度。从能源供给来看，在能源加工、转换、运输方面，技术水平在每个环节都对能源强度产生重要影响。技术水平通过影响一次能源开发，以及一次能源转换为可直接消费能源的效率，能源输送中的损失等对能源强度产生影响。技术水平提高可以开发替代化石能源的新能源，改善能源消费结构，从而降低能源强度。从能源需求来看，技术水平是生产生活环节能源利用效率提高和能源强度下降的最重要因素。由于技术水平影响全社会的生产力水平，在创造同等社会财富时消耗的能源量更低，从而影响能源强度。

（2）能源价格

市场是资源配置最有效的方式，价格水平往往反映了资源的稀缺程度。微观经济学认为，能源价格对能源强度的影响体现在能源价格上升后，厂家和住户将直接减少能源的消费，提高能源利用效率。与其他国家或地区不同，中国经历了计划经济，国家长期控制能源价格，通过行政手段分配能源使用。在由计划经济转向市场经济后，中国政府开始逐渐放宽对能源价格的控制，能源价格转而由市场供需决定。当能源价格反映出市场需求状况和供给状况时，能源价格的高涨将增加企业的生产成本、压缩企业盈利。这时企业将通过各种渠道提高能源利用效率，改进能源利用技术，转向发展低能耗产业或者是寻找其他替代能源从而减少能源消费。能源价格对能源供需矛盾的正常反应，将直接催生能源技术革命和产业结构的升级转型，从而降低能源强度。

**2. 个性因素**

（1）经济体制改革

从新中国成立以来能源强度的走势来看，中国能源强度开始下降的年度正是1978年开始进行经济体制改革的年度。定性来看，中国经济体制改革不仅推动了中国经济的持续飞速发展，也直接或间接带动了中国能源强度的下降。

（2）经济结构

新中国成立以来，尤其是改革开放以来，中国的经济结构发生了巨大变化。中国由一个典型的农业国家逐步转变为工业国家，服务业在产业中的作用越来越重要。在从以农业为主转向以工业为主的过程中，中国能源消费总量迅速攀升，能源强度也不断上升。随着工业化进程的推进，技术密集型工业、服务业在经济中扮演越来越重要的角色，虽然能源消费总量仍在不断攀升，但能源强度却开始下降。改革开放以来，中国开始逐渐融入全球经济，中国需求结构由以投资、消费拉动经济为主转变为投资、消费、净出口共同拉动。

但2008年全球金融危机以来，中国外贸经济遭受重创，净出口对经济增长的拉动作用逐渐减小。近年来由于收入分配中居民收入被政府税收和企业利润挤压，消费长期不景气，消费率逐年下降，消费对经济增长的贡献逐年下滑。由于外需和消费的不景气，中国经济严

重依靠投资拉动。需求结构中,投资率的持续上升使中国经济结构失衡,部分产能过剩,能源强度较高。中国富煤少油的能源资源禀赋特征,成为中国能源消费以煤为主的客观约束,煤炭消费在中国一次能源消费中的占比长期在 70% 左右。中国这种以煤炭为主的能源消费结构,使能源利用效率相对较低。

(3)宏观调控政策

从中国改革开放以来能源强度的变化与宏观经济政策的关联来看,中国几次宏观调控对能源强度的影响表现为,在国家实施扩张型的财政政策和货币政策时,往往导致能源强度的上升。一个可能的原因是国家实施扩张政策,短期内不能带来技术的进步,产能的扩张将主要在低技术水平和高耗能行业。中国扩张财政政策大多伴随以基础设施为代表的固定资产投资快速增长,从而对水泥、钢材等高耗能产品的需求也不断增长,致使能源消费总量和能源强度快速上升。由于大多数高耗能行业以能源依赖为主,进入门槛较低,其行业盈利水平的提高将吸引大量资本进入,致使大量小规模产能无序扩张。这些小型高耗能企业技术和管理水平较低,其单位增加值能耗往往是同行业大型企业的数倍,能源浪费严重。

(4)节能减排政策

针对经济中能源浪费严重,能源强度较高的问题,中国曾先后多次实施节能减排政策,并取得较好效果。如 1996 年通过对部分小型高耗能企业进行关停并转,使能源消费减少,能源强度降低。"十一五"以来,中国强制实施了节能减排政策,使能源强度得以大幅下降。

## 四、部门能源消耗强度

表 4-7 列出了各部门从 1995~2008 年的能耗强度。由表可见,部门能耗强度的变化有两个明显特征。第一,各部门的能耗强度绝对值都在下降。1995~2008 年,农业部门能耗强度下降了 34.3%;工业部门能耗强度下降幅度达到了 44.8%;建筑业部门下降了 13.6%;服务业下降 32.7%。第二,不同部门能耗强度差异很大,工业部门明显高于其他部门。

2008 年工业部门的能耗强度为 1.90t 标准煤/万元,分别是农业部门和建筑业部门能耗强度的 8 倍左右、服务业部门的近 3 倍。

表 4-7 各产业部门的能耗强度 单位:t 标准煤/万元

| 年　份 | 农业 | 工业 | 建筑业 | 服务业 |
|---|---|---|---|---|
| 1995 | 0.36 | 3.44 | 0.29 | 0.98 |
| 2000 | 0.34 | 2.18 | 0.36 | 0.81 |
| 2005 | 0.37 | 2.17 | 0.35 | 0.75 |
| 2008 | 0.23 | 1.90 | 0.25 | 0.66 |
| 1995~2008(%) | −34.3 | −44.8 | −13.6 | −32.7 |

资料来源:《中国能源统计年鉴 2008》、历年《中国统计年鉴》。

工业部门的能耗强度变化对于整体经济能耗强度的影响最大。有关研究表明,在 1995~2008 年间,中国整体经济的能耗强度下降了 0.592t 标准煤/万元,其中,经济结构的变化使整体经济的能耗强度上升 0.163t 标准煤,各部门能源效率的提高则使整体经济能耗下降 0.755t 标准煤/万元(表 4-8)。从分部门贡献来看,农业、工业、建筑业和服务业四个部门对整体经济能耗强度下降的贡献分别为 8.2％、76.2％、0.5％和 15.1％（表 4-9）。

由此可见，产业结构调整对能耗强度变化有很大影响。

**表 4-8 整体经济能耗强度的变化和分解**

| 时　　段 | 整体经济能耗强度的变化 | 结构变化的效应 | 能源效率提高的效应 |
|---|---|---|---|
| 1995～1999 | −0.397 | 0.074 | −0.471 |
| 2003～2004 | 0.067 | 0.010 | 0.057 |
| 2007～2008 | −0.062 | 0.003 | −0.065 |
| 1995～2008 | −0.592 | 0.163 | −0.755 |

资料来源：李洁．中国能源强度与经济结构关系的数量研究．西南财经大学博士学位论文，2012。

**表 4-9 各部门对整体能耗强度变化的贡献**

| 1995～2008 | 整体能耗变化 | 农业 | 工业 | 建筑业 | 服务业 |
|---|---|---|---|---|---|
| 部门结构变化（t 标煤/万元） | 0.163 | −0.030 | 0.156 | 0.000 | 0.038 |
| 部门能耗变化（t 标煤/万元） | −0.755 | −0.018 | −0.607 | −0.002 | −0.128 |
| 部门贡献（t 标煤/万元） | −0.592 | −0.049 | −0.451 | −0.003 | −0.089 |
| 部门贡献率（％） | 100 | 8.2 | 76.2 | 0.5 | 15.1 |

资料来源：李洁．中国能源强度与经济结构关系的数量研究．西南财经大学博士学位论文，2012。

有关研究表明：

① 重工业总产值占工业总产值比重对能源强度有正的直接影响和负的总影响。重工业总产值占工业总产值比重提高，能源强度将下降。

结合中国当前的经济发展实际来看，中国当前尚处于工业化中期阶段，工业尤其是重工业在经济中有着举足轻重的作用，重工业比重通过以下几个方面对能源强度产生直接和间接影响。

第一，重工业比重上升，直接导致能源强度上升。由于重工业行业单位增加值能源消耗较大，重工业比重的上升，直接导致能源强度的上升。在中国现行的工业统计分类中，重工业所包括的行业有石油、煤炭、天然气开采等，还包括黑色金属冶炼及加工业、有色金属冶炼及加工业、化学行业、非金属制品业等。这些行业均为高耗能行业。重工业行业几乎包括了所有高耗能行业，中国重工业单位增加值能源消费比轻工业单位增加值能源消费更高。重工业比重的上升，将直接导致工业单位增加值能源消费上升，从而使能源强度上升。

第二，从重工业所包括的行业来看，重工业是一国经济的基础行业，为其他行业提供基本的生产资料和原材料，重工业比重上升通过带动其他行业发展使经济总量增长，间接使能源强度下降。重工业的发展对经济至关重要。

正因如此，新中国成立以来实施了工业先行特别是重工业先行的发展战略。新中国成立以来尤其是改革开放以来，重工业的快速发展为中国经济的持续快速发展奠定了良好基础。重工业的发展及其比重的上升虽然其自身消耗了大量能源，但以重工业发展为基石的国民经济其他行业却得到了快速发展，从而使能源强度下降。从产业链来看，重工业往往位于产业链的前端，其合理发展将带动后续劳动密集型和能源消费较少的轻工业和服务业发展。以钢铁行业为例，中国钢铁行业的发展不仅是基础设施建设等发展的基础，也是其他制造业如家电等单位增加值能源消耗较低行业发展的基础。钢铁行业的发展其本身虽然提高了能源强度，但其带动的后续产业发展却降低了能源强度。综合来看，重工业的比重上升将通过对其他经济结构的影响，尤其是对经济发展水平的提高来间接降低能源强度。

第三，中国重工业行业不仅包括了矿产业、钢铁行业、水泥和其他化工行业等原材料行业，也包括大量装备制造业和电子工业等，这些行业为其他行业提供生产装备和改进生产技术。中国重工业比重的上升不仅包括高耗能行业的发展，也包括装备制造等行业的发展。装备制造行业的发展在为其他行业提供先进生产设备和改进生产技术时，使整个经济的能源利用效率得到提高，从而降低能源强度。装备制造业的发展不仅为其他行业生产提供了基本的生产工具，也能集中体现全社会的技术进步和经济发展水平。重工业的发展和其技术水平往往对整个经济体的技术水平起决定作用。因此，重工业的发展，间接使能源强度得以降低，且其间接影响远远大于其直接影响，对能源强度的总影响为负。

② 投资率对能源强度有正的直接影响和负的总影响。从中国当前的经济发展实际来看，投资率通过以下几个方面对能源强度产生影响。

第一，投资率的上升，直接导致能源强度的上升。在中国目前的发展模式和发展环境下，投资率上升主要来源于固定资产投资的上升。由于目前中国的固定资产投资规模扩张突出表现在基础设施投资和房地产投资，这两项投资规模的扩张，将直接带动水泥、钢材等高耗能行业的快速增长使能源消费总量增加。直接来看，投资率的上升导致能源强度上升。

第二，投资率的上升，将带动经济快速发展，间接带动服务业等行业发展，降低能源强度。由于中国目前尚处于工业化中期阶段，经济的发展仍主要依靠资本积累拉动。目前固定资产投资已成为中国经济增长的最大动力，投资规模的增长使投资率不断上升，在带动经济总量快速增长的同时使能源强度降低。

第三，投资率的上升，将通过基础设施等方面改善生产生活条件，从而提高生产技术水平和能源利用效率，降低能源强度。在中国当前的发展条件下，各行业技术水平的提高和生产设备的更新仍主要通过投资来实现，部分行业投资规模的扩大将使能源强度下降。

③ 煤炭消费比重对能源强度有正的影响。由于煤炭资源本身的特点，在目前的技术水平下，在煤炭的转换利用过程中，其加工转换损失量比其他一次能源加工转换损失量更大，如满足全社会同等数量的能源需求，煤炭消费比重的提高，使全社会能源加工损失量更大，从而导致能源利用效率更低，能源强度上升。

## 五、地区能源强度差异

我国不同地区间能源强度差别较大。有关研究表明，这种差别，主要来自于以下几方面的原因：

（1）非经济结构影响因素

改革开放以来，中国实行了东部地区率先发展战略，东部地区经过 30 多年的发展，经济发展水平已远远高于中西部地区，部分东部地区人均 GDP 为部分西部地区的数倍以上。以上海和贵州为例，2010 年上海人均 GDP 为贵州的 6 倍以上。由于经济发展水平和地理区位的先天优势，中国东中西部地区科学技术水平差距也较大，东部地区云集了众多中国一流高校。中科院、社科院等综合性研究机构总部均设在东部地区，全球大型企业公司总部和国内大型企业公司总部及相关的研发部门也大多设在东部地区。综合来看，中国东部地区科技水平和研发实力远远超过西部地区。从城镇化率和非农就业比重等来看，东部地区由于经济发展较快，城镇化水平也远高于西部地区。因此，综合中国各地区影响能源强度的非经济结构影响因素来看，各地区非经济结构影响因素差距很大。

（2）高耗能行业占工业增加值的比重

中国各地区的高耗能行业比重差异很大，如山西、贵州、宁夏等地区，高耗能行业占工业增加值的比重高达80％以上。上海、浙江、江苏等地区高耗能行业比重仅占工业增加值比重的30％左右。定性分析来看，中国高耗能行业比重高的地区往往也是能源强度高的地区，反之亦然。

（3）煤炭消费与一次能源消费的比值

直观来看，中国煤炭生产和消费量大的地区常常也是能源强度高的地区，如山西、贵州、宁夏等。山西、宁夏这类主要生产和消费煤炭的地区，煤炭消费量折合标准煤与一次能源消费总量折算标准煤总和相比已远远超过100，即这部分地区实际消费的煤炭消费总量超过了其消费的所有能源总量。显然，如果这些地区所消费的煤炭全部为本地消费，则不可能出现这样的结果。结合中国实际情况和各地区的能源生产情况不难发现，中国产煤地区全部是能源大量输出的地区，煤炭消费超过本地区一次能源消费的部分应该是已经转化为电力等二次能源输出的部分。

（4）投资率

投资率是影响能源强度的重要经济结构因素，中国各地区投资率差异很大，地区投资率的总体特点是东部地区低，西部地区高，经济发达地区低，经济落后地区高，能源强度高的地区高，能源强度低的地区低。以2010年为例，中国东部北京、上海、广东等地区投资率一般在40％左右，中部地区湖南、湖北等在50％多，西部地区投资率则高于东中部地区，多数在60％左右，宁夏高达92％。

# 第二节　能源相关的大气污染物排放现状

## 一、二氧化碳排放现状

### 1. 碳源和碳汇

《联合国气候变化框架公约》（UNFCCC）将碳源定义为向大气中释放二氧化碳的过程、活动或机制，将碳汇定义为从大气中清除二氧化碳的过程、活动或机制。

能源部门通过化石燃料的燃烧产生了大量的二氧化碳排放，在一次能源资源的勘探利用过程中，一次性能源资源在炼油厂和发电厂转化为更有用能源的过程中，燃料的输送和分配过程中，以及对燃料固定和移动的应用都要产生碳排放。与能源相关的碳排放占到总碳排放的90％以上，所以能源部门是最大的碳源制造部门。除此以外，工业生产中化石燃料作为原料和还原剂使用的过程，农业、林业和其他土地利用中生物量死亡、有机物质、矿质土壤的碳库变化，发生火烧，对土壤施用石灰和尿素的过程，以及废弃物等方面也都会带来碳排放。所以国民经济中的农业、工业和服务业等各个部门都包含有碳源。而森林是最大的碳汇，每年世界上的森林都吸收了大量的二氧化碳，为减缓全球变暖起了非常重要的作用。

### 2. 能源相关二氧化碳排放的测算

IPCC2006年国家温室气体清单指南中，化石能源燃烧碳排放的测算公式是：碳排放量＝活动数据×排放因子，活动数据表示化石能源的燃烧量，排放因子表示单位燃料消耗所排放的二氧化碳，主要取决于化石燃料的碳含量，燃烧条件相对不重要。基于上述公式碳排放的测算还有三个方法层级：第一个层级是使用 IPCC2006 年国家温室气体清单指南中的平均排放因子，各个国家或地区的排放因子因不同的特定燃料、燃烧技术乃至各个工厂而可能有所不同，所以这个方法层是在没有进一步资料的情况下对碳排放的粗略测量，没有考虑各个国家或地区碳排放因子的差异性。第二个层级是排放因子使用特定国家或地区的值，这种方法能比第一个层级更准确地测算特定国家或地区的碳排放。第三个层级是在适当情况下使用详细排放模式或测量，以及单个工厂级数据，这个方法层级虽然能够最准确的测量碳排放，但是需要的数据更加详细，资料的获取相对而言也比较的困难。

中国能源二氧化碳排放的计算公式为：

$$E = \sum_{i=1}^{n} q_i \times d_i \times f_i \tag{4-2}$$

式中　$E$ 为中国能源二氧化碳排放总量，$q_i$ 为第 $i$ 种能源的消费量，$d_i$ 为第 $i$ 种能源的折标煤系数，$f_i$ 为第 $i$ 种能源的二氧化碳排放因子。

图 4-3 示出了我国和美国历年能源相关的二氧化碳排放情况。由图可见，我国的能源二氧化碳排放量呈现逐年上升的趋势，并且我国能源二氧化碳年排放量已经超过了美国。相比之下，美国自 20 世纪 80 年代开始，二氧化碳排放略有增加，近些年略有减少。

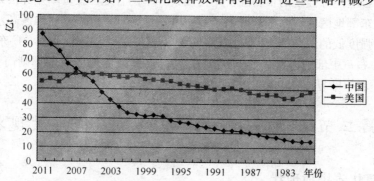

图 4-3　中国和美国历年能源相关的二氧化碳排放量

数据来源：美国能源情报署

表 4-10 列出了一些国家或地区的二氧化碳排放量。由表可见，美国 2009 年二氧化碳排放总量为 53 亿 t，日本为 11 亿 t，德国为 7 亿 t，英国为 4.7t，法国为 3.6 亿万 t。我国已高达 76.8 亿 t，这使我国成为了国际舆论针对的焦点。从另一个方面，人均二氧化碳排放量来讲，以 2009 年为例，世界平均水平人均 4.7t；美国高高在上，人均达 17.3t；中国达 5.8t；以节能著称的日本也达 8.6t；对温室效应极为关心的欧洲，例如德国 9t、英国 7.7t、法国 5.6t。

表 4-10　一些国家或地区的二氧化碳排放量

| 国家和地区 | 二氧化碳排放总量（百万 t） | | | 人均二氧化碳排放量（t） | | |
|---|---|---|---|---|---|---|
| | 1990 | 2000 | 2009 | 1990 | 2000 | 2009 |
| 世界 | 22 274.2 | 24 810.9 | 32 042.3 | 4.2 | 4.1 | 4.7 |
| 中国 | 2 460.7 | 3 405.2 | 7 687.1 | 2.2 | 2.7 | 5.8 |

| 国家和地区 | 二氧化碳排放总量（百万 t） | | | 人均二氧化碳排放量（t） | | |
|---|---|---|---|---|---|---|
| | 1990 | 2000 | 2009 | 1990 | 2000 | 2009 |
| 美国 | 4 879.4 | 5 713.5 | 5 299.6 | 19.6 | 20.3 | 17.3 |
| 日本 | 1 094.6 | 1 219.6 | 1 101.1 | 8.9 | 9.6 | 8.6 |
| 法国 | 399 | 365.6 | 363.4 | 6.9 | 6 | 5.6 |
| 德国 | 980.6 | 832.1 | 734.6 | 12.4 | 10.1 | 9 |
| 英国 | 570.2 | 543.7 | 474.6 | 10 | 9.2 | 7.7 |
| 巴西 | 208.9 | 328 | 367.6 | 1.4 | 1.9 | 1.9 |
| 俄罗斯联邦 | 2 339 | 1 558.1 | 1 574.4 | 15.8 | 10.7 | 11.1 |
| 印度 | 690.6 | 1 186.7 | 1 979.4 | 0.8 | 1.1 | 1.6 |

数据来源：世界银行"世界发展指数数据库"。

由此可见，在经济快速增长的时期，由于能源消耗总量的上升，不可避免地会造成碳排放总量的增加。我国人均碳排放并不高，并且在国家节能减排的各项措施下，碳强度也在不断地降低。但是我国作为化石能源消费大国，节能减排必然是未来很长一段时间内必须关注的重点。

### 3. 行业能源二氧化碳排放现状

行业能源二氧化碳排放是构成全国能源二氧化碳排放的关键单元，而与能源消费密切相关的产业结构调整升级也是减少能源消费二氧化碳排放的重要举措。由于各行业碳排放的差异很大，为了分析哪些行业是碳排放高的行业，就有必要分析各行业的碳排放现状。

根据有关研究成果，我国二氧化碳排放量 1 亿 t 以上的有：煤炭开采和洗选业、石油加工、炼焦及核燃料加工业、化学工业、非金属矿物制品业、金属冶炼及压延加工业、电力、热力的生产和供应业、交通运输、仓储和邮政业、其他行业。行业能源碳排放强度在 1t/万元以上的行业有：煤炭开采和洗选业、石油加工、炼焦及核燃料加工业、非金属矿物制品业、金属冶炼及压延加工业、电力、热力的生产和供应业、燃气生产和供应业、交通运输、仓储和邮政业。

### 4. 二氧化碳排放的区域差别

我国各省二氧化碳排放总量相差较大，碳排放量比较大的主要包括那些人口较多、资源丰富和经济发达的省份。这里按照 1995～2007 年各省份平均二氧化碳排放量的大小重新划分二氧化碳排放区域，具体如下：低排放区域，指平均二氧化碳排放量小于 4 000 万 t 的省份，包括海南、青海、宁夏、重庆、广西、江西、天津、甘肃、福建、云南、北京和新疆，共 12 个省市；中排放区域，平均二氧化碳排放量介于 4 000～8 000 万 t 之间的省份，包括陕西、吉林、贵州、湖南、安徽、四川、内蒙古、上海、湖北和黑龙江，共 10 个省市；高排放区域，平均二氧化碳排放量高于 8 000 万 t 的省份，包括浙江、河南、江苏、河北、辽宁、山西、广东和山东，共 8 个省份。西藏因缺乏数据未纳入。

按照上述划分区域的方法，表 4-11 给出了 1995～2007 年我国低排放、中排放和高排放区域的二氧化碳排放总量和人均排放量的变化状况。由表 4-11 可知：三个区域的碳排放总量均逐年增加，进一步分析可以发现其增速均呈阶段性特征，1995～2002 年增长较为平缓，而 2003～2007 年增速较快。从总体增长速度看，低排放、中排放和高排放区域的碳排放量年平均增速分别为 7.62％、6.86％和 8.57％，说明低排放、中排放区域的差异性在逐渐缩小，而高排放区域与低排放、中排放区域之间的差异呈不断扩大趋势。不同区域的碳排放总量差异比较明显，其中低排放区域碳排放比重约为 20％左右，中排放区域比重为 30％左右，而高排放区域虽然只有 8 个省份，碳排放比重却高达 50％左右，且呈现上升趋势。不同区域的碳排放总量差异呈不断扩大趋势。

表 4-11　1995～2007 年 3 个区域二氧化碳排放的差异性

| 年份 | 碳排放总量（$10^4$ t 碳） | | | 变异系数 | 人均碳排放量（t 碳/人） | | | 变异系数 |
| | 低排放区域 | 中排放区域 | 高排放区域 | | 低排放区域 | 中排放区域 | 高排放区域 | |
| --- | --- | --- | --- | --- | --- | --- | --- | --- |
| 1995 | 23 335 | 41 994 | 62 740 | 0.462 | 0.869 | 0.970 | 1.263 | 0.198 |
| 1996 | 24 624 | 43 823 | 64 999 | 0.454 | 0.908 | 1.003 | 1.299 | 0.191 |
| 1997 | 25 118 | 44 906 | 65 712 | 0.449 | 0.918 | 1.015 | 1.302 | 0.185 |
| 1998 | 25 513 | 44 140 | 66 072 | 0.449 | 0.923 | 0.990 | 1.300 | 0.188 |
| 1999 | 26 365 | 43 869 | 67 704 | 0.451 | 0.946 | 0.978 | 1.322 | 0.193 |
| 2000 | 27 867 | 45 560 | 73 568 | 0.470 | 0.988 | 1.027 | 1.378 | 0.190 |
| 2001 | 29 334 | 47 874 | 79 247 | 0.484 | 1.029 | 1.052 | 1.509 | 0.226 |
| 2002 | 34 281 | 51 226 | 86 497 | 0.465 | 1.191 | 1.122 | 1.638 | 0.213 |
| 2003 | 35 878 | 59 497 | 97 992 | 0.486 | 1.236 | 1.295 | 1.845 | 0.230 |
| 2004 | 40 794 | 67 522 | 116 013 | 0.510 | 1.394 | 1.463 | 2.160 | 0.253 |
| 2005 | 45 596 | 76 004 | 136 884 | 0.539 | 1.577 | 1.707 | 2.506 | 0.261 |
| 2006 | 50 501 | 84 276 | 152 348 | 0.542 | 1.729 | 1.891 | 2.766 | 0.262 |
| 2007 | 56 342 | 93 144 | 168 264 | 0.539 | 1.909 | 2.087 | 3.029 | 0.257 |

### 5. 影响工业二氧化碳排放的因素分析

有关研究表明：

① 人口因素是中国工业二氧化碳排放总量增加的拉动因素，但拉动作用较小，且贡献值变化幅度不大，在一定的范围内波动。经济发展因素是中国工业二氧化碳排放总量和人均工业二氧化碳排放量增加的拉动因素，拉动作用较大，贡献值和贡献率变化幅度也较大，变化不稳定。

② 总体而言，能源消费结构是中国工业二氧化碳排放总量、人均工业二氧化碳排放量和工业二氧化碳排放强度增加的抑制因素，但其贡献值较小，说明抑制作用较小，同时其变化幅度不大。

③ 能源强度因素是中国工业二氧化碳排放总量和人均工业二氧化碳排放量的抑制因素，相对于能源消费结构而言，其抑制作用较大。同时，能源强度因素是工业二氧化碳排放强度增加的拉动因素，其导致了工业二氧化碳排放强度的增加。

④ 经济发展因素的拉动作用大于能源消费结构和能源强度因素的抑制作用，因此1995～2007 年，总体而言，中国工业二氧化碳排放总量和人均工业二氧化碳排放量是呈增加趋势的。能源强度因素的拉动作用小于能源消费结构因素的抑制作用，所以从 1995～2007 年，中国工业二氧化碳排放强度是在不断增加的。

综上所述，为了控制中国工业的二氧化碳排放量，其在未来的发展过程中，应做到以下几点：调整经济结构，转变经济增长方式，由粗放型向集约型转变；加大能源结构调整力度，多使用天然气、风能等新能源；引进先进生产工艺，提高能源使用效率，降低能源强度，节约能源；加强国际合作，加大工业高能耗行业的 CDM 项目建设的力度。总之，中国工业在发展过程中应走一条以低能耗、低污染、低排放为基础的低碳经济发展模式。

## 二、能源相关二氧化硫等污染物排放现状

能源的利用使人们广泛关注的污染物主要有二氧化硫、氮氧化物和烟（粉）尘。

根据《中国统计年鉴》发布的数据，2009～2012 年能源相关二氧化硫等污染物的排放数量如表 4-12 所示。由表可见，自 2009～2012 年，各项污染物排放量都略有下降，尽管下降的百分比不是太大。应该说这种成绩的取得，是不容易的，作出了极大的努力。原因在于我国能源消耗量还在不断增长之中，只有污染物的减排速度超过能源增长速度，才有可能做到污染物排放绝对量的减少。

到现在为止，能源相关的污染物排放主要是工业部门的排放，为了说明目前我国能源相关污染物排放特性，我们以工业排放的二氧化硫作为例子。

**表 4-12　2009～2012 年能源相关二氧化硫等污染物排放量**　　　　单位：万 t

| 年　份 | 二氧化硫 | 氮氧化物 | 烟（粉）尘 |
|---|---|---|---|
| 2009 | 2 214.4 | | 1 371.3 |
| 2010 | 2 185.1 | | 1 277.8 |
| 2011 | 2 217.91 | 2 404.27 | 1 278.83 |
| 2012 | 2 117.63 | 2 337.76 | 1 235.77 |

数据来源：《中国统计年鉴》。

表 4-13 列出了 2001～2009 年工业二氧化硫排放量。

**表 4-13　2001～2009 年工业二氧化硫排放量**

| 年份 | 排放量（万 t） | 单位产值排放量/（万 t/亿元） | 排放弹性/（万 t/亿元） |
|---|---|---|---|
| 2001 | 1 328.9 | 139.47 | |
| 2002 | 1 315.11 | 122.86 | 16.29 |
| 2003 | 1 469.77 | 106.25 | 41.37 |
| 2004 | 1 724.37 | 93.53 | 55.31 |
| 2005 | 1 953.32 | 90.17 | 70.96 |
| 2006 | 1 997.90 | 76.78 | 12.23 |
| 2007 | 1 963.94 | 62.17 | −6.10 |
| 2008 | 1 834.62 | 49.29 | −22.95 |
| 2009 | 1 692.31 | 44.57 | −191.05 |

数据来源：刘睿劼，张智慧．中国工业二氧化硫排放趋势及影响因素研究．环境污染与防治，Vol34（10），2012。

由表 4-13 可见，2001～2009 年工业二氧化硫排放量呈先增大再减小的趋势，并在 2006 年达到排放量峰值，其中 2005～2007 年排放量最大；而同时期单位产值二氧化硫排放量始终降低，反映出工业二氧化硫排放情况稳步改善。二氧化硫排放弹性反映二氧化硫排放增量与工业产值增量间的关系，排放弹性在 2001～2009 年起伏较大，2006 年后开始进入负弹性

阶段，即随着工业产值的增加，二氧化硫排放反而减小。当然，二氧化硫排放不仅与工业产值有关，还存在其他的影响因素。有关研究全面分析工业二氧化硫排放的影响因素，认为可将工业二氧化硫排放的影响因素分解为以下四个子因素。

① 规模因素 $Y$，$Y$ 越大表示工业整体规模越大，工业规模扩大导致能源消耗增加，进而增加二氧化硫排放量。

② 结构因素 $Y_i/Y$，反映了 i 行业在工业中的产值比例，不同行业的二氧化硫排放量不同，工业结构调整会影响二氧化硫排放量，$Y_i/Y$ 越大表示 i 行业的产值比例越大。

③ 技术因素 $C_i/Y_i$，反映了 i 行业的单位产值的二氧化硫产生量，不同行业二氧化硫产生率差异很大，$C_i/Y_i$ 越小表示 i 行业的技术水平越高，生产方式环境友好程度越高。

④ 治理因素 $E_i/C_i$，反映了 i 行业的二氧化硫排放率，工业二氧化硫产生后并非全部排放到空气中，而要先通过废气处理设施进行处理，$E_i/C$ 越小表示 i 行业的二氧化硫治理情况越好。

虽然当前中国工业处于由规模扩大逐渐向结构调整转变的阶段，但电力、热力的生产和供应业作为工业行业中重要的基础性支撑行业，其产值比例在近期内不仅不可能下降，反而可能继续上升，而它又是最大的二氧化硫排放源，因此结构调整暂时无法有效缓解二氧化硫的排放压力。只有通过开发应用并推广火力发电以外的其他发电形式，才能真正控制并降低电力、热力的生产和供应业的二氧化硫排放。

对其他工业行业来说，由于行业生产特点的不同，有的行业目前以技术效应为主要减排动力，即以降低单位产值的二氧化硫产生量为主；而有的行业则更多地以治理效应为主要减排动力，即以降低二氧化硫排放率为主。为了达到更好的减排效果，除了进一步贯彻减排政策，确保废气处理设备的装配和使用量以外，更要积极开展技术研发，降低单位产值的二氧化硫产生量，实现工业二氧化硫从源头到尾端的全过程排放控制。

# 第三节　中国能源需求情景预测

如前所述，能源用于生产经营，用于人民生活。而民生的耗能又与居民可支配收入密切相关。由此可见，GDP 是影响一个国家或地区能源需求的最为重要的变量。

为了满足长期预测能源需求的需要，我们利用经验生产函数，建立了 GDP 的模型，采用情景假设方法，预测我国将来的 GDP 变化，从而进一步计算我国将来的能源需求。

## 一、我国将来的 GDP 预测

### 1. 经验生产函数

柯布-道格拉斯生产函数的一般表达形式如下：

$$Q = AL^{\alpha}K^{1-\alpha} \tag{4-3}$$

式中　$Q$ 为生产量；$L$ 为劳动力；$K$ 为资本存量；$\alpha$ 为劳动力的弹性系数。

曾经有人尝试过使用柯布-道格拉斯生产函数或者是它的变形建立 GDP 模型，他们通常使用的变量依然是资本存量和劳动力，或者通过将劳动力受教育的程度进行加权，他们都获得了较好的结果。但是，中国有其特殊性，中国农村有着大量的剩余劳动力。

经验生产函数具有各种形式，其中一种形式为：

$$Q = AX_1^{\alpha_1} X_2^{\alpha_2} X_3^{\alpha_3} \cdots \tag{4-4}$$

式中　$Q$ 为生产量；$A$ 为系数；$X_1$，$X_2$ 等为变量；$\alpha$ 为常数。

在我们建立的 GDP 模型中，我们选择了资本存量 $K$、城市化率 $UR$ 作为经验生产函数的自变量，其模型如下所列：

$$GDP = ACS^{\alpha_1} UR^{\alpha_2} \tag{4-5}$$

资本存量本来就是柯布-道格拉斯生产函数中的一个变量，它在我们建立的模型中存在的合理性已经无需讨论。多位研究者发现城市化率与经济增长的相关关系；在中国，城市化率对 GDP 的贡献可能更为明显。根据世界银行的统计（World Development Indicators），在 1997 年，中国第一产业的劳动力百分比为 47.4%，同年创造的价值在全国的 GDP 中占 19.08%，这一方面反映了农村劳动效率低下，同时也反映了农村大量富余劳动力的存在。城市化率因子的引入，一定程度上撇开了这些富余的劳动力。

**2. 模型中的序列**

模型中的 GDP 序列和城市化率序列采用《中国统计年鉴 2006》中提供的数据。以 1978 年不变价计的 GDP 值如表 4-14 所列，表中利用《中国统计年鉴》中提供的每年的资本形成百分比，算出了每年的资本形成额（1978 年不变价）。

**表 4-14　中国 GDP 历史数据以及资本的形成**

| 年份 | GDP（亿元） | 资本形成（亿元） | 城市化率（%） | 年份 | GDP（亿元） | 资本形成（亿元） | 城市化率（%） |
|---|---|---|---|---|---|---|---|
| 1978 | 3 605.6 | 1 377.339 | 17.92 | 1992 | 12 670.08 | 4 637.249 | 27.46 |
| 1979 | 3 879.626 | 1 400.545 | 18.96 | 1993 | 14 436.82 | 6 150.086 | 27.99 |
| 1980 | 4 182.496 | 1 455.509 | 19.39 | 1994 | 16 326.16 | 6 612.094 | 28.51 |
| 1981 | 4 402.438 | 1 430.792 | 20.16 | 1995 | 18 110.93 | 7 298.704 | 29.04 |
| 1982 | 4 799.054 | 1 530.898 | 21.13 | 1996 | 19 924.55 | 7 730.724 | 30.48 |
| 1983 | 5 321.866 | 1 745.572 | 21.62 | 1997 | 21 774.22 | 7 991.138 | 31.91 |
| 1984 | 6 129.52 | 2 096.296 | 23.01 | 1998 | 23 479.67 | 8 499.64 | 33.35 |
| 1985 | 6 955.202 | 2 649.932 | 23.71 | 1999 | 25 271.65 | 9 148.337 | 34.78 |
| 1986 | 7 571.76 | 2 839.41 | 24.52 | 2000 | 27 398.95 | 9 671.831 | 36.22 |
| 1987 | 8 447.921 | 3 066.595 | 25.32 | 2001 | 29 674.09 | 10 831.04 | 37.66 |
| 1988 | 9 399.799 | 3 477.926 | 25.81 | 2002 | 32 371.08 | 12 268.64 | 39.09 |
| 1989 | 9 781.993 | 3 580.209 | 26.21 | 2003 | 35 616.12 | 14 602.61 | 40.53 |
| 1990 | 10 156.98 | 3 544.784 | 26.41 | 2004 | 39 207.16 | 16 937.55 | 41.76 |
| 1991 | 11 090.83 | 3 859.607 | 26.94 | 2005 | 43 220.33 | 18 411.86 | 43.0 |

**3. 资本存量**

估算资本存量的方法主要有戈德史密斯（Goldsmith）1951 年开创的永续盘存法和乔根森（Jorgenson）1995 年提出的资本租赁价格度量法。用永续盘存法计算资本存量能够充分利用较长时期连续的、相对可靠的投资统计资料，并可以任意选用某一存量资料较为齐全的年份作为基期往前或往后逐年递推，因此得到广泛的应用。

永续盘存法的具体步骤包括：

① 通过普查或根据一定的假设，计算出某一计算基期的全社会资本存量；

② 取得各年份产业部门的投资数字，并将按当年价格计算的各年投资额分别换算成按可比价格计算的投资额；

③ 按每年投资额中各类资产的投资构成，以专门调查测算的各类资产平均使用年限（从投入使用到完全报废的时间）为依据，测算出每年资本报废的价值，并予以汇总；

④ 从历年投资额中扣除报废总值，得出各年资本的实际增量；

根据上年资本存量加本年资本增量等于本年资本存量的原理，推算出历年资本存量的数字。

用公式简单表示就是：

$$K_t = K_{t-1} + I_t - D_t \qquad (4\text{-}6)$$

式中　$K_t$ 和 $K_{t-1}$ 分别表示第 $t$ 年、第 $t-1$ 年的资本存量；$I_t$ 表示第 $t$ 年投资；$D_t$ 表示第 $t$ 年的折旧。

目前我国历年资本存量估算的研究大都是在永续盘存法的基础上，根据各自研究的需要，采取一些替代方法和不同的指标进行。

我们对资本存量估算的基本原理也按永续盘存法进行。如前所述，在此方法中，需要估算某一计算基期的资本存量。由于 GDP 的数列是 1978 年的不变价，因此，这一基期的年份选择为 1978 年，我们首先需要确定 1978 年中国的资本存量。

北京师范大学樊瑛教授等提出的一种估算资本存量的方法，他们设定了资本产出比 $\beta$：

$$\beta_i = K_i / Y_i \qquad (4\text{-}7)$$

式中　$K_i$ 是资本存量；$Y_i$ 为 GDP；下角标 $i$ 为年份。

而 $\beta_i$ 可有下式求得：

$$\beta_i = \frac{I_i}{Y_i - (1 - \delta_{i-1}) Y_{i-1}} \qquad (4\text{-}8)$$

取 $\beta_i$ 的平均值 $\bar\beta = \dfrac{\beta_1 + \beta_2 + \cdots + \beta_{n-1}}{n-1}$ 作为基年（$i=0$）的资本产出比，利用 $K_0 = \bar\beta Y_0$ 求基年的资本，继而求出各年的资本存量。

据此原理，我们求得 1978 年附近，$\beta_i$ 的平均值为 3.115 6。由此算得在 1978 年，我国的资本存量为 11 233.79 亿元（1978 年不变价）。

在上述计算中，我们取每年的折旧为 5%。

根据永续盘存法的基本公式：

$$K_t = K_{t-1} + I_t - D_t \qquad (4\text{-}9)$$

资本产出比在 1978～2005 年间，总体上有下降的趋势，近些年来，资本产出比又略有回升。认真地分析 GDP 的构成以及投资的比例，我们发现，这些年来，投资在 GDP 中的比例特别大，第二产业 GDP 的增速也特别快。因此，资本产出比的回升，应该是情理之中的事。

图 4-4 和图 4-5 是 1978～2005 年间，GDP 与资本存量之间的散点图以及城市化

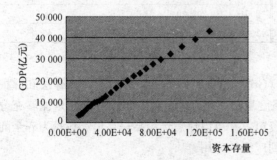

图 4-4　资本存量与 GDP 的关系

率与 GDP 的散点图。由散点图粗略可见，GDP 与资本存量有着非常强的相关关系，GDP 与城市化率之间，也同样存在着很强的相关关系。

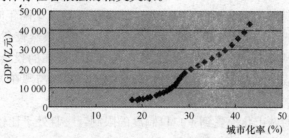

图 4-5　城市化率与 GDP 的关系

### 4. 基于经验生产函数的中国 GDP 模型

我们采用协整分析证明，资本存量、城市化率与 GDP 之间，它们存在着因果关系，由单位根检验的结果表明，取对数后的数列均为 $I$（1）数列。由此可见，利用它们的历史数据，寻找回归模型是合适的。

表 4-15 列出了由 EView 4.1 软件回归得到的结果，它们的表达式如式（4-10）所列：

$$GDP = 0.289\,1 \times CS^{0.915\,8}UR^{0.324\,3} \tag{4-10}$$

**表 4-15　GDP 模型回归系数的检验参数**

| 应变量：LN（GDP） | |
| --- | --- |
| 方法：最小二乘法 | |
| 样本：1978～2005 | |
| 样本数：28 | |
| 变量 | 系数 |
| LN（UR） | 0.324 293 |
| LN（CS） | 0.915 839 |
| C | −1.241 070 |
| $R^2$ | 0.996 659 |

利用获得的回归方程，可以求得今后中国 GDP 的值，为此，我们对今后的城市化以及 GDP 中当年作为投资的比例作了情景假设。我们取 2005 年为基准年。根据中国统计年鉴的数据，2005 年的城市化率为 43%，当年投资在 GDP 中的比例为 43%，以 1978 年的不变价，2005 年的 GDP 是 4.32 万亿。

我们分析了自 1975 年到 1999 年中国投资额与 GDP 的百分比。其结果列于表 4-16。

**表 4-16　投资额与 GDP 的百分比统计数据**

| 平均值 | 中值 | 最大值 | 最小值 | 标准差 |
| --- | --- | --- | --- | --- |
| 34.789 | 35.539 | 43.3 | 27.4 | 4.219 |

由统计结果知，其中值约为 36%。

自 2000 年以来，投资占 GDP 中的比例在不断爬升，到 2005 年，这一比例达到了 43%。在国际上，投资占 GDP 的比例为 36% 是一个非常高的数字。日本在 1999 的百分比为 26.1%，美国近几十年都保持在 18%～21% 之间（世界发展指数）。我国的研究人员也认为，中国的高投资率在将来不能保持。

为此，我们构造了三种投资率的可能情景。根据中国统计年鉴，中国在 2005 年的投资比例为 43%。由此，第一种假设的情景是：自 2005 年开始，花四年时间到 2009 年，投资占 GDP 的比例降到 36%，之后继续下降，到 2050 年，达到依然较高的 28%；第二种情景的假设条件是到 2018 年，投资占 GDP 的比例降到与日本现在的投资率水平基本相等，即 25%；第三种情景的假设为到 2020 年投资占 GDP 的比例降到与现在美国的投资比例水平基本相等。

如前所述，中国的城市化率受到了户口制度的限制，一直处于比较滞后的状态。对将来城市化的发展，我们构建了如下三种情景。

根据中国统计年鉴的数据，2005 年中国的城市化率为 43%。

许多学者研究了中国的城市化发展，对中国今后的城市化作了多种预测。我国研究者有人预计，到 2010 年及 21 世纪中叶，中国的城市化率将达到 45% 和 65%。有人则认为，到 21 世纪中叶，中国城市化率将提高到 75% 以上，每年将平均增加 1% 左右。

我们分析了自 2000～2005 年以来的城市化率增长数据，我们发现，这些年中国的城市化率增长特别快，平均达到 1.33%。我们认为这一数字较大，因此，我们略微缩小这一数字后，把每年增长 1.23% 假设为中国城市化的高增长情景。

根据中国科学院院士牛文元教授的观点，我们假设中国城市化率的中速增长情景为每年增长 1%。我们同时分析了自 1960 年到 1999 年间的城市化增长率数据，其中 1966～1974 年间的增长率为零或为负，因此予以削除。自 1980 年以来，中国的城市化率获得了一些加速，其增长速度之中值为 0.68%。我们略微提高了这一增长速度，假设中国城市化的低速增长情景为每年增长 0.8%。

根据世界银行的数据，在 1999 年，日本的城市化率为 78.66%，美国的城市化率 76.98%。由此我们假设中国的城市化完成时的城市化率高情景假设为基本达到日本目前的城市化率水平，即 78% 左右；中情景为 70%，低情景为 68%。三种情景的部分数据列于表 4-17、表 4-18 和表 4-19 中。

表 4-17　中国城市化年增长率统计数据　　　　　　　　　　　单位：%/年

| 期　　间 | 平均值 | 中值 | 最大值 | 最小值 | 标准差 |
|---|---|---|---|---|---|
| 1961～1965<br>1975～1999 | 0.545 5 | 0.460 0 | 0.880 0 | 0.320 0 | 0.190 3 |
| 1980～1999 | 0.632 6 | 0.68 | 0.88 | 0.46 | 0.176 3 |
| 2000～2005 | 1.33 | 1.435 | 1.44 | 1.0 | 0.181 7 |

表 4-18　高情景下中国的 GDP 预测值（1978 年不变价）

| 年份 | 投资比例<br>（%） | 城市化率<br>（%） | GDP<br>（万亿元） | GDP 平均增长率<br>（%） | GDP/GDP<br>（2005） |
|---|---|---|---|---|---|
| 2005 | 43 | 43 | 4.32 | | 1 |
| 2025 | 30 | 67.59 | 21.3 | 7.5 | 4.93 |
| 2040 | 29 | 78.66 | 56.8 | 6.1 | 13.1 |
| 2050 | 28 | 78.66 | 95.2 | 5.2 | 22.0 |

**表 4-19　中情景下中国的 GDP 预测值（1978 年不变价）**

| 年份 | 投资比例 (%) | 城市化率 (%) | GDP (万亿元) | GDP 平均增长率 (%) | GDP/GDP (2005) |
|------|------|------|------|------|------|
| 2005 | 43 | 43 | 4.32 | | 1 |
| 2025 | 25 | 63.22 | 17.0 | 5.3 | 3.93 |
| 2040 | 25 | 70 | 35.1 | 4.6 | 8.11 |
| 2050 | 25 | 70 | 53.4 | 4.2 | 12.3 |

由 GDP 的预测模型可知，对 GDP 影响的变量最大的是资本存量。由于中国目前的资本积累比例非常高，因此在 2015 年以前，所假设的资本积累比例依然较高，与此相对应，2015 年以前，两种情景假设下的 GDP 增长率都比较高。随后的年份，由于假设了不同的资本积累比例和城市化增长速率，就获得了三种不同的 GDP 增长速度。

根据中国统计年鉴，2005 年中国 GDP 按当年价 183 956 亿元，人均 14 069 元。按 2005 年美元汇率计算，人均 GDP 约为 1 700 美元。到 2050 年，如果按照中情景计算，中国人均 GDP 约为 21 000 美元，已经基本达到德国 2003 年的水平。

## 二、中国能源需求情景分析

### 1. 单位 GDP 能耗

根据中国国家发改委公布，2005 年中国的一次能源生产量为 20.61 亿 t 标准煤，其中原煤所占的比重高达 76.4%；2005 年中国一次能源消费量为 22.33 亿 t 标准煤，其中煤炭所占的比重为 68.9%，石油为 21.0%，天然气、水电、核电、风能、太阳能等所占比重为 10.1%。如前所述，2005 年中国 GDP 按当年价 183 956 亿元，由此可得，中国 2005 年单位 GDP 能源消耗为 1.12t 标准煤/万元 GDP（2005 年价）。

根据日本能源数据与模拟中心（EDMC）编写的"能源经济统计要览 2006"，日本自 1965～2004 年之间，能源需求与 GDP 的弹性系数如表 4-20 所示：

**表 4-20　日本能源需求与 GDP 的弹性系数**

| 项　目 | 1965～1973 | 1973～1979 | 1979～1986 | 1986～1991 | 1991～2004 |
|------|------|------|------|------|------|
| GDP 增长 | 9.0% | 3.8% | 3.0% | 4.7% | 1.1% |
| 一次能源增长 | 10.9% | 1.1% | −0.3% | 4.1% | 1.1% |
| 最终能源增长 | 11.8% | 0.9% | −0.4% | 4.1% | 0.9% |
| 一次能源弹性值 | 1.21 | 0.29 | −0.11 | 0.87 | 0.99 |
| 最终能源弹性值 | 1.31 | 0.23 | −0.14 | 0.87 | 0.83 |

表 4-20 清晰地表明，日本在经济发展过程中，曾有过一个 GDP 高速增长，能耗高速增长的时期，之后，随着国民经济运行的良性发展，能耗下降。1973～1979 年，能耗弹性系数已经非常低，只有 0.29；在 1979～1986 年期间，能耗弹性系数为负。自 1973 年以来，能耗弹性系数一直小于 1，因此，单位 GDP 的能耗也一直在下降。

更深入地考察日本的能源消耗，表 4-21 列出了日本各部门的最终能源消耗。数据来自"能源经济统计要览 2006"。

表 4-21　日本最终能源消耗　　　　　　　　单位：$10^{10}$ kcal

| 年份 | 1965 | 1975 | 1985 | 1995 | 2004 |
|---|---|---|---|---|---|
| 产业部门 | 67 848 | 148 940 | 138 519 | 169 749 | 172 011 |
| 民生部门 | 18 700 | 49 563 | 65 838 | 94 269 | 102 192 |
| 运输部门 | 19 055 | 46 295 | 58 880 | 86 640 | 91 778 |

由表 4-21 可见，日本的产业部门在 1965～1975 年间，能耗翻了一倍多，之后尽管日本产业的 GDP 在不断地增长，但是产业的能耗绝对值的增长非常缓慢。与此相对应，民生部门和运输部门的能耗，自 1965～2004 年基本上增长了 5 倍，而且每年都获得了稳步的增长。这一方面归结于日本第三产业的稳步增长，另一方面，也是由于人民生活水平的提高，空调等电器的增多，从而使民生部门的能耗稳步增长。如果更为仔细地分析"能源经济统计要览 2006"民生部门的能耗数据，我们可以发现，民生部门能耗中，用于家庭和用于业务的增长速度基本是相等的。

与日本的数据相类似，中国历年的单位 GDP 能耗也在不断下降。表 4-22 列出了中国历年单位 GDP 的能耗数据，为了便于和国外的同类数据比较，表中数据的单位取为 t 标准石油/百万美元 GDP，数据来源于"能源经济统计要览 2006"。

表 4-22　中国单位 GDP 一次能源消耗量

| 年份 | 单位 | 1971 | 1973 | 1980 | 1985 | 1990 | 1995 | 2000 | 2002 | 2003 |
|---|---|---|---|---|---|---|---|---|---|---|
| 能源消耗量 | t 标准石油/百万美元 GDP（2000 年价） | 2 389 | 2 386 | 2 465 | 1 824 | 1 646 | 1 184 | 857 | 806 | 866 |
| 人均 GDP | 美元（2000 年价）/人 | 118 | 126 | 173 | 269 | 364 | 603 | 856 | 983 | 1 067 |

一个国家或地区的单位 GDP 能源消耗，实际上与众多的因素有关，至少，它与下列几个因素相关。其一，与经济发展的阶段相关，比如，中国在 1970 年代，人均 GDP 非常低，与之相对应，单位 GDP 的能耗就非常高。其二，与产业部门的能耗效率有关，中国尽管已经历了长时间的节能努力，但至今依然有很大的节能空间。根据中国国家发改委的最新估计，先进技术的严重缺乏与落后工艺技术的大量并存，使中国的能源效率比国际先进水平约低 10 个百分点，高耗能产品单位能耗比国际先进水平高出更多。其三，与一个国家或地区的消费模式直接相关。

表 4-23 列出了一些国家或地区的人均 GDP 以及能源消耗的有关数据，其中 TOE 为 t 标准石油单位。计算涉及的 GDP 数据是 2000 年的价格。我们知道，由于日本是个资源短缺的国家，长期以来非常注重节约，整个民族养成了注重节约的良好习惯，他们虽然具有与美国差不多的人均汽车拥有量，但汽车的使用量却远低于美国；他们的人均 GDP 与美国相当，但单位 GDP 能耗以及人均能源消耗却只是美国的一半。

表 4-23 还列出了德国的 GDP 以及能源消耗。我们可以看到，德国 2003 年的单位 GDP 能源消耗比美国略小，比日本要大很多。要找原因，当然德国没有日本那样节约，这可能只是一方面的原因，另一方面的原因可能是人均 GDP 的差异所带来的。

表 4-23　世界一些国家单位 GDP 能耗数据

| 国家 | 美　国 | | | 日　本 | | |
|---|---|---|---|---|---|---|
| 年份 | 1973 | 1990 | 2003 | 1973 | 1990 | 2003 |
| 人均 GDP $（2000 年价） | 20 314 | 28 263 | 35 566 | 20 462 | 33 252 | 38 222 |
| 人均能耗（TOE） | 8.19 | 7.72 | 7.84 | 2.99 | 3.6 | 4.05 |
| 单位 GDP 能耗（TOE/百万美元） | 403 | 273 | 221 | 146 | 108 | 106 |
| 国家 | 德　国 | | | 世界平均 | | |
| 年份 | 1973 | 1990 | 2003 | 1973 | 1990 | 2003 |
| 人均 GDP $（2000 年价） | 13 349 | 19 461 | 22 868 | 3 744 | 4 641 | 5 485 |
| 人均能耗（TOE） | 4.28 | 4.48 | 4.21 | 1.4 | 1.5 | 1.54 |
| 单位 GDP 能耗（TOE/百万美元） | 321 | 230 | 184 | 374 | 323 | 281 |

　　表 4-24 列出了一些国家能源消耗在各个不同部门的分配比例关系。从上述表中可见，美国与日本的能源分配比例差异明显，美国能源用于产业的比例明显低于日本，相反，用于运输的能耗在 2003 年高达 40.4%，而日本只是 26.4%。由此充分体现了不同消费模式带来的差异。

表 4-24　世界一些国家能耗分配　　　　　　单位:%

| 国家 | 美　国 | | | 日　本 | | |
|---|---|---|---|---|---|---|
| 年份 | 1973 | 1990 | 2003 | 1973 | 1990 | 2003 |
| 产业部门 | 33.1 | 26.1 | 24.9 | 56.1 | 39.2 | 38.7 |
| 民生部门 | 31.7 | 30.9 | 30.4 | 22 | 30.6 | 32 |
| 运输部门 | 31.8 | 38.4 | 40.4 | 18.2 | 26 | 26.4 |
| 国家 | 德　国 | | | 世界平均 | | |
| 年份 | 1973 | 1990 | 2003 | 1973 | 1990 | 2003 |
| 产业部门 | 39.6 | 33.6 | 29.8 | 40.4 | 37.6 | 34.8 |
| 民生部门 | 41 | 39.5 | 42.4 | 32.1 | 32 | 32.2 |
| 运输部门 | 16.1 | 24.3 | 25.9 | 24 | 26.5 | 29.6 |

　　表 4-24 中列出的百分比数据，每一列都不足 100%，其原因是每个国家都有一部分能源材料用于作为产品的原材料，即能源的非能源使用。从上表可见，全世界在 2003 年，约有 3.4% 的能源用于这一目的。

**2. 中国能源需求情景**

　　由上述分析可见，中国未来的能源需求与中国经济发展能够到达的阶段有关，同时与中国的能源消耗率能够达到的水平有关，更为密切的是与我国目前正在倡导的节约型社会的实现程度有关。

　　我国 1990~2011 年各部门能源消费情况如表 4-2 所列，电力消费总量以及在各部门的消费情况如表 4-6 所列。

表 4-25 列出了以 1978 年价计的单位 GDP 能耗数据，数据来自"中国统计年鉴"。由上述单位 GDP 能源消耗以及能源消费强度的计算可见，我国 2003～2005 年能源消费强度有所增加，如前所述，主要原因在于这些年投资增加较大，钢铁、水泥、化工等耗能较大的新企业投资比重较大，从而导致能源消费强度的增强；另外一个原因是，生活消费的能耗也明显增多。

表 4-25　单位 GDP 能耗数据（1978 年价）

| 年　份 | 2005 | 2004 | 2003 | 2002 | 2000 |
|---|---|---|---|---|---|
| GDP（1978 年价） | 43 220.33 | 39 207.29 | 35 616.12 | 32 371.08 | 27 398.95 |
| 能耗（TCE） | 223 319 | 203 227.02 | 170 942.58 | 148 221.13 | 130 296.88 |
| 单位 GDP 能耗（TCE/万元） | 5.167 | 5.183 | 4.800 | 4.579 | 4.756 |

表 4-26 列出了我国的能源消费弹性系数和电力消费弹性系数，数据同样来自中国统计年鉴。由表可见，2003 年和 2004 年的能源消费弹性系数大于 1，是所列年份中数值最大的年份。事实上，由于中国近十几年的节能努力，近十几年内，能源消费弹性系数一直小于 1，只有 2003 年和 2004 年两年除外。与此相对应，电力消费弹性系数一直大于 1，与前面的能源消费弹性系数形成鲜明的对照。从表 4-6 各产业的电力消费强度所列数据可以看出，这些年电力消费强度增加的主要是第二产业，第三产业也有所增加。

表 4-26　能源消费弹性系数

| 年　份 | 能源消费比上年增长（%） | 电力消费比上年增长（%） | 国内生产总值比上年增长（%） | 能源消费弹性系数 | 电力消费弹性系数 |
|---|---|---|---|---|---|
| 1990 | 1.8 | 6.2 | 3.8 | 0.47 | 1.63 |
| 2000 | 3.5 | 9.5 | 8.4 | 0.42 | 1.13 |
| 2001 | 3.4 | 9.3 | 8.3 | 0.41 | 1.12 |
| 2002 | 6.0 | 11.8 | 9.1 | 0.66 | 1.30 |
| 2003 | 15.3 | 15.6 | 10.0 | 1.53 | 1.56 |
| 2004 | 16.1 | 15.4 | 10.1 | 1.59 | 1.52 |
| 2005 | 9.9 | 13.5 | 10.2 | 0.97 | 1.32 |

对将来的能源需求的预测，我们选择了以 2005 年为预测的基准年，根据中国能源消耗的现状，参考国外经济发展的历程，以日本、德国、美国等国家或地区的单位 GDP 能源消耗作为参照系，进行情景假设，从而获得有价值的结论。

根据中国国家发改委 2007 年编写的"中国应对气候变化国家方案"，中国近期节能的具体目标是：到 2010 年，万元国内生产总值能耗由 2005 年的 1.22t 标准煤（当年价）下降到 1t 标准煤以下，降低 20% 左右。在实现了 20% 的目标之后，每年单位 GDP 的能耗比前一年降低 4%。在这样的情景下，2050 年，中国单位 GDP 的能源消耗量为 0.808TCE/万元 GDP（1978 年价）。这一数据是 2003 年单位 GDP 能源消耗值的 0.168 2 倍。根据日本 EDMC 统计，我国 2003 年单位 GDP 能耗为 866 TOE/百万美元（2000 年价），照此折算，2050 年中国单位 GDP 的能源消耗量为 145.7 TOE/百万美元（2000 年价）。这一数据相当于日本 1973 年的单位 GDP 的能源消耗量，比 2003 年德国的单位 GDP 能源消费量要小 20%，是日本 2003 年单位 GDP 的能耗 1.37 倍。我们把这一情景取名为环境友好情景。

根据这样的情景假设，利用前面求得的 GDP 高、中、低三个情景的数值，能源需求的中情景数值用中情景的 GDP 值乘以单位 GDP 能耗求得，其他情景以此类推，我们算得的能源需求数据如表 4-27 所列。

表 4-27　中国未来能源需求预测值（环境友好情景）　　单位：亿 t 标准煤

| 年　份 | 高情景 | 中情景 |
| --- | --- | --- |
| 2005 | 22.33 | 22.33 |
| 2025 | 47.71 | 38.05 |
| 2040 | 68.93 | 42.58 |
| 2050 | 76.90 | 43.09 |

GDP 比较可能实现的是中情景，在环境友好情景假设条件下，在 2050 年时，中国人均 GDP 约为 21 000 美元，是日本 2003 年人均 GDP 的 55%，按此计算人均能耗为 3.06t 标准煤，是现在中国人均能耗的 1.8 倍，是日本 2003 年的人均能耗的 51%，如表 4-28 所示。

表 4-28　中情景中 2050 年的主要指标值（环境友好情景）

| 主要指标 | 数量 | 与中国 2005 年的比例 | 与日本 2003 年的比例 |
| --- | --- | --- | --- |
| 人均 GDP $（2000 年价） | 21 000 | 12.3 | 0.55 |
| 单位 GDP 能耗［t 标准煤/万元 RMB（1978 年价）］ | 0.808 | 0.168 | 1.36 |
| 人均能耗（t 标准煤） | 3.06 | 1.8 | 0.51 |
| 能源需求总量（亿 t 标准煤） | 43.09 | 1.93 | |

在这样的情景之下，2050 年中国的人均 GDP 基本上达到了目前德国的水平，为了获得这样的 GDP 水平，能源需求将是 2005 年的 1.93 倍，每年达 43 亿 t 标准煤之巨。到时，人均 3.06t 标准煤只是非常节约的日本社会的 51%，因此，这些都要求整个社会是非常节约型的社会。

要达到这样一个目标，如前所述，就要求到 2010 年实现单位 GDP 能耗降低 20% 之后，每年比前一年的 GDP 能耗降低 4%，这需要非常艰苦持久的努力。

我们计算的另一个情景假设为：到 2050 年，中国的单位 GDP 能耗达到 2003 年德国的水平。作这一假设的原因之一当然是因为上述中情景的人均经济量在 2050 年将达到如今德国的水平；其二，德国社会尽管不是像日本那样节约，但依然是一个节俭的国家，相比美国，他们的人均能耗要小得多。

根据这样的假设，中国将来在 GDP 的高中低情景下的能源需求如表 4-29 所示。

表 4-29　中国未来能源需求预测值（环境改善情景）　　单位：亿 t 标准煤

| 年份 | 高情景 | 中情景 |
| --- | --- | --- |
| 2005 | 22.33 | 22.33 |
| 2025 | 53.20 | 42.44 |
| 2040 | 85.72 | 52.95 |
| 2050 | 102.83 | 57.62 |

这一情景的要求是在 2010 年时，达到国家方案中提出的单位 GDP 能耗比 2005 年削减 20% 的目标之后，直到 2050 年，单位 GDP 能耗每年削减前一年的 3.3%。应该说，这依然是一个非常有难度实现的情景。

在经济上较有可能实现的中情景下，我们可以看到（表 4-30），2050 年，能源需求 57.62 亿 t 标准煤，毫无疑问这是一个巨大的数字，是 2005 年能源消费总量的 2.58 倍。另一方面，我们的人均 GDP 基本达到了德国 2003 年的水平，单位 GDP 的能耗虽然差不多，但是人均能耗只是德国 2003 年的 2/3，这就意味着，在这样的情景下，中国在 2050 年依然不应该像德国人现在这样使用能源，这包括单位 GDP 能源消耗率、每千人的汽车拥有量、人均住房面积等，都需要认真控制。

**表 4-30　中情景下 2050 年的主要指标值（环境改善情景）**

| 主要指标 | 数量 | 与中国 2005 年的比例 | 与德国 2003 年的比例 |
|---|---|---|---|
| 人均 GDP $（2000 年价） | 21 000 | 12.3 | 0.92 |
| 单位 GDP 能耗 [t 标准煤/万元 RMB（1978 年价）] | 1.08 | 0.209 | 1.06 |
| 人均能耗（t 标准煤） | 4.08 | 2.40 | 0.66 |
| 能源需求总量（亿 t 标准煤） | 57.62 | 2.58 | |

我们还设计了中国能源需求的 BAU 情景（表 4-31）。与别的 BAU 情景略有差异，在这一情景中，我们还是假设了单位 GDP 能耗的一些下降。具体的要求是：在 2010 年时，达到国家方案中提出的单位 GDP 能耗比 2005 年削减 20% 的目标之后，直到 2050 年，单位 GDP 能耗每年削减 2005 年的 0.92%。

**表 4-31　中国未来能源需求预测值（BAU 情景）**　　　　单位：亿 t 标准煤

| 年份 | 高情景 | 中情景 |
|---|---|---|
| 2005 | 22.33 | 22.33 |
| 2025 | 72.84 | 58.10 |
| 2040 | 153.71 | 94.94 |
| 2050 | 212.70 | 119.18 |

在经济上较有可能实现的中情景下（表 4-32），我们可以看到，能源需求逐年增加，2050 年达到 119.18 亿 t 标准煤，毫无疑问这是一个巨大的数字，是 2005 年能源消费总量的 5.34 倍。从人均能耗的指标来看，每年 8.45t，只是美国 1973 年人均能耗 76%。由此可见，如果人均 GDP 达到了美国 1973 年的水平，哪怕人均能耗只是美国人的 76%，中国每年也要消费 119 亿 t 标准煤，这几乎是一个无法接受的数据。

**表 4-32　中情景下 2050 年的主要指标值（BAU 情景）**

| 主要指标 | 数量 | 与中国 2005 年的比例 | 与美国 1973 年的比例 |
|---|---|---|---|
| 人均 GDP $（2000 年价） | 21 000 | 12.3 | 1.03 |
| 单位 GDP 能耗 [t 标准煤/万元 RMB（1978 年价）] | 2.23 | 0.432 | 1.0 |
| 人均能耗（t 标准煤） | 8.45 | 5.03 | 0.76 |
| 能源需求总量（亿 t 标准煤） | 119.18 | 5.34 | |

从上述分析的三个情景来看，前述两个都是非常诱人的。环境友好情景，实施起来有一定的困难，但是，环境改善情景只要努力，狠下工夫，是有可能实现的。我们认为，起码要做好以下几方面的工作：

（1）需认真研究日本、德国等国家或地区的能源消耗

德国、特别是日本，单位 GDP 的能源消耗非常低。我们需要组织研究人员分析这些国家或地区单位 GDP 能耗较低的原因，比较中国与这些国家或地区在能耗上各个方面的差距，从而寻找降低单位 GDP 能耗的方法。

（2）努力改善经济结构，提高自主创新的能力

只有提高了自主创新的能力，提高单位产品的潜在价值，才有可能真正地降低单位 GDP 的能耗。

（3）提高能源使用效率

据中国国家发改委的估计，中国目前能源利用效率与国际先进技术总体上大约还有 10％的差距。我国需要持续不断地努力，搞好节能减排。

（4）控制汽车和房子

如表 4-24，2003 年美国用于运输的能耗占总能耗的 40.4％，用于民生的能耗占 30.4％；日本用于运输的能耗是总能耗的 26.4％，用于民生的是 32％。随着国民收入的增加，汽车的数量会不断地增加，房屋的面积会不断地变大，房间里空调的时间会不断地增长。用于民生和运输的能耗比例不可避免地要有所增长。中国须采取有效措施，在汽车数量不断增加的形势下，降低人们汽车的使用频率，提高公共交通的效率。同时，还必须有效地控制居民的居住面积，减少建造，特别是使用住房的能源消耗。

（5）积极开展生物能发电

中国具有巨大的生物能资源，目前利用率极低，这是一个巨大的宝库。生物能发电不但可以获得宝贵的电能，同时，从 $CO_2$ 减排的角度，它是一种没有 $CO_2$ 排放的能源。国家应该出台相应的政策，努力地推动生物能的利用。

# 第五章　能源开发利用的环境影响

人类对化石燃料的利用，一般采用燃烧的办法获取能源。化石燃料燃烧过程中，碳元素被氧化，因此排放二氧化碳；由于化石燃料中含有硫等元素，燃烧后将排放二氧化硫等有害气体；能源利用也是广受关注的污染物 PM2.5 的主要原因。

## 第一节　能源开发利用与全球气候变化

### 一、全球气候变化

全球气候变化是这些年大家的热门话题。不过，一些人把气候变化简单理解为气温升高，根据政府间气候变化专业委员会（IPCC）发布的报告，全球气温升高只是气候变化中一个重要的方面，另外还有降雨、极端气候等多方面的变化。

#### 1. 观测到的地表平均温度变化

IPCC 的第四次和第五次评估报告都指出：气候系统变暖是毋庸置疑的，目前从全球平均温度和海洋温度升高，大范围积雪和冰的融化，全球平均海平面上升的观测中可以看出气候系统变暖是明显的。

第四次评估报告指出：根据全球自 1850 年以来地表温度的器测资料，在 1995~2006 年 12 年间，有 11 年位列最暖的 12 个年份之中。1906~2005 年的温度线性趋势为 0.74℃，这一趋势大于第三次评估报告给出的 1901~2000 年 0.6℃ 的相应趋势。从 1956~2005 年的近 50 年，线性变暖趋势每十年 0.13℃，几乎是从 1906~2005 年的两倍。

第五次评估报告更是指出：过去三个十年的地表比 1850 年以来的任何一个十年都要连续偏暖。在北半球，1983~2012 年可能是过去 1400 年中最暖的 30 年。进一步的分析表明：全球陆地和海洋的平均表面温度，在 1880~2012 年期间升高了 0.85℃。基于现有的最长数据集，1850~1900 年时期和 2003~2012 年时期的平均温度相比，总的升温幅度为 0.78℃。

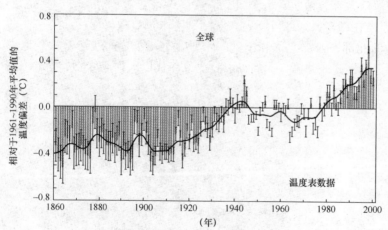

图 5-1 是 IPCC 发布的从 1860~2000 年间的地表年平均温度变化图。由图可见，历史上，地表平均温度起伏频繁，但最近几十年，气温升高的趋势明显。

图 5-1　全球地表平均温度的演变
引自：《IPCC 第四次评估报告》

全球温度普遍升高，北半球较高纬度地区温度升幅较大。在过去的100年中，北极温度升高的速率几乎是全球平均速率的两倍。陆地区域的变暖速率比海洋快。自1961年以来的观测表明，全球海洋平均温度升高已延伸到至少3 000m的深度，海洋已经并且正在吸收气候系统增加热量的80％以上。对探空和卫星观测资料所作的新分析表明，对流层中下层温度的升高速率与地表温度记录类似。

图5-2来自IPCC第五次评估报告，图中具体显示了全球各地的地表平均温度的变化。图中颜色越深的地区，平均温度上升也越多。

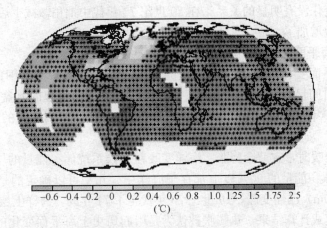

图 5-2　观测到的地表温度变化（1900～2012 年）
引自：《IPCC 第五次评估报告》

### 2. 观测到的降水和大气湿度变化

自1995年以来，除东亚外，北半球中高纬度陆地年降水量继续增加，大约每十年增加0.5％～1％；在副热带地区（10～30°N），平均而言，陆地降水量下降，大约为每十年0.3％，尽管已有信号显示这些年有恢复的迹象。热带陆地表面降水测量表明，在20世纪降水每十年可能增加了约0.2％～0.3％，但是过去几十年中增加不是很明显。从10°N～10°S的热带地区的陆地，相对于海洋而言，降雨增加的数值相对较小，降水的直接测量和数学模型的降水计算都表明在热带海洋大部分地区降水增加了。

在1900～2005年期间，已在许多大区域范围内，观测到降水量方面的变化趋势。在此期间，北美和南美东部、欧洲北部、亚洲北部和中部降水量显著增加，而在萨赫勒、地中海、非洲南部、亚洲南部部分地区降水量减少。自20世纪70年代以来，全球受干旱影响的面积可能已经扩大。

在北半球多数地区大气总水汽含量每十年大约增加了几个百分点。利用固定地点地面观测以及卫星和气象气球得到的对流层低层测量结果，从对某些样本地区以往25年时间里的水汽变化分析的结果来看，尽管存在着资料的时间连续性偏差和趋势的区域变化，过去几十年大多数可靠的数据集资料表明：总体而言地面和对流层低层水汽有所增加。

### 3. 观测到的雪盖和陆—海冰范围变化

雪盖和陆冰范围的减少与陆地表面温度的升高有着相关关系，观测到的冰雪面积减少趋势也与变暖趋势一致。1978年以来的卫星资料显示，北极年平均海冰面积已经以每十年2.7％的速率退缩，夏季的海冰退缩率较大，为每十年退缩7.4％。在南北半球，山地冰川和积雪平均面积已呈退缩趋势。自 1900 年以来，北半球季节性冻土最大面积减少了大约 7%，春季冻土面积的减幅高达 15%。自 20 世纪 80 年代以来，北极多年冻土层上层温度普遍升高达 3℃。

在一些海洋地区，由于区域大气环流的变化引起的降水增加，掩盖了过去二十年温度的升高和冰川的重新推进。过去 100～150 年，地面观测表明，在北半球中－高纬度，每年湖冰、河冰持续时间很可能缩短了约两个星期。

北半球海冰量减少了，但是南极海冰范围显著变化趋势不明显。1973 年来南极温度和海冰范围的年际变化没有明显的关系，在 20 世纪 70 年代中期稍微减少后，南极海冰范围保持稳定，甚至稍微增加了。

### 4. 观测到的海平面变化

海岸线的海平面变化取决于全球环境的诸多要素，它们在大范围的时间尺度上起作用：由于潮水，时间尺度为数小时，由于大地构造和沉积物引起的海盆变化，时间尺度可达百万年；在几十年到几百年的时间尺度内，对平均海平面影响较大的是气候和气候变化过程。

首先，海水变暖时，它就会膨胀。海洋变暖在气候系统储存能量的增加中占主导地位，1971～2010 年间累积能量的 90% 以上都存于海洋中。几乎可以确定的是，1971～2010 年，海洋上层（0～700m）已经变暖；19 世纪 70 年代至 1971 年间，海洋上层可能已变暖。根据海温观测和数学模式计算结果，热膨胀被认为是引起历史上海平面变化的最主要原因之一，而且也将是未来几百年海平面升高的最主要原因。由于深海的温度变化较慢，即使大气温室气体浓度稳定了，热膨胀还将持续几百年。

海水增暖值和影响水深随区域而变化。在一定的温升条件下，暖水的膨胀比冷水的要大。由于热膨胀的地理差异、盐度、风场和海洋环流的变化，海平面变化也具有地理分布特点。与全球平均海平面升高相比，区域变化的程度很大。

海冰量的减少、南北半球山地冰川和积雪平均面积的退缩，导致海洋中水的质量增加，海平面也会增高。事实上，上一次冰期造成海平面较低的主要原因是存储在北半球大陆冰原大量扩展引起水量的变化。随着气候变暖，山地冰川和冰盖的融化会对未来数百年的海平面升高造成较大的贡献。这些冰川和冰盖只占世界陆冰面积的百分之几，但是它们对气候变化的敏感程度比格陵兰和南极大的冰原大得多，这是由于在较冷的气候下，冰原具有较低的降水和融化率。因此，较大的冰原对未来几十年海平面的变化只会有较小的净贡献。

海平面上升与温度升高的趋势相一致。19 世纪中叶以来的海平面上升速率比过去两千年来的平均速率高。1901～2010 年期间，全球平均海平面上升了 0.19m。在 1961～2003 年期间，全球平均海平面以每年 1.8mm 的平均速率上升；从 1993～2003 年，全球平均海平面以每年大约 3.1mm 的速率上升。在 1993～2003 年期间海平面上升的速率加快是否反映了年代间（10 年）变率或更长时期的上升趋势，目前尚无清晰的结论。自 1993 年以来，海洋热膨胀对海平面上升的预估贡献率占所预计的各贡献率之和的 57%，而冰川和冰帽的贡献率则大约为 28%，其余的贡献率则归因于极地冰盖。

### 5. 观察到的极端气候的变化

在过去 50 年中，某些天气极端事件的频率和（或）强度已发生了变化：大部分陆地地区的冷昼、冷夜和霜冻的发生频率很可能已减小，而热昼、热夜和热浪的发生频率已经增加；大部分陆地地区的热浪发生频率可能已经增加；大部分地区的强降水事件（或强降水占总降雨的比例）发生频率可能有所上升。在一些总降水已经增加的地区，强的和极端的降水事件很可能有了很显著的增加。在某些地区，虽然总降水下降了或保持不变，但是强的和极端的事件却增加了，这要归因于降水事件频率的减少。总的来说，对中-高纬度，主要在北半球，由强的和极端的降水事件引起的总的年降水量比例显著增加了，在 20 世纪后 50 年，强的降水事件发生频率可能增加了 2%～4%。

在 20 世纪（1900～1995 年），全球大陆经历严重干旱和严重洪涝的地区相对有少量增加。在一些地区，如亚洲和非洲的部分地区，业已观测到干旱发生的频率和强度在最近几十年有所增加。在大部分地区，这些变化主要受年代际和几十年的气候变率控制，如 ENSO 向更暖事件转变。在许多地区，日间的温度差别减少了，而日最低温度的升高使大部分中－高纬度地区无霜期加长。自 1950 年以来，全球许多地区低于正常的季节平均温度的频率很可能显著减少了，但是高于正常的季节温度频率稍有增加。

没有令人信服的证据表明，热带和温带风暴的特征已经变化了。由于数据的不完整、分析的局限和矛盾，尚无法确定北半球温带气旋的强度和频率有长期的和大规模的增加，过去几十年里在北太平洋、北美部分地区和欧洲区域性的增加已经得到了证实。在南半球，少量的分析业已完成，它们表明自 20 世纪 70 年代以来温带气旋活动减少了。对一些选定地区局地灾害性天气变化（如龙卷、雷暴日数和冰雹）的最新分析没有提供长期变化方面有说服力的证据。一般而言，由于相对少的发生几率和大的空间变化，灾害性天气事件趋势的检测是极其困难的。

## 二、气候变化对环境的影响

气候变化对环境的影响途径主要有以下几个方面：热浪、饥饿、洪水泛滥、流行病、沙漠化、粮食减产、动植物种群灭绝等。根据已有的成果，全球气候变化主要影响有以下几个方面。

### 1. 对水资源供求的影响

因区域和气候情景的不同，气候变化对河流径流量以及地下水回灌的影响也不同，多数影响预测中较为一致的结论为：至 21 世纪中期，高纬度地区和一些湿热地区年平均径流量和可获得的水源预计增长 10%～40%，而目前已经存在水资源压力的中纬度地区和干热地区，如中亚、地中海、非洲南部和澳洲等水量将减少 10%～30%。

随着气候变化的加剧，缺水地区范围和缺水人口数量将增加。目前全球约 1/3 人口生活在贫水的中亚、非洲南部以及地中海附近等国家和地区，按目前的人口增长趋势预测，到 2025 年，这部分人口将增加至 50 亿。气候变暖可能进一步减少缺水国家或地区的河流径流量和地下水补充量，而其他一些地区可能会增加。21 世纪，以冰川和雪盖形式存储的水资源将减少，将给以融化水为主要水源的高山地区带来严重影响，这些地区目前居住着约全球 1/6 的人口。

相对于对城市和工业用水的影响，气候变化对农业灌溉用水的影响更大，温度越高，植物蒸腾量越大，这就意味着未来灌溉用水量将要增加。气候变暖将增加许多地区强降水事件的发生频率，致使洪水发生的频率和规模也将增加。同时，水温升高以及含有废弃物的径流外溢将会造成水污染指数升高，尤其是河水径流下降的地区，水质恶化可能更为严重。

**2. 对生态系统的影响**

自然植被分布与物种组成可能发生明显变化。植被模型研究表明，气候变化将导致物种分布与组成发生重大改变：尽管生态系统可能不会发生整体迁移，但可能改变特定地区的物种以及优势种；淡水鱼类分布向极地迁移，同时，喜冷、喜凉的鱼类数量减少，喜温性鱼类增加；土地利用变化破坏生物的栖息环境，各物种生存条件将继续恶化，多种动物已经面临很大的生存危险。随着气候变化的深入，如果缺乏适当的管理，会有更多的物种灭绝或进入"濒危和脆弱"的行列。

生物多样性将会减少。气候变化导致某气候因子超出物种的适应范围，该物种就会灭绝或成为脆弱物种，从而减少生物的多样性。随着气候变化速率和幅度的增加，受危害的地域范围，以及受影响的生态系统数目都会增加。据估算，如果全球平均气温升高 1.5～2.5℃，20%～30%的物种将面临灭绝的风险。

近海生态系统受到破坏。气候变化造成的水温升高及海平面上升将对近海生态系统产生显著的影响，其中最显著的是红树林和珊瑚礁生态系统。

**3. 对社会经济的影响**

不同地区的基准气候条件、自然和社会系统特征以及资源储备等不同，各地区对气候变化的脆弱性也不同，即使在同一地区对不同人群脆弱性也存在差别。

根据 IPCC 第四次报告，对亚洲受气候变化的影响主要表现为：

气候变化将增加亚洲洪涝、干旱、森林火灾和热带气旋等极端气候事件的频率，降低许多温带和热带干旱国家或地区的农业和水产业生产能力，造成食品安全问题。预计 21 世纪中期，东亚和东南亚地区粮食产量将增加 20%，而亚洲中部和南部地区将减少 30%。同时，考虑到人口增长以及城市化的影响，几个发展中国家或地区遭受饥饿的风险仍然较大。总体来说，亚洲各发展中国家或地区适应气候变化的能力较低、脆弱性高，而发达国家或地区适应能力相对较强、脆弱性较低。预计气候变化将给亚洲多数发展中国家或地区的可持续发展带来负面影响。

由于气候变化，亚洲干旱和半干旱地区径流和水量将减少。亚洲中部、南部、东部以及东南亚地区，尤其是大的流域地带，可获得的淡水资源将减少；人口增长以及生活水平提高等因素又会增加对水的需求量，加剧水资源短缺问题，至 2050 年约 10 亿人的生活将受到严重影响。

由于气候变化，亚洲一些地区传染病扩散增加，对人体健康造成威胁。海平面上升可能导致生活在低海拔沿海地区的人们迁移，亚洲温带和热带降水强度增加可能扩大洪水风险。气候变化会引起亚洲能源需求的增加。同时，由于土地利用变化和人口增长，气候变化将增加生物多样性面临的威胁。

小岛国可能是受气候变化影响最大的国家，对气候变化、海平面上升和极端事件的脆弱性高，适应能力很低。海平面上升，可能会造成小岛国侵蚀、土地和财产的损失、人类迁移加剧、风暴潮的风险增加、沿海生态系统恢复能力降低、海水倒灌，以及应对这些变化需要高额费用。

小岛国水资源供应有限，气候变化对水资源平衡的影响极度脆弱，预计至 21 世纪中期，气候变化将减少多数小岛的水资源，如加勒比海和太平洋岛屿等，在非雨季可能不能满足对淡水资源的需求。

小岛国耕地数量有限而且土地盐碱化严重，其粮食生产和出口对气候变化极度敏感。

**4. 对农业的影响**

地球将出现更多的气候反常，出现异常的干旱、洪水、酷热或严冬、暴风雪或飓风，必将导致更多的自然灾害，造成农作物减收，病虫害流行，鱼类和其他水产品减少。温室效应也将使降水量、土壤湿度发生变化，当大气中 $CO_2$ 含量倍增时，整个北半球除 40～50 纬度带雨量减少外，其他地区都有增加趋势，我国年降雨量将平均增加 146.4mm，夏季降水量增加大于冬季，土壤湿度变化复杂。

$CO_2$ 倍增对农业产生的正影响可分为两个方面：

① 直接效应，使光合作用率增加，对光合作用有利。

② 气温变暖使得农作物生长期延长，植物生长率有所提高，但杂草也增多，增加了除草劳力和除草剂的投入，增加农民负担。

因温室效应引起农作物产量下降，挨饿的人数将增加 10%～50%，其中非洲饥民增加最多，使世界的饥民队伍大大增长。

**5. 对人类健康的影响**

气候变化可能造成传染性疾病增加，危害人体健康。一些靠病菌、食物和水传播的传染性疾病对气候状况变化十分敏感。多数模型的模拟结果表明，在气候变化情景下，疟疾和登革热传播的地理范围可能会有小幅度增加。尽管一些区域性疾病在气候变化下会出现减少的现象，但在目前的分布范围内，这些传染病和许多其他传染病在地理分布和季节分布上却有增加的趋势。然而，在所有情况下，传染病的实际发生是受当地环境条件、社会经济状况和公共健康设施条件的影响。

由于全球气候变暖与环境变化，可以导致传染病病原体的存活变异、动物活动区域变迁等。如随着全球气候的变暖病原体（尤其是病毒）将突破其寄生、感染的分布区域，形成新的传染病。或是某种动物病原体（尤其是病毒）与野生或家养动物病原体之间的基因交换，致使病原体披上新的外衣，从而躲过人体的免疫系统引起新的传染病等。

气候变化将伴随热浪的产生，空气湿度和污染程度会有一定的增加，可能会造成与热浪有关的死亡率增加和流行病的产生。城镇人口，尤其是老人、病人等受热浪的影响较大。

气候变化还可能造成洪涝灾害，增加溺死、暴发腹泻和呼吸疾病的风险，在不发达地区还存在增加饥饿和营养不良的风险。如果区域性气旋数量增加，则会造成灾难性影响，尤其是对居住稠密、资源短缺的人群地区。气候变化造成的人体健康的不利影响，对脆弱的低收入人群最为严重，主要集中在热带和亚热带的国家或地区；而且不发达地区相对于发达地区人体健康受气候变化的影响更大。

**6. 对自然灾害的影响**

近几十年来，全球各种自然灾害发生的频率持续上升。据统计，2006 年，气温异常、持续干旱、洪涝灾害以及台风等的发生打破了多项纪录，造成的损失也惊人。20 世纪 50 年代，由于灾害性事件造成的全球经济损失为 39 亿美元，到了 90 年代，损失已经达到了 400 亿美元，增加了 9.3 倍。

由于气候变暖，温度升高、干旱、洪涝等异常天气发生的频率还将增加；气候变化可能会造成降水强度的增加，增加洪水以及泥石流灾害发生的风险，也增加了沿海地区海平面上升的风险。由于气候变化，水资源、能源和基础设施、废弃物处理和交通等重大环境问题，在高温或降雨量增加等情况都将会恶化。

气候变化对人居住设施也将产生重大影响，通过影响资源生产力或市场对物品和服务需求的变化，影响支持人类居住的经济部门、基础设施等，进而影响到人类居住的环境。

**7. 对沿海地区的影响**

由于气候变化，沿海地区将面临包括海岸侵蚀、海平面上升等更多风险。人类活动对沿海地区的影响可能加剧气候变化造成的各种风险。

根据有关预测，若到 2100 年，海平面上升 1m，许多沿海城市将在地图上消失，世界将有 3 亿多"生态难民"。我国上海及邻近海域海平面上升速度正在加快。小岛国马尔代夫将失去领土。冰川融化导致的海水膨胀，还可能产生海水倒灌，洪水排泄不畅，土壤盐渍化等问题，航行和水产养殖也将受到影响。

气候变化将严重影响海洋生态系统。海洋对气候变化十分敏感，预计未来气候变化可能造成海水温度上升、全球海平面升高、海水覆盖面积减少、盐度与海浪状况改变和洋流的变化。具有高度多样性的海洋生态系统，如珊瑚礁、环状珊瑚岛和暗礁岛、盐滩地以及红树林等受气候变化的影响，取决于海平面上升的相对增长速度和沉积供应速率、水平迁移的空间尺度和障碍、气候－海洋环境的变化以及人类活动对海岸带的影响等。据估算，海面温度升高 1～3℃就可能造成珊瑚大面积消失的风险。海岸湿地，包括沼泽和红树林地带将由于海平面上升带来负面影响。

## 三、全球气候变化的原因

大气中温室气体和气溶胶的浓度、地表覆盖率和太阳辐射的变化改变了气候系统的能量平衡，从而成为气候变化的驱动因子。这些变化影响大气中和地表对辐射的吸收、散射和漫射。由于这些因子导致能量平衡产生正或负的变化用辐射强迫表示，辐射强迫用于比较对全球气候产生的变暖或变冷影响。

人类活动导致四种长生命期温室气体的排放：$CO_2$、甲烷（$CH_4$）、氧化亚氮（$N_2O$）和卤烃（一组含氟、氯或溴的气体）。当排放大于清除过程时，大气中温室气体浓度则增加。

**1. 二氧化碳（$CO_2$）**

大气二氧化碳浓度从 1750 年的 280ppm 增加到 1999 年的 367ppm，增加 31％。今天大气中的二氧化碳是在过去 42 万年中最高的，也可能在过去 2 000 万年中也是最高的。过去一个世纪的增长率史无前例，至少在过去的 2 万年期间没有出现过。二氧化碳的同位素组成和观测到的大气氧气的减少，表明大气二氧化碳的增加主要由于化石燃料燃烧以及森林破坏过程中有机碳的氧化所致。来自数十万年前冰芯气泡中远古时代大气数据，为工业革命时期二氧化碳浓度增加提供了依据。早先几千年间，大气二氧化碳浓度一直保持在（280±10）ppm，工业革命期间大气中二氧化碳浓度的增加非常引人注目。自 1980 年以来，平均每年增加的速率是 0.4％，主要来源于二氧化碳排放的增加。过去几十年，二氧化碳主要的排放来自化石燃料的燃烧，10％～30％则由于土地使用的变化，特别是森林砍伐。

直接观察表明，大气二氧化碳浓度增长速率年际变化很大。20 世纪 90 年代，增长率为 0.9～2.8ppm/年。这种年际变化与短期气候变化率有关，短期气候变化率改变了海洋和陆地对大气二氧化碳吸收和排放的速率。大气二氧化碳增加最快的时候通常是在强厄尔尼诺年。这些较高速率的增加似乎可以解释成厄尔尼诺年期间陆地吸收二氧化碳量的减少，相应地也抑制了海洋吸收更多的二氧化碳的趋势。

人们可以根据大气观测计算过去 20 年来人为产生的二氧化碳在大气中的增加与在陆地和海岸的吸收之间的分布比例。表 5-1 给出的是 20 世纪 80 年代和 90 年代的全球二氧化碳的收支情况。由表可见，主要由于化石燃料的燃烧，造成了二氧化碳的排放；同时，水泥制造过程中，由石灰石（碳酸钙）加热，制成氧化钙，其间也造成了二氧化碳排放。排放的二氧化碳造成了大气二氧化碳的净增加；根据 IPCC 的报告，自 1980～1999 年，海洋-大气的二氧化碳通量每年均为负值，这意味着海洋每年净吸收不断增加的大气中的二氧化碳中的一个大的比分。

表 5-1　全球二氧化碳收支情况表（以碳计）　　　　　　　　单位：Pg/年

| 项　目 | 1980～1989 | 1990～1999 |
|---|---|---|
| 大气中碳的净增加 | 3.3±0.1 | 3.2±0.1 |
| 碳排放（化石燃料、水泥制造） | 5.4±0.3 | 6.3±0.4 |
| 海洋-大气通量 | −1.9±0.6 | −1.7±0.5 |
| 陆地-大气通量 | −0.2±0.7 | −1.4±0.7 |

引自《IPCC 第三次评估报告》。

土地利用方式的变化，例如森林砍伐，造成的二氧化碳排放；另一方面，由于植树造林等一些积极的方法，也由于大气中二氧化碳浓度的增加，促进了植物的生长，由此造成陆地表面生物量增加，从而从大气中二氧化碳就被固化在植物上。陆地一大气的通量表达的是这两方面的综合结果，是这两者之差。由 IPCC 的报告可见，20 世纪 90 年代，陆地表面总的说来起到了固碳的作用，不过，不如海洋来得大。

## 2. 甲烷（$CH_4$）

甲烷浓度自 1750 年来增加了 150%，达到了 1 060ppb，这是过去 42 万年来最高的。甲烷是一种温室气体，它既有自然源（如湿地），也有人为源（如农业，天然气开发和废弃物等）。目前大约一半稍多的甲烷排放来自人为源。自 1983 年以来，大气甲烷浓度全球有代表性的系统观测就已经开始；研究者还从冰芯和岩石层中获得样品，从而推算出很久以前的大气中甲烷的浓度。

大气甲烷含量持续增加，浓度值从工业化前时代的约 715ppb 增至 20 世纪 90 年代初的 1 732ppb，2005 年增至 1 774ppb。大气中甲烷每年的年增加率在 20 世纪 90 年代的变化很大，其中，1992 年几乎为零，1998 年为 13ppb。目前对这种变化还没有明确的定量解释。

大气甲烷浓度增加速率的不确定性，是由于目前掌握的源和汇的计算偏差还比较大，这使得人们对未来大气甲烷浓度的预测变得困难。虽然影响全球甲烷收支的主要因素已经被识别，但从定量的角度看，它们大部分还是相当不确定的，因为估计多变的生物源排放率十分困难。对甲烷源强定量和定性了解的有限性，限制了人们根据某一给定的人为排放情景对未来大气甲烷浓度的预测。

## 3. 氧化亚氮（$N_2O$）

氧化亚氮的大气浓度自工业革命以来稳步增长，已从工业化前时代约 270ppb 增至 2005 年的 319ppb，这一浓度至少是过去一千年里最大的。氧化亚氮是一种既有自然源又有人为源的温室气体，它在大气中主要通过化学反应清除。在 1980～1998 年间，大气中氧化亚氮的增加速率持续在 0.25%/年左右。同样观测到氧化亚氮浓度增加有着明显的年际变化，例如从 1991～1993 年间年增长率减少了 50%。可能的原因有：与氮有关的肥料使用的减少；生物源排放的减小；由于火山爆发引起大气环流的变化所带来的大范围平流层的消失等。自 1993 年以来，氧化亚氮浓度的增加速率恢复到 20 世纪 80 年代的观测值。这种观测到的多年变化周期对我们了解控制大气氧化亚氮的过程有所帮助。至今，我们仍不能解释这种温室气体多年来的变化趋势。

根据 1990 年的估计，氧化亚氮自然排放源每年的排放量（以氮计）大约为 10Tg/年，其中土壤贡献大约 65%，海洋贡献大约为 30%。氧化亚氮人为源主要源自农业生产、生物质燃烧，工业活动以及牲畜管理，人为源的排放量大约为（以氮计）7Tg/年。

### 4. 卤化碳及其有关化合物

卤化碳是由碳与氟、氯、溴、碘等合成的化合物，例如，CFC-11、CFC-13 等。这些气体既能使得大气中的臭氧消失又对温室效应有贡献。许多卤化碳是长寿命的温室气体。它们在大气中有的在减少，有的在缓慢增加。这些化合物中的大部分，人类活动是唯一的排放源。含有氯的卤化碳（如氟利昂）和含有嗅的卤化碳（如哈龙）对平流层臭氧有耗损破坏作用，蒙特利尔协定书及其修正案限制了它们的排放，在 1994 年对流层中臭氧消耗气体总量达到极大值，随后逐渐减小。

观测表明，CFC 替代品的大气浓度正在增加，许多替代品，虽然对臭氧层没有破坏作用，但都依然是温室气体。例如 HCFC 和 HFC 含量增加，就是由于它们早期的持续使用以及作为 CFC 替代品的使用。

$CF_4$、$C_2F_6$ 和 $SF_6$ 等也是人为产生的。它们在大气中的寿命非常长，对红外辐射有强吸收能力，一个 $SF_6$ 分子的温室效应是 $CO_2$ 分子的 22 200 倍。所以虽然这些化合物排放量较小，但对未来气候的影响很大。$CF_4$ 在大气中至少可以存留 50 000 年。它有自然源，但目前的人为排放是自然源的 1 000 多倍，也是大气中浓度增加的主要原因。

### 5. 气溶胶

气溶胶（非常小的气粒或液滴）对地气系统的辐射收支有重要影响。气溶胶的辐射效应主要在两个不同方面，其一，直接影响，气溶胶本身散射和吸收太阳辐射以及红外热辐射；其二，间接影响，气溶胶改变云的微物理特性，进而对云量的大小和云的辐射特性有所影响。气溶胶是由不同的过程产生的，其中包括自然过程（例如沙尘暴，火山爆发）和人为过程（例如化石燃料及生物质燃烧）。

大气中对流层气溶胶的浓度在最近几年由于人类活动的排放（既有气溶胶本身的排放，也有其前体物的排放）而有所增加，从而使得辐射强迫增加。大多数气溶胶存留在低对流层（几公里以下），但许多气溶胶的辐射特性对垂直分布非常敏感。气溶胶在大气中参与物理和化学反应，特别是在云中。它们主要是在降雨过程中迅速被清除（一周之内）。因为气溶胶的短寿命以及源的不均匀分布，它们在对流层的分布很不均匀，其中极大值都在源附近。气溶胶的辐射强迫不仅依赖于它们的空间分布，而且依赖于它们的粒子大小，形状，化学组成以及水循环中的其他因子（如云的形成）。从观测试验和理论的角度看，考虑所有的因子，给出气溶胶辐射强迫的精确估计还十分具有挑战性。

研究者对三种人为的气溶胶进行了研究，即硫酸盐气溶胶、生物质燃烧气溶胶和化石燃烧气溶胶。观察表明，化石燃料燃烧和生物质燃烧产生的有机物气溶胶十分重要。化石燃料有机碳气溶胶的增加将带来总的光学厚度的增加（随之而来的负辐射强迫）。目前人们可以通过观测和用气溶胶辐射模式对这些成分分开进行定量估计，以及对矿物灰尘的辐射强迫范围进行估计。根据 IPCC 第三次评估报告，硫酸盐的直接辐射强迫是 $-0.4 \mathrm{Wm}^{-2}$；生物质燃烧气溶胶是 $-0.2 \mathrm{Wm}^{-2}$；化石燃料有机碳气溶胶是 $-0.1 \mathrm{Wm}^{-2}$；化石燃料碳黑气溶胶是 $0.2 \mathrm{Wm}^{-2}$。以上直接辐射强迫为负值的说明对气候变暖有削弱作用，正值说明对气候变暖有强化作用。

　　根据 IPCC 的第四次评估报告，气溶胶的人为贡献（主要是硫酸盐、有机碳、黑碳、硝酸盐和沙尘）共同产生变冷效应，其直接辐射强迫总量为 $-0.5 \mathrm{W/m^2}$，其间接云反照率强迫为 $-0.7 \mathrm{W/m^2}$。然而，这些直接辐射强迫估计值的不确定性仍然很大。这主要来源于确定大气气溶胶浓度和辐射特性，以及确定人为气溶胶比例的困难，特别是对含碳气溶胶源的了解十分有限。结合模式计算，卫星观测使得人们能够定性地识别晴空情况下总的气溶胶的辐射影响，但定量仍然不确定性很大。

## 四、全球变暖潜势（GWP）

　　全球变暖潜势是用于衡量当前大气中某个给定的充分混合的温室气体单位质量相对于二氧化碳，在所选定时间内进行积分的辐射强迫。全球变暖潜势表示这些气体在不同时间内在大气中保持综合影响及其吸收外逸热红外辐射的相对作用。

　　尽管衡量温室气体作用强弱的评分方法有许多，但 GWP 值无疑是最具参考价值的，特别是作为政策措施的依据。GWP 从分子角度评价温室气体，包括分子吸收与保持热量的能力，以及它的大气存留时间，从而评价每种温室气体对温室效应的影响比重。二氧化碳被作为参照气体，是因为其对全球变暖的影响最大。

　　GWP 同样能够评价温室气体在未来一定时间的破坏能力，通常以 20 年、100 年、500 年来衡量。通常，由于自然的分解破坏机制，已有温室气体在大气中的浓度是逐年降低的，并且温室效应能力也一并减弱。然而某些 CFC 家族气体，大气存留时间相当长，并且有可能 100 年 GWP 值高于 20 年 GWP。

　　由于二氧化碳作为参照气体，二氧化碳的 GWP 值为 1，其余气体与二氧化碳的比值作为该气体 GWP 值。其余温室气体的 GWP 值一般远大于二氧化碳，但由于它们在空气中含量少，我们仍然认为二氧化碳是温室效应的罪魁祸首（表 5-2）。

表 5-2　部分温室气体 GWP 值

| 气　　体 | | GWP 时间长度 | | |
| --- | --- | --- | --- | --- |
| | | 20 年 | 100 年 | 500 年 |
| 二氧化碳 | $CO_2$ | 1 | 1 | 1 |
| 甲烷 | $CH_4$ | 62 | 27 | 7 |
| 一氧化氮 | $N_2O$ | 275 | 296 | 156 |
| HFC-23 | $CHF_3$ | 9 400 | 12 000 | 10 000 |
| $SF_6$ | | 15 100 | 22 200 | 32 400 |

# 第二节　能源开发利用与硫氧化物

　　硫氧化物是硫的氧化物的总称。通常硫有四种氧化物：即二氧化硫（$SO_2$）、三氧化硫

（$SO_3$）、三氧化二硫（$S_2O_3$）、一氧化硫（$SO$）；此外还有两种过氧化物：七氧化二硫（$S_2O_7$）和四氧化硫（$SO_4$）。大气中的硫氧化物主要指二氧化硫和三氧化硫。硫氧化物的混合物用 $SO_x$ 表示，都是呈酸性的气体。$SO_2$ 是目前大气污染物中排放量大、危害严重、影响面广的污染物质，主要来自含硫燃料的燃烧、金属冶炼、石油炼制、硫酸（$H_2SO_4$）生产和硅酸盐制品焙烧等过程。

## 一、化石燃料中硫的形态和含量

### 1. 煤炭中的硫

煤炭作为一种燃料，早在 800 年前就已经开始。煤被广泛用于工业生产是从 18 世纪末的产业革命开始的。煤用做工业生产的燃料，给社会带来了前所未有的巨大生产力，推动了化工、采矿、冶金等工业的发展。

判别煤质优劣的指标很多，其中最主要的指标为煤的灰分和硫分。一般陆相沉积煤的灰分、硫分普遍较低；海陆相交替沉积煤的灰分、硫分普遍较高。煤的伴生元素很多，锗、镓、铀、钒等可被利用属于有益元素，而硫、磷、氟、氯、砷、汞、硒等属于有害元素。硫是煤中常见的有害成分，有四种形态，即黄铁矿硫、硫酸盐硫、有机硫和元素硫。

煤的含硫量称为全硫。其中硫铁矿硫、有机硫、元素硫是可燃硫，硫酸盐硫是不可燃硫。可燃硫是灰分组成的一部分。煤炭可按含硫量分为：低硫煤含硫低于 1.5%；中硫煤含硫量 1.5%～2.5%；高硫煤含硫 2.5%～4.0%；富硫煤含硫高于 4%。我国煤的含硫量多数为 0.5%～3%，探明储量中，硫分低于 1% 的低硫占 23%。华北、华东浅层煤硫分低，深层煤硫分高。南方各煤田，包括西南和江南的煤田，除滇东各矿烟煤外，硫分一般都较高。

### 2. 石油中的硫

石油的性质因产地而异，密度 0.8～1.0g/cm³，黏度范围很宽，凝固点 −60～30℃，沸点范围为常温至 500℃ 以上，可溶于多种有机溶剂，不溶于水，但可与水形成乳状液。石油的化学成分主要有碳（83%～87%）、氢（11%～14%）、氧（0.08%～1.82%）、氮（0.02%～1.7%）、硫（0.06%～0.8%）以及一些微量元素（镍、钒、铁、锑等）。由碳和氢化合成的烃类构成石油的主要组成部分，占 95%～99%。含硫、氧、氮的化合物属于有害物质，在石油加工中应尽量除去。不同油田的石油的成分差别很大。石油主要被用作燃油和汽油，是目前世界上最重要的一次能源之一。

石油中含的硫绝大部分以有机硫形式存在，主要的含硫化合物如硫化氢（$H_2S$）、硫醇类（R-SH）、硫醚类（R-S-R′）等。此外，石油中大部分氮、氧、硫都以胶状沥青状物质形态存在，它们是一些分子质量大，分子中杂原子不止一种的复杂化合物。石油中的沥青质集中在渣油中，渣油可直接作燃料油或脱沥青后作燃料油。

石油中硫的含量因产地不同变化很大，一般为 0.1%～7%。我国已开采的油田大都含硫量不高，大庆原油含硫低于 0.5%，胜利原油含硫为 0.5%～1%，均属中低硫原油。中东地区的原油一般含硫较高。原油中约有 80% 的硫含于重质馏分中。用直馏法获得的渣油（燃料油），其含硫量一般为原油的 1.5～1.6 倍或更高。

### 3. 天然气及油田伴生天然气中的硫

天然气是一种多组分混合气体，主要成分是烷烃，其中甲烷占绝大多数，另有少量的乙烷、丙烷和丁烷，此外还含有硫化氢、二氧化碳、氮、水气和微量的惰性气体。在标况下，甲烷至丁烷以气体状态存在，戊烷以上为液体。天然气的燃烧产物对人类呼吸系统健康有影响的物质极少，产生的二氧化碳为煤的 40% 左右，产生的二氧化硫也很少。天然气燃烧后无废渣、废水产生，相较于煤炭、石油，具有使用安全、热值高、洁净等优势。天然气中的含硫主要是硫化氢。我国四川天然气中 $H_2S$ 占 0%～2.5%，大部分在 0.1% 左右。

## 二、燃烧过程硫氧化物的形成

在正常燃烧条件下，当空气过剩系数高于 1.1 时，可燃硫化物虽然会形成一些中间产物，但最后多生成 $SO_2$。由于 $O_2$ 的过量，约有 0.5%～5.0% 的 $SO_2$ 进一步氧化成 $SO_3$。

燃料中的可燃硫完全燃烧时，其原则反应式如下：

$$S + O_2 \longrightarrow SO_2 \qquad (5-1)$$

燃烧产生 $SO_2$ 的量可按下式计算：

$$G_{SO_2} = 2Bw[S]\eta \qquad (5-2)$$

式中　$G_{SO_2}$ ——$SO_2$ 产生量，t；

　　　$B$ ——消耗燃料量，t；

　　$w[S]$ ——燃料中全硫含量的质量分数，如 3%；

　　　$\eta$ ——全硫中可燃硫所占百分比。

煤炭中的 $\eta$ 值根据实际情况确定，一般在 60%～90% 范围内；石油和天然气的 $\eta$ 值可取为 100%。

燃烧过程中，部分 $SO_2$ 在过剩氧存在的条件下会被进一步氧化成 $SO_3$，其转化过程一般为：氧分子在高温下首先离解为氧原子，氧原子再与 $SO_2$ 起反应生成 $SO_3$。

可燃硫化物生产最多的是 $SO_2$。$SO_2$ 是无色具有刺激性的气体，密度是空气的 2.26 倍；在水中具有一定溶解度，能与水和水蒸气结合形成亚硫酸，腐蚀性强。

$SO_2$ 在大气中只能存留几天，除被降水冲刷和地面物质吸收一部分外，都被氧化为硫酸雾和硫酸盐气溶胶。$SO_2$ 在大气中氧化机制复杂，大体归纳为两个途径：$SO_2$ 的催化氧化和 $SO_2$ 的光化学氧化。

## 三、我国二氧化硫污染现状

表 5-3 列出了 2004～2011 年间我国一些城市的二氧化硫浓度监测值，由表可见，北京市 2004 年二氧化硫平均浓度 0.055mg/m³，2011 年 0.028mg/m³，浓度几乎降低了一半。其实这不是个例，对比各个城市不同年份的数据，我们都可以发现明显的差别。

表 5-3 同时让我们看到，各个城市之间其实并不平衡，北方城市例如天津、沈阳等污染较重，南方一些城市二氧化硫浓度相对北方城市要低。

**表 5-3　2004～2011 年我国一些城市空气二氧化硫浓度值**　　　单位：mg/m³

| 项　目 | 2011 | 2010 | 2008 | 2006 | 2004 |
|---|---|---|---|---|---|
| 北京 | 0.028 | 0.032 | 0.036 | 0.052 | 0.055 |
| 天津 | 0.042 | 0.054 | 0.061 | 0.067 | 0.073 |

| 项 目 | 2011 | 2010 | 2008 | 2006 | 2004 |
|---|---|---|---|---|---|
| 沈阳 | 0.059 | 0.058 | 0.059 | 0.058 | 0.052 |
| 上海 | 0.029 | 0.029 | 0.051 | 0.051 | 0.055 |
| 南京 | 0.034 | 0.036 | 0.054 | 0.063 | 0.045 |
| 杭州 | 0.039 | 0.034 | 0.052 | 0.056 | 0.049 |
| 福州 | 0.009 | 0.009 | 0.023 | 0.020 | 0.010 |
| 武汉 | 0.039 | 0.041 | 0.051 | 0.057 | 0.048 |
| 重庆 | 0.038 | 0.048 | 0.063 | 0.074 | 0.113 |
| 西安 | 0.042 | 0.043 | 0.050 | 0.056 | 0.049 |
| 乌鲁木齐 | 0.079 | 0.089 | 0.105 | 0.113 | 0.102 |

数据来源：各年《中国统计年鉴》。

根据国家环保部的《中国环境状况公告》，2011 年，地级及以上城市环境空气中二氧化硫年均浓度达到或优于二级标准的城市占 96.0%，无劣于三级标准的城市。二氧化硫年均浓度值为 $0.003\sim0.084mg/m^3$，主要集中分布在 $0.020\sim0.060mg/m^3$。2012 年，地级以上城市环境空气中二氧化硫年均浓度达到或优于二级标准的城市占 98.8%，无劣于三级标准的城市。二氧化硫年均浓度范围为 $0.004\sim0.087\ mg/m^3$，主要集中分布在 $0.020\sim0.050mg/m^3$。

## 四、二氧化硫对农业的影响

这里我们以对水稻的影响为例。

早在 1994 年，一些研究者以徐州市郊受 $SO_2$ 污染较重和及较轻的两个生产队为调查重点，着重在水稻的分蘖数、千粒重、亩产量等方面探讨了 $SO_2$ 对水稻生长的影响程度。

### 1. 水稻叶片对二氧化硫的吸收过程

二氧化硫进入植物体内的主要途径是叶片气孔，其次为皮孔和叶痕，再经细胞间隙进入栅栏组织和海绵组织等叶肉细胞，进入叶脉维管束韧皮部，由韧皮部将 $SO_2$ 输送到茎，主根和侧根。即：$SO_2$→气孔→细胞间隙→叶肉细胞→叶脉维管束韧皮部→茎→主根→侧根。硫在水稻维管束的积累主要在叶尖部位。

### 2. 二氧化硫对水稻叶片的伤害症状

二氧化硫对植物的伤害症状一般是从海绵组织开始，再扩散到栅栏组织，使叶片上下两表面都出现伤害症状。伤害症状的初始表现，一般呈现暗绿色水渍斑，在 $SO_2$ 污染区可以清楚看到叶片失去原有光泽。低浓度引起的伤斑多呈点状，分布在叶尖和叶缘，较高浓度引起的伤斑多呈条状或块状，分布于脉间，更高浓度则引起萎蔫，叶缘皱缩，致使全叶干枯坏死。

### 3. 二氧化硫对水稻生长发育及产量的影响

为搞清 $SO_2$ 对水稻的危害程度，研究者对 $SO_2$ 污染区的朱庄乡殷庄生产队和清洁区的李沃生产队的水稻进行了对比测定。结果如表 5-4 所示。

表5-4　清污区水稻分蘖数测定结果比较

| 测定区域 | 清洁区 | | SO₂污染区 | | | | | |
|---|---|---|---|---|---|---|---|---|
| | 1 | 2 | 1 | 2 | 3 | 4 | 5 | 6 |
| 分蘖数 | 25 | 24 | 17 | 15 | 19 | 15 | 14 | 21 |
| 有效分蘖数 | 100 | 100 | 70 | 70 | 80 | 80 | 75 | 75 |

有效率分蘖数是指能结稻粒的植株。在未受 $SO_2$ 污染的区域稻苗分蘖数较多，而且有效分蘖数为 $100\%$；已受 $SO_2$ 污染的区域，稻苗分蘖数减少，有效分蘖数仅有 $75\% \sim 90\%$。由于清洁区稻谷籽粒饱满，而污染区稻谷籽粒空壳较多，稻谷的千粒重差别较为明显，其数量一般只有清洁区的 $60\%$ 左右。

由于分蘖数比例悬殊，千粒重差距较大，导致 $SO_2$ 污染区水稻大幅度减产。由表5-5可见，1号地减产 185.1kg/亩；减产最多的是6号地，达 407kg/亩。

表5-5　清污区水稻产量比较

| 测定区域 | 清洁区 | | SO₂污染区 | | | | | |
|---|---|---|---|---|---|---|---|---|
| | 1 | 2 | 1 | 2 | 3 | 4 | 5 | 6 |
| 亩产量（kg） | 500 | 500 | 314.9 | 308.2 | 231.1 | 146 | 173.1 | 93 |

从以上调查结果可以看出：$SO_2$ 严重影响水稻正常生长发育，能造成大面积大幅度减产，对农作物带来的危害是极其严重的。

近些年又有研究者通过田间小区试验，在水稻分蘖期、拔节期、抽穗期、灌浆期分别对正常生长的临稻10、圣稻13、阳光200三个品种进行了 $SO_2$ 熏气处理，试验结果表明：

① 单株穗重、千粒重及单株总粒重均有影响，且随 $SO_2$ 浓度的增大，主要产量因子有逐渐减小的趋势。在分蘖期进行 $SO_2$ 熏气处理后，穗重、千粒重和单穗总粒重在三个水稻品种之间表现出一致的规律性，即随熏气浓度的增加，穗重、千粒重和单穗总粒重都有降低趋势；拔节期三个水稻品种熏气处理后，单株穗重和千粒重与对照相比也表现出一定的差异；抽穗期三个水稻品种各处理千粒重在 $SO_2$ 浓度增大表现出下降的趋势；灌浆期三个水稻品种熏气处理对产量构成因子的影响一致性的规律不明显。

② 不同生育期 $SO_2$ 熏气对水稻产量均有影响，且不同品种对 $SO_2$ 的影响表现出的减产趋势有差别：临稻10品种在不同生育期受 $SO_2$ 胁迫导致产量减少量趋于一致。圣稻13和阳光200两个品种受 $SO_2$ 胁迫发生在越早的生育期将导致更大的减产。试验结果如表5-6所示。

表5-6　不同生育时期熏气处理对水稻产量减产百分比　　　　单位：%

| | 分蘖期 | 拔节期 | 抽穗期 | 灌浆期 |
|---|---|---|---|---|
| 临稻10 | 18.5 | 18.4 | 18.5 | 18.7 |
| 圣稻13 | 32.3 | 24.1 | 21.4 | 14.6 |
| 阳光200 | 29.3 | 11.4 | 16.0 | 12.1 |

## 五、二氧化硫对人体健康的影响

### 1. 引发呼吸道炎症

空气中的酸性气体是高度可溶的，它们大部分可被鼻腔和上呼吸道吸收，因而呼吸道是

最易受 $SO_2$ 损害的器官。据测定，当其质量分数 $w$（$SO_2$）增加到（10~15）$\times 10^{-6}$ 时，呼吸道纤毛运动和黏液分泌功能受到抑制，当 $w$（$SO_2$）增加到 $22\times 10^{-6}$ 时，气道的纤毛运动将有 65%~70% 受阻，每天每次 $100\times 10^{-6} SO_2$ 的接触将使支气管及肺出现明显的刺激症状，纤毛长期在高浓度下活动，则使黏液清除减慢，黏液变稠，上皮细胞损伤坏死，呼吸道抵抗力减弱而诱发各种炎症。

研究者曾对 3 574 名小学生进行鼻咽疾病调查发现，萎缩性鼻炎、过敏性鼻炎及慢性咽炎的患病率在空气酸沉降物污染重的地区明显高于相对清洁区。还有研究者采用多因素回归分析对 $SO_2$ 对人体呼吸道慢性疾病发生的影响进行了探讨。其结果表明：慢性咽炎的发生与大气 $SO_2$ 污染有关；从慢性支气管炎的 Logistic 回归模型发现，大气受到二氧化硫污染与该病发生有关。大气二氧化硫浓度每增加 $60\mu g/m^3$，上述疾病发生机率明显增高。

**2. 对肺呼吸功能的影响**

酸性物质会对肺的呼吸功能产生影响，尤其是进入青春发育期的少儿肺脏支气管相对较直，有利于酸性物质到达细支气管和肺泡，对末梢小气道的通气功能造成损害。

研究人员对若干名 9~12 岁儿童的调查结果表明：儿童第 1 秒呼气容积（$FEV_1$）的降低与 $SO_2$ 浓度明显相关。对北京市污染严重区域的 60 名儿童进行测定发现，随 $SO_2$ 个体接触剂量的增高，最大呼气流速（PEF）日均值下降，这反映出 $SO_2$ 对肺功能具有慢性影响。有报道说，儿童用力肺活量及第 1 秒用力呼气容积的降低与 $SO_2$ 有关，大气 $SO_2$ 年均浓度每升高 $60\mu g/m^3$，其用力肺活量下降大约为 99.48ml，第 1 秒用力呼气容积（$FEV_1$）下降大约为 70.15ml。大气 $SO_2$ 与妇女用力肺活量呈负相关，大气 $SO_2$ 年均浓度增加 $60\mu g/m^3$，其用力呼气容积下降约为 56.53ml。

**3. 对人体防御能力的影响**

肺泡巨噬细胞参与肺脏清除和杀菌活动。如果人体吸入金属硫酸盐气溶胶可抑制肺泡巨噬细胞的吞噬功能。通过采集重庆酸雾所制的雾水样品进行的家兔肺泡巨噬细胞体外毒性试验表明，酸雾具有较强的细胞毒性作用；此外还发现酸雾对酸性磷酸酶及细胞吞噬能力均有显著影响，进而推测吸入酸雾有可能削弱呼吸道免疫能力。

研究者曾经选择大气飘尘污染轻而 $SO_2$ 污染程度不同的上海三个地区，对 50~59 岁的 147 名妇女进行考察发现，唾液菌酶和分泌型 SlgA 的含量与大气 $SO_2$ 污染水平呈负相关。SlgA 具有干扰和限制微生物在黏膜上皮细胞表面粘着，并在局部中和某些细菌、病毒毒素的作用。因此 $SO_2$ 对妇女呼吸道局部非特异性免疫功能有一定影响。

**4. 引发支气管哮喘**

$SO_2$ 很少单独存在于大气中，往往与颗粒物一起进入人体并沉积于气管、细支气管、终末细支气管和肺泡腔内而增加了气流阻力，导致哮喘发作。而吸附 $SO_2$ 的颗粒物本身也是一种变态反应原，能引起支气管哮喘发作。1962 年发生于日本四日市的哮喘流行就是由 $SO_2$ 引发的。一般而言，高龄成人发生哮喘多与硫酸雾损伤呼吸道黏膜而引起继发感染有关。儿童哮喘则与高浓度的 $SO_2$ 诱发过敏有关。幼儿呼吸系统尚未完善，气道口径狭小，气道黏液腺组织发达，当末梢气道阻力增大时，呼吸肌易疲劳，其主动特异性免疫功能也差，故易致哮喘。对贵阳市儿童哮喘流行病因调查结果表明，工业区大气中 $SO_2$、$NO_x$ 等含量超过国家卫生标准，其哮喘患者占 3.96%，较市区的 1.06% 高 3 倍。曾有研究者通过 143922 人的流行病学调查后也证实：由 $SO_2$ 产生的酸雨可导致哮喘。

**5. 对人体心血管系统的影响**

$SO_2$经过呼吸道被吸收后，约 $40\%\sim90\%$ 进入血液而分布于全身，也有部分被红细胞吸收并有 2/3 进入红细胞内部，主要存在于血浆中。曾有人进行了气体污染物复合暴露对家兔血液指标影响的研究，结果表明，在实验中引起血液 pH 值显著下降的主要气体是 $SO_2$ 与 $CO_2$，同时 $SO_2$ 也是使肺泡动脉血氧压差变化的主要因素。也有人曾报道急性二氧化硫中毒可引起病态窦房结综合征。

**6. 对眼睛的损害**

调查表明，污染较重区的沙眼检出率与污染较轻区检出率之间存在显著性差异。也有人对某一城市空气中 $SO_2$ 浓度和飘尘浓度与某一农村进行了对比，他们监测到：城市空气中 $SO_2$ 浓度和飘尘浓度分别是农村的 2.46 倍和 3.66 倍，结果发现城市学生沙眼患病率显著高于农村学生。

## 六、伦敦烟雾事件

**1. 烟雾事件**

1952 年 12 月 5 日～8 日，一场灾难降临了英国伦敦。

12 月 5 日这一天，伦敦市区的风非常微弱，大雾降低了能见度，以至使人走路都有困难。烟的气味渐渐变得强烈。风太弱，不能刮走烟筒排出的烟。烟和湿气积聚在离地面几千米的大气层里。

12 月 6 日，情况更坏。浓雾遮住了整个天空，只有最有经验的司机才敢驾驶汽车上路，步行的人沿着人行道摸索着走动。烟雾弥漫全城，侵袭着一切有生命的东西。当人们的眼睛感觉到它时，眼泪就会顺着面颊流下来。每吸一口气就吸入一肺腔的污染气体。凡是在有人群的地方，都可以听到咳嗽声。

12 月 7 日和 8 日的伦敦天气仍没有变好。烟雾厉害极了。老年人和病人，在这污浊的空气中感到呼吸非常困难，甚至一些青年人也感到不适，患有呼吸器官疾病的人更觉得难于使肺部得到氧气。伦敦的医院挤满了病人，都是烟雾的受难者，并且有许多人因此而死亡。

12 月 9 日，天气略有好转。大雾依然存在，但是风不断地从南方轻轻吹来。一些洁净的空气与烟雾混合，冲淡了原有的烟雾。

12 月 10 日，一个冷锋通过英格兰。轻快的西风带来了北大西洋的空气。人们的肺部又重新吸进了新鲜清洁的空气。这时都共同长叹一声，放下了心。回想起那 5 天（包括了 12 月 9 日），就好像做了一场噩梦。

据事后统计，在烟雾期间（12 月 5 日～8 日），4 天中死亡人数较常年同期约多 4 000 人。45 岁以上的死亡最多，约为平时的 3 倍；1 岁以下的儿童死亡数，约为平时的 2 倍。事件发生的一周中因支气管炎、冠心病、肺结核和心脏衰弱死亡者，分别为事件发生前一周同类死亡人数的 9.3 倍、2.4 倍、5.5 倍和 2.8 倍。肺炎、肺癌、流感及其他呼吸道病患者死亡率均有成倍增加。两个月后，又有 8 000 多人陆续丧生。

这就是骇人听闻的"伦敦烟雾事件"，被列为世界十大污染事件之一。

**2. 烟雾事件发生的原因**

1952 年伦敦烟雾事件的恶性爆发与伦敦地区特殊的自然地理和气候环境相关联。英国伦敦素有雾都之称，这主要是自然地理因素所致。英格兰的地势呈明显的东南低西北高之势，伦敦又地处地势较低的泰晤士河谷地，空气不易流通。再加上英国地处西风带，气候温和湿润，每到秋冬季节，从大西洋上吹来的大量暖空气与不列颠岛屿上空较冷的气团相遇，北大西洋较暖的水流与不列颠群岛区域较冷的水流接触，形成浓厚的海雾，笼罩着英国上空，这种情况在首都伦敦尤为严重。在冬季，伦敦雾气发生频率尤高。

1952年冬天，由于英格兰东南部被高气压长时间覆盖，造成该地区空气流动一直不畅，也使得伦敦中心区气温长时间保持在冰点或冰点以下。在该年天气格外阴冷的冬天里，人们为了取暖而大量消耗煤炭，发电厂为了正常供电供暖也大量燃烧煤炭，因而用煤量在12月集中增长，由燃煤而散发出的二氧化碳和硫化物数量也不断上升。根据数据显示，烟雾事件集中爆发的12月5日～9日间，空气中的二氧化硫平均含量是0.57ppm，总悬浮颗粒物含量平均达到1 400$\mu g/m^3$，在最严重的一天里，空气中二氧化硫的平均含量是0.69ppm，总悬浮颗粒物平均达到1 620$\mu g/m^3$。与现代标准比对，这些数据都分别远超美国、英国以及欧洲的控制规定以及世界卫生组织的标准指南。烟雾事件中的伦敦空气总悬浮颗粒物平均含量和二氧化硫平均含量分别超出了5～19倍和12～23倍。在泰晤士河谷，由于缺少风的流动而出现了逆温现象，地表上的暖气层覆盖了冷气层。这样的现象阻止了雾气的散去，并且造成雾气大面积蔓延，特别在伦敦中心区，雾气与烟尘和其他污染物混杂在了一起。

12月7日，大伦敦区只有很少的地方没有被浓厚烟雾覆盖。到了8日，少量的微风让包括威斯敏斯特地区在内的一些地方的烟雾稍稍散去一点，但这样的情况却没有在东区、肯特或埃塞克斯这些地区出现，烟雾在当晚又再次卷土重来。直到9日，一股来自西南的风才最终散去了所有地区的雾气。

由此可见，特殊的自然环境和气候条件使得伦敦地区空气流动不畅，加上该地区人口密集，工厂众多，容易导致混有各种混浊气体以及烟尘的雾气在这里的聚集，并且一旦形成就会因为空气流动少而长时间难以散去。

# 第三节 能源开发利用与氮氧化物

$NO_x$是造成大气污染的主要污染源之一。$NO_x$包括NO，$NO_2$，$N_2O_5$，$N_2O_3$，$NO_3$，$N_2O_4$等，污染大气的主要是NO和$NO_2$。$NO_x$的排放会给自然环境和人类生产、活动带来严重的危害，包括对人体的致毒作用、对植物的损害作用、形成酸雨或酸雾、与碳氢化合物形成光化学烟雾、破坏臭氧层等。随着$NO_x$污染不断加剧，特别是北京、上海、广州等一些大城市$NO_x$污染超标，局部地区甚至出现了光化学烟雾，已经对经济的发展和人们的生活产生了严重的影响。$NO_x$的污染状况已引起我国政府和国际社会的广泛关注。

## 一、$NO_x$的生成

### 1. 来源

大气中$NO_x$的来源主要有两个方面。一方面是由自然界中的固氮菌、雷电等自然过程所产生；另一方面是由人类活动所产生，人类活动产生的排放多于自然界产生的量。在人为产生的$NO_x$中，由炉窑、机动车和柴油机等燃料高温燃烧产生的占90%以上，其次是硝酸生产、硝化过程、炸药生产和金属表面硝酸处理等过程。从燃烧系统中排出的$NO_x$ 95%以上是NO，其余主要为$NO_2$。据美国1999年统计，人为活动排放的约55.5%来自交通运输，约 39.5％ 来自固定燃烧源，约 3.7％ 来自工业过程，约 13％ 来自其他源。

**2. 燃烧过程中 $NO_x$ 的产生机理**

燃烧过程产生的 $NO_x$ 主要有 NO 和 $NO_2$，另外还有少量的 $N_2O$。在煤的燃烧过程中，$NO_x$ 的生成量与燃烧方式特别是燃烧温度和过量空气系数等密切相关。按生成机理分类，燃烧形成的 $NO_x$ 可分为燃料型、热力型和快速型三种。

（1）燃料型 $NO_x$

不同油种的含氮量相差较大，从不足万分之一到 1.2％，油中的氮以含 N 的链状碳氢化合物形式存在。煤中氮在 0.4％～2.9％ 之间，以环状含氮化合物如吡啶、喹啉、吲哚等形式存在。表 5-7 列出了各种燃料中氮的含量。

表 5-7　各种燃料中的氮分

| 燃料种类 | N分（％） | 燃料种类 | N分（％） |
|---|---|---|---|
| 原油 | 0.05～0.4 | 煤（褐煤～无烟煤） | 0.4～2.9 |
| 沥青 | 0.2～0.4 | 石油焦炭 | 1.3～3.0 |
| 汽油 | 0.012～0.013 | 油母页岩 | 0.43～0.58 |
| 煤油 | <0.000 1 | 油母页油 | 0.4～1.2 |

燃烧时，空气中的氧与氮原子反应生成 NO，NO 在大气中被氧化为毒性更大的 $NO_2$。这种燃料中 $NO_2$ 经热分解和氧化反应而生成的成为燃料型 $NO_x$。煤燃烧产生的 $NO_x$ 中，75％～95％ 是燃料型 $NO_x$。

燃料氮生成 NO 可以用转化率 $\gamma$ 表示：

$$\gamma = \frac{(NO)_R}{N_{ar}} \leqslant 1 \tag{5-3}$$

式中　$(NO)_R$ 燃料 N 转化为 NO 的量；$N_{ar}$ 燃料收到基氮含量。

对于电厂动力燃料煤炭而言，燃料氮向 $NO_x$ 转化的过程可分为三个阶段：首先是有机氮化合物随挥发分析出一部分；其次是挥发分中氮化物燃烧；最后是焦炭中有机氮燃烧，挥发有机氮生成 NO 的转化率随燃烧温度上升而增大。当燃烧温度水平较低时，燃料氮的挥发分份额明显下降。燃料型 $NO_x$ 的生成量与火焰附近氧浓度密切相关。通常在过剩空气系数小于 1.4 条件下，转化率随着 $O_2$ 浓度上升而呈二次方曲线增大，这与热力型 $NO_x$ 不同，燃料型 $NO_x$ 生成过程的温度水平较低，且在初始阶段，温度影响明显，而在高于 1400℃ 之后，即趋于稳定，燃料型 $NO_x$ 生成转化率还与燃料品种和燃烧方式有关。

（2）热力型 $NO_x$

热力型 $NO_x$ 是指空气中的 $N_2$ 与 $O_2$ 在高温条件下反应生成 $NO_x$。温度对热力型 $NO_x$ 的生成具有决定性作用。随着温度的升高，热力型 $NO_x$ 的生成速度迅速增大。

当温度低于 1 350℃ 时，几乎不生成热力 $NO_x$，且与介质在炉膛内停留时间和氧浓度平方根成正比。热力型 $NO_x$ 的生成是一种缓慢的反应过程，温度是影响 $NO_x$ 生成最重要和最显著的因素，其作用超过了 $O_2$ 浓度和反应时间。随着温度的升高，$NO_x$ 达到峰值，然后由于发生高温分解反应而有所降低，并且随着 $O_2$ 浓度和空气预热温度的增高，$NO_x$ 生成量存在一个最大值。当 $O_2$ 浓度过高时，由于存在过量氧对火焰的冷却作用，$NO_x$ 值有所降低。因此，尽量避免出现氧浓度、温度峰值是降低热力型 $NO_x$ 的有效措施之一。

（3）快速型 $NO_x$

碳氢化燃料在富燃料燃烧时，反应区附近会快速生成 $NO_x$。它是燃料燃烧时产生的烃（$CH$、$CH_2$、$CH_3$ 及 $C_2$）离子团撞击燃烧空气中的 $N_2$ 生成 $HCN$、$CN$，再与火焰中产生的大量 $O$、$OH$ 反应生成 $NCO$，$NCO$ 又被进一步氧化成 $NO$。此外，火焰中 $HCN$ 浓度很高时存在大量氨化合物（$NH_i$），这些氨化合物与氧原子等快速反应生成 $NO$。

快速型 $NO_x$ 的来源类似于热力型 $NO_x$，但其反应机理却和燃料型 $NO_x$ 相似，当 $N_2$ 和 $CH_i$ 反应生成 $HCN$ 后，两者的反应途径完全相同。它在 $CH_i$ 类原子团较多、氧气浓度相对较低的富燃料燃烧时产生，多发生在内燃机的燃烧过程中。对于燃煤锅炉，快速型 $NO_x$ 与燃料型及热力型 $NO_x$ 相比，其生成量要少得多，一般占总 $NO_x$ 的 5% 以下。快速型 $NO_x$ 是与燃料型 $NO_x$ 缓慢反应速度相比较而言的，快速型 $NO_x$ 生成量受温度影响不大，而与压力关系比较显著且成 0.5 次方比例关系。

## 二、我国氮氧化物污染现状

表 5-8 列出了 2004～2011 年我国一些城市的二氧化氮浓度的监测值。由表可见，二氧化氮浓度值年度差异不明显，南北各城市间的差异也不明显。北京、上海等大型城市污染较严重，二氧化氮浓度比别的城市要高。

表 5-8 2004～2011 年我国一些城市二氧化氮平均浓度值　　单位：$mg/m^3$

| 项目 | 2011 | 2010 | 2008 | 2006 | 2004 |
|---|---|---|---|---|---|
| 北京 | 0.056 | 0.057 | 0.049 | 0.066 | 0.071 |
| 天津 | 0.038 | 0.045 | 0.041 | 0.048 | 0.052 |
| 沈阳 | 0.033 | 0.035 | 0.037 | 0.043 | 0.035 |
| 上海 | 0.051 | 0.050 | 0.056 | 0.055 | 0.062 |
| 南京 | 0.049 | 0.046 | 0.053 | 0.052 | 0.055 |
| 杭州 | 0.058 | 0.056 | 0.053 | 0.057 | 0.055 |
| 福州 | 0.032 | 0.032 | 0.046 | 0.049 | 0.041 |
| 武汉 | 0.056 | 0.057 | 0.054 | 0.049 | 0.054 |
| 重庆 | 0.031 | 0.039 | 0.043 | 0.047 | 0.067 |
| 西安 | 0.041 | 0.045 | 0.044 | 0.042 | 0.033 |
| 银川 | 0.030 | 0.026 | 0.021 | 0.027 | 0.040 |
| 乌鲁木齐 | 0.068 | 0.067 | 0.065 | 0.064 | |

数据来源：各年《中国统计年鉴》。

根据国家环保部《中国环境状况公告》，2011 年，地级及以上城市环境空气中二氧化氮年均浓度均达到二级标准，其中达到一级标准的城市占 84.0%。二氧化氮浓度年均值为 $0.004\sim0.068mg/m^3$，主要集中分布在 $0.015\sim0.040mg/m^3$。2012 年，地级以上城市环境空气中二氧化氮年均浓度均达到二级标准，其中达到一级标准的城市占 86.8%。二氧化氮年均浓度范围为 $0.005\sim0.068mg/m^3$，主要集中分布在 $0.015\sim0.045\ mg/m^3$。

## 三、氮氧化物对动物和人体的危害

$NO$ 对血红蛋白的亲和力非常强，是氧的数十万倍。一旦 $NO$ 进入血液中，就从氧化血红蛋白中将氧驱赶出来，与血红蛋白牢固地结合在一起。使血液缺氧，引起中枢神经麻痹症，同时对人体的心脏、肝脏、肾脏和造血组织等都有损害。

$NO_2$ 对生物的毒性是 NO 的五倍，且相比于 $SO_2$，$NO_2$ 更容易侵入到肺部组织，$SO_2$ 只在有微尘的场合下才能到达肺部中，而 $NO_2$ 即使是单独存在的情况下也很容易进入肺的深部。使人体较难抵抗感冒之类的呼吸系统疾病，引发支气管炎和肺气肿等疾病。长时间暴露在 $1\sim1.5mg/L$ 的 $NO_2$ 环境中较易引起支气管炎和肺气肿等病变，这些毒害作用还会促使早衰、支气管上皮细胞发生淋巴组织增生，甚至是肺癌等症状的产生。

## 四、光化学烟雾

### 1. 光化学烟雾的概念和形成条件

大气中的氮氧化物（$NO_x$）和碳氢化合物（HC）等一次污染物在阳光照射下发生一系列光化学反应，生成 $O_3$、PAN、高活性自由基、醛、酮等二次污染物，人们把参与反应过程的这些一次污染物和二次污染物的混合物（气体和颗粒物）所形成的烟雾污染现象，称为光化学烟雾。

光化学烟雾的形成必须具备一定的条件，如前体污染物、气象条件、地理条件等。

① 污染物条件：光化学烟雾的形成必须要有 $NO_x$、碳氢化合物等污染物的存在。

② 气象条件：光化学烟雾发生的气象条件是太阳辐射强度大、风速低、大气扩散条件差且存在逆温现象等。

③ 地理条件：光化学烟雾的多发地大多数是处在比较封闭的地理环境中，这样就造成了 $NO_x$、碳氢化合物等污染物不能很快地扩散稀释，容易产生光化学烟雾。

### 2. 光化学烟雾的形成机理

光化学烟雾的主要污染物是 NO 及 HC，在光照条件下，它们发生光化学反应及其他复杂的热化学反应，产生了二次污染物二氧化氮、氧化剂及有机气溶胶等。在形成光化学烟雾的日子里，经现场实测，发现大气中氮氧化物、碳氢化合物、醛类及氧化剂（臭氧、PAN等）的浓度的日变化有其一定的规律。一次污染物 HC 及 NO 在早晨交通繁忙时刻的浓度达到最大。日出后（上午 7 点钟以后），在光照条件下，NO 逐渐向 $NO_2$ 转化，所以出现 NO 浓度下降而 $NO_2$ 浓度上升的现象。$O_3$ 和醛类的最大浓度出现在太阳光最强的中午。二次污染物 PAN（过氧乙酰硝酸酯）浓度随时间的变化同 $O_3$ 和醛类相似。

各国学者相继开展了光化学烟雾形成机理的研究，许多学者达成共识的一些观点如下：

① 光化学烟雾形成的起始反应是 $NO_2$ 的光解。

② CH、NO·、O 等自由基和 $O_3$ 氧化，产生醛、酮、醇、酸等产物以及重要的中间产物）$RO_2$·、$HO_2$·、RCO· 等自由基。

③ 过氧自由基引起 NO 向 $NO_2$ 的转化，并导致 $O_3$ 和 PAN 等生成。

过氧酰基硝酸酯系列是光化学烟雾产生危害的主要成分，它通常包括 PAN（过氧乙酰硝酸酯）、PPN（过氧丙酰硝酸酯）、PBN（过氧丁酰硝酸酯）、PB2N（过氧苯甲酰硝酸酯）等，其中 PAN 发现得最早，是其代表物。

### 3. 光化学烟雾的危害

人和动物受到光化学烟雾的伤害后，眼睛和呼吸道黏膜就会受到强烈的刺激，引起眼睛红肿、视觉敏感度、视力降低以及喉炎、感觉头痛、呼吸困难，严重的还可诱发淋巴细胞染色体畸变，损害酶的活性和溶血反应，长期吸入氧化剂会影响体内细胞的新陈代谢，加速衰老。

植物受到光化学烟雾损害后，开始表皮褪色，呈蜡质状，经一段时间后，色素发生变化，叶片上出现红褐色斑点。PAN 使叶子背面呈银灰色或古铜色，影响植物的生命，降低植物对病虫害的抵抗力。

光化学烟雾还能造成酸雨的形成，并使染料、绘画褪色，橡胶制品老化，织物、纸张变脆等。

除上述直接危害外，光化学烟雾由于其特征是呈雾状，能见度低，导致车祸增多，直接和间接的损失无法估量。

### 4. 美国洛杉矶光化学烟雾事件

上世纪 40 年代初期，美国洛杉矶市发生了严重的化学烟雾事件，被列为世界十大污染事件之一。

洛杉矶是美国西部太平洋沿岸的一个海滨城市，前面临海，背后靠山。原先风景优美，常年阳光明媚，一年只有几天下雨，气候温和。美国电影中心——好莱坞就设在它的西北郊区。洛杉矶南郊约 10km 处的圣克利门蒂是美国西部白宫。

但是，自从 1936 年在洛杉矶开发石油以来，特别是二次世界大战后，洛杉矶的飞机制造和军事工业迅速发展，洛杉矶已成为美国西部地区的重要海港，工商业的发达程度仅次于纽约和芝加哥，成为美国的第三大城市。随着工业发展和人口剧增，洛杉矶在 20 世纪 40 年代初就有汽车 250 万辆，每天消耗汽油 1 600 万 L。市内高速公路纵横交错，占全市面积的 30%，每条公路通行的汽车每天达 16.8 万次。由于汽车漏油、汽油挥发、不完全燃烧和汽车排气，每天向城市上空排放大量石油烃废气、一氧化碳、氧化氮和铅烟（当时所用汽油为含四乙基铅的汽油）。这些排放物，在阳光作用下，特别是在 5～10 月份的夏季和早秋季节的强烈阳光作用下，发生光化学反应，生成淡蓝色光化学烟雾。这种烟雾中含臭氧、氧化氮、乙醛和其他氧化剂，滞留市区久久不散。

洛杉矶地处太平洋沿岸的一个口袋形地带之中，只有西面临海，其他三面环山。虽然在海上有相当强劲的通常都是从西北方吹来的地面风，但此风并不穿过海岸线。在海岸附近和沿着近乎是东西走向的海岸线上吹的是西风或西南风，而且风力弱小。这些风将城市上空的空气推向山岳封锁线。

该地区天气的一个重要特点是持续性的反气旋。因此，空气下沉、变暖，下沉的空气往往并不一直降到地面，所以这种下沉使得逆温层在约 600m 的高度上形成了。

还有另一个因素促使逆温层的形成。沿着加利福尼亚州海岸向南方和东方流动的是一股大洋流，名叫加利福尼亚潮流。在春季和初夏，这股海水较冷。来自太平洋上空的比较温暖的空气，越过海岸向洛杉矶地区移动，经过这一寒冷水面上空时变冷。这就出现了接近地面的空气变冷，同时高空的空气由于下沉运动而变暖的态势，于是便形成了洛杉矶上空强大的持久性的逆温层。它们犹如帽子一样封盖了地面的空气，并使大气污染物不能上升到越过山脉的高度。

洛杉矶的光化学烟雾在这种特殊的气象条件下，扩散不开，停止在市内，毒化空气，形成污染。洛杉矶因而失去了它美丽、舒适的环境，有了"美国的烟雾城"称号。

洛杉矶烟雾，主要刺激眼、喉、鼻，引起眼病、喉头炎及不同程度的头痛。在严重情况下，也会造成死亡事件。烟雾还能造成家畜患病，妨碍农作物及植物的生长；使橡胶制品老化，材料与建筑物受腐蚀而损坏。光化学烟雾还使大气浑浊，降低大气可见度，影响汽车、飞机安全运行，造成车祸、飞机坠落事件增多。

对于20世纪40年代洛杉矶烟雾产生的原因，并不是很快就搞清楚的。开始认为是空气中二氧化硫导致洛杉矶的居民患病。但在减少各工业部门（包括石油精炼）的二氧化硫排放后，并未收到预期的效果。后来发现，石油挥发物（碳氢化合物）同二氧化氮或空气中的其他成分一起，在阳光（紫外线）作用下，会产生一种有刺激性的有机化合物，这就是洛杉矶烟雾。但是，由于没有弄清大气中碳氢化合物究竟从何而来，尽管当地烟雾控制部门立即采取措施，防止石油提炼厂储油罐石油挥发物的挥发，然而仍未获得预期效果。

最后，经进一步探索，才认识到当时的250万辆各种型号的汽车，每天消耗1 600万L汽油，由于汽车汽化器的汽化率低，使得每天有1 000多吨碳氢化合物进入大气。这些碳氢化合物在阳光作用下，与空气中其他成分起化学作用而产生一种新型的刺激性强的光化学烟雾。这才真正搞清楚了产生洛杉矶烟雾的原因。

饱受光化学烟雾折磨的洛杉矶市民于1947年划定了一个空气污染控制区，专门研究污染物的性质和它们的来源，探讨如何才能改变现状。汽车仍在不断地增多，美国政府对此感到头痛，连尼克松总统都沮丧地说"汽车是最大的大气污染源"。

在1952年12月的一次光化学烟雾中，洛杉矶市65岁以上的老人又死亡了400人。

## 五、大气酸沉降及其环境效应

### 1. 大气酸沉降

狭义上定义的大气酸沉降，是指pH值＜5.6的降水。事实上，大气酸沉降有两种形式，分别为干沉降过程和湿沉降过程。干沉降是指气溶胶及其他酸性物质直接沉降到地表的现象。其中的气态酸性物质（如二氧化硫、二氧化氮、硝酸、盐酸等）可被地表物体吸附或吸收，而硫酸雾、含硫含氮的颗粒状酸性物质经扩散、惯性碰撞或受重力作用最后降落到地面的过程；湿沉降过程是指大气酸性物质通过雨滴、雪片等水汽凝结体的形式降落到地面从而从大气中消失的过程，酸雨是其中最常见的。

我国降水中的主要致酸物质是$SO_4^{2-}$和$NO_3^-$，其中$SO_4^{2-}$浓度是$NO_3^-$离子浓度的5～10倍，远高于欧洲、北美和日本的比值。因此，我国酸雨是典型的硫酸性酸雨，这是因为我国的矿物燃料主要是煤，且煤中的含硫量较高，成为大气中硫的主要来源。而硝酸则来自于燃煤、汽车大量排放的氮氧化物。

### 2. 酸沉降的环境效应

（1）对水生生态系统的影响

酸沉降可造成江、河、湖泊等水体的酸化，致使生态系统的结构与功能发生紊乱。水体的pH值降到5.0以下时鱼的繁殖和发育会受到严重影响。水体酸化还会导致水生物的组成结构发生变化，耐酸的藻类、真菌增多，有根植物、细菌和浮游动物减少，有机物的分解率则会降低。流域土壤和水体底泥中的金属（例如铝）可被溶解进入水体中而毒害鱼类。

在我国还没有发现酸沉降造成水体酸化或鱼类死亡等事件的明显危害，但在全球酸雨危害最为严重的北欧、北美等地区，有相当一部分湖泊已遭到不同程度的酸化，造成鱼虾死亡，生态系统破坏。例如，挪威南部5 000个湖泊中有近2 000种鱼虾绝迹。加拿大的安大略省已有4 000多个湖泊变成酸性，鳟鱼和鲈鱼已不能生存。

（2）对土壤的影响

酸沉降可使土壤的物理化学性质发生变化，加速土壤矿物如 Si、Mg 的风化、释放，使植物营养元素特别是 K、Na、Ca、Mg 等产生淋失，降低土壤的阳离子交换量和盐基饱和度，导致植物营养不良。酸雨还可以使土壤中的有毒有害元素活化，特别是富铝化土壤，在酸雨作用下会释放出大量的活性铝，造成植物铝中毒。同时酸性淋洗可导致土壤有机质含量轻微下降。受酸雨的影响，土壤中微生物总量明显减少，其中细菌数量减少最显著，放线菌数量略有下降，而真菌数量则明显增加（主要是喜酸性的青霉、木霉）。特别是固氮菌、芽孢杆菌等参与土壤氮素转化和循环的微生物减少，使硝化作用和固氮作用强度下降，其中固氮作用强度降低 80%，氨化作用强度减弱 30%～50%，从而使土壤中氮元素的转化与平衡遭到一定的破坏。

（3）对植物的影响

酸雨沉降到地表，将对植物造成损害：酸雨进入土壤后改变了土壤理化性质，间接影响植物的生长；酸雨直接作用于植物，破坏植物形态结构、损伤植物细胞膜、抑制植物代谢功能。酸雨可以阻碍植物叶绿体的光合作用，还会影响种子的发芽率。

酸雨对森林产生的危害最大，其对树木的伤害首先反映在叶片上，树木不同器官的受害程度为根＞叶＞茎。通过贵州、四川的马尾松和杉木的调查资料表明，降水 pH 值＜4.5 的林区，树林叶子普遍受害，导致林木的胸径、树高降低、林业生长量下降，林木生长过早衰退。我国的西南地区、四川盆地受酸雨危害的森林面积最大，约为 27.56 万 $km^2$，占林地面积的 31.9%。四川盆地由于酸雨造成了森林生长量下降，木材的经济损失每年达 1.4 亿元，贵州的木材经济损失为 0.5 亿元。

（4）对建筑物和文物古迹的影响

酸雨能与金属、石料、混凝土等材料发生化学反应或电化学反应，从而加快楼房、桥梁、历史文物、珍贵艺术品、雕像的腐蚀。我国故宫的汉白玉雕刻、敦煌壁画，埃及的斯芬克斯狮身人面雕像，罗马的图拉真凯旋柱等一大批珍贵的文物古迹正遭受酸雨的侵蚀，有的已损坏严重。降落到建筑物表面的酸雨跟碳酸钙发生反应，生成能溶于水的硫酸钙，被雨水冲刷掉。这种过程可以进行到很深的部位，造成建筑物石料的成层剥落。酸雨还直接危害电线、铁轨、桥梁和房屋等。

（5）对人体健康的影响

酸雨可以对人体产生直接影响，它会刺激皮肤，引起哮喘等多种呼吸道疾病。其次，酸雨还对人体健康产生间接影响。酸雨使土壤中的有害金属被冲刷带入河流、湖泊，一方面使饮用水水源被污染；另一方面，这些有毒的重金属会在粮食和鱼类机体中沉积，人类因食用而受害。据报道，很多国家或地区由于酸雨影响，地下水中铝、铜、锌、镉的浓度已上升到正常值的 10～100 倍。

# 第四节　能源开发利用与 PM2.5

## 一、PM2.5

大气颗粒物质（Particulate Matter，PM）是大气中固体和液体颗粒物的总称。粒径为 0.01～100$\mu m$ 的大气颗粒物，统称为总悬浮颗粒物（TSP）。而 PM10 和 PM2.5 分别指空气动力学直径小于或等于 $10\mu m$ 和 $2.5\mu m$ 的大气颗粒物。PM10 也称为可吸入颗粒物，世界卫生组织则称之为可进入胸部的颗粒物；PM2.5 因其能够进入人体肺泡，故被定义为可入肺颗粒物。PM2.5 属于细微颗粒物范畴，通常也被称为细粒子。

可吸入颗粒物中的 PM2.5 因其粒径较小、同时比表面积较大，和粗颗粒物相比它更容易富集有毒物质，其质量浓度与人体健康密切相关，此外 PM2.5 对大气能见度的降低有重要影响。因此，对 PM2.5 的研究得到了越来越多的重视，很多发达国家或地区对 PM2.5 的研究工作开展较早，欧美等国都以 PM2.5 作为评价颗粒物污染的标准，我国在这方面起步较晚、缺乏长期的系统监测资料。

这两年来，我国由于频繁出现雾霾天气，PM2.5 受到前所未有的关注，并迅速成了网络上的热词。除了各地的雾霾天气得到及时报道以外，还有防护口罩等宣传不绝于耳。

各级政府也迅速做出反应。各地出台了雾霾天的应急机制，国务院办公厅还出台了《考核办法》（《国务院办公厅关于印发大气污染防治行动计划实施情况考核办法（试行）的通知》），明确提出各省、自治区、直辖市人民政府对本行政区域大气污染防治工作负总责。按照《考核办法》，复合型大气污染严重的京津冀及周边、长三角、珠三角、重庆市等地，以 PM2.5 年均浓度下降比例为质量考核指标；其他省（区、市）以 PM10 年均浓度下降比例为质量考核指标。《考核办法》将环境指标具体量化，并作为对各地区领导班子和领导干部综合考核评价的重要依据。

## 二、我国 PM2.5 污染现状

近年来在我国多个地区接连出现以细颗粒物为特征污染物的灰霾天气，对能见度、公众健康和城市景观构成巨大威胁。以 2013 年一季度为例，京津冀乃至整个华北地区出现了严重的大范围大气污染现象，污染范围最大时超过 100 万 $km^2$。细颗粒物是造成这些灰霾现象的主导因素。2012 年新修订的 GB 3095—2012《环境空气质量标准》将 PM2.5 纳入常规空气质量评价，这也是我国首次制定 PM2.5 标准。监测表明我国很多城市 PM2.5 年均浓度超过国家标准。

我国环保部确定了 74 座城市作为第一批实施《环境空气质量标准》（GB 3095—2012）的城市，这些城市较其他城市有更完整和连续的 PM2.5 监测数据。绿色和平从国家环保部和地方环保部门的公开信息平台上收集了这些城市所有站点 2013 年全年每日每小时的 PM2.5 数据，在此基础上按算术平均的方法分别计算了不同城市的 PM2.5 年均值。

新《环境空气质量标准》PM2.5 年均浓度是 $35.0\mu g/m^3$ 为达标，绿色和平组织 2013 年发布的 74 座空气质量排名城市中，邢台市年均浓度最高，达 $155.0\mu g/m^3$，海口市年均浓度最低，为 $25.6\mu g/m^3$，近 92％的城市的空气 PM2.5 年均浓度达不到国家标准，其中 32 座城市的 PM2.5 年均浓度是国家标准的 2 倍以上，而排行前 10 名的城市 PM2.5 年均浓度几乎是国家标准的 3 倍以上。经统计，我国北部城市年均浓度约为 $89.9\mu g/m^3$，南部城市年均浓度约为 $59.4\mu g/m^3$，东部城市年均浓度约为 $70.6\mu g/m^3$，中部城市年均浓度约为 $76.6\mu g/m^3$，西部城市年均浓度约为 $59.9\mu g/m^3$。由此可见，北部城市年均浓度最大，南部城市细颗粒物年均浓度最小，中部省份亦凸显出空气污染问题，西安、郑州、武汉、成都、合肥、太原等城市的 PM2.5 年均浓度也均达到了国家标准的 2 倍以上。

进一步的分析表明，在空间分布上，PM2.5 浓度相对较高的地区实际上覆盖较大的区域范围，呈现明显区域性特征，高值区主要分布在华北平原、四川盆地、湖北省东部、湖南省北部、长三角地区。这些地区经济较发达，人口较为集中，污染物排放量较大；四川盆地主要受地形及气象条件影响，污染物不易扩散；华北地区冬季燃煤量较大，逆温频繁，混合层高度较低，空气污染状况较重，春季沙尘频发，细颗粒物浓度也较高，整个地区 PM2.5 平均浓度均达 $80\mu g/m^3$ 以上。我国南部地区受东亚季风及频繁的降水影响，颗粒物平均浓度较低；西部地区源排放较少，细颗粒物平均浓度不算太高。

根据有关文献资料，研究者得到了一些城市 PM2.5 的季节变化。季节划分为春季（3～5月）、夏季（6～8月）、秋季（9～11月）、冬季（12月～次年2月）。表5-9总结的文献结果，可以看出，这8个城市 PM2.5 浓度季节变化依次为冬季＞春季＞秋季＞夏季。PM2.5 质量浓度在冬、春季明显高于夏、秋季，最高值出现在冬季，8个城市冬季平均为 $111.1\mu g/m^3$，最低值出现在夏季，8个城市夏季平均为 $75.6\mu g/m^3$，春季和秋季浓度相差不大。冬季 PM2.5 平均浓度北方城市明显高于南方城市，冬季为采暖季，污染较重，南方城市降水较大，受降水量较大对细颗粒物冲刷影响，颗粒物平均浓度不算太高，春秋季是天气系统转换的季节，伴随着不稳定天气系统变化，中高层北风频率较高，扩散条件较其他季节要好。

**表5-9　一些城市 PM2.5 在不同季节的浓度**　　　　　　单位：$\mu g/m^3$

| 城市 | 监测年份 | 春季 | 夏季 | 秋季 | 冬季 |
|------|----------|------|------|------|------|
| 北京 | 2013 | 83.00 | 78.00 | 82.00 | 114.80 |
| 上海 | 2011～2012 | 47.80 | 30.50 | 39.10 | 54.00 |
| 南京 | 2007 | 95.50 | 91.50 | 79.00 | 98.00 |
| 哈尔滨 | 2008～2009 | 130.00 | 60.00 | 50.00 | 147.00 |
| 济南 | 2009～2010 | 108.40 | 115.90 | 151.00 | 176.80 |
| 天津 | 2009～2010 | 71.88 | 109.86 | 121.84 | 118.69 |
| 重庆 | 2004～2005 | 104.80 | 61.20 | 92.10 | 99.30 |
| 广州 | 2002 | 68.96 | 57.99 | 94.06 | 80.10 |

## 三、大气细颗粒物 PM2.5 污染特征

PM2.5 污染在整年中的不同时期有明显的变化，不同的气象条件下也不一致。事实上不同地区也会不同。我们以中国地质大学在 2005～2006 年间的实测结果，讨论北京 PM2.5 的污染特征。

### 1. 北京市区 PM2.5 污染程度分析

采样期间北京市区大气气溶胶 PM2.5 的周平均质量浓度的变化范围为 $32.35\sim171.02\mu g/m^3$。2005 年年平均质量浓度为 $71.12\mu g/m^3$，近似为美国 EPA 制定的年平均质量浓度标准（$15\mu g/m^3$）的 5 倍。由此可见，北京市区大气 PM2.5 污染天数多，污染程度高。

PM2.5 质量浓度的月变化显示采样期内两年的最高值均出现在 4 月，最低值出现在 2005年 12 月。由同步记录的气象数据可知 2005 年和 2006 年分别出现 4 次和 15 次沙尘天气，4 月分别出现了 4 次和 13 次沙尘天气，导致该月 PM2.5 平均质量浓度达最大，表明北京市区气溶胶中 PM2.5 的质量浓度受沙尘天气影响很大。2005 年 12 月并没有因为处于冬季采暖季而产生

PM2.5平均质量浓度很高的现象，这与很多文献中冬季气溶胶污染较夏季严重的记载有差异，可能是由于北京市内采暖用的燃煤锅炉在2004年已有80％以上均被改造为燃烧天然气，使冬季由采暖燃煤生成的PM2.5减少，大气中PM2.5的质量浓度相应降低。

从季节上看，春季PM2.5的质量浓度最高，秋季次之，夏季和冬季相差不大。春季PM2.5的质量浓度最高主要由频繁发生的沙尘天气引起，除此之外，春季气候干燥，少雨多风从而具备扬尘条件也是一个原因。夏季PM2.5的污染水平比较低，主要是由于夏季温度上升，大气稳定度降低，利于颗粒物扩散，同时降雨较多，大气湿度相对较大，不利于地面扬尘的发生。秋季PM2.5质量浓度比夏季稍高，可能是因为降雨相对夏季少，相对湿度比夏季低等原因综合作用的结果。

**2. 气象因子对PM2.5质量浓度的影响**

近几年来，国内很多学者展开了对大气颗粒物质量浓度与各种气象因子之间相关性的研究。下面从温度、相对湿度、风速、降水和气压等几个方面讨论各气象因子对PM2.5质量浓度的影响。由于沙尘天气为北京的特色天气现象，对PM2.5质量浓度的影响显著，对人类的生产生活产生十分重大的影响，所以作了单独分析。

（1）沙尘天气

在采样监测间，PM2.5质量浓度的高值出现在每年的4月和（或）5月，即沙尘天气出现的月份。2005年高值主要出现在4月，期间4次采样对应4次沙尘天气，样品的质量浓度分别达到（$\mu g/m^3$）：93.32、113.39、92.83、162.66，平均值为115.55$\mu g/m^3$；其中4月28日的沙尘由于风速较小且存在上升气流，颗粒物难以迅速沉降到地面，导致污染在较长时间内维持在很高的水平，最终造成空气质量达五级重度污染，这一周采集的样品的质量浓度也成为该月最高值。2006年4月和5月期间出现15次沙尘天气，PM2.5质量浓度平均值为124.88$\mu g/m^3$，可以看出2006年的沙尘天气不仅比2005年发生的次数多，而且污染程度也高。

除去这些由于沙尘影响的日期以外，其他的采样期间可看作细粒子未受沙尘影响，其质量浓度的平均值为67.90$\mu g/m^3$，比沙尘天气期间的浓度低将近一半，说明沙尘天气严重影响着北京市PM2.5的质量浓度。

（2）温度与气压

PM2.5月平均质量浓度和温度的相关性并不明显，不同季节里两者表现出强烈的相关性：2005年10月～次年5月，即从深秋开始，经冬季到第二年的春季，PM2.5的质量浓度与温度呈正相关，相关系数为0.73。2005年6月～10月，即夏季到秋季，两者呈负相关，相关系数为－0.95。PM2.5的质量浓度随气压的变化趋势与温度相反，对立于与温度的相关性。

对温度进行分段讨论可知，在温度小于15℃时，PM2.5的质量浓度随着温度的增高而上升，温度大于15℃时，质量浓度趋向于随温度升高而下降。这说明，在一定温度范围内（例如大于15℃时），空气的对流运动随着温度的升高而明显加快，从而加速了细粒子的扩散，降低了污染浓度；而在较低温度范围内（例如小于15℃），随着温度的增加，这个效应表现得不强烈，或被其他因素的影响力超过，反而减少。

（3）相对湿度

去除有降水的采样阶段的样品后，绘制PM2.5质量浓度与对应采样期内平均相对湿度的散点图，线性拟合后可以看出：在无降水的前提下，两者呈正相关，这主要是因为相对湿度增大，有利于大气中的气体物质转化成为二次粒子，且一些极细的颗粒由于吸湿使本身含液量增加，粒子涨大从爱根核模态转化为积聚核模态，造成空气中 PM2.5 的质量浓度增加。不过，在相对湿度一样的情况下，PM2.5 质量浓度也有较大的变化，说明 PM2.5 质量浓度还受到其他气象因素的影响。

（4）风速

同步记录的气象数据显示沙尘天气的风速相对非沙尘天气的风速要大，且沙尘对 PM2.5 的质量浓度影响很大。在非沙尘天气期间，PM2.5 质量浓度随风速的增大而降低，这是因为风速越大，大气湍流强度越大，对污染物扩散稀释的能力越强，导致 PM2.5 质量浓度下降；反之则浓度上升。在沙尘天气下，PM2.5 的质量浓度在风速为 10km/h 时出现明显拐点，风速小于 10km/h 时，PM2.5 质量浓度随风速的减小而降低，当风速达到 10km/h 以上时，PM2.5 质量浓度随风速的增大而升高。这说明沙尘天气下，速度小于 10km/h 的风有利于沙尘颗粒物的扩散，而速度大于 10km/h 的风可能卷起更多沉积于城市地表的颗粒物，甚至有可能因高风速使得颗粒物相互碰撞加剧，裂变为细一级的粒子，使得 PM2.5 质量浓度增大，此时风速与细粒子质量浓度表现出正相关。总的来说，风速低于某一阈值时，PM2.5 的质量浓度与其呈负相关，反之则呈正相关。

（5）降水

因其质量和粒径都很小，PM2.5 在大气中停留的时间较长。细粒子的去除主要通过湿沉降，干沉降的作用很小。同步气象数据显示北京的降水呈明显的季节变化，主要发生在 5～8 月，即夏季降水最多，4 月和 9 月降水较少，其他月份基本无降水。有降水的采样期比无降水的采样期 PM2.5 质量浓度相对低，但 PM2.5 质量浓度与降水量的相关系数只有 −0.27，没有出现明显的降水量越大 PM2.5 质量浓度越低的趋势，这可能是因为一个采样期为 7d 而无法准确地表现出降水与 PM2.5 浓度的关系，但是两者的负相关关系还是可以看出的。

## 四、大气细颗粒物 PM2.5 的来源

大气颗粒物的来源非常复杂，用于解析其来源的方法一般有三类：源清单、源模型和受体模型。化学质量平衡（CMB）模型是受体模型的一种，已被美国环境保护局（USEPA）推荐作为大气颗粒物来源解析的重要方法之一。CMB 受体模型通过求解由污染源和大气颗粒物化学组成构建的线性方程组来定量污染源贡献值和贡献率。该方法在建立之后的相当长时间内主要依据无机元素来识别污染源确定其贡献率。但深入研究发现，由于污染源排放性质的变化，仅无机元素已无法识别一些重要的污染源，如以无铅汽油为燃料的机动车排放和以排放有机物和（或）元素碳（EC）为主的餐饮源。因此肖尔（Schauer）等在 20 世纪 90 年代提出了有机示踪技术（organic tracer technique），以有机物作为污染源示踪物解析颗粒物及其有机碳（OC）的来源，这是对 CMB 受体模型的重要发展。目前该技术已成功地用于洛杉矶、加利福尼亚圣华金山谷和美国东南部等地颗粒物源解析中。

我国北京市较早地进行了 PM2.5 的来源监测和分析，随着 PM2.5 热度的上升，这些年来各省市出现了一些类似的研究。从这些研究的结果来看，各地的 PM10 和 PM2.5 的来源基本相同，个别项目上有些地域特征，比如北京的沙尘、杭州的海盐尘；另外各地细小颗粒

物各种来源的贡献率并不一致，这反映了各地环境的差异和环境问题治理程度的差异。

**1. 北京市 PM2.5 的主要来源**

（1）主要来源的贡献率

利用 CMB 受体模型计算出燃煤、机动车排放、建筑尘、扬尘、生物质燃烧、二次硫酸盐和硝酸盐及有机物共七类污染源对北京市 PM2.5 的贡献率（图 5-3）。这七类污染源贡献率之和为 72.5%，成为 PM2.5 主要来源。

扬尘和燃煤污染源贡献率分别为 18.1% 和 16.4%，是北京市 PM2.5 的主要来源。北京市

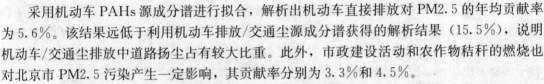

图 5-3　北京市 PM2.5 主要来源的年均贡献率

扬尘贡献率远高于国外某些城市，这与北京市比较干燥的气候特征和地表植被覆盖情况有关。目前煤炭在我国城市能源结构中仍占有相当比重，因此燃煤源一直是城市颗粒物的主要贡献源之一，分析得到的结果也反映了北京市煤烟型污染尚未完全解决的现状。

采用机动车 PAHs 源成分谱进行拟合，解析出机动车直接排放对 PM2.5 的年均贡献率为 5.6%。该结果远低于利用机动车排放/交通尘源成分谱获得的解析结果（15.5%），说明机动车/交通尘排放中道路扬尘占有较大比重。此外，市政建设活动和农作物秸秆的燃烧也对北京市 PM2.5 污染产生一定影响，其贡献率分别为 3.3% 和 4.5%。

二次硫酸盐和硝酸盐贡献率之和为 9.6%，该值反映了主要来自燃煤排放的 $SO_2$ 和机动车排放的 $NO_x$，经大气化学转化形成的二次气溶胶对 PM2.5 的贡献。颗粒物中有机物来源包括污染源的直接排放和气态有机物（如机动车污染源排放的有机物）经大气化学反应形成的二次有机气溶胶，有机物年均贡献率（15.0%）包括了这两部分源对 PM2.5 的贡献。

（2）来源的季节变化

北京市 PM2.5 来源，燃煤和扬尘的贡献率存在明显的季节变化特征。扬尘的贡献率在春季很高，燃煤尘的贡献率则在冬季达到全年的最高水平。北京市春季气候干燥，2000 年全年气象数据表明，春季平均风速最大，小风日（2m/s 以下）、高湿度日（相对湿度大于 60%）、有量降水日和月总降水量处于低谷，而且 20 世纪 90 年代后期整个华北地区持续干旱，裸露地面范围广，更加重了扬尘的污染。冬季由于居民取暖燃煤量升高，加之不利的扩散条件导致燃煤尘的贡献率升高，这与美国东南部城市的解析结果有相似之处，在冬季由于美国居民取暖用木柴的消耗量增大，使得冬季木柴燃烧产生的颗粒物对 PM2.5 的贡献率明显升高。

机动车污染源排放比较稳定，受天气系统影响不大，季节变化特征不显著。建筑尘对 PM2.5 影响比较小，贡献率在四季的变化不大。生物质燃烧贡献率的季节变化明显，在春秋两季贡献率比较高，尤其在秋季贡献率最高，达到 8.1%，是春季贡献率的 2.5 倍，是冬季贡献率的 3.9 倍。出现季节变化的原因主要是，在秋收和春耕时，常有在田间焚烧农作物秸秆的现象，尤其在秋季这种露天焚烧情况更为严重。

二次硫酸盐和硝酸盐在冬季贡献率最高，达 17%，是春季贡献率的 1.7 倍，是秋季贡献率的近 2.5 倍。在冬季由于 $SO_2$ 浓度比较高，通过非均相化学反应形成二次污染物，加之此时气象扩散条件不利，常会导致二次硫酸盐和硝酸盐贡献率升高。

（3）来源的年度变化

表 5-10 对北京市 PM2.5 在两个不同年份的来源特征进行了比较。由表可见，10 年间因

北京市大气污染特征发生变化而对细粒子来源的影响。

表 5-10　1989～1990 年与 2000～2001 年北京市 PM2.5 来源特征比较　　　单位:%

| 项　目 | 1989～1990 年 | 2000～2001 年 |
|---|---|---|
| 燃煤 | 32.7 | 16.4 |
| 机动车排放 | 35.7 | 5.6 |
| 建筑尘 | | 3.3 |
| 扬尘 | 24.1 | 18.1 |
| 生物质燃烧 | | 4.5 |
| 炊事燃烧 | 0.4 | |
| 二次硫酸盐和硝酸盐 | 7.7 | 9.6 |
| 有机物 | | 15 |

从 1989～1990 年到 2000～2001 年 PM2.5 增加了 0.6 倍，即从 77.5μg/m³ 上升至 125μg/m³，主要来源均为燃煤、机动车排放、扬尘和二次气溶胶。在 10 年间，扬尘污染源的贡献率未发生明显变化，1989～1990 年扬尘贡献率为 24.1%（包括建筑尘在内），2000～2001 年扬尘与建筑尘之和为 21.4%，两者仅差 2.7%，这说明扬尘仍严重影响着北京市细粒子污染。燃煤污染源的贡献率 10 年中约降至原来的 1/2，这与北京市 SO₂ 年平均浓度呈逐年下降的趋势是一致的，反映了治理燃煤污染源对改善环境空气质量的作用。对机动车污染源而言，在 1989～1990 年解析结果中，35.7% 为重型柴油车的贡献率；目前，机动车/交通污染源的贡献率为 15.5%，其中机动车尾气直接排放的贡献率为 5.6%。机动车/交通污染源贡献率的降低，得益于北京市采取的大量比较严格的减排措施。尽管如此，但由于 PM2.5 在 10 年间显著升高，机动车/交通源绝对贡献量仍较高，说明污染依然严重。除一次污染源外，二次气溶胶也是 PM2.5 的重要来源，10 年间二次硫酸盐和硝酸盐的贡献率有微小的增长。

颗粒有机物对 PM2.5 的影响比较复杂，2000～2001 年有机物年均贡献率上升至 15.0%，这与北京市大气中可形成气溶胶的有机污染物迅速增加存在一定关系，如大气中含量较高的苯、甲苯、二甲苯、乙苯（合称 BTXE）在 1995～1998 年年均增长率为 20%，1998～1999 年年均增长率增至 128%。

**2. 其他城市 PM2.5 的主要来源分析**

（1）杭州市 PM2.5 的主要来源分析

杭州是我国重要的旅游城市，地处中北亚热带过渡区，气候呈现典型的亚热带季风气候，温暖湿润，四季分明，光照充足，雨量丰沛。为改善环境空气质量，近年来杭州市采取了多项控制措施，并取得了明显成效。但随着社会经济的快速发展，大气颗粒物污染仍然较重。2002～2006 年这 5 年中，PM10 为首要污染物的天数占总天数的 87.5%，PM10 年均值超标率在 15% 以上，PM10 的污染状况已成为杭州市环境空气质量好坏的决定性因素。与此同时，由于杭州市区机动车数量增长迅猛，大气光化学反应更加活跃，产生大量对人体危害更大 PM2.5，成为影响杭州市环境空气质量的巨大潜在威胁。

2006 年，杭州监测站对杭州市的 PM10、PM2.5 进行了一年的采样，并采用了与北京市相同的化学质量平衡（CMB）分析方法，得到的 PM10 和 PM2.5 的主要来源如表 5-11 所示。

表 5-11　杭州市 PM2.5 和 PM10 的源贡献率

| 源　类 | 贡献值（PM2.5）（μg/m³） | 分担率（%） | 贡献值（PM10）（μg/m³） | 分担率（%） |
|---|---|---|---|---|
| 扬尘 | 15.7 | 20.3 | 32.1 | 29 |
| 建筑水泥尘 | 1.6 | 2.1 | 6.7 | 6.1 |
| 煤烟尘 | 7.3 | 9.44 | 11.9 | 10.7 |
| 机动车尘 | 13.5 | 17.4 | 17 | 15.4 |
| 燃油尘 | 5.4 | 7.04 | 4.6 | 4.14 |
| 硫酸盐 | 14.4 | 18.6 | 15.5 | 14.0 |
| 硝酸盐 | 7.4 | 9.55 | 8.0 | 7.25 |
| 海盐粒子 | 1.1 | 1.41 | 1.5 | 1.39 |
| 冶金尘 |  |  | 1.0 | 0.94 |
| 合计 | 66.5 | 85.8 | 98.4 | 88.9 |

由表 5-11 可见，扬尘、机动车尾气尘、硫酸盐和煤烟尘是杭州市大气 PM10 和 PM2.5 的主要排放源，硝酸盐、燃油尘、建筑水泥尘对颗粒物的贡献明显。值得注意的是，常规颗粒物污染源扬尘、煤烟尘、建筑水泥尘对 PM2.5 的贡献率明显比对 PM10 的低，而机动车尾气尘、硫酸盐、硝酸盐和燃油尘明显高。因此，如果说传统意义上控制扬尘、煤烟尘、建筑尘等源类对减轻 PM10 污染有效的话，那么控制 PM2.5 污染则更需要加强机动车尾气尘、硫酸盐、硝酸盐和燃油尘的控制，也就是说对于控制 PM2.5 的污染，更需体现多源类综合治理的原则。

（2）宁波市 PM2.5 的主要来源分析

宁波市环境监测站，于 2010 年春季、夏季和冬季进行大气 PM10 和 PM2.5 的采样，同时采集了多种颗粒物源样品，建立了 PM10、PM2.5 和源样品的化学成分谱。采用化学质量平衡模型（CMB）对宁波市 PM10、PM2.5 进行了源解析。

表 5-12 列出了宁波市 PM2.5 和 PM10 的源贡献率。

表 5-12　宁波市 PM2.5 和 PM10 的源贡献率　　　　　　　　　　单位：%

| 源　类 | PM2.5 分担率 | PM10 分担率 |
|---|---|---|
| 城市扬尘 | 20.42 | 24.45 |
| 建筑水泥尘 | 6.19 | 8.02 |
| 煤烟尘 | 14.37 | 15.86 |
| 机动车尘 | 15.15 | 12.33 |
| 土壤风沙尘 | 4.26 | 4.97 |
| 二次硫酸盐 | 16.93 | 13.33 |
| 二次硝酸盐 | 9.78 | 8.58 |
| 二次有机碳 | 8.85 | 5.61 |
| 冶金尘 | 4.05 | 5.85 |

由表 5-12 可见，城市扬尘是宁波市 PM10、PM2.5 的第一大来源，其对 PM10、

PM2.5 的贡献率分别为 25.45％和 20.42％。这与采样期间宁波市轨道交通、道路建设等活动强度较大，而城市扬尘管理相对滞后有关。城市扬尘污染的管理较之煤烟尘、机动车尾气尘等源类的管理具有投入低、见效快等优点，城市扬尘治理是有效控制宁波大气颗粒物污染的首选途径。

煤烟尘是宁波市 PM10、PM2.5 的第二大贡献源，其对 PM10、PM2.5 的贡献率分别达到 15.86％和 14.37％，同时，随煤烟尘排放到大气中的 $SO_2$ 形成的二次硫酸盐对 PM10 和 PM2.5 的贡献也高达 13.33％和 16.93％，从这个角度来讲，煤烟尘对 PM10、PM2.5 的实际贡献率可能均高达 30％左右，因此煤烟尘污染控制是宁波市大气环境质量改善的关键。

机动车尾气尘对 PM10 和 PM2.5 的贡献分别为 12.33％和 15.15％，同时机动车在行驶过程中会产生道路扬尘并排放 $NO_x$ 和 OC 等二次粒子前体物，其对大气颗粒物的实际贡献率在 20％以上。随着机动车保有量的迅速增加，机动车尾气尘对大气颗粒物污染的贡献率将越加显著，加大对机动车尾气污染的治理力度，是当前乃至未来有效治理宁波市大气颗粒物污染的关键。

## 五、PM2.5 对环境和人体健康的影响

### 1. 对大气环境及气候的影响

由于细颗粒物质的散光效应以及炭黑、含炭黑颗粒等对光具有较强的吸收作用，空气中不同大小的颗粒物均能降低能见度，不过与粗颗粒物相比，更为细小的 PM2.5 降低能见度的能力更强，从而给交通运输和日常生活带来极大的不便，严重时甚至会导致恶性事故。

空气中能见度的降低本质上就是可见光的传播受到阻碍。当颗粒物的直径和可见光的波长接近的时候，颗粒对光的散射消光能力最强。可见光的波长为 $0.4 \sim 0.7 \mu m$，而 PM2.5 的主要组成部分的粒径正是在这个尺寸附近。研究表明，粗颗粒的消光系数约为 $0.6 m^2/g$，而 PM2.5 的消光系数则为 $1.25 \sim 10.0 m^2/g$，其中，PM2.5 的主要成分硫酸铵、硝酸铵和有机颗粒物的消光系数约为 $3.0 m^2/g$，是粗颗粒的 5 倍。所以，PM2.5 是灰霾天能见度降低的主要原因。

PM2.5 不仅降低空气中的能见度，还是空气污染的主要来源。据国外有关部门研究，PM2.5 在空气中的停留时间大概为 $30 \sim 70 d$，PM2.5 颗粒还可以随气流被输送到几百甚至几千千米的地方，造成广域的污染。目前，我国还没有对 PM2.5 进行大规模的系统研究，只有部分城市在个别的点位进行了一些短期的监测分析。研究表明，我国沿海地区，如青岛、长江三角洲的上海、珠江三角洲地区的香港、深圳、珠海以及福建省的厦门、台湾省的台中等城市 PM2.5 的污染水平较低，这可能是特殊的地理位置所造成的；在内陆地区，南京、太原、柳州和南宁等污染非常严重，最高值（南京）可达到美国 PM2.5 日均浓度标准的好几倍。

PM2.5 对气候、温度等的影响也不容忽视。由于细颗粒物的存在，直接阻挡太阳光抵达地球表面，这样使可见光的光学厚度增大，抵达地面的太阳能量剧烈下降，使地面温度降低，高空温度升高。有人估计，地球大气的不透明度增加 4 倍时，将使全球温度降低 3.5℃之多。

### 2. 对人体健康的影响

已有的研究表明，PM2.5 主要对呼吸系统和心血管系统造成伤害，包括呼吸道受刺激、

咳嗽、呼吸困难、降低肺功能、加重哮喘、导致慢性支气管炎、心律失常、非致命性的心脏病、心肺病患者的过早死等。

PM2.5 对呼吸系统最严重的危害结果是使肺纤维化，引发各种呼吸系统病变，同时，可吸入颗粒物还容易吸附空气中的多环芳烃、多环苯类等致癌物质，使得癌症的发病率升高。如，研究发现西雅图城市儿童哮喘急诊人数与细颗粒物（粒径小于 $1\mu m$）的污染水平显著相关；由于超细颗粒物较易进入户内，使得敏感人群具有更多的接触机会，并且粒径小于 $0.02\mu m$ 的亚微颗粒具有穿透肺泡壁进入肺间质的能力，可以被间质淋巴系统运送入血液，故推测其可能在引发肺部炎症，造成机体严重病理损伤中起重要作用。

此外，大量流行病学研究发现，PM2.5 浓度的增高与心肺疾病的超额发病率、死亡率相关，尤其是在原先患有呼吸、心血管系统疾病的人群及身体状况不佳的老年人中。许多研究者认为细颗粒物可能通过氧化、炎症刺激以及对遗传物质的作用等对机体造成损害，但这需要进一步探索其生物效应。

# 第六章　温室气体控制

## 第一节　联合国政府间气候变化专门委员会（IPCC）

联合国政府间气候变化专门委员会（Intergovernmental Panel on Climate Change, IPCC）www.ipcc.ch/home _ languages _ main _ chinese.shtml ♯1 是世界气象组织（WMO）及联合国环境规划署（UNEP）于 1988 年联合建立的政府间机构。其主要任务是对气候变化科学知识的现状，气候变化对社会、经济的潜在影响以及如何适应和减缓气候变化的可能对策进行评估。

### 一、IPCC 的组成及其工作

建立 IPCC 的目的是考虑到人类活动的规模已开始对复杂的自然系统，如全球气候产生了很大的干扰。许多科学家认为，气候变化会造成严重的或不可逆转的破坏风险，并认为缺乏充分的科学确定性不应成为推迟采取行动的借口。而决策者们需要有关气候变化成因、其潜在环境和社会经济影响以及可能的对策等客观信息来源。而 IPCC 这样一个机构的地位能够在全球范围内为决策层以及其他科研等领域提供科学依据和数据等。IPCC 的作用是在全面、客观、公开和透明的基础上，对世界上有关全球气候变化的现有最好科学、技术和社会经济信息进行评估。这些评估吸收了世界上所有地区的数百位专家的工作成果。IPCC 的报告力求确保全面地反映现有各种观点，并使之具有政策相关性，但不具有政策指示性。

尽管 IPCC 的基本工作是为政治决策人提供气候变化的相关资料，但 IPCC 本身不做任何科学研究，而是检查每年出版的数以千计有关气候变化的论文，并大约每五年出版评估报告，总结气候变化的"现有知识"。例如，1990 年、1995 年、2001 年、2007 年，和 2013～2014 年，IPCC 相继五次完成了评估报告，这些报告已成为国际社会认识和了解气候变化问题的主要科学依据。

IPCC 由四个工作小组组成。第一个工作小组是关于科学基础的，它负责从科学层面评估气候系统及变化，即报告对气候变化的现有知识，如气候变化如何发生、以什么速度发生。第二个工作小组是关于影响、脆弱性、适应性，它负责评估气候变化对社会经济以及天然生态的损害程度、气候变化的负面及正面影响和适应变化的方法，即气候变化对人类和环境的影响，以及如何可以减少这些影响。第三个工作小组是关于减缓气候变化的，它负责评估限制温室气体排放或减缓气候变化的可能性，即研究如何可停止导致气候变化的人为因素，或是如何减慢气候变化。第四个小组是国家温室气体清单专题组，负责 IPCC《国家温室气体清单》计划。IPCC 向联合国环境规划署和世界气象组织所有成员国开放。在大约每年一次的委员会全会上，就它的结构、原则、程序和工作计划做出决定，并选举主席和主席团。全会使用六种联合国官方语言。每个工作组（专题组）设两名联合主席，分别来自发展中国家和发达国家或地区，其下设一个技术支持组。

IPCC 主要成果是：评估报告、特别报告、方法报告和技术报告。

每份评估报告都包括决策者摘要，摘要反映了对主题的最新认识，并以非专业人士易于理解的方式编写。评估报告提供有关气候变化及其成因，可能产生的影响及有关对策的全面的科学、技术和社会经济信息。如前所述，至今，IPCC共发布了五次评估报告。

除了评估报告，IPCC还发布特别报告，提供对具体问题的评估。1995年以来发表了如气候变化的区域影响（1997）、航空与全球大气（1999）、技术转让的方法和技术问题（2000）、排放前景（2000）、土地利用、土地利用变化和林业（2000）、保护臭氧层和全球气候系统（2005）。IPCC方法报告描述了制定国家温室气体清单的方法与做法，新版IPCC《国家温室气体清单指南》于2006年问世。

此外，IPCC还出版了一些其他方面的方法报告。技术报告是IPCC提供的对某个有关具体专题的科学或技术观点，它们以IPCC报告的内容为基础。已出版的有：减缓气候变化的技术、政策和措施（1996）、IPCC第二次评估报告使用的简单气候模式介绍（1997）、稳定大气温室气体：物理、生物和社会经济意义（1997）、限制$CO_2$排放建议的意义（1997）、气候变化与生物多样性（2002）。其他一些报告还有：二氧化碳捕获与封存特别报告（2005）、关于气候变化和水的技术报告（2007）等。此外，IPCC还组织各种研讨会、专家会议、出版文献和提供资料等。

## 二、IPCC 的作用

由于在应对气候变化方面做出的突出贡献，IPCC与美国前副总统戈尔共获"2007年诺贝尔和平奖"。

IPCC所起的作用可以从它发布的历次评估报告所起的作用来描述。

### 1. 第一次评估报告与《联合国气候变化框架公约》

IPCC的第一次评估报告完成于1990年8月，这份报告以科学为依据证实了气候变化的发生，从而促进了国际合作应对气候变化问题的政府间对话，然而它最重要的贡献在于直接推动了1992年《联合国气候变化框架公约》的制定。自此，IPCC的评估报告开始与气候变化的全球治理进程密切关联起来，成为国际气候谈判的标准参考资料，所以从这个意义上来说，IPCC的第一次评估报告具有非常重要的开创性意义。

第一份评估报告向国际社会传达了这样的信息：全球气候变化确实已经和正在发生，而导致这些变化的一个重要原因是人类活动向大气中排放了大量温室气体，人类必须立即采取行动减少温室气体排放，否则地区气候将会继续变暖并对人类造成危害。也正是基于这样的信息，一些国家或地区开始率先表示要减少二氧化碳的排放，在它们的带动之下，国际合作减少温室气体排放、应对全球气候变化的舆论环境开始成熟。在这一背景下，1990年12月联合国大会做出决议，要求缔结一个全球性的国际公约以应对气候变化问题，并且成立气候变化框架公约政府间谈判专门委员会，专门负责公约的谈判工作。在谈判的过程中，IPCC的第一次评估报告因其权威性，在谈判中成为了气候变化理论支持者呼吁国际社会共同开展气候治理的有力依据，也成为各国决策者决定自身立场的重要参考。

1992年6月4日，联合国环境与发展大会在巴西里约热内卢举行，《联合国气候变化框架公约》在这次大会上获得通过，框架公约在1994年3月正式生效。直至今天，《联合国气候变化框架公约》仍然是国际环境与发展领域中参与国家或地区最多、影响最广、国际社会关注程度最高的国际环境公约之一，它"将气候变化问题正式上升到了政治的高度"，气候变化的全球治理也正式开始被纳入制度的轨道。

**2. 第二次评估报告与《京都议定书》的产生**

IPCC 的第二次评估报告于 1995 年完成，这次评估报告是以 1990 年以来获得的新的有关气候变化的文献资料和观测数据为基础撰写的，进一步发展和充实了气候变化的科学理论。它更重要的意义在于为阐述《联合国气候变化框架公约》的最终目标提供了科学依据，同时也为后来框架公约的具体法律文件——《京都议定书》的谈判和签署做出了重要的贡献。

第二次评估报告从科学的角度对人类活动与地球气候变化之间的联系进行了进一步的阐释，明确了人类活动影响地球气候的两大因素。报告对大气中温室气体的增加进行了进一步的论证，认为人类活动是导致这种增长的主要原因。与此同时，报告中还指出，人类活动产生的气溶胶是人类活动影响地球气候的另一个因素。

《联合国气候变化框架公约》虽然对气候变化的全球治理进程来说具有里程碑式的意义，但它的价值更多的只是象征性的，对于各国减少温室气体排放的行动并没有做出具体的规定。第二次评估报告再一次给人类敲响了警钟，强调国际社会采取实质行动来减少温室气体排放已经是势在必行，为框架公约制定一个具体的实施方案也已经刻不容缓。1995 年 4 月，《联合国气候变化框架公约》缔约方第一届会议通过了《柏林授权书》，第二次评估报告的出版加速了为达成这项协议而进行的谈判，第二次评估报告在谈判中也成为谈判各方重要的科学参考文件。最终，在 1997 年 12 月于日本京都举行的《联合国气候变化框架公约》缔约方第三次会议上，形成了关于限制温室气体排放量的成文法案，即《京都议定书》，其目标是：将大气中的温室气体含量稳定在一个适当的水平，进而防止剧烈的气候改变对人类造成伤害。《京都议定书》也是人类历史上第一份具有法律效力的控制温室气体排放的国际协议书。

**3. 第三次评估报告与《京都议定书》的生效与执行**

IPCC 第三次评估报告在 2001 年完成，主要是在第二次评估报告发布以来的科学研究新成果和日益增加的观测数据的基础上进行的新评估，反映了人类在对气候变化问题认识上的新进展，它为《京都议定书》的生效和执行提供了一定的科学支撑。

第三次评估报告继续对《联合国气候变化框架公约》的最终目标进行了科学解释，"对作为决策者确定哪些成分构成'气候系统危险的人为干扰'的新科学信息和证据进行了评估"，同时，"报告对采取减缓措施实现，将大气中的温室气体浓度稳定在不同水平的潜力进行了评估，并提供了有关适应性措施如何能够减少脆弱性的信息"，这些都为人类的国际减排行动提供了更加明晰的标准和指南。第三次评估报告还将气候变化问题与人类的可持续发展联系了起来，指出气候变化问题的解决关系到人类未来的可持续发展，呼吁人类要从可持续发展的长远目光来认识气候变化。可以说，这次报告为国际社会采取共同行动抑制全球变暖提供了一个更加不可回避的理由。

由于在京都谈判的时候，为了统一各方的意见来实现减排的大目标，《京都议定书》并没有规定具体的操作细则，所以议定书从 1997 年通过到 2005 年最终生效，经历了长达近 8 年的时间。第三次评估报告为促进《京都议定书》成功签署和生效做出了很大贡献，它以更加充分的证据揭示了气候变化问题的严重性，敦促各国政府参与国际减排行动。俄罗斯最终于 2004 年 11 月批准了《京都议定书》，议定书得以在 2005 年艰难生效。议定书生效之后，后京都谈判开始启动。IPCC 的第三次评估报告也成为后京都谈判中谈判各方的重要参考文献。

#### 4. 第四次评估报告与巴厘路线图

IPCC 的第四次评估报告于 2007 年完成编写并发布。第四次评估报告在 2001 年以来的气候变化问题新的文献、数据资料和研究成果的支持下，从不同方面就全球气候变化的事实、原因、影响、适应和减缓措施等方面进行了综合评估。这次报告直接推动了巴厘路线图的制定，也为国际社会采取进一步的气候治理行动和构建 2012 年以后气候治理国际机制提供了大量的科学依据和信息。

第四次评估报告进一步肯定了气候变暖的发生和人类活动导致气候变暖，报告中指出，"自 20 世纪中叶以来，大部分已观测到的全球平均温度的升高很可能（发生概率大于 90%）是由于观测到的人为温室气体浓度增加所导致的。"这是第四次评估报告中最为重要的一个结论，也是历次评估报告中对"气候变化是否由人类活动导致的"这一问题最为确定的回答，对气候变化的全球治理进程具有重大的意义。联合国环境规划署执行主任阿奇姆·斯特纳（Achim Steiner）曾经对此评论说："人类活动是否导致气候变化已不再是一个问题，人们关注的焦点将转向我们为此能够做些什么。"第四次评估报告的结论引起了国际社会和各国决策者对气候变化问题的高度关注，为巴厘岛气候大会的召开营造了有力的舆论氛围。2007 年 12 月，备受期待的巴厘岛气候大会召开，IPCC 的第四次评估报告被提交到这次大会，会议经过谈判达成了"巴厘路线图"。

第四次评估报告还为巴厘路线图的制定提供了坚实的科学依据，例如路线图约定发达国家或地区到 2020 年要将温室气体排放在 1990 年基础上减少 25%～40%，这正是基于第四次评估报告第三工作组的评估结论。第四次评估报告不仅加强了应对气候变化的国际合作，同样也影响了各个国家或地区的气候决策，如欧盟、美国、日本等国家或地区以这次报告为依据提出了应对气候变化的许多新主张和新政策，其中不乏对气候变化全球治理具有积极意义的主张。

#### 5. IPCC 第五次评估报告已经发布

2013 年 9 月 27 日，IPCC 第五次气候变化评估报告（AR5）第一工作组报告《气候变化 2013：自然科学基础（决策者摘要）》发布；2014 年 4 月 3 日，第二工作组报告《气候变化 2014：影响、适应和脆弱性》发布；4 月 13 日，第三工作组报告《气候变化 2014：减缓气候变化》也正式出炉。

第五次评估报告能起多大的作用，人们拭目以待。

### 三、中国与 IPCC

我国积极参与 IPCC 组织的各种活动。

自 1990 年国际气候变化谈判进程正式启动以来，中国已有多名专家参与并主持了联合国政府间气候变化专门委员会的气候变化评估报告的编写。在 IPCC 第四次评估报告的编写中，中国不仅有两名气象专家主持了第一工作组的评估，同时还有多名专家学者全面深入地参与到第二、第三工作组关于气候变化导致的结果和应对策略的研究之中。其中，中国科学院院士、中国气象局前局长秦大河在 2008 年当选连任联合国政府间气候变化专门委员会第一工作组联合主席，并联合领导完成了 2014 年气候变化第五次评估报告。

# 第二节 气候变化框架公约

到现在为止,《气候变化框架公约》(以下简称《公约》)依然是应对气候变暖最为重要的文件。《公约》由序言、26条正文和两个附件组成。最后,附件一和附件二列出了发达国家或地区和向市场经济过渡的国家或地区的名单,这些国家或地区按照"共同但有区别的责任原则"承担具体的承诺。

## 一、《公约》产生的过程

随着世界各国对煤、石油等化石燃料利用的快速增加以及人们对环境的日益关注,国际社会加强了对气候变化问题的研究。1985年10月,国际科学理事会、联合国环境规划署(UNEP)、世界气象组织(WMO)共同召开奥地利菲拉赫会议,明确评估未来气候状况是一项紧迫的任务。1988年,在三方召开的加拿大多伦多会议上,与会代表提出,进一步研究气候变化问题,呼吁立即着手制定保护大气行动计划,并提出到2005年将二氧化碳排放量比1988年减少20%。对于上述呼吁,有关国际组织迅速作出了积极响应。1988年11月,由世界气象组织和联合国环境署共同发起的政府间气候变化专门委员会(IPCC)召开成立大会。

1989年11月,国际大气污染和气候变化部长级会议在荷兰诺德韦克举行。大会通过了《关于防止大气污染与气候变化的诺德韦克宣言》,提出人类正面临人为所致的全球气候变化的威胁,决定召开世界环境问题会议,讨论制定防止全球气候变暖公约的问题。此前,尽管诸多宣言、公报或其他文件也多次提及气候变化问题,但这些文件在启动气候变化公约谈判上的作用远不及《诺德韦克宣言》。

第45届联合国大会于1990年12月21日通过了第45/212号决议,决定设立气候变化框架公约政府间谈判委员会(INC)。政府间谈判委员会于1991年2月至1992年5月间共举行了6次会议(第1次会议至第5次会议续会)。谈判各方在公约的关键条款上各持己见,互不相让;发达国家或地区与发展中国家或地区之间、西北欧(现欧盟)与美国之间立场迥异。但在里约环境与发展大会召开在即的大背景下,各方最终妥协,于1992年5月9日在纽约通过了《联合国气候变化框架公约》,并在里约环发大会期间供与会各国签署。

《公约》于1994年3月21日生效。截至2004年12月20日,共有188个国家或地区以及欧盟成为《公约》缔约方。除极少数处于战乱的国家或地区之外,绝大多数国家或地区都是公约的缔约方。

1992年6月11日,中国国务院总理李鹏代表中国政府在里约签署了《公约》。1993年1月5日中国批准了《公约》。

## 二、《公约》序言的主要内容

序言对缔约国所达成的一些基本共识进行了重申,这些共识中的亮点主要包括:

第一,序言承认地球气候变化及其不利影响是人类共同关心的问题。

这点共识表明,《公约》在很大程度上承认气候变化问题是全球性的,关系到全人类的共同利益。由此,全人类都有责任保护气候系统。这在一定程度上说明,《公约》为应对气候变化问题所确立的"法律的解决办法最终是建立在对全球共同利益的意识上。"这实际上对国际社会提出了更高的要求，"也就是说，在涉及国际社会共同利益的时候，各国要本着全球伙伴的精神来行事，而不能仅仅从本国或地区利益的角度来行事。"

第二，序言表达了对发展中国家或地区的特殊考虑。

在发展中国家或地区的特殊考虑方面，最重要的可能是第三段"历史上和目前全球温室气体排放的最大部分源自发达国家或地区；发展中国家的人均排放仍相对较低；发展中国家或地区在全球排放中所占的份额将会增加，以满足其社会和发展需要。"

在考虑发展中国家或地区的特殊需要的同时，这一段也代表了发展中国家或地区实质性的让步。发展中国家或地区曾谋求将"主要责任"原则写进序言，指出既然气候变化主要是由发达国家或地区过度消费和消耗的生活方式造成的，他们应当对此承担主要责任。第三段第一句话仅仅反映了这一原则的前半部分，而且是以中立的事实陈述方式来表达的。由此不能推论出"发达国家或地区在应对气候变化中应担当主导作用。"而关于"发展中国家或地区在全球排放中所占的份额将会增加"这一句话，起初的建议也是作为一项原则用具有约束力的语言来表述，而不是现在使用的描述性表达语气。

第三，序言承认气候变化的全球性要求所有国家或地区根据其共同但有区别的责任和各自的能力及其社会和经济条件，尽可能开展最广泛的合作，并参与有效和适当的国际应对行动。

这点共识实质上肯定了共同但有区别的责任原则是气候变化的国际合作的基础。该原则被认为是发展中国家或地区在 1992 年环境与发展大会中所取得的胜利成果之一，并逐渐演变为指导各国参与全球环境保护事业的一项重要原则。

第四，序言承认，各国根据《联合国宪章》和国际法原则，拥有主权权利按自己的环境和发展政策开发自己的资源，也有责任确保在其管辖或控制范围内的活动不对其他国家或地区的环境或国家或地区管辖范围以外地区的环境造成损害。这点共识则重新阐述了国际资源开发主权权利和不损害国外环境责任原则的基本内涵。序言关于该原则的规定，基本上是 1972 年《人类环境宣言》第 21 条规定的翻版。略有区别的是，《公约》序言将《人类环境宣言》中"环境政策"的措辞修改为"环境与发展政策"，这无疑强调了发展的重要性。

### 三、《公约》正文的主要内容

正文就公约的目标、原则、承诺、资金机制和争端解决程序等主要内容进行介绍与分析。

#### 1. 公约的目标

《公约》第 2 条将其最终目标规定为：将大气中的温室气体的浓度稳定在防止气候系统受到危险的人为干扰的水平上。这一水平应当在足以使生态系统能够自然的适应气候变化、确保粮食生产免受威胁并使经济发展能够可持续地进行的时间范围内实现。

可见，《公约》并未确立明确的具有法律约束力的目标。然而，国际社会在谈判过程中实际上曾有过制定明确的减排时间表的设想。乔治敦大学卡特（Barry E. Carter）教授等编著的《国际法》一书回忆道："国际社会支持在公约文本中采用约束工业化国家或地区的减排时间表。这尤其得到了小岛国联盟、澳大利亚、加拿大和新西兰的支持，但是在遭到美国和欧佩克国家或地区（OPEC）反对的情况下，将实质性义务纳入公约，从政治上而言显然是不现实的。而且这些国家或地区认为采用明确的减排为时过早。公约因此确立了"最终目标"以使排放稳定在不以有害方式干扰全球气候的水平上,并无明确的减排目标。"很显然,《公约》所确立的"最终目标"是缔约国妥协的产物。尽管如此,但《公约》的最终目标实际上标志着:从今以后,人类不再是只一味地利用气候资源,而是要在合理开发利用的同时,肩负起保护气候资源的历史责任。

**2.《公约》确立的主要原则**

为了实现最终目标,《公约》确立了以下几项原则:

第一项原则是共同但有区别的责任原则。《公约》第3条第1款规定:各缔约方应在公平的基础上,并根据它们共同但有区别的责任和各自的能力,为人类当代和后代的利益保护气候系统。因此,发达国家或地区缔约方应当率先对付气候变化及其不利影响。

不难看出,上述规定至少隐含着以下几层意义:

① 共同但有区别的责任原则是以公平为其价值基础。

② 保护气候系统是着眼于全人类的共同利益(既包括当代人的利益,也包括后代人的利益),而人类为保护气候系统所开展的行动要符合共同但有区别的责任原则的要求。

③ 发达国家或地区率先采取措施应对气候变化是共同但有区别的责任原则的应有之义。

第二项原则要求充分考虑发展中国家或地区的愿望和要求。《公约》第3条第2款规定:应当充分考虑到发展中国家或地区缔约方尤其是特别易受气候变化不利影响的那些发展中国家或地区缔约方的具体需要和特殊情况。

第三项原则为风险预防原则。《公约》第3条第3款规定:各缔约方应当采取预防措施,预测、防止或尽量减少引起气候变化的原因,并缓解其不利影响。当存在造成严重或不可逆转的损害的威胁时,不应当以科学上没有完全的确定性为理由推迟采取这类措施,同时考虑到应付气候变化的政策和措施应当讲求成本效益,确保以尽可能最低的费用获得全球效益。

该款规定在很大程度上表明:其一,为应对气候变化这一具有科学不确定性的问题所采取的预防措施具有法律上的正当性。其二,以风险预防原则为基础的预防政策和措施应体现成本效益方面的要求。

第四项原则体现了可持续发展原则并承认经济发展对于采取措施应付气候变化的重要性。《公约》第3条第4款规定:各缔约方有权并且应当促进可持续发展。保护气候系统免遭人为变化的政策和措施应当适合每个缔约方的具体情况,并应当结合到国家的发展计划中去,同时考虑到经济发展对于采取措施应付气候变化是至关重要的。

值得一提的是,起初,发展中国家或地区要求用一条原则来声明"发展权是一项不可剥夺的人权"而且"所有人都有平等权利来获得合理的生活标准"。而长期以来,美国一直拒绝将发展权接受为人权中的优先权利。美国认为发展权含义模糊不清,可能被发展中国家或地区用作向发达国家或地区提出经济援助的借口。同时,一些发达国家或地区希望有一条原则指出各国都有责任实现可持续发展。发展中国家或地区由于担心"可持续性"可能成为经济援助的新条件进而最终阻碍其发展计划,故而都对"可持续发展"观念存有疑虑。于是,公约通过了折中的表达方式:"各缔约方有权并且应当促进可持续发展"。这样既表达了发展中国家或地区的心思,也表现出了发达国家或地区的意思。公约用"权利"一词,满足了发展中国家或地区的要求,但该权利又与"促进可持续发展"相关,显示其与1986年《发展权利宣言》中的"发展权"的区别。

第五项原则是国际合作原则的体现，它强调这种合作的目的是促进建立有利于各国特别是发展中国家或地区的可持续经济增长和发展的国际经济体系。应当强调的是，在公约所规定的原则中，最重要的当推"共同但有区别的责任原则"，公约关于该原则的规定后来被随后的国际法文件所频繁地引用；而且这是第一次在国际条约中明确使用"共同但有区别的责任"的措辞，表明其具有积极的意义。

然而，也应注意到，这些原则总的来说，在很大程度上类似于一般性的倡导或建议，一些实质性内容，用的也是"应当"而不是"必须"。因此，这些原则从性质上看，更多是一种宣言，而没有"硬法"规范所具有的法律约束力。

### 3. 缔约国的承诺

为实现公约的目标，缔约国在公约中做出了一系列承诺。承诺分为一般性承诺和具体承诺两类：一般性承诺是指所有缔约国（既包括发达国家或地区缔约方也包括发展中国家或地区缔约方）都要履行的义务；具体承诺并非所有缔约方的共同义务，而是特定类型的缔约方的义务。公约包括以下几类缔约方：附件一所列缔约方；附件二所列缔约方；附件一所列缔约方中的正在向市场经济过渡的缔约方；发展中国家或地区缔约方。而根据公约第 4 条第 1 款的规定，缔约国在履行承诺时，要考虑他们共同但有区别的责任，以及各自具体的国家和区域发展优先顺序、目标和情况。这一规定在很大程度上表明，缔约国履行承诺应当以"共同但有区别的责任原则"为基础。

（1）一般性承诺

一般性承诺主要包括公约第 4 条第 1 款所列举的 10 项义务，主要内容为：

① 用缔约方会议议定的方法编制、定期更新、公布关于《蒙特利尔议定书》未予管制的所有温室气体的各种源的人为排放和各种汇的清除的国家或地区清单。

② 制定、执行、公布和经常地更新国家计划和适当情况下的区域计划，其中包括从《蒙特利尔议定书》未予管制的温室气体的源的人为排放和汇的清除来着手减缓气候变化的措施以及便利充分地适应气候变化的措施。

③ 在所有有关部门，包括能源、运输、工业、林业和废物管理部门，促进和合作发展、应用和传播各种用来控制、减少或防止《蒙特利尔议定书》未予管制的温室气体的人为排放的技术、做法和过程。

④ 促进可持续的管理，并促进和合作维护和加强《蒙特利尔议定书》未予管制的所有温室气体的汇和库，包括生物质、森林和海洋以及其他陆地、沿海和海洋生态系统。

⑤ 合作为适应气候变化的影响做好准备，拟定和详细制定关于沿海地区的管理、水资源和农业以及关于受到旱灾、荒漠化和洪水影响的地区的保护和恢复的综合性计划。

⑥ 在社会、经济和环境的政策和行动中考虑气候变化问题，并采取由本国拟订和确定的适当办法，以尽量减少为减缓或适应气候变化而进行的项目或采取的措施对经济、公共健康和环境质量产生不利影响。

⑦ 促进和合作进行关于气候变化的起因、影响、规模、发生时间和应对战略的研究、系统观测。

⑧ 促进和合作进行关于气候系统和气候变化以及关于各种应对战略所带来的经济和社会后果的科学、技术、工艺、社会经济和法律方面的信息交流。

⑨ 促进和合作进行与气候变化有关的教育、培训和提高公众意识的工作，并鼓励人们

对此过程的最广泛的参与。

⑩ 向缔约方会议提供有关履行的信息。

（2）具体承诺

公约主要就附件一和附件二缔约方的具体承诺做出了规定。

关于附件一缔约方的具体承诺，公约第 4 条第 2 款主要规定了以下几项：

① 此类缔约方应制定国家或地区政策和采取相应的措施，通过限制其人为的温室气体排放以及保护和增强其温室气体库和汇，减缓气候变化。

② 定期提供关于控制温室气体的源的人为排放和保护、增强温室气体的库和汇的政策和措施的详细信息。

③ 这些缔约国应使其温室气体的人为排放回复到 1990 年的水平。

关于附件二缔约方的具体承诺，公约第 4 条第 3 款、第 4 款和第 5 款等进行了具体规定，主要有如下几项：

① 应提供新的和额外的资金，以支付发展中国家或地区缔约方编制关于温室气体的源的人为排放和各种汇的清除的国家或地区清单的费用和它们为履行其一般性承诺所引起的增加费用；

② 应帮助特别易受气候变化不利影响的发展中国家或地区缔约方支付适应这些不利影响的费用；

③ 应采取一切实际可行的步骤，酌情促进、便利和资助，向其他缔约方，特别是发展中国家或地区缔约方转让或使他们有机会得到无害环境的技术，以使他们能履行公约。

**4. 资金机制**

发达国家或地区缔约方向发展中国家或地区缔约方提供与履行公约有关的资金，是发展中国家或地区履行公约的重要前提条件。公约第 11 条第 1 款规定建立一个在赠与或转让基础上提供资金，包括用于技术转让的资金的机制。并规定委托一个或多个现有的国际实体负责该机制的经营。

目前，在公约框架下即"体制内"的资金机制由四大基金组成："全球环境信托基金"（简称 GEF Trust Fund）、"气候变化特别基金"（简称 SCCF）、"最不发达国家基金"（简称 LDCF）和"适应基金"（简称 AF）。

**5. 公约的争端解决程序**

争端解决程序是公约得到有效执行的一个重要环节。公约第 14 条对缔约方之间的争端规定了解决的程序，公约规定的争端解决方式有谈判、提交国际法院裁决、仲裁和调解等。如该条第 1 款规定：任何 2 个或 2 个以上缔约方之间就本公约的解释或适用发生争端时，有关的缔约方应寻求通过谈判或它们自己选择的任何其他和平方式解决该争端。

我们不难发现，该款之规定实际上重申了《联合国宪章》第 33 条关于争端解决的规定。

## 四、《公约》附件的主要内容

公约的两个附件对缔约国进行了具体分类。附件一缔约方由 24 个经济合作与发展组织成员国（即 OECD）、欧洲共同体和 11 个向市场经济过渡的国家或地区（独联体国家和原东欧国家）组成；附件二缔约方由最初的 24 个经济合作与发展组织成员国和欧洲共同体组成。

### 五、《公约》执行的机构设置

**1. 《公约》缔约方会议（Conference of Party，COP）**

缔约方会议作为《公约》的最高权力机构，每年举行一次常规会议，其职责是定期评审相关法律文书的履行情况，并在其职权范围内作出为促进本公约的有效履行所必要的决定。《公约》没有规定缔约方大会的投票规则，因此实践中以一致同意获得结果。缔约方大会从1995年在柏林举行第一次会议后，每年举行一次。

缔约方会议的职责包括：

① 定期审评本公约规定的缔约方义务和机构安排；

② 促进和便利就各缔约方为应付气候变化及其影响而采取的措施进行信息交流；

③ 协调两个以上缔约方为应付气候变化及其影响而采取的措施；

④ 促进、指导发展和定期改进由缔约方会议议定的用来编制各种温室气体源的排放和各种汇的清除的清单，和评估为限制这些气体的排放及增进其清除而采取的各种措施的有效性的可比方法；

⑤ 评估各缔约方履行公约的情况和依照公约所采取措施的总体影响，特别是环境、经济和社会影响及其累计影响，以及当前在实现本公约的目标方面取得的进展；

⑥ 审议并通过关于本公约履行情况的定期报告，并确保予以发表；

⑦ 就任何事项作出为履行本公约所必需的建议；

⑧ 动员资金；

⑨ 设立其认为履行公约所必需的附属机构；

⑩ 审评其附属机构提出的报告，并向它们提供指导；

⑪ 议定并通过缔约方会议和任何附属机构的议事规则和财务规则；

⑫ 酌情寻求和利用各主管国际组织和政府间及非政府机构提供的服务、合作和信息；

⑬ 行使实现本公约目标所需的其他职能以及依本公约所赋予的所有其他职能。

**2. 秘书处（Secretariat）**

《公约》设立了行政辅助机构—秘书处，办公室设在德国的伯恩。秘书处的职能为：

① 安排缔约方会议及依本公约设立的附属机构的各届会议，并向它们提供所需的服务；

② 汇编和转递向其提交的报告；

③ 应要求协助各缔约方特别是发展中国家或地区缔约方汇编和转递依本公约规定所需的信息；

④ 编制关于其活动的报告，并提交给缔约方会议；

⑤ 确保与其他有关国际机构的秘书处的必要协调；

⑥ 在缔约方会议的全面指导下订立为有效履行其职能而可能需要的行政和合同安排；

⑦ 行使本公约及其任何议定书所规定的其他秘书处职能和缔约方会议可能决定的其他职能。

**3. 附属科技咨询机构（SBSTA）**

《公约》设立"附属科学和技术咨询机构（Subsidiary Body for Scientific and Technological Advice，SBSTA）"，要求其就与公约有关的科学和技术事项，向缔约方会议或其他附属机构提供信息和咨询。附属科技咨询机构具有多学科性，由各国政府代表组成，定期就其工作的一切方面向缔约方会议报告。

在缔约方会议指导下，附属科技咨询机构的工作范围为：

① 就有关气候变化及其影响的最新科学知识提出评估；

② 就履行公约所采取措施的影响进行科学评估；

③ 确定创新的、有效率的和最新的技术与专有技术，并就促进这类技术的发展和（或）转让的途径与方法提供咨询；

④ 就有关气候变化的科学计划、研究与发展的国际合作，以及就支持发展中国家或地区建立自身能力的途径与方法提供咨询；

⑤ 答复缔约方会议及其附属机构可能向其提出的科学、技术和方法问题。

**4. 附属履行机构 (SBI)**

《公约》设立附属履行机构（Subsidiary Body for Implementation，SBI）的目的是协助缔约方会议评估和审评本公约的有效履行。该机构向所有缔约方开放，由为气候变化问题专家的各国政府代表组成，并定期就其工作向缔约方会议报告。在缔约方会议的指导下，该机构应参照有关气候变化的最新科学评估，对各缔约方所采取步骤的总体合计影响作出评估，并协助缔约方会议对缔约方采取的国家政策和措施进行审评。

# 第三节 《京都议定书》

## 一、《京都议定书》谈判的启动

《联合国气候变化框架公约》仅规定发达国家或地区应在20世纪末将其温室气体排放回复到其1990年水平，但没有为发达国家或地区规定减排的量化指标。1995年在柏林举行的COP1认为上述承诺不足以缓解全球气候变化，会议据此通过了"柏林授权"，决定谈判制定一项议定书，为发达国家规定2000年后减排的义务及时间表；同时，决定不为发展中国家或地区引入除公约义务以外的任何新义务。

国际社会为制定议定书举行了多次谈判，但由于减、限排温室气体排放直接涉及各国的经济发展，各方难以达成一致。1997年12月1日~11日在日本京都举行了公约第三次缔约方大会（COP3，又称"京都会议"），会议经过异常艰苦的谈判，终于制定了《<联合国气候变化框架公约>京都议定书》（简称《京都议定书》或议定书，以下简称《议定书》）。《议定书》为发达国家或地区规定了有法律约束力的定量化减排和限排指标，而没有为发展中国家或地区规定减排或限排义务，体现了共同但有区别的责任原则。

《议定书》规定，到2010年，所有发达国家或地区排放的二氧化碳等6种温室气体的数量，要比1990年减少5.2%，需要占全球温室气体排放量55%以上的至少55个国家或地区批准，才能成为具有法律约束力的国际公约。由于美国政府一直拒绝批准《议定书》，直到2004年11月5日俄罗斯在《议定书》上签字后，2005年2月16日《议定书》才正式生效，比预定时间晚了5年，但这是人类历史上首次以法规的形式限制温室气体排放，是应对气候变化最具权威性、普遍性和全面性的国际法律文件。

## 二、《议定书》的主要内容

与《联合国气候变化框架公约》相比，《议定书》的规定要具体得多，并且增加了一些新内容。《议定书》包括 28 条条款和两个附件，以下是它的主要内容。

### 1. 定量减排的目标

《公约》的一个重大缺陷就是没有规定量化的温室气体减排目标，而议定书对附件一国家或地区（主要是发达国家）的温室气体排放量做出了具有法律约束力的定量限制，这是议定书最重要的成果之一。对此，议定书第 3 条第 1 款规定：

附件一缔约方应个别地或共同地确保附件 A 所列温室气体的排放总量（以 $CO_2$ 当量计）在 2008 年至 2012 年的承诺期间削减到 1990 年水平之下 5％。第 2 款还具体要求：到 2005 年时，附件一缔约方应在履行其承诺方面取得可予证实的进展。

在此基础上，议定书为附件一缔约国确定了具体的、有差别的减排指标，如欧盟 8％，美国 7％，日本、加拿大各 6％，俄罗斯、乌克兰、新西兰维持零增长，澳大利亚、冰岛的排放量增长限制在 8％和 10％，欧盟成员国作为一个整体参与减排行动，而欧盟通过内部谈判将议定书规定的 8％的减排任务分解到各成员国，如德国承诺减排 21％，英国减排 12.5％，丹麦减排 21％，荷兰减排 6％，而希腊、葡萄牙的排放量的增长为 25％和 27％，爱尔兰也被允许增长 13％的排放量。根据《公约》规定的共同但有区别的责任原则，《议定书》未对发展中国家或地区规定温室气体减排的目标。

### 2. 削减排放的温室气体

为了加强温室气体排放控制的国际行动，议定书附件 A 规定了 6 种温室气体，它们是二氧化碳、甲烷、氧化亚氮、氢氟碳化物、全氟碳化和六氟化硫。

### 3. 京都三机制

议定书的另一项极其重要的具有创造性的成果是规定了三个灵活机制（简称京都机制），即第 6 条所确立的公约附件一缔约方之间的联合履行机制（JI）、第 12 条所确立的附件一缔约方与非附件一缔约方之间的清洁发展机制（CDM）和第 17 条所确定的附件一缔约方之间排放贸易（EI）。按照议定书的精神，这三种灵活机制都是作为附件一缔约方国内减排行动的补充。议定书之所以在国际法的历史发展中具有重大意义，与京都三机制的确立是不无关系的。

### 4. 政策和措施

《议定书》第 2 条第 1 款要求，附件一缔约方为履行减排的承诺，应制订相关的政策和措施，包括：增强国家或地区经济有关部门的能源效率；保护和增强《蒙特利尔议定书》未予管制的温室气体的汇与库；促进可持续森林管理做法、造林和重新造林；在考虑到气候变化的情况下促进可持续农业形式；促进、研究、发展和增加使用可再生能源、二氧化碳螯合技术和对环境无害的先进新技术。逐步减少或消除与公约目标相抵触的财政鼓励、免税和补贴；在废物管理领域以及能源的生产、运输和销售方面通过回收、利用以减少甲烷的排放；等等。

不难发现，《京都议定书》关于政策和措施的规定在一定程度上强调了能源政策和措施在温室气体排放控制中的重要作用，这对于各缔约国制定气候变化政策和立法无疑提供了积极的思路。

## 5. 吸收汇

吸收汇是《议定书》为了促进工业化国家或地区履行温室气体的减排义务而确立的一种法律措施，其核心是允许工业化国家或地区通过造林和再造林等成本较低的活动来折抵部分温室气体的减排量。议定书允许附件一缔约国通过"吸收汇"活动所产生的温室气体的汇的清除量，作为可以冲抵其所承诺的温室气体的减排数量。议定书第 3 条第 3 款规定：在自1990 年以来直接由人引起的土地利用变化和森林活动——限于造林、重新造林和砍伐森林——产生的源的温室气体排放和汇的清除方面的变化，作为每个承诺期间储存方面可核查的变化来衡量，应用来实现附件一缔约方的承诺。

## 6. 资金机制

资金机制是为了解决发展中国家或地区履约所需资金而设立的一种机制。为了进一步确保发展中国家或地区履行义务的资金，议定书对资金机制提出了若干新的要求。议定书第11 条规定，发达国家或地区缔约方应提供新的和额外资金帮助发展中国家或地区缔约方支付履行有关承诺所引起的全部增加费用；并规定应考虑到资金流量必须充足和可以预测以及发达国家或地区缔约方之间适当分担负担的重要性。

## 7. 遵约机制

遵约机制是为了确保缔约方履约，减少或杜绝不遵约的情况而设立的一种保障机制，议定书的遵约机制的核心内容之一是不遵守程序。该不遵守程序显然借鉴了《蒙特利尔议定书》的相关规定，议定书第 18 条规定：作为本议定书缔约方会议的《公约》缔约方会议应在第一届会议通过适当且有效的程序和机制用以断定和处理不遵守本议定书的情势，包括就后果列出一个指示性清单，同时考虑到不遵守的原因、类型、程序和次数，依本条可引起具有拘束性后果的任何程序和机制应以本议定书修正案的方式通过。

## 8. 生效的条件

议定书生效必须同时满足以下条件：须有不少于 55 个公约缔约方批准加入《议定书》；须有 1990 年累计排放量占当年附件一缔约方（发达国家或地区和向市场经济转轨的国家）$CO_2$ 排放总量的 55％以上的附件一的缔约国或地区批准加入议定书。

## 三、《议定书》的重要历史意义

尽管议定书是各缔约国妥协的产物，但其积极意义仍是不容否定的。其历史意义主要表现在如下几个方面：

其一，这是人类历史上首次以国际法的形式对特定国家或地区的特定污染物的排放量做出的具有法律约束力的定量限制，并首次规定了温室气体控制时间表，这在对付全球气候变暖的过程中是一个突破，在国际环境事务中也是史无前例的。

其二，议定书代表着环境政策全球化倾向的一个高峰，预示着全球环境政策和立法趋同化的态势正日渐明朗，并界定了 21 世纪全球努力解决气候变化问题的基本结构要素。

其三，议定书不是一个纯粹的国际环境协定，由于其规定了温室气体排放贸易等灵活机制，在很大程度上可视为一个国际贸易协定。

其四，议定书是各种错综复杂的政治与经济意愿的有机整合。因为它的实施将涉及到各国减排目标的履行、国际间的排放贸易和清洁发展机制等许多国际贸易和国际政治问题，议定书的实施必然会对世界的经济、政治格局产生深刻和长远的影响。

《议定书》是实现公约最终目标的第一步，它也为保护我们星球免受非可持续发展可能产生的破坏带来了一丝希望。它标志着气候变化谈判取得了建设性的进展，并由此可能会被证实为20世纪末最重要的及最有深远意义的世界条约。

### 四、国际碳排放交易体系现状

《议定书》把市场机制作为解决温室气体减排问题的新思路，把二氧化碳排放权作为一种商品，形成碳排放权的交易，即碳交易。碳交易的基本原理是买方通过支付手段，从卖方获得温室气体减排额，用于实现其减排目标。碳交易的本质是利用市场机制来解决国际气候变化问题。通过建立温室气体排放权和总量控制目标，进行碳排放权买卖。在《议定书》的约束下，碳排放权成为一种稀缺资源，进入碳排放交易市场进行流通，最终形成国际碳排放交易体系。自2005年《议定书》生效以来，全球碳交易市场出现迅猛增长。2010年，全球的碳排放交易市场1 410亿美元，由此碳排放交易成为世界上的大宗商品。

**1. 典型的国际碳排放交易市场**

（1）欧盟碳排放交易市场

欧盟碳排放交易市场目前是全球最成熟、交易规模最大的碳排放交易市场，该市场实行的是EU-ETS，属于强制性配额交易市场。2003年欧盟颁布并实施《排放贸易指令》，正式以法律的形式确定了碳排放体系，由中央管理机构决定所有成员国在未来一段时期内总的碳排放量，并依据规则分配成员国的基础碳排放权资产。EU-ETS涵盖欧洲30个国家或地区，涉及诸多高排放、高耗能、高污染行业的碳排放权，例如钢铁行业、电力行业、造纸行业、水泥行业及航空行业等。以实现2020年温室气体排放量比2005年减少21%的目标。

自2005年，成员国可以用CDM项目产生的CER（核证减排单位）抵消其排放总量，真正实现了《议定书》下三种机制的结合，也使得欧盟成为CDM二级市场上的最大买家。此外，EU-ETS还实现了与其他排放权交易体系的对接，目前已与附件一其他国家，如加拿大、日本、瑞士建立了交易连接，甚至还可以与非京都框架内国家或地区的碳排放交易体系建立链接，如美国州级的排放交易体系。

（2）自愿抵消市场

自愿抵消市场是由不受《议定书》约束的国家或企业自愿出资购买碳排放权，以抵偿其产生的所有碳足迹的市场。自愿抵消市场属于项目型交易市场，该市场的碳排放权产品统称核证减排（VER）。2010年全球自愿抵消市场的交易规模约1.78亿美元，虽然交易规模不大，但由于该市场产生于京都机制之前，对CDM的设计起了重大影响，对全球应对气候变化和社会环保意识的宣传起了重要作用。

（3）美国碳排放交易市场

美国虽然衡量自身的经济利益，没有在《议定书》上签字，但其碳排放交易体系也发展得比较好。2010年5月提出的参议院版气候法案草案——《美国电力法案》被搁置，目前还没有形成一部国家层面的管制温室气体排放的联邦法案，但地方层面的区域性减排计划（RGGI）已于2009年1月1日正式实施，涵盖美国东北部与西部10个州的燃煤电厂，是美国第一个以市场为基础的强制性减排体系，也是自愿减排交易组织，但仅包含电力行业。2012年1月，西部气候行动（WCI）开始实施，包含西部的7个州和加拿大的4个省，涉及发电、工业、商业、工业工程及交通运输中的天然气和柴油燃烧，旨在通过各州之间的联合，推动气候变化政策的制定和实施，由专门机构负责设置温室气体的排放上限并分配排放额。此外，美国的碳排放交易体系还包括气候储备行动（CAR）和芝加哥气候交易所（CCX）。CAR 于 2009 年正式启动，是基于项目的排放权交易机制，发布基于项目而产生的排放额。CCX 是北美地区唯一交易 6 种温室气体的排放交易体系，属于自愿性减排交易机制，采用会员制，实行配额交易。其减排额度根据成员的排放基准额和减排时间表确定分配。会员加入采取自愿原则，但会员加入时必须做出自愿减排的承诺，而该承诺具有法律约束效用，承诺接受 CCX 分配的减排目标和初始排放权资产——碳金融工具（CFI）。与强制性碳排放交易相比，这种交易机制的成本更低，更具有灵活性。

**2. 国际碳排放市场的交易规模及价格变动**

2005～2009 年，全球碳排放交易市场经历了连续 5 年的迅猛发展，自 2010 年开始止步甚至出现萎缩。2010 年全球市场交易额比 2009 年略有下降，AAU、EUA、RGGI 交易在 2010 年都开始处于停滞状态；CDM 市场也连续大幅度下降，国际主要碳排放市场交易额见表 6-1。

表 6-1　国际主要碳排放市场交易额汇总表　　　　　单位：亿美元

| 项目 | 2005 | 2006 | 2007 | 2008 | 2009 | 2010 |
|---|---|---|---|---|---|---|
| 配额性交易市场 | | | | | | |
| EU-ETS | 82.2 | 244.36 | 500.97 | 1 005.26 | 1 184.74 | 1 198.13 |
| CCX | 0.03 | 0.38 | 0.72 | 3.09 | 0.5 | 0.42 |
| RGGI | — | — | — | 1.98 | 21.79 | 13.32 |
| GGAS | 0.59 | 2.25 | 2.24 | 1.83 | 1.17 | 0.63 |
| 项目型交易市场 | | | | | | |
| CDM 一级 | 25.44 | 58.04 | 74.33 | 65.11 | 26.78 | 14.86 |
| CDM 二级 | 2.10 | 4.45 | 54.51 | 262.77 | 175.43 | 182.87 |
| JI | 0.68 | 1.41 | 4.99 | 3.67 | 3.54 | 2.97 |
| 自愿抵消市场 | 0.43 | 0.70 | 2.63 | 3.97 | 3.38 | 1.78 |
| 合计 | 111.47 | 311.59 | 640.39 | 1 347.68 | 1 417.33 | 1 414.98 |

如表 6-1 所示，2010 年欧盟碳排放交易市场的交易规模达 1 198.13 亿美元，占全球碳交易市场交易额总量约 84%，如果再加上 CDM 二级市场的交易额，约占全球 98%，在所有交易体系中处于绝对领先地位。另外，配额型交易市场的发展远远超过项目型交易市场的发展。2010 年 CDM 一级市场交易额仅为 14.86 亿美元，比上年下降了约 45%，而在 2005 年，占全球碳交易额的 23%，目前仅占约 1%，呈现巨幅下降。

同样，碳交易市场产品价格也发生了巨大变化。2005～2007 年，欧盟排放配额单位 EUA 价格从 8 欧元上升到 30 欧元，并长期保持在 20 欧元以上，最高价达到 31 欧元。之后，开始大幅下降至 10 欧元，随后一段时间始终保持在 20 欧元以下。随着 EU－ETS 第一阶段的结束，EUA 价格接近于零。2008 年后期，受全球经济危机的影响，EUA 期货价格下降到 10 欧元以下。2009 年 5 月之后，EUA 的价格基本保持在 20 欧元以下。

**3. 中国碳排放交易市场**

我国碳排放交易制度建设已经全面启动，建立全国碳排放交易市场已经列入中央改革领导小组任务之中，计划三年内建成碳排放交易市场。2013 年 6 月以来，我国已经有 7 个省市启动碳排放权交易试点，深圳、上海、北京、广东、天津、湖北、重庆已经相继启动交易（www.tanpaifang.com）。

下一步碳排放交易将从试点直接进入全国碳排放市场的建设，包括确定碳交易的企业边界和范围，制定出台相关管理细则，研究制定合理的配额分配方案和市场调节机制，完善国家或地区碳交易注册登记系统，建立核算、报告与核查体系，制定碳市场监管规则和风险防范措施。

首先将在全国范围内实施重点企业碳排放制度。目前已经公布了十个行业的温室气体排放核算体系，近期计划再公布 3～10 个，从而满足企业核算温室气体报告制度建立的基本需求。碳排放市场是一个强制的市场，未来将会制定一个法律性的文件保障碳排放交易的实施。

发改委已经着手研究全国碳交易总量控制目标及分解落实方案，全国碳市场交易管理办法也正在制定过程中，正陆续出台重点行业企业温室气体核算与报告指南。

我国的碳排放形式并非西方媒体所说的总量控制下的碳排放，由于中国国情和所处发展阶段，中国的总量控制是一个有增量的总量控制。

同时，发改委正在和证监会研究碳排放期货交易的可行性，及早考虑市场的持续、健康发展，目前已经有一些初步的研究成果。

从 2013 年的试点运行来看，北京、上海、广东、深圳、湖北、天津、重庆七个省市碳排放权交易总量规模近 8 亿 t，覆盖企业约 2 200 家，配额量占各地区排放总量的 30%～40%，试点期至 2015 年结束。业界普遍认为，试点的意义在于找到更合理的机制和措施，为全国性碳排放交易市场的开展积累经验。

深圳的碳排放权交易随即于 2013 年 6 月 18 日启动，首批纳入了 635 家企业作为管控单位。碳排放交易体系则实行年度履约制度，2013 年为第一个履约期，管控单位需在 2014 年 6 月 30 日之前，通过注册登记簿系统向主管部门提交与其 2013 年度实际碳排放量相等的配额或核证自愿减排量，以完成碳排放履约义务。具体而言，经市发改委核定，这 635 家企业会取得一定时期内"合法"排放温室气体的总量，即为配额。当企业实际排放量较多时，超出配额部分需在碳交易市场上购买；若企业实际排放较少，结余部分可在碳交易市场上出售。

深圳市发改委碳交办主任周全红接受记者采访时表示，深圳碳排放履约情况比较理想，635 家碳排放管控单位中有 631 家如期履约，占比 99.4%，碳市场累计成交量在 159 万 t 左右。在已经履约的 631 家企业中，有 280 家企业碳排放超额，需要通过碳交易市场购碳排放量。

截至 2014 年 6 月 30 日，深圳碳排放市场配额成交量为 159 万 t，居七个试点城市之首，成交金额则在 6 月 27 日突破一亿元大关。同期，上海碳排放量市场交易量约为 156 万 t。深圳碳交所有关负责人称，成交量上，深圳与上海一直咬得很紧，前期深圳一度领先，后来又被上海反超，最终，还是深圳以近 4 万 t 的微弱优势超过上海。周全红告诉记者，深圳的碳额度仅有 3 100 万 t，上海则是深圳的 5 倍，约为 1.5 亿 t，深圳在额度相对紧张的情况下成交量仍领先比较难得。

## 五、清洁发展机制（CDM）

### 1. CDM 设立宗旨

清洁发展机制（Clean Development Mechanism，CDM）是《议定书》创设的最有开创性的灵活履约机制。该机制的设立目的是"协助未列入附件一的缔约方实现可持续发展和有益于《公约》的最终目标，并协助附件一所列缔约方实现遵守第三条规定的其量化的限制和减少排放的承诺。"该机制允许发达国家或地区的企业或相关机构在发展中国家或地区有效减少温室气体排放量的项目进行投资，就该减少数额获得"碳信用"，该信用最后用来折抵该国在《议定书》中的承诺减排数量。同时"碳信用"也可以用来在碳排放市场进行交易。CDM 项目应提供"与减缓气候变化相关的实际的、可测量的和长期的效益"，并且要求"减少排放对于在没有进行经证明的项目活动的情况下产生的任何减少排放而言是额外的"。

### 2. 清洁发展机制项目运行原理

清洁发展机制项目运行比较复杂，涉及多方主体的参与；同时，在监管方面，既有东道国主管机构的监管，也有议定书下的国际监督主体的监管。清洁发展机制项目运行原理简述如下：

（1）参与方

清洁发展机制允许附件一国家或地区在非附件一国家或地区的领土上实施能够减少温室气体排放或者通过碳封存或碳汇作用从大气中消除温室气体的项目，并据此获得"经核证的减排量"，即 CER。所有的清洁发展机制参与成员国必须符合三个基本要求：自愿参与清洁发展机制；建立国家级清洁发展机制主管机构；批准《议定书》。此外，工业化国家还必须满足几个更严格的规定：完成《议定书》第三条规定的分配排放数量；建立国家级的温室气体排放评估体系；建立国家级的清洁发展机制项目登记机构；提交年度清单报告；为温室气体减排量的买卖交易建立一个账户管理系统。

（2）合适的项目

清洁发展机制包括的潜在项目为：

改善终端能源利用效率；

改善供应方能源效率；

可再生能源；

替代燃料；

农业（甲烷和氧化亚氮减排项目）；

工业过程（水泥生产等减排二氧化碳项目，减排氢氟碳化物、全氧化碳或六氟化硫的项目）；

碳汇项目（仅适用于造林和再造林项目）。

（3）额外的资金

用于清洁发展机制项目的资金必须是官方发展援助之外的资金，禁止发达国家或地区挪用官方发展援助资金用于清洁发展机制项目。此外，对清洁发展机制项目产生的 CER 还将征收 2% 的收益税建立新的"适应基金"，用于帮助对气候变化影响特别脆弱的发展中国家或地区适应气候变化的不利影响。另一项针对 CER 的征税用以弥补清洁发展机制的管理成本。

（4）执行理事会

执行理事会负责监管清洁发展机制的实施，并对缔约方会议负责。执行理事会在 2001 年 11 月马拉喀什协定谈判期间召开了首次会议，这标志着清洁发展机制的正式启动。执行理事会授权一种称之为"经营实体"的独立组织对申报的清洁发展机制项目进行审查，核实项目产生的减排量，并签署减排信用文件证明使这些减排量成为经核证的温室气体减排量。执行理事会的另一个关键任务就是维持清洁发展机制活动的注册登记，包括签发新产生的经核证的温室气体减排量、为征收的用于适应资金和管理费用的经核证的温室气体减排量建立管理账户，为每一个清洁发展机制项目东道国的非附件一国家或地区注册一个经核证的温室气体减排量账户并予以定期管理。

（5）项目识别和表述

清洁发展机制项目周期的第一步是对潜在清洁发展机制项目的识别和表述。一个清洁发展机制项目必须具有真实的、可测量的、额外的减排效果。为了确定项目是否具有额外性，必须将潜在项目的排放量同一个合理的称之为基准线的参考情景的排放量相比较，项目参与者应该采用经批准的方法依据项目的具体情况制定基准线。清洁发展机制项目还必须有一个监测计划以收集准确的排放数据。监测计划构成了未来核实的基础，它必须具有很高的置信度以保证清洁发展机制项目的减排量以及其他项目目标确实得以实现。监测计划还应该有能力监控项目基准线及其排放量失败的风险。排放基准线和监测计划必须根据经批准的方法来设计。如果项目参与者偏好一种新的方法，则该方法必须经由执行理事会批准和登记。项目参与者可以自行选择项目的经核证的温室气体减排量获得时限：10 年或者 7 年，但可能延续两次并重新确认基准线（最长 21 年）。

（6）国家批准

所有希望参与清洁发展机制的国家或地区必须指定一个国家或地区清洁发展机制主管机构负责评估和批准清洁发展机制项目，并作为清洁发展机制活动的联络总站。尽管国际操作规程就基准线和额外性提出了通用的指导原则，但每个发展中国家或地区有责任确定本国的项目批准标准。

（7）审查与登记

指定的经营实体将考察项目设计文件，并经公众评议后，决定是否批准该项目作为清洁发展机制项目。这些经营实体中，有代表性的将是一些私人公司，如审计和会计事务所、有能力独立可靠地评估减排量的咨询公司和法律事务所。如果项目得到批准，经营实体会将项目设计文件上呈执行理事会以获得正式登记。

（8）监测、核实和认证

一个碳减排项目如果没有经过指定的核实程序专门测量和审计其碳排放，就不可能在国际碳排放市场上转让其碳量以获取价值。因此，一旦清洁发展机制项目进入运作阶段，项目参与者就必须准备一个监测报告估算项目产生的经核证的温室气体减排量，并提交给一个经营实体申请核实。核实是由经营实体独立完成的，它是对监测报告上的减排量进行的事后鉴定。经营实体必须查明产生的经核证的温室气体减排量是否符合项目的原始批准书标明的原则和条件。通过详细的审查之后，经营实体将提出一个核实报告并对该清洁发展机制项目产生的经核证的温室气体减排量予以确认。认证是对一个项目产生的经核实的减排效果的书面保证书。认证报告还包括要求签发经核证的温室气体减排量的申请书。如果在 15 天之内，任何一个项目参与者或者三个以上执行理事会成员没有要求重新审查该项目，则执行理事会将指令清洁发展机制登记处签发经核证的温室气体减排量。

### 3. 中国的 CDM 项目

我国是 CDM 项目的积极参与者。国家发改委是中国政府开展清洁发展机制项目活动的主管机构，其主要职责为

① 受理申请。

② 批准项目。

③ 代表中国政府出具批准文件。

④ 项目监督管理。

⑤ 成立 CDM 项目管理机构。

⑥ 其他涉外相关事务。

中国的 CDM 项目，无论是项目个数、还是减排量，在世界上都稳居第一。

根据中国清洁发展机制网（cdm. ccchina. gov. cn），截至 2014 年 06 月 10 日，国家发展改革委批准的 CDM 项目 5 058 个，项目数量最多的是新能源和可再生能源，其次为节能和提高能效，甲烷回收利用等，如表 6-2 所示；截至 2014 年 05 月 23 日，在 EB 注册的全部 CDM 项目 3 798 项，减排类型和项目数列于表 6-3。截至 2014 年 05 月 27 日，已获得 CERs 签发的全部 CDM 项目 1 392 项，减排类型和估计年减排量列于表 6-4。

**表 6-2　批准项目数按减排类型分布表**

| 减排类型 | 项目数 | 减排类型 | 项目数 | 减排类型 | 项目数 |
|---|---|---|---|---|---|
| 节能和提高能效 | 632 | 新能源和可再生能源 | 3 732 | 燃料替代 | 51 |
| 甲烷回收利用 | 462 | $N_2O$ 分解消除 | 43 | HFC-23 分解 | 11 |
| 垃圾焚烧发电 | 54 | 造林和再造林 | 5 | 其他 | 68 |

**表 6-3　EB 注册的项目数按减排类型分布表**

| 减排类型 | 项目数 | 减排类型 | 项目数 | 减排类型 | 项目数 |
|---|---|---|---|---|---|
| 节能和提高能效 | 255 | 新能源和可再生能源 | 3 165 | 燃料替代 | 28 |
| 甲烷回收利用 | 237 | $N_2O$ 分解消除 | 43 | HFC-23 分解 | 11 |
| 垃圾焚烧发电 | 34 | 造林和再造林 | 4 | 其他 | 21 |

**表 6-4　签发项目估计年减排量按减排类型分布表**　　　　单位：$tCO_2e$

| 减排类型 | 估计年减排量 | 减排类型 | 估计年减排量 |
|---|---|---|---|
| 节能和提高能效 | 29 754 853 | 新能源和可再生能源 | 157 304 482 |
| 甲烷回收利用 | 31 390 216 | $N_2O$ 分解消除 | 23 539 127 |
| 垃圾焚烧发电 | 1 433 708 | 造林和再造林 | 90 272 |
| 燃料替代 | 19 549 533 | HFC-23 分解 | 66 798 446 |
| 其他 | 1 827 710 | | |

# 第四节　后京都时代的温室气体减排

《京都议定书》是国际气候合作进程中至关重要的一个环节，但在实施过程中遭遇一系列的困境，主要原因在于：巨额的减排成本、搭便车现象、缺乏强制性的执行机构、美国的退出、灵活机制及减排指标设置等都存在着问题。《京都议定书》只对2008～2012年世界温室气体的排放设置了限制目标，对于2012年以后的排放限制目标并未达成共识，需要通过进一步的谈判来予以确定。后京都时代，发达国家或地区与发展中国家或地区关于气候谈判的立场趋于尖锐化，发展中国家或地区要求发达国家或地区履行承诺，为发展中国家或地区提供资金与技术援助，而发达国家或地区则要求废除"共同但有区别的责任"，要求发展中国家或地区作出承诺并承担减排义务，因此，中国、印度、巴西、南非等经济增速较快的"基础四国"（Basic）受到了相当多的关注，可谓是减排议题的重点指向国家或地区，这意味着这些国家将面临着更艰巨的减排任务和更多的国际压力。

## 一、美国政府拒绝《京都议定书》的理由

2001年3月28日，时任美国总统小布什宣布退出《京都议定书》，并通过白宫发言人弗莱舍表示，美国政府已决定放弃实施该协议所规定的义务。在29日的记者招待会上，他说道："我们不打算接受有损我们的经济，并给美国劳动者带来伤害的计划。"

根据美国的说法，他们退出《京都议定书》，主要有三方面的理由，即：经济理由、国际合作理由和科学理由。

### 1. 经济理由

小布什政府拒绝《京都议定书》的两个经济方面的理由是：其一，执行议定书的义务会损害美国的经济发展；其二，执行协议书会造成大量劳动者丧失工作机会。

美国政府认为，在《京都议定书》中美国所承担的减排任务太重，为此所要花费的美元太多。早在1997年京都会议上，当时的美国代表就坚持"减少百分之零"，认为美国的减排任务太重，虽然减排的目标是到2010年减至1990年的93%，但由于美国目前温室气体的排放基数较大，而且1990年温室气体的排放又出奇的低，美国如果要达到2010年的目标，所承担的减排量远远高于其他国家或地区。按美国的估算，其成本可高达国内生产总值的4%，根据美国麻省理工学院的粗略估计，减排花费大约380亿美元，而欧盟和日本分别为300和340亿美元。面对如此大的耗费，再加之2001年的经济下滑趋势，对于一直强调经济核心地位的美国政府来说，就不得不考虑经济发展的稳定性。所以美国政府一直对减排目标不予认可。

更让美国下定决心的是：美方经过一系列的论证研究得出结论，如果美国执行《京都议定书》，到2010年，其生产力将下降1000～4000亿美元，届时美国的汽油价格将上升30%～50%，电力上升50%～80%。同时美国的产品成本也要增加，这样会对美国的经济发展造成重创。因此，从美国的经济利益出发，美国参与全球气候保护是一项成本巨大但是收益并不显著的活动。

经济的严重动荡和相关能源产业的限制减排必然会造成大量工作岗位的流失。据美国有关部门估算，执行《京都议定书》会减少490万个就业岗位。而布什在问鼎白宫时，美国经

济已经出现衰退迹象，2005 年就业岗位一度减少了 82 万多个。失业率的升高通常是引起社会动荡的重要因素。在这种情况下，布什政府会以更谨慎的态度来面对《京都议定书》。

实际上就是在美国国内，对这一理由也存在着争议。例如，1998 年 7 月白宫经济顾问委员会起草的一份名为《"京都议定书"与总统解决气候变化的政策——政府经济分析》的报告认为：执行该协议书的代价是适度的，不会超过 2010 年美国 GDP 的 0.2%～0.3%。2000 年 11 月，能源部五个国家实验室共同编写的《清洁能源未来之展望》认为：通过采取提高能源效率和使用可再生能源的政策措施，美国实际上可以完成《京都议定书》规定的大部分减排任务。实践证明，美国最早使用新能源和清洁技术的企业已经收到了相应的回报。目前，美国已有不少企业和城市加入了《京都议定书》。

**2. 国际合作理由**

《京都议定书》规定，2008～2012 年，工业国家或地区必须在 1990 年水平上削减二氧化碳排放 6%～8%。议定书没有对发展中国家或地区提出明确的减排目标的要求，美国就一直以此为理由拒绝接受《议定书》提出的减排目标。美国认为这对本国是不公平的。从《联合国气候变化框架公约》的讨论到《京都议定书》的修订，甚至到 2009 年的哥本哈根气候峰会，美国都在强调发展中国家加入减排任务的重要性。小布什认为：把世界上 80% 的人口，包括人口大户，如中国和印度，排除在减排义务之外，这将给美国经济带来严重的危机。

在美国看来，发展中国家或地区的温室气体排放量在逐年增多，如果不加以控制，那发达国家或地区的努力将是徒劳。美国曾有数据表明，到 2020 年，发展中国家或地区的二氧化碳排放量将大大超过工业化国家或地区。因为温室气体不是静止的，所以发展中国家或地区不参加减排是不公平的，也是不现实的。美国的分析颇有点"我付出，你享受"的味道。说白了就是为了避免"搭便车"现象的发生，所有的国家或地区都应该为全球变暖买单。在美国 2002 年推出的《京都议定书》替代方案中，启用了碳强度排放指标，以此来平衡发展中国家或地区在经济发展和阻止气候变暖之间的关系，敦促发展中国家或地区尽快承担相应的减排目标。2009 年哥本哈根会议中，奥巴马态度强硬，认为中国和印度在全球温室气体排放总量中已经占有较大份额，应当承担具体的减排要求。

事实上，美国的工业化进程比大部分国家早的多。近两个世纪的经济发展过程为大气层中积累了为数不少的温室气体（大约占全世界的 25%）。由于美国巨大的二氧化碳基数，在可预见的将来，美国仍然会是"排污先锋"。美国仅发电厂每年向大气就贡献 5 亿 t 碳，而且，美国的人均 $CO_2$ 排放量远远高于中国和印度。

**3. 科学理由**

从老布什开始，对于全球变暖的原因，以及造成的影响就持怀疑态度。1991 年 7 月美国就曾以全球变暖无科学依据为由，拒绝关于承担冻结排放量义务的谈判，到了小布什政府更是如此。在《忠诚的代价》一书中，美国前财长奥尼尔曾披露"总统从不信气候改变的科学技术，也不信关于即将来到的环境灾难的叙述。""全球变暖的问题在无人指导的情况下已冷了下来"。小布什政府对于全球变暖科学研究的疑问体现在两个方面：其一，对全球变暖与二氧化碳的关系表示质疑；其二，对全球变暖产生的影响表示质疑。美国的质疑对象直指 IPCC 的研究成果。美方认为研究报告缺乏准确性，报告的结果是推论而不是事实。数字的随意性太大，缺乏严谨性。虽然当时全球变暖的机理已经被全球大部分科学家公认，但美国依然认为这个理论存在着缺陷。

美国退出《京都议定书》所提出的理由并不能让国际社会信服，所有的理由都流于表面，过于牵强。美国对《京都议定书》的抵触并不是从小布什上台开始，纵观冷战结束后的美国国家政策和国家安全观，可以明显地看到，美国的外交行为都是围绕着国家利益而展开的，气候外交也不例外。美国政府的气候外交底线表现在美国国际竞争力的相对稳定，国家安全的有力保障上。而对于目前尚未对本国构成威胁的全球变暖这一事实并没有引起足够的重视。

## 二、欧盟和"伞形国家集团"的立场

减少温室气体排放的目标，涉及各缔约方的政治、经济利益，因而在实现《京都议定书》规定的减排目标方面，各个国家和区域一体化组织（欧盟）之间观点分歧较大。对于减排目标等的态度基本上可以用"群雄纷争，三强鼎立"来概括。其一是欧盟，欧盟是全球气候变化谈判的发起者，姿态积极，但欧盟在吸纳新成员后各国发展水平差异较大，内部协调难度相对增大；其二是以头号排放大国美国为首，包括加拿大、日本、澳大利亚等国在内的"伞形国家集团"，这一集团眼看欧盟竭力占领气候变化道义制高点，不甘心日益被边缘化；其三是包括77国集团和中国在内的发展中国家或地区。

### 1. 欧盟

欧盟长期以来在气候变化的国际合作中都扮演着积极的角色，是国际气候谈判的积极推动者，是《京都议定书》生效的坚定支持者，也是国际气候合作的主要倡导者。1997年以来，欧盟积极敦促各国尽早批准京都议定书生效，并力争将美国和中国拉入到承担减排义务的队伍中来。欧盟的经济、环保技术实力、国内的环保势力较强，清洁能源的比重较高，在气候谈判中要求立即采取较为激进的减排措施。为了实现减排目标、节能降耗、保护环境，欧盟已经设置了多个专门机构，制订了多项法律。2007年3月，欧盟各国首脑在欧盟春季高峰会议期间通过了具体的气候保护目标，会议决定，到2020年之前将可再生能源在能源结构中的比例从现在的平均6.5%提高到20%，但是将根据各国的具体国情商讨制订具体的政策。此外，欧盟在建筑、交通、能源、电力等领域出台了具体的节能降耗的法律法规，加强对企业 $CO_2$ 排放的管制，根据《京都议定书》的减排目标，把 $CO_2$ 的减排任务分摊给各国，又分摊给不同行业的企业。2008年12月，欧盟峰会批准了旨在落实欧盟节能减排目标的一揽子计划，做出了大幅减排的承诺。而在哥本哈根会议举行的前夕，欧盟明确宣布，根据欧盟在2008年达成的气候变化一揽子协议，到2020年，相比1990年的水平，欧盟将减排20%。

在"向气候变暖宣战"的背后，欧盟同美国一样，也有着自己的经济和政治利益考量。《京都议定书》可能给欧盟、日本这些注重节能、环境的发达国家或地区提供潜在的经济机会，给美国、中国这些不签约或暂时不受影响的国家或地区设下发展的陷阱。

欧洲是世界上环境意识觉醒较早的地区之一，在节能技术、清洁生产等领域领先于美国。欧盟一旦限制本国工业温室气体的排放量，必然要对工业产品制定更严格的节能和排气量的指标，这就影响到整个世界工业产品的竞争格局。欧盟占据了世界工业产品的巨大市场，一旦这个市场对工业产品的节能、低污染的要求提高，就使掌握有关技术的国家或地区占据了经济竞争的优势。也就是说，《京都议定书》的生效，将使得欧盟的工业产品在欧洲市场上占据主导优势，击败美国。

以汽车制造业为例。美国的油价自二战之后长期低廉，美国的汽车制造商认为投入资金和技术开发节能汽车没有市场前途，所以没有投入足够的资金开发。结果"倒萨"战争之后，世界油价大涨，欧洲、日本的混合型汽车一下子成为市场上的明星。

**2. "伞形国家集团"**

根据联合国气候变化框架公约秘书处的界定，伞形国家集团是《京都议定书》通过后由非欧盟发达国家或地区组成的气候谈判联盟，该集团没有确定成员名单，一般认为主要成员国包括美国、日本、加拿大、澳大利亚、俄罗斯联邦等。该集团的多个成员国都是温室气体排放大国，在气候谈判中具有举足轻重的作用。

如前所述，美国曾于1998年签署了《京都议定书》。但2001年3月，布什政府以"减少温室气体排放将会影响美国经济发展"和"发展中国家或地区也应该承担减排和限排温室气体的义务"为借口，宣布拒绝批准《京都议定书》。

日本、加拿大和澳大利亚等已经批准《京都议定书》的伞形集团国家认为，京都目标对他们提出的要求过高，实现京都目标困难重重。在京都机制第二履约期内，这些国家或地区不愿做出进一步的减排承诺，但是决定日本、加拿大和澳大利亚立场的因素是不同的。

日本是世界上最早积极应对气候变化的国家之一，但是后京都气候谈判的意义对日本来说已经和京都时代有了很大的不同。在《京都议定书》谈判时期，日本作为京都会议的东道国，谈判的成功对日本来说具有强烈的象征含义，即冠以日本城市名称的《议定书》的生效象征着日本新的全球领导地位、国际形象的重新定位（摆脱战败国的帽子）和国内政治的转变。在后京都气候谈判中，这种象征性含义已经淡去，日本需要解决的问题是如何实现京都目标，同时将气候变化对经济的冲击降到最低。此外，工业界利益集团以及与其联系紧密的日本通产省也不希望日本在国际上承诺太多。

澳大利亚是煤炭生产、出口与消费大国，任何减排都对其不利，在霍华德政府时期，澳大利亚的气候立场非常消极。陆克文政府上台后立场有积极转变，2008年批准了《京都议定书》，然而诸多因素也决定了这种立场转变的有限性。首先，澳大利亚对煤炭等高碳化石燃料的严重依赖。近几年来，经济发展使澳大利亚的温室气体排放量稳步上升，实现京都目标日趋困难。澳政府更是不愿在2012年后接受更高的减排目标。

加拿大是最早对全球气候变化给予积极关注的国家之一。然而在后京都时代，加拿大在气候变化上的立场日趋保守和消极，这是由于：

① 加拿大的温室气体排放增长很快，实现减排6%的京都目标几乎成了难以完成的使命。

② 美加墨自由贸易区的存在。墨西哥无需承担有约束力的减排承诺，倘若美国也不参与后京都气候机制的话，加拿大参与全球减排徒劳无益，只会损害其经济发展和经济竞争力。

③ 加拿大亚伯达省北部丰富的焦油砂也是其改变以往积极气候政策的原因。焦油砂含有丰富的碳氢化合物，燃烧释放出大量的二氧化碳，是当前加拿大温室气体的主要增长源之一，也是影响未来加拿大碳预算的最大因素。关于减排，加拿大希望在国际气候谈判中获得更大的政治和操作空间。

《京都议定书》赋予俄罗斯极为宽松的排放空间使其拥有大量可以出售的热空气。然而进入新世纪后俄罗斯的经济开始复兴，温室气体排放量迅速增加。同时，为促进其经济复兴和对外能源出口，俄罗斯联邦政府已出台政策鼓励国民重新使用含碳较高的煤，而将更多的天然气等能源用于出口，这也使俄罗斯的排放总量进一步增加。因此在后京都气候谈判中，俄罗斯关注的是国际社会如何处理俄罗斯在京都第一履约期内余下"热空气"以及承担减排义务是否会限制其未来经济发展的空间。此外，气候变化问题对俄罗斯来说还有巨大的政治和外交含义。在《京都议定书》的批准过程中，欧盟、日本等国以在 WTO 等非气候问题上的让步换取了俄罗斯的批准，确保了《京都议定书》的生效。

### 三、2007 年联合国气候变化大会及巴厘路线图

2007 年联合国气候变化大会——《联合国气候变化框架公约》缔约方第十三次会议和《京都议定书》缔约方第三次会议于 2007 年 12 月 3 日～15 日在印度尼西亚巴厘岛召开。来自《框架公约》的 192 个缔约方，以及《京都议定书》176 个缔约方的 11 000 多人参加了此次大会。

#### 1. 会议主要成果

会议着重讨论了"后京都"问题，即《京都议定书》第一承诺期在 2012 年到期后如何进一步降低温室气体的排放、2012 年后应对气候变化的措施安排、发达国家或地区应进一步承担的温室气体减排责任等一系列关于全球气候变化的问题。这次大会为遏制温室气体排放、应对全球气候变化等问题创造机遇，大会通过了应对气候变化的"巴厘路线图"。

与会各方还同意采取一系列步骤，以立即进一步贯彻《联合国气候变化框架公约》缔约方现有承诺，这些步骤对发展中国家或地区尤其重要。它们包括：

① 适应气候变化。由《京都议定书》清洁发展机制资助的、在发展中国家或地区进行的适应气候变化项目的基金安排将在全球环境机构的管理下进行。

② 采取技术步骤。会议同意开启"战略性项目"，提高投资水平，推动发展中国家或地区所需要的减缓和适应气候变化技术的转让。

③ 减少发展中国家或地区因森林砍伐而造成的温室气体排放。各方确认要采取进一步行动减少这类排放，并支持相关能力建设。

此外，大会还就联合国政府间气候变化专门委员会（IPCC）第四份评估报告（AR4）的重要性、小规模植树造林、碳捕捉与储存、最不发达国家或地区适应气候变化等问题达成协议。

#### 2. 巴厘路线图

经过两个星期的艰苦谈判后，联合国气候变化大会于 2007 年 12 月 15 日终于孕育出备受瞩目的应对气候变化的"巴厘路线图"，它将为人类下一步应对气候变化指引前进方向。美国起初反对这一方案，后来由于各方面的共同努力而最后接受，会议终于取得突破。欧盟及发展中国家或地区向美国让步，接受折中方案，放弃要求在议定书正文内明确减排目标，改为执行"路线图"方案，各国将在未来两年内举行会谈，2009 年将在丹麦召开下一轮气候变化大会，届时才制订新的减排目标，取代《京都议定书》，2012 年生效。

"巴厘路线图"是人类应对气候变化历史中的一座新里程碑，确定了今后加强落实《框架公约》的领域，对减排温室气体的种类、主要发达国家或地区的减排时间表和额度等作出了具体规定，将为进一步落实《框架公约》指明方向，共有 13 项内容和 1 个附录，亮点

如下：

① 强调了国际合作。"巴厘路线图"在第一项的第一款指出，依照《框架公约》原则，特别是"共同但有区别的责任"原则，考虑社会、经济条件以及其他相关因素，与会各方同意长期合作共同行动，行动包括一个关于减排温室气体的全球长期目标，以实现《框架公约》的最终目标。

② 把美国纳入进来。由于拒绝签署《京都议定书》，美国如何履行发达国家或地区应尽义务一直存在疑问。"巴厘路线图"明确规定，《框架公约》的所有发达国家或地区缔约方都要履行可测量、可报告、可核实的温室气体减排责任，这把美国纳入其中。

③除减缓气候变化问题外，还强调了另外三个在以前国际谈判中曾不同程度受到忽视的问题：适应气候变化问题、技术开发和转让问题以及资金问题。这三个问题是广大发展中国家或地区在应对气候变化过程中极为关心的问题。"巴厘路线图"把减缓气候变化问题与这三个问题一并提出来，为落实《框架公约》的事业指明了方向。

④ 为下一步落实《框架公约》设定了时间表。"巴厘路线图"要求有关的特别工作组在2009年完成工作，并向《框架公约》第十五次缔约方会议递交工作报告，这与《京都议定书》第二承诺期的完成谈判时间一致，实现了"双轨"并进。

中国为绘成"巴厘路线图"做出了自己的贡献。中国把环境保护作为一项基本国策，将科学发展观作为执政理念，根据《框架公约》的规定，结合中国经济社会发展规划和可持续发展战略，制定并公布了《中国应对气候变化国家方案》，成立了国家应对气候变化领导小组，颁布了一系列法律法规。中国的这些努力在本次大会上得到各方普遍好评。在"巴厘路线图"中，中国与其他发展中国家或地区一道，承诺担当应对气候变化的相应责任。

## 四、最近几年联合国气候变化大会及其主要成果回顾

### 1. 2009年哥本哈根大会（COP15）

（1）哥本哈根会议的谈判

哥本哈根联合国气候变化大会，于2009年12月7日~19日在丹麦首都哥本哈根召开。193个国家和地区的环境部长、官员、NGO及其他相关组织代表共4万名各界人士齐聚一堂，商讨《京都议定书》一期承诺到期后的后续安排，计划就应对气候变化的全球行动签署新的协议。在会议临近结束时，119名国家领导人和国际机构负责人出席本次大会，可见此次大会的空前规模。

由于全球气候变化问题日益严重，而各国在经历金融危机之后试图寻找新的可持续经济增长点，因此各国对本次会议都给予了高度的重视。尽管各方都计划在本次会议上取得一份具有法律约束力的减排协议，但是在会议开始之后人们才突然发现，高期待值并不意味着高妥协率，整个谈判过程充满了对立、矛盾和坚持，显露出来的问题和障碍使得各方对会议前景产生了担心。发达国家或地区坚持认为，发展中国家或地区应当承担"可衡量、可报告、可核查"的强制减排义务，然后才能提供资金支持；而以中国、印度、巴西、墨西哥组成的"基础四国"集团认为，只有得到国际资金、技术和能力建设支持，才接受"可衡量、可报告、可核查"的国际评审，自主减排不接受国际审查标准。

由于发达国家或地区与发展中国家或地区在减排目标上的分歧无法得到解决，会议一度陷入僵局。瑞典环境大臣安德烈亚斯·卡尔格伦忧心忡忡地向媒体指出："形势非常严峻。"

在各国元首陆续抵达哥本哈根，准备签署减排协议之时，该协议的内容仍然未达成一致。虽然大家越来越对达成最后协议缺乏信心，但会议在一些问题上仍有进展：第一，非洲大幅削减了对发达国家或地区援助金额的预期；第二，日本承诺在 2012 年前为帮助发展中国家或地区减排提供 110 亿美元的政府资金。临近会议结束，就在大家都以为会议会以失败告终之时，各国首脑之间积极斡旋，在最后时刻达成了一份没有约束力的《哥本哈根协定》。

（2）哥本哈根会议的成果——《哥本哈根协定》

《哥本哈根协定》文本篇幅不长，简明扼要地列出了 12 个条款，且没有提及各国的具体温室气体减排目标。主要内容概括如下：第一条：重申"共同但有区别责任"原则；加强长期合作、建立全面的应对计划。第二条：认识到全球气温升温不应超过 2℃；要在公平基础上采取行动，尽快实现碳排放峰值；认识到发展中国家或地区发展经济和摆脱贫困的首要目标。第三条：发达国家或地区应提供资金、技术支持，帮助气候脆弱性国家应对气候变化。第四条：要求《框架公约》附件一缔约国在指定时间前向秘书处提交 2020 年排放目标。第五条：《框架公约》非附件一缔约国实行延缓气候变化举措，向秘书处提交并加强国家或地区间信息沟通交流。第六条：充分肯定 REDD＋机制建立的必要性，并提供资金等支持。第七条：提高减排措施的成本效益，包括碳交易市场。第八条：向发展中国家或地区提供更多的、新的、额外的以及可预测的和充足的资金，支持发展中国家或地区的 REDD＋、技术开发和减排能力建设等。具体数额为：2010～2012 年间提供 300 亿美元；2020 年前每年筹集 1 000 亿美元；大部分基金将通过"哥本哈根绿色气候基金"（Copenhagen Green Climate Fund）发放。第九条：建立一个工作小组，专门研究资金问题。第十条：建立哥本哈根绿色气候基金，作为缔约方协议的金融机制运作实体，以支持发展中国家或地区的相关活动。第十一条：建立技术机制（Technology Mechanism），以加快技术研发和转让。第十二条：在 2015 年前完成对本协议的评估。

**2. 2010 年坎昆大会（COP16）**

2010 年 11 月 29 日，联合国气候变化大会即《气候变化框架公约》第 16 次缔约方大会在墨西哥东部城市坎昆（Cancun）开幕。来自 194 个国家和地区的代表第一周的工作通过了两个草案，第一是将"最不发达国家专家小组"的授权期限延长 5 年，第二是同意将"碳捕捉和碳封存（CCS）"项目纳入清洁发展机制（CDM），只要专家们证明这项技术确实可行并对环境不会造成危害。就这两个草案的内容而言，前者无关紧要，后者也只是次要领域中的分支问题。真正在坎昆会议上引起媒体广泛关注的是日本坚定地拒绝加入京都议定书的第二承诺期，俄罗斯、加拿大、澳大利亚和新西兰等在减排第一承诺期表现不佳的成员国也在不同场合暗示将步日本的后尘。

2010 年 12 月 11 日，坎昆会议正式结束。会议最终达成了两项决议，分别是《京都议定书》附件一缔约方进一步承诺特设工作组决议，以及《联合国气候变化框架公约》长期合作行动特设工作组决议。决议的主要内容包括：

① 经济和社会发展以及减贫是发展中国家或地区最重要的优先事务，发达国家或地区根据自己的历史责任必须带头应对气候变化及其负面影响，并向发展中国家或地区提供长期、可预测的资金、技术以及能力建设支持。

② 决议认可了 1 000 亿美元的融资方案，同时承认了资金来源的多样性。决议落实了哥本哈根会议同意的绿色气候基金（Green Climate Fund），以帮助发展中国家适应气候变化。

该基金的资金来源于 1 000 亿美元的融资，由 12 个发达国家或地区和 12 个发展中国家或地区各派一名代表负责管理。

③ 决议提高了对所有国家或地区报告他们减排行动的透明度要求，要求成员国每两年进行一次排放和减排行动的详细报告，发达国家或地区则必须提交他们向发展中国家或地区（特别是那些受气候变化影响最为严重的国家或地区）提供资金、技术和能力建设援助的详细信息。

虽然该决议在一些次要问题上达成了一致意见，但在 2012 后的减排安排等关键问题上并未取得突破。协议虽然提出"应及时确保《京都议定书》第一、第二承诺期之间不能出现空档"，同时提出要将大气温度升高控制在 1.5℃ 的范围，但没有提出具体的措施来实现上述目标。在哥本哈根会议令人失望地闭幕后，国际社会、专家和普通民众都感觉到了气候变化谈判前景的悲观气氛，这种气氛直接影响了各方对坎昆会议的预期。坎昆会议在事前并不被人看好，事实也证明了这个预测。但令发展中国家或地区相对满意的是，在应对气候变化的原则问题上，坎昆会议仍然坚持了《联合国气候变化框架公约》和《京都议定书》的基本路线，坚持了"共同但有区别的责任"原则。我国代表团团长、国家发展和改革委员会（以下称"国家发改委"）副主任解振华说："决议均衡地反映了各方意见，虽然还有不足，但我们感到满意，这次谈判进程坚持了'巴厘路线图'的轨道，朝着深入履行公约、议定书的方向团结合作稳步前进。"

**3. 2011 年德班大会 COP（17）**

德班气候大会通过决议，建立德班增强行动平台特设工作组，决定实施《京都议定书》第二承诺期并启动绿色气候基金。

就本次会议的结果而言，主要有五方面的成果：一是坚持了公约、议定书和"巴厘路线图"授权，坚持了双轨谈判机制，坚持了"共同但有区别的责任"原则；二是就发展中国家或地区最为关心的京都议定书第二承诺期问题作出了安排；三是在资金问题上取得重要进展，启动了绿色气候基金；四是在坎昆协议基础上进一步明确和细化了适应、技术、能力建设和透明度的机制安排；五是深入讨论了 2020 年后进一步加强公约实施的安排，并明确了相关进程，向国际社会发出积极信号。

德班会议未能全部完成"巴厘路线图"的谈判，落实坎昆协议和德班会议成果仍需时日。各方在有关 2020 年后加强公约实施的安排上还需要做更多工作。发达国家或地区在自身减排和向发展中国家或地区提供资金和技术转让支持的政治意愿不足，是影响国际社会合作应对气候变化努力的最主要因素。

作为"77 国集团＋中国"的一员，中国代表团全面、积极、深入地参加了德班会议各个议题的谈判磋商，从不同层面广做各方工作，以积极、务实、开放的姿态与其他发展中国家或地区进行沟通协调，与发达国家或地区开展对话磋商，全力支持东道国为推动德班会议取得成功所做的工作，为会议取得积极成果作出了最大限度的努力，发挥了建设性作用。

**4. 2012 多哈大会 COP（18）**

2012 年 11 月 26 日～12 月 7 日，联合国气候变化框架公约（UNFCCC）第 18 次缔约方大会及《京都议定书》第 8 次缔约方大会（COP18/CMP8）在卡塔尔首都多哈正式拉开帷幕，这是 COP 会议第一次在海湾地区召开，也是第一次在亚太地区举行。

为期两周的多哈会议达成了一揽子协议。会议就《京都议定书》第二承诺期做出了决定，大会通过的决议中包括《京都议定书》修正案，从法律上确保了《京都议定书》第二承诺期在 2013 年实施。发达国家或地区在 2020 年前要继续大幅度减排。会议同时决定，发达国家或地区在 2020 年前要在快速启动资金之后继续增加出资，到 2020 年达到每年 1 000 亿美元的规模，帮助发展中国家或地区应对气候变化。会议还就德班平台谈判做出了安排。

这次大会总体得了一个比较满意的结果。但"也有遗憾，有不满意的地方"。比如，发达国家或地区第二承诺期的减排力度明显不够，加拿大、日本、新西兰及俄罗斯已明确不参加《议定书》第二承诺期，2020 年之前的出资规模和公共资金提供情况也不令人满意。

### 5. 2013 年华沙大会（COP19）

联合国气候变化框架公约第十九次缔约方会议及京都议定书第九次缔约方会议在波兰华沙举行。中国代表团认为，华沙气候大会取得了两方面成果。

其一，华沙会议重申了落实"巴厘路线图"成果对于提高 2020 年前行动力度的重要性，敦促发达国家或地区进一步提高 2020 年前的减排力度，加强对发展中国家或地区的资金和技术支持。同时围绕资金、损失和损害问题达成了一系列机制安排，为推动绿色气候基金注资和运转奠定基础。

其二，华沙会议就进一步推动德班平台达成决定，既重申了德班平台谈判在公约下进行，以公约原则为指导的基本共识，为下一步德班平台谈判沿着加强公约实施的正确方向不断前行奠定了政治基础。又要求各方抓紧在减缓、适应、资金、技术等方面进一步细化未来协议要素，邀请各方开展关于 2020 年后强化行动的国内准备工作，向国际社会发出了确保德班平台谈判于 2015 年达成协议的积极信号。

# 第五节　中国应对气候变化国家方案

中国作为一个负责任的发展中国家，对气候变化问题给予了高度重视，成立了国家气候变化对策协调机构，并根据国家可持续发展战略的要求，采取了一系列与应对气候变化相关的政策和措施，为减缓和适应气候变化做出了积极的贡献。作为履行《气候变化框架公约》的一项重要义务，中国政府特制定《中国应对气候变化国家方案》（以下简称《国家方案》）。《国家方案》共五部分。第一部分：中国气候变化的现状和应对气候变化的努力；第二部分：气候变化对中国的影响和挑战；第三部分：中国应对气候变化的指导思想、原则与目标；第四部分：中国应对气候变化的相关政策和措施；第五部分：中国对若干问题的基本立场及国际合作需求。

2007 年 6 月 4 日，《国家方案》经国务院批准正式发布实施。以下介绍《国家方案》中的一些重要内容和观点。

## 一、中国应对气候变化的努力

《国家方案》指出，中国温室气体历史排放量很低，且人均排放一直低于世界平均水平。根据世界资源研究所的研究结果，1950 年中国化石燃料燃烧二氧化碳排放量为 7900 万 t，仅占当时世界总排放量的 1.31%；1950～2002 年间中国化石燃料燃烧二氧化碳累计排放量占世界同期的 9.33%，人均累计二氧化碳排放量 61.7t，居世界第 92 位。根据国际能源机构的统计，2004 年中国化石燃料燃烧人均二氧化碳排放为 3.65t，相当于世界平均水平的

87%、经济合作与发展组织国家的 33%。

在经济社会稳步发展的同时，中国单位国内生产总值（GDP）的二氧化碳排放强度总体呈下降趋势。根据国际能源机构的统计数据，1990 年中国单位 GDP 化石燃料燃烧二氧化碳排放强度为 $5.47kgCO_2$/美元（2000 年价），2004 年下降为 $2.76kgCO_2$/美元，下降了 49.5%，而同期世界平均水平只下降了 12.6%，经济合作与发展组织国家下降了 16.1%。

获得如此巨大的进步，来源于中国政府为减缓气候变化付出的巨大努力。《国家方案》共总结了以下八个方面：

第一，调整经济结构，推进技术进步，提高能源利用效率。从 20 世纪 80 年代后期开始，中国政府更加注重经济增长方式的转变和经济结构的调整，将降低资源和能源消耗、推进清洁生产、防治工业污染作为中国产业政策的重要组成部分。通过实施一系列产业政策，加快第三产业发展，调整第二产业内部结构，使产业结构发生了显著变化。

第二，发展低碳能源和可再生能源，改善能源结构。通过国家政策引导和资金投入，加强了水能、核能、石油、天然气和煤层气的开发和利用，支持在农村、边远地区和条件适宜地区开发利用生物质能、太阳能、地热、风能等新型可再生能源，使优质清洁能源比重有所提高。

第三，大力开展植树造林，加强生态建设和保护。改革开放以来，随着中国重点林业生态工程的实施，植树造林取得了巨大成绩，据第六次全国森林资源清查，中国人工造林保存面积达到 0.54 亿 $hm^2$，蓄积量 15.05 亿 $m^3$，人工林面积居世界第一。

第四，实施计划生育，有效控制人口增长。自 20 世纪 70 年代以来，中国政府一直把实行计划生育作为基本国策，使人口增长过快的势头得到有效控制。根据联合国的资料，中国的生育率不仅明显低于其他发展中国家或地区，也低于世界平均水平。通过计划生育，到 2005 年中国累计少出生 3 亿多人口，按照国际能源机构统计的全球人均排放水平估算，仅 2005 年一年就相当于减少二氧化碳排放约 13 亿 t，这是中国对缓解世界人口增长和控制温室气体排放做出的重大贡献。

第五，加强了应对气候变化相关法律、法规和政策措施的制定。针对近几年出现的新问题，中国政府提出了树立科学发展观和构建和谐社会的重大战略思想，加快建设资源节约型、环境友好型社会，进一步强化了一系列与应对气候变化相关的政策措施。

第六，进一步完善了相关体制和机构建设。中国政府成立了共有 17 个部门组成的国家气候变化对策协调机构，在研究、制定和协调有关气候变化的政策等领域开展了多方面的工作，为中央政府各部门和地方政府应对气候变化问题提供了指导。

第七，高度重视气候变化研究及能力建设。中国政府重视并不断提高气候变化相关科研支撑能力，组织实施了许多国家重大科技项目。

第八，加大气候变化教育与宣传力度。中国政府一直重视环境与气候变化领域的教育、宣传与公众意识的提高。

## 二、我国气候变化面临的七大挑战

我国应对气候变化面临着的主要挑战主要包括发展模式、能源结构、能源技术自主创新、森林资源保护和发展、农业、水资源开发和保护及沿海地区等七个方面。

（1）发展模式

随着我国经济的发展，能源消费和二氧化碳排放量必然要持续增长，减缓温室气体排放将使我国面临开创新型的、可持续发展模式的挑战。

（2）能源结构

目前，我国是世界上少数几个以煤为主要燃料的国家，在 2005 年全球一次能源消费构成中，煤炭仅占 27.8％，而我国高达 68.9％。与石油、天然气燃料相比，单位热量燃煤二氧化碳排放量分别高出约 36％和 61％。

（3）能源技术自主创新

由于调整能源结构在一定程度上受到资源结构的制约，提高能源利用效率面临着技术和资金上的障碍，以煤为主的能源资源和消费结构在未来相当长的一段时间将不会发生根本性改变。同其他国家或地区相比，我国在降低单位能源的二氧化碳排放强度方面面临更大困难。此外，我国能源生产和利用技术落后是能源利用效率较低和温室气体排放强度较高的一个主要原因。先进技术的严重缺乏与落后工艺技术，使我国能源利用效率比国际先进水平约低 10 个百分点，高耗能产品单位能耗比国际先进水平高出 40％左右。

（4）森林资源保护和发展

我国森林资源总量不足，生态环境脆弱，干旱、荒漠化、水土流失、湿地退化等仍相当严重，随着工业化、城镇化进程的加快，保护林地、湿地的任务加重，压力加大。

（5）农业

我国是世界上农业气象灾害多发地区，人均耕地资源少，农业经济不发达，适应能力非常有限。如何在气候变化的情况下合理调整农业生产布局和结构，改善农业生产条件，确保农业生产持续稳定发展，对我国农业领域提高气候变化适应能力和抵御气候灾害能力提出了长期的挑战。

（6）水资源开发和保护

中国水资源开发和保护领域适应气候变化的目标：一是促进中国水资源持续开发与利用，二是增强适应能力以减少水资源系统对气候变化的脆弱性。如何在气候变化的情况下，加强水资源管理、优化水资源配置；加强水利基础设施建设，确保大江大河、重要城市和重点地区的防洪安全；全面推进节水型社会建设，保障人民群众的生活用水，确保经济社会的正常运行；发挥好河流功能的同时，切实保护好河流生态系统，对中国水资源开发和保护领域提高气候变化适应能力提出了长期的挑战。

（7）沿海地区

我国沿海地区极易遭受因海平面上升带来的各种海洋灾害威胁。目前我国海洋环境监视监测能力明显不足，应对海洋灾害的预警能力和应急响应能力已不能满足应对气候变化的需求。未来我国沿海由于海平面上升引起的海岸侵蚀、海水入侵、土壤盐渍化、河口海水倒灌等问题，对沿海地区应对气候变化提出了挑战。

## 三、中国应对气候变化的指导思想和原则

中国应对气候变化的指导思想是：全面贯彻落实科学发展观，推动构建社会主义和谐社会，坚持节约资源和保护环境的基本国策，以控制温室气体排放、增强可持续发展能力为目标，以保障经济发展为核心，以节约能源、优化能源结构、加强生态保护和建设为重点，以

科学技术进步为支撑，不断提高应对气候变化的能力，为保护全球气候做出新的贡献。

中国应对气候变化要坚持以下原则：

① 在可持续发展框架下应对气候变化的原则。这既是国际社会达成的重要共识，也是各缔约方应对气候变化的基本选择。中国政府早在 1994 年就制定和发布了可持续发展战略——《中国 21 世纪议程——中国 21 世纪人口、环境与发展白皮书》，并于 1996 年首次将可持续发展作为经济社会发展的重要指导方针和战略目标，2003 年中国政府又制定了《中国 21 世纪初可持续发展行动纲要》。中国将继续根据国家可持续发展战略，积极应对气候变化问题。

② 遵循《气候变化框架公约》规定的"共同但有区别的责任"原则。根据这一原则，发达国家或地区应带头减少温室气体排放，并向发展中国家或地区提供资金和技术支持；发展经济、消除贫困是发展中国家或地区压倒一切的首要任务，发展中国家或地区履行公约义务的程度取决于发达国家或地区在这些基本的承诺方面能否得到切实有效的执行。

③ 减缓与适应并重的原则。减缓和适应气候变化是应对气候变化挑战的两个有机组成部分。对于广大发展中国家来说，减缓全球气候变化是一项长期、艰巨的挑战，而适应气候变化则是一项现实、紧迫的任务。中国将继续强化能源节约和结构优化的政策导向，努力控制温室气体排放，并结合生态保护重点工程以及防灾、减灾等重大基础工程建设，切实提高适应气候变化的能力。

④ 将应对气候变化的政策与其他相关政策有机结合的原则。积极适应气候变化、努力减缓温室气体排放涉及到经济社会的许多领域，只有将应对气候变化的政策与其他相关政策有机结合起来，才能使这些政策更加有效。中国将继续把节约能源、优化能源结构、加强生态保护和建设、促进农业综合生产能力的提高等政策措施作为应对气候变化政策的重要组成部分，并将减缓和适应气候变化的政策措施纳入到国民经济和社会发展规划中统筹考虑、协调推进。

⑤ 依靠科技进步和科技创新的原则。科技进步和科技创新是减缓温室气体排放，提高气候变化适应能力的有效途径。中国将充分发挥科技进步在减缓和适应气候变化中的先导性和基础性作用，大力发展新能源、可再生能源技术和节能新技术，促进碳吸收技术和各种适应性技术的发展，加快科技创新和技术引进步伐，为应对气候变化、增强可持续发展能力提供强有力的科技支撑。

⑥ 积极参与、广泛合作的原则。全球气候变化是国际社会共同面临的重大挑战，尽管各国对气候变化的认识和应对手段尚有不同看法，但通过合作和对话、共同应对气候变化带来的挑战是基本共识。中国将积极参与《气候变化框架公约》谈判和政府间气候变化专门委员会的相关活动，进一步加强气候变化领域的国际合作，积极推进在清洁发展机制、技术转让等方面的合作，与国际社会一道共同应对气候变化带来的挑战。

## 四、减缓温室气体排放措施

我国将采取一系列法律、经济、行政等手段，减缓温室气体排放，提高适应气候变化的能力。把能源生产和转换，提高能源利用效率与节约能源，工业生产过程，农业、林业和城市废弃物等列为中国减缓温室气体排放的重点领域。

能源供应行业需要推动的相关政策措施有：

（1）在保护生态基础上有序开发水电

把发展水电作为促进中国能源结构向清洁低碳化方向发展的重要措施。在做好环境保护和移民安置工作的前提下，合理开发和利用丰富的水力资源，加快水电开发步伐，重点加快西部水电建设，因地制宜开发小水电资源。

（2）积极推进核电建设

把核能作为国家能源战略的重要组成部分，逐步提高核电在中国一次能源供应总量中的比重，加快经济发达、电力负荷集中的沿海地区的核电建设；坚持以我为主、中外合作、引进技术、推进自主化的核电建设方针，统一技术路线，采用先进技术，实现大型核电机组建设的自主化和本地化，提高核电产业的整体能力。

（3）加快火力发电的技术进步

优化火电结构，加快淘汰落后的小火电机组，适当发展以天然气、煤层气为燃料的小型分散电源；大力发展单机 60 万 kW 及以上超（超）临界机组、大型联合循环机组等高效、洁净发电技术；发展热电联产、热电冷联产和热电煤气多联供技术；加强电网建设，采用先进的输、变、配电技术和设备，降低输、变、配电损耗。

（4）大力发展煤层气产业

将煤层气勘探、开发和矿井瓦斯利用作为加快煤炭工业调整结构、减少安全生产事故、提高资源利用率、防止环境污染的重要手段，最大限度地减少煤炭生产过程中的能源浪费和甲烷排放。主要鼓励政策包括：对地面抽采项目实行探矿权、采矿权使用费减免政策，对煤矿瓦斯抽采利用及其他综合利用项目实行税收优惠政策，煤矿瓦斯发电项目享受《中华人民共和国可再生能源法》规定的鼓励政策，工业、民用瓦斯销售价格不低于等热值天然气价格，鼓励在煤矿瓦斯利用领域开展清洁发展机制项目合作等。

（5）推进生物质能源的发展

以生物质发电、沼气、生物质固体成型燃料和液体燃料为重点，大力推进生物质能源的开发和利用。在粮食主产区等生物质能源资源较丰富地区，建设和改造以秸秆为燃料的发电厂和中小型锅炉。在经济发达、土地资源稀缺地区建设垃圾焚烧发电厂。在规模化畜禽养殖场、城市生活垃圾处理场等建设沼气工程，合理配套安装沼气发电设施。大力推广沼气和农林废弃物气化技术，提高农村地区生活用能的燃气比例，把生物质气化技术作为解决农村和工业生产废弃物环境问题的重要措施。努力发展生物质固体成型燃料和液体燃料，制定有利于以生物燃料乙醇为代表的生物质能源开发利用的经济政策和激励措施，促进生物质能源的规模化生产和使用。

（6）积极扶持风能、太阳能、地热能、海洋能等的开发和利用

通过大规模的风电开发和建设，促进风电技术进步和产业发展，实现风电设备国产化，大幅降低成本，尽快使风电具有市场竞争能力；积极发展太阳能发电和太阳能热利用，在偏远地区推广户用光伏发电系统或建设小型光伏电站，在城市推广普及太阳能一体化建筑、太阳能集中供热水工程，建设太阳能采暖和制冷示范工程，在农村和小城镇推广户用太阳能热水器、太阳房和太阳灶；积极推进地热能和海洋能的开发利用，推广满足环境和水资源保护要求的地热供暖、供热水和地源热泵技术，研究开发深层地热发电技术；在浙江、福建和广东等地发展潮汐发电，研究利用波浪能等其他海洋能发电技术。

另外，我国将强化钢铁、有色金属、石油化工、建材、交通运输、农业机械、建筑节能以及商业和民用节能等领域的节能技术开发和推广。在工业生产过程中发展循环经济，走新型工业化

道路，强化钢材节约，限制钢铁产品出口，推动生产企业开展清洁发展机制项目等国际合作。

我国还将大力加强能源立法工作，加快能源体制改革，推动可再生能源发展的机制建设。

2009 年底的哥本哈根气候大会，中国政府更是承诺延缓 $CO_2$ 的排放，到 2020 年国内单位 GDP 的 $CO_2$ 排放比 2005 年下降 40%～45%。

### 五、中国对气候变化若干问题的基本立场

① 减缓温室气体排放。减缓温室气体排放是应对气候变化的重要方面。《气候变化框架公约》附件一缔约方国家或地区应按"共同但有区别的责任"原则率先采取减排措施。发展中国家由于其历史排放少，当前人均温室气体排放水平比较低，其主要任务是实现可持续发展。中国作为发展中国家，将根据其可持续发展战略，通过提高能源效率、节约能源、发展可再生能源、加强生态保护和建设、大力开展植树造林等措施，努力控制温室气体排放，为减缓全球气候变化做出贡献。

② 适应气候变化。适应气候变化是应对气候变化措施不可分割的组成部分。过去，适应方面没有引起足够的重视，这种状况必须得到根本改变。国际社会今后在制定进一步应对气候变化法律文书时，应充分考虑如何适应已经发生的气候变化问题，尤其是提高发展中国家或地区抵御灾害性气候事件的能力。中国愿与国际社会合作，积极参与适应领域的国际活动和法律文书的制定。

③ 技术合作与技术转让。技术在应对气候变化中发挥着核心作用，应加强国际技术合作与转让，使全球共享技术发展所产生的惠益。应建立有效的技术合作机制，促进应对气候变化技术的研发、应用与转让；应消除技术合作中存在的政策、体制、程序、资金以及知识产权保护方面的障碍，为技术合作和技术转让提供激励措施，使技术合作和技术转让在实践中得以顺利进行；应建立国际技术合作基金，确保广大发展中国家或地区买得起、用得上先进的环境友好型技术。

④ 切实履行《气候变化框架公约》和《京都议定书》的义务。《气候变化框架公约》规定了应对气候变化的目标、原则和承诺，《京都议定书》在此基础上进一步规定了发达国家或地区 2008～2012 年的温室气体减排目标，各缔约方均应切实履行其在《气候变化框架公约》和《京都议定书》下的各项承诺，发达国家或地区应切实履行其率先采取减排温室气体行动，并向发展中国家或地区提供资金和转让技术的承诺。中国作为负责任的国家，将认真履行其在《气候变化框架公约》和《京都议定书》下的义务。

⑤ 气候变化区域合作。《气候变化框架公约》和《京都议定书》设立了国际社会应对气候变化的主体法律框架，但这绝不意味着排斥区域气候变化合作。任何区域性合作都应是对《气候变化框架公约》和《京都议定书》的有益补充，而不是替代或削弱，目的是为了充分调动各方面应对气候变化的积极性，推动务实的国际合作。中国将本着这种精神参与气候变化领域的区域合作。

## 第六节　碳足迹核查

碳足迹是目前国内外普遍认可的用于应对气候变化、解决定量评价碳排放强度的研究方法。运用碳足迹方法，可以提出科学的减排对策、实现减排目标。

## 一、碳足迹的概念

"足迹"这个概念最早起源于哥伦比亚大学的里斯（Rees）和瓦克纳格尔（Wackernagel）提出的生态足迹的概念，即要维持特定人口生存和经济发展所需要的或者能够吸纳人类所排放的废物的、具有生物生产力的土地面积。碳足迹源于生态足迹的概念，最早出现于英国，并在学界、非政府组织和新闻媒体的推动下迅速发展起来。

碳足迹虽然起源于生态足迹的概念，却有其特有的含义。即考虑了全球变暖潜能（GWP）的温室气体排放量的一种表征。关于碳足迹的概念，目前社会各界的定义各不相同。争议主要有两个方面，第一，碳足迹的研究对象是二氧化碳的排放量还是用二氧化碳当量表示的所有温室气体的排放量，即二氧化碳当量排放量；第二，碳足迹的表征是用质量单位还是土地面积单位。

维德曼等将碳足迹定义为：一项活动中直接和间接产生的二氧化碳排放量，或者产品的各生命周期阶段累积的二氧化碳排放量，并明确指出碳足迹是对二氧化碳排放量的衡量，且用质量单位表示。哈蒙德（Hammond）在《自然》（Nature）上发表文章强调碳足迹是一个人或一项活动所产生的"碳质量"，甚至建议称碳足迹为"碳质量"。而欧盟对碳足迹的定义是指一个产品或服务的整个生命周期中所排放的二氧化碳和其他温室气体的总量。荷威奇（Hertwich）和波都（Baldo）等学者也将碳足迹定义为一个产品的供应链或生命周期所产生的二氧化碳和其他温室气体的排放总量。

综合碳足迹的各种定义发现，大多数学者都用质量单位来表征碳足迹，而以二氧化碳排放量和二氧化碳当量排放量为研究对象的学者均不少。因此，碳足迹概念可定义为：一项活动、一个产品（或服务）的整个生命周期，或者某一地理范围内直接和间接产生的二氧化碳当量排放量。

碳足迹的核查对碳减排有着重要的指导意义。对于政府、企业而言，确定碳足迹是减少碳排放行为的第一步，它能帮助企业辨识自己在产品生命周期中主要的温室气体排放过程，以利于制定有效的碳减排方案。而在方案制定过程中，根据碳足迹的分析结果，还可以预测拟采用的减排措施会对目前的温室气体排放情况的影响，从而实现对不同拟减排措施的择优与改进。企业还可以通过碳足迹的计算宣传自己的碳减排行动。而对于公众而言，碳足迹更注重从个体的角度看待碳减排，有意让公众认识到减少碳排量不仅仅是政府、企业等组织的行为，更是每个公民的责任。通过碳足迹计算器等工具，可有效地引导公众自发地进行碳减排，自觉抵制"高碳足迹"产品，减少浪费是促进生产端碳减排的最有效措施，而且从消费端考虑问题，也可以改变发展中国家或地区需要承担全部产品生产造成环境污染的被动局面。

国际上已有较多组织在大力推行碳足迹的应用。UNEP/SETAC 生命周期评价倡议（Life Cycle Initiative）在 2007 年成立了碳足迹专项研究组，讨论碳足迹的具体计算方法与应用领域；世界可持续发展工商理事会与世界资源研究所共同完成了关于全生命周期温室气体的计算和审计标准：温室气体盘查议定书（GHG Protocol），目前在世界范围内具有较高的认可程度。世界标准化组织已发布 ISO 14067 标准，规范国际上的碳足迹计算。日本、英国、美国等国家或地区也相继开展了碳足迹的相关评价研究。目前，碳足迹在应用方面可以分为个人碳足迹、产品/企业碳足迹和国家碳足迹三大层面。

（1）个人碳足迹

个人碳足迹计算是以个人消费结构、能源用量、交通形态等为依据，配合碳足迹计算器，评估个人或家庭日常生活的温室气体排放量，主要用于指导公众自发的碳减排行为。英国政府的环境、食品管理机构于 2007 年 6 月首先发布了针对个人或家庭的碳足迹计算器，随后，美国、德国等也纷纷引入，这些工具可以使公众随时计算自己每天生活中排放的二氧化碳量，并同时提供减小碳足迹的方法与对应的碳抵消（Carbon Offsets）途径。

（2）产品/企业碳足迹

产品碳足迹是计算产品在原材料开采、运输、产品制造、使用、直至最终废弃等阶段中因燃料使用以及制造导致的温室气体排放量。目前碳足迹在产品中的应用主要体现在：产品的碳足迹分析与对比、产品的碳减排潜力分析及产品的碳足迹生态标识。以产品的生态标识为例，英国的 Carbon Trust 公司在 2007 年发起了首个碳标识工程"Carbon-Reduction Label"，要求制造商在包装上明确标识产品的碳足迹与未来两年的减排承诺，目前该标识已经涵盖超过数百种产品。类似的工程在澳大利亚（Carbon Reduction Institute）、加拿大（Carbon－Counted）、欧洲（Ecology Net）以及美国（The Climate Conservancy）也相继展开。而企业碳足迹相较于产品碳足迹更为复杂，在产品碳足迹的基础上，还增加了非生产性的活动，例如相关投资、企业管理等的碳排放量的计算，为企业的决策提供依据。

（3）国家碳足迹

国家碳足迹着眼于整个国家的总体物质与能源的耗用所产生的温室气体排放量，这种计算与个人的碳足迹相反，通常从生产端考虑，即计算一个国家每年实际产生的温室气体总量。例如，哥本哈根会议上公布的世界资源研究所计算的全球主要温室气体排放国与人均碳足迹。应该注意的是，碳足迹在工业或国家层面的应用，不能只考虑排放可能造成的气候变化而忽略其他环境影响，那将会影响决策的客观性与准确性，而真正的可持续消费和生产需要统筹考虑所有与评价对象相关的环境影响，包括酸化、人体健康损害、土地破坏等。

## 二、中国碳足迹估算

碳足迹研究方法可主要分为两种：自下而上的方法和自上而下的方法。自下而上的方法如生命周期法，它是对目前的环境冲突进行客观分析的定量办法，也是对产品及其"从摇篮到坟墓"的过程有关的环境问题进行后续评价的方法。这种自下而上的分析方法主要面临的是计算界限问题——在计算较大实体的碳足迹时就会有较多的障碍，需要更多的假设，也将导致更大的误差。自上而下的方法如投入产出法，这类方法一般比较全面并且有较强的可信度，一旦模型建立可以节省大量时间和人力，但是在计算微观个体的碳足迹时效果差强人意。

这里介绍采用表观消费量法计算中国各省区的碳足迹。此法是以一次能源产量为依据，以全部燃料的进口、出口、国际航线的我机船和外机船在我口岸加油和库存变化做出调整的结果，可确保燃料全部碳量都计算进去，但这不是所有燃料实际消费的精确计算。此为 IPCC 国家温室气体清单指南推荐的缺省方法，采用的是能源宏观数据，可大体界定一个国家或地区的能源活动。

假设被氧化的碳全部以 $CO_2$ 的形式释放，计算化石燃料燃烧排放的方程式为：

$$CO_2 \text{释放量} = (C_p - C_s) \times C_0 \times (44/12) \tag{6-1}$$

式中　$C_p$ 为碳含量；$C_s$ 为产品固碳量；$C_0$ 为碳氧化率；44/12 为 $CO_2$ 分子量与碳原子量之比值。

计算过程主要分 6 个步骤：

① 分品种的化石燃料的消费量估算。

分品种燃料消费量＝一次能源生产量＋进口量－出口量－国际航线加油－库存变化

② 将燃料消费数据折算为统一的能量单位。

分品种燃料的消费量＝分品种燃料消费量×能量换算系数

③ 对各种燃料品种选择相应碳排放系数并估算燃料总的含碳量。

分品种燃料总的含碳量＝分品种燃料消费量×潜在碳排放系数

④ 估算能长期固定在产品中的碳的数量，并计算净的碳排放量。

非能源利用固碳量＝非能源利用产品的产量×含碳量×固碳率

燃料净的排放量＝分品种燃料总的碳量－非能源利用固碳量

⑤ 计算燃烧过程中氧化的碳的数量。

碳的实际排放量＝碳的净排放量×氧化率

⑥ 将用碳表示的排放量转换为用 $CO_2$ 表示的排放量。

$CO_2$ 的实际排放量＝碳的实际排放量×44/12

采用这种方法计算的好处是数据能够获得，但是，化石燃料在运输、分配及储存的过程中的损失量较多，与实际用于燃烧的消费量有一定的差异，计算结果可能偏高。

利用《中国能源统计年鉴》（1991～2008 年）、《中国统计年鉴 2008》、中华人民共和国中央人民政府网站及《中国几种主要能源温室气体排放系数的比较评价研究》等资料，基于上述方法，对 2007 年中国各省区碳足迹进行估算得到的主要结果如下：

① 中国碳足迹总量已达到较大的规模，且近年来增长速度明显加快。中国正处在向新一轮以重化工业为主导的增长转变过程之中，城市化、工业化进程都是导致能源消费增加、碳足迹增大的原因。

② 目前中国人均碳足迹仍然相对较低，但是随着生活水平的提高，对基础设施、住宅和交通工具的需求必将激增，很难有效的控制人均碳足迹的增长。

③ 固体燃料（煤炭及产品）碳足迹比重大。近十几年来，煤炭的消费占中国能源总消费的比例一直保持在 70％以上，尽管石油进口和天然气开发逐年增多，使煤炭的消费比例有所下降，但在未来很长时间内仍将维持在 60％左右。研究表明，单位热量燃煤引起的 $CO_2$ 排放比使用石油和天然气分别要高出 36％和 61％。由中国富煤贫油少气的特点所决定，在今后相当长的一段时间里，煤炭仍会是中国最主要的化石能源。电力、钢铁、建材和化工四个行业是中国煤炭消费最集中的行业。其中电力行业占煤炭消费总量的 52％，钢铁行业占 13％，建材行业占 17％，化工行业占 6％；煤炭资源在开发和利用过程中的浪费相对严重，并很容易造成粉尘污染等环境问题，从长远来看，可供开采的富矿越来越少，煤炭开采成本将有所提高，清洁能源的广泛利用也是不可逆转的趋势，调整化石能源利用结构是中国面临能源问题和全球变化问题的新挑战时应采取的重要措施之一。

④ 东中部地区碳足迹强度低，西部地区碳足迹强度高。西部地区化石能源资源丰富，

但经济发展水平却相对落后。在计算碳足迹时，由于运输和存储而消耗掉的化石能源都计算在生产地内，导致能源生产省的碳足迹比实际偏高，且西部地区生产模式粗放、能源利用效率低，因此碳足迹强度较高。

⑤ 土地是城市化工业化进程中的稀缺资源，碳足迹密度越高一方面可以说明该地经济活动密度大、土地利用效率高，另一方面也说明其面临的碳减排压力也越大。从计算结果来看，中国碳足迹密度高的地区都是经济相对发达的地区，未来中国区域之间的发展必将趋于平衡，若广大不发达地区的经济增长仍以如此高碳排放为代价，后果将十分严重。

碳足迹的增加给中国的发展带来了新的压力和挑战。在保障发展的前提下，应着手从政策、经济等各个方面促进能源利用效率的提高，以及产业结构和能源消费结构的优化调整。

## 三、产品/企业碳足迹案例——苏州市垃圾处理碳足迹核查

产品碳足迹是指某个产品在其整个生命周期内的各种温室气体的排放，即从原材料一直到生产、分销、使用和处置/再生利用等所有阶段的温室气体排放量。《PAS 2050 规范》提供了一套用于评估某个产品碳足迹的标准和方法。它使所有行业内的各个公司能够评价其产品生命周期内的碳足迹，并能识别出实现减排的各种机会。

本案例采用《PAS 2050 规范》提供的使用指南，结合生命周期评价的技术方法，对苏州市生活垃圾填埋处理和焚烧处理各自的生命周期过程进行了碳足迹核查。碳足迹核查的结果可以帮助主管部门对苏州市垃圾处理作出有利于环境的决策。

### 1. 苏州市生活垃圾填埋碳足迹核查

苏州七子山垃圾填埋场于 1993 年建成一直运行至今，是苏州市唯一的垃圾填埋设施。近年又建成了二期工程，并将垃圾填埋场产生的沼气引往沼气发电装置，自 2006 年 7 月起已经开始发电。位于七子山生活垃圾填埋场西北侧是苏州垃圾焚烧发电厂，在苏州市光大环保静脉产业园内。这两处垃圾处理场几乎承载了苏州市的全部垃圾。

（1）研究功能单位与系统边界

该研究以 1t 苏州城市生活垃圾填埋为研究对象。研究系统主要包括垃圾收集、垃圾运输、垃圾填埋以及利用垃圾产生的沼气发电等几部分，系统中不包括垃圾填埋场的建造阶段。

（2）生活垃圾填埋的清单分析

生活垃圾首先经过收集，运送到垃圾中转站，然后运送到垃圾填埋场。在垃圾填埋场，从各地运送过来的垃圾需要用推土机将其压实，并在填埋场地下铺设 0.5mmHDPE 或 LDPE，并覆盖上土方，喷洒农药。填埋后垃圾发酵产生沼气收集后用于发电，其流程如图 6-1 所示。

为使其具有可比性，并且结合苏州市垃圾清运过程的特点，作如下假设：清运阶段采用人力车和部分小型动力车，从中转站到垃圾处理场均采用 10t 大卡车，压缩比为 2∶1，车辆的燃油类型均为柴油；垃圾清运过程为密闭运输，即运输过程中不会对环境造成负面影响；能源输入与污染物输出只考虑生产性输入与输出，不计工作人员的办公和生活能源输入与污染物输出。由于垃圾清运和中转过程的生命周期评价结果以能耗的形式体现，且由于燃油消耗而造成的污染气体排放量相对于垃圾焚烧过程极少，为了避免重复累计环境负荷值，故清运和中转过程可看作为耗能耗电阶段，该阶段需要的设备及其耗油量如下：4t 压缩式垃圾

车 5km/L，10t 大卡车 3.50km/L，推土机 31.16km/L，装卸机 33.63km/L，挖掘机 12.60km/L，压实机 10.66km/L。

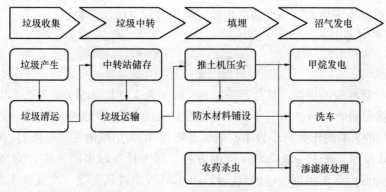

图 6-1　填埋法处理生活垃圾流程图

垃圾清运过程：垃圾清运过程基本上用人力车、部分使用小型动力车运送到垃圾中转站。该部分能耗极少，根据《PAS 2050 规范》产生 $CO_2$ 量小于 1‰的过程，可忽略不计。

从中转站到垃圾填埋场过程：首先查找到苏州各区的垃圾中转站（有的区面积较小共用一个中转站）位置及其距填埋场的距离，并取 2008 年统计的各区垃圾总量为例，如表 6-5 所示。

表 6-5　2008 年各区垃圾统计量

| 项目 | 吴中区 | 园区 | 沧浪区、平江区 | 相城区 | 虎丘区、金阊区、新区 |
| --- | --- | --- | --- | --- | --- |
| 距填埋场距离（km） | 9.3 | 21 | 10.9 | 25.3 | 6.5 |
| 垃圾量（t） | 120 241.6 | 61 582.4 | 167 225.7 | 52 588 | 149 886.21 |

平均每吨垃圾耗油量＝SUM（各区垃圾量×10t 卡车每公里耗油量×该区垃圾中转站与填埋场之间的距离/10）/垃圾总量。由此得到，从垃圾中转站到垃圾填埋场每吨垃圾的耗油量为 3.02L，以 $CO_2$ 当量计为 7.534kg。

垃圾中转站的电耗情况：根据大连市环境科学设计研究院李雯婧等调查计算结果为耗电 1.92kW·h/t，以 $CO_2$ 当量计为 1.480kg。

垃圾填埋过程：垃圾运到填埋场之后，需要出料装载机，推土机，填埋压实机，挖掘机等将其进行填埋压实。根据现场统计数据，得到这些机械的油耗数据见表 6-6，从而得出填埋场的机械总油耗为 1.87L/t，以 $CO_2$ 当量计为 4.665kg。

表 6-6　垃圾填埋机械耗能　　　　　　　　　　　　　　　　单位：L/t

| 出料装载机 | 推土机 | 填埋压实机 | 挖掘机 | 合计 |
| --- | --- | --- | --- | --- |
| 0.73 | 0.65 | 0.22 | 0.27 | 1.87 |

垃圾填埋后温室气体排放过程：填埋后产生的温室气体主要有 $CO_2$ 和甲烷等。固体废弃物填埋处理所产生的 $CH_4$ 排放量计算方法有很多，包括理论气体产量方法，缺省方法和一阶衰减动力学方法等，这些方法差异相当大，不仅它们的假设不同，而且它们的复杂程度和它们需要的数据量也不同。我们利用 LandGEM（Landfill Gas Emission Model）模型，估

算垃圾填埋后产生的 $CO_2$ 和 $CH_4$ 的量。LandGEM 模型是一个通过 Excel 界面来进行估算的一个工具，它可以用来估算填埋场总气体、甲烷、二氧化碳以及非甲烷有机气体等的产气率，并且能估算城市固体垃圾填埋场产生的一些单独的气体污染物。

模型具体表达式如下：

$$Q_{CH_4} = \sum_{i=1}^{n} \sum_{j=0.1}^{1} kL_0 \left[ \frac{M_i}{10} \right] e^{-kt_{ij}} \tag{6-2}$$

式中 $Q_{CH_4}$ 为计算年份的甲烷气体年产率，$m^3/a$；$i$ 为 1 年增加量；$j$ 为 0.1 年增加量；$M_i$ 为 $i$ 年的垃圾接受量，t；$n$ 为计算年一开始接受垃圾的年份；$k$ 为甲烷产率，$a^{-1}$；$t_{ij}$ 为 $i$ 年接受垃圾量 $M_i$ 的 $j$ 节的年数（小数年，如 3.2 年）；$L_0$ 为甲烷潜在产气能力，$m^3/t$。

LandGEM 模型是基于一级降解反应的方程，用于计算城市固体废弃物（MSW）填埋场中的废弃物降解产生的填埋气体的量。LandGEM 模型被认为是一个放映工具，输入的数据质量越高，估算的结果也将更好，即如果这些参数都能确定，该模型就可以较为准确地预测甲烷产生量。该模型可以根据用户设定的特定参数值，对 $L_0$ 和 $k$ 值进行修改后进行计算，也可以在缺省情况下进行计算，程序提供两套系统默认值：CAA 默认值和 AP-42 默认值。

① CAA 默认值用于评估新建混合垃圾填埋场的适用性以及用于指导现有填埋场填埋气的控制。考虑了上述控制填埋气条例中所推荐的数值。$k$：$0.05a^{-1}$；$L_0$：$170m^3/t$。

② AP-42 默认值较 CAA 对填埋气的估算保守。$k$：$0.04a^{-1}$；$L_0$：$100m^3/t$。美国环保局 EPA 于 1996 年 3 月 12 日公布了规模超过 250 万 t 以上的新建和现存垃圾填埋场关于控制填埋气的条例。条例包括模型应用的缺省值，并且 $L_0$ 和 $k$ 值的取值范围由专家进行了修正，如表 6-7 所示。苏州地处中等湿润且偏湿润气候区，因此可以采用 CAA 默认值。

表 6-7　一级降解模型的建议值

| 变化 | 范围 | 建议值 | | |
|---|---|---|---|---|
| | | 湿润气候 | 中等湿润气候 | 干燥气候 |
| $L_0$ ($m^3/t$) | 0～312 | 140～180 | 140～180 | 140～180 |
| $k$ ($a^{-1}$) | 0.003～0.4 | 0.1～0.35 | 0.05～30.15 | 0.02～0.10 |

利用上述模型，输入垃圾总填埋量，可计算得 2100 年前产生的甲烷量；由垃圾总量，可得年甲烷排放量，进而可得每吨垃圾填埋后产生的甲烷量。查《工业气体手册》可知甲烷在常温常压下的密度为 $0.667kg/m^3$，经换算得出表 6-8。根据《PAS 2050 规范》规定，填埋后产生的 $CO_2$ 来源于自然界的生物物质，因此可不计入碳足迹的核查范围。

表 6-8　利用 LandGEM 模型估算的垃圾填埋产甲烷量

| 垃圾总量（t） | 甲烷总量（$m^3$） | 甲烷总量（t） | 垃圾产甲烷量（$m^3/t$） | 垃圾产甲烷量（t/t） |
|---|---|---|---|---|
| 5 615 191 | 950 603 544 | 634 052.6 | 169.29 | 0.113 |

苏州七子山垃圾填埋场的沼气收集后用于发电。作为二次能源进行发电，苏州七子山垃圾场，共有三台德国进口 1 250kW 燃箱式发电机组，24h 不停歇的进行发电，每日用于发电的沼气占总的产气量的 29.6%，沼气发电组效率在 40% 以上，高于国产发电机组。根据七子山垃圾填埋场《生产月报》统计的每日发电量及日均耗甲烷量，计算得到 $1m^3$ 的甲烷可以发电 1.875kW·h。而 1t 垃圾可以产生 $169m^3$ 的甲烷，有 $50m^3$ 用于发电，即 1t 垃圾可

发电 93.8kW·h，这一部分算作汇从垃圾产生$CO_2$量中减去。剩余 119$m^3$ 甲烷，约 79kg 直接排放到大气中，按照温室气体的全球增温潜势，可将 1kg 的甲烷转化 25kg 的 $CO_2$。表6-9 中分别列出了每吨垃圾产生甲烷用于发电及直接排放的量，又常温常压下甲烷的密度为 0.667kg/$m^3$，可换算为质量。根据《PAS 2050 规范》附录 A 列出的全球增温潜势，$CH_4$ 是 $CO_2$ 的 25 倍，可得以 $CO_2$ 当量计的温室气体排放。电力二氧化碳的排放系数根据区域电网供电量、苏州市热电厂供电量，以及各自的二氧化碳排放系数和历年各自的百分比以供应量作为权重，获得了加权后苏州市供电二氧化碳排放系数（以碳计）711.1g/(kW·h)。因此，可以根据甲烷发电量 93.8kW·h，以及供电二氧化碳排放系数得出温室气体减排量 —72.32kg。

表 6-9　每吨垃圾产甲烷温室气体排放量

| 项　目 | 发电甲烷 | 直接排放甲烷 |
|---|---|---|
| 体积（$m^3$） | 50 | 119.29 |
| 质量（kg） | 33.35 | 79.57 |
| 发电量（kW·h） | 93.8 | / |
| 温室气体排放以 $CO_2$ 当量计（kg） | —72.32 | 1 989.25 |

填埋后渗滤液处理过程：经测定，苏州市生活垃圾的含水率约为 40%。根据相关文献，此含水率下，每吨垃圾的渗滤液产量约为 0.072 2t。按渗滤液运出排入苏州新区污水处理厂与城市污水合并处理计算，该污水处理厂采用缺氧＋三槽式氧化沟工艺（考虑脱氮除磷），我们根据调查得到苏州市新区污水处理厂处理 1t 生活污水的电耗约为 0.37kW·h。因此，可得处理 1t 垃圾产生的渗滤液需耗电 0.027kW·h，以 $CO_2$ 当量计为 0.019kg。渗滤液用 10t 的油罐车运送到新区处理厂，根据焚烧厂与新区处理厂之间的距离，及油罐车每公里的油耗，可以计算出每吨垃圾发酵产生的渗滤液运输所需要的油耗为 1.50L，柴油的二氧化碳的排放系数根据 GB/T 2589—2008《综合能耗计算通则》将回收能源（电力和热力）统一转化为相应的煤炭消耗，再乘以石油化工品的温室气体排放系数，可得每升柴油的二氧化碳排放系数（以碳计）为 2 901g/L，据此可得运输 1t 渗滤液耗油以 $CO_2$ 当量计为 4.35kg。

（3）碳足迹核查结果

通过以上对生活垃圾处理生命周期过程分析，将各个过程的耗电耗能量列出，并乘以二氧化碳的排放系数，得到表 6-10。

表 6-10　垃圾填埋生命周期过程碳足迹

| 项　目 | 电耗(kW·h) | 能耗(L) | 甲烷排放量(kg) | 温室气体排放量以 $CO_2$ 当量计(kg) |
|---|---|---|---|---|
| 垃圾清运过程 | / | / | / | / |
| 垃圾中转站 | 1.92 | / | / | 1.37 |
| 中转站到垃圾填埋场运输过程 | / | 3.02 | / | 8.76 |
| 垃圾填埋过程 | / | 1.87 | / | 5.42 |
| 垃圾发酵产甲烷过程 | —93.8 | / | 79.57 | 1 922.55 |
| 垃圾渗滤液处理过程 | 0.03 | 1.50 | / | 4.37 |
| 合计 | / | / | / | 1 942.47 |

注："/"表示该过程碳排放量极微，可不计入碳足迹核查范围，下同。

由表 6-10 可知，苏州市填埋 1t 生活垃圾整个生命周期过程中的温室气体排放量以 $CO_2$ 当量计为 1 942.47kg。

**2. 苏州市生活垃圾焚烧碳足迹核查**

苏州垃圾焚烧发电厂在苏州市光大环保静脉产业园内，位于七子山生活垃圾填埋场西北侧，配备 3 台 350t 的焚烧炉、2 台 9 000kW 发电机，总投资约人民币 4.89 亿元，日处理垃圾 1 050t，年处理垃圾 48 900 万 t，平均年售电量 10 000 万 kW·h。于 2004 年 10 月开工建设，2006 年 7 月建成投产。二期项目配备 2 台 500t 的焚烧炉，1 台 20 000kW 发电机，日处理生活垃圾 1 000t，平均年售电量 10 000 万 kW·h。

（1）研究功能单位与系统边界

该研究以 1t 苏州城市生活垃圾焚烧为研究对象。研究系统主要包括垃圾收集、垃圾运输、垃圾焚烧以及废渣填埋等几部分，系统中不包括垃圾焚烧场的建造阶段。

（2）生活垃圾焚烧的清单分析

生活垃圾首先经过收集，运送到垃圾中转站，然后运送到垃圾焚烧场。在垃圾焚烧场，用抓斗将垃圾装入加料机，进而焚烧炉产生的气体用除尘器消除尾气，最后将废渣送到填埋场填埋（图 6-2）。

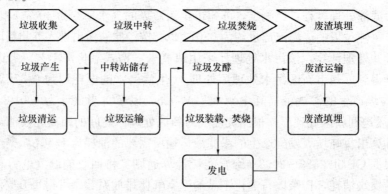

图 6-2　焚烧法处理生活垃圾流程图

垃圾运输和中转过程：垃圾从住户到中转站再到焚烧场过程中的电耗能耗与填埋过程的相同，如上一部分计算可得每吨垃圾所需要的电耗为 1.92kW·h，能耗为 3.02L 柴油。

渗滤液处理过程：垃圾焚烧前需要在垃圾储坑内发酵，析出垃圾中的渗滤液，大约每吨垃圾析出渗滤液 228kg。渗滤液有 88% 用 10t 的油罐车运送到新区污水处理厂，根据焚烧场与新区处理场之间的距离，及油罐车每公里的油耗，可以计算出每吨垃圾发酵产生的渗滤液运输所需要的油耗为 1.76L，以 $CO_2$ 当量计为 5.11kg；据前文计算方法，新区污水处理厂处理 1t 焚烧前发酵渗滤液耗电 0.08kWh，以 $CO_2$ 当量计为 0.06kg 可得另外 12% 的渗滤液用渗滤液泵排放，这一部分的电耗已经计入厂区耗电，因此不再重复计算。

垃圾焚烧的过程：焚烧发电厂内，配备 3 台 350t 和 2 台 500t 的焚烧炉，2 台 9 000kW 发电机和 1 台 20 000kW 发电机，2 台余热锅炉和 1 台 20MW 汽轮发电机组，焚烧采用顺推往复型炉排炉工艺。根据光大环保能源有限公司《生产月报》有关统计数据可得，垃圾焚烧量占进厂垃圾量的 80%，焚烧厂用电量包括炉渣装载机供料，焚烧和尾气处理，共耗电 51.56kW·h/t。根据《PAS 2050 规范》规定，填埋后产生的 $CO_2$ 来源于自然界的生物物质，不计入碳足迹的核查范围，且产生的其他气体本身量极低，造成的温室效应很小，可忽略不计。根据现场统计资料，每吨垃圾焚烧后可发电 329kW·h，而每度电的生产会排放 $CO_2$ 0.771kg。另外，产生废渣 222kg 送七子山填埋，灰 21kg 送危险品填埋场填埋，该研究假定废渣填埋过程中每吨垃圾所需的能耗与垃圾填埋过程相同，则每吨垃圾产生的废渣填埋所需油耗为 0.454L。

（3）碳足迹核查结果

通过以上对生活垃圾处理生命周期过程分析，将各个过程的耗电耗能量列出，并乘以二氧化碳的排放系数，得到表 6-11。

**表 6-11　垃圾焚烧生命周期过程碳足迹**

| 项　目 | 电耗（kW·h） | 能耗（L） | 温室气体排放量以 $CO_2$ 计（kg） |
|---|---|---|---|
| 垃圾清运过程 | / | / | / |
| 垃圾中转站 | 1.92 | | 1.37 |
| 中转站到垃圾焚烧场运输过程 | / | 3.02 | 8.76 |
| 发酵后渗滤液处理过程 | 0.08 | 1.76 | 5.16 |
| 垃圾装载过程 | 0.73 | | 0.52 |
| 焚烧过程（供料、焚烧和尾气处理） | 51.56 | | 36.66 |
| 发电阶段 | −330 | | −234.66 |
| 废渣填埋 | / | 0.454 | 1.32 |
| 小计 | | | −180.87 |

由表 6-11 可知，苏州市焚烧 1t 生活垃圾整个生命周期过程中的温室气体排放量以 $CO_2$ 当量计为 −180.87kg。

**3. 苏州市垃圾处理碳足迹核查结果分析**

根据上述计算，苏州市填埋 1t 生活垃圾整个生命周期过程中的温室气体排放量以 $CO_2$ 当量计为 1 942.47kg，焚烧为 −180.87kg。根据近年苏州市统计年鉴提供的数据，目前苏州市生活垃圾焚烧和填埋的比例分别为 50% 和 50%，按照权重进行分配，因此苏州市处理 1t 生活垃圾整个生命周期过程中的温室气体排放量以 $CO_2$ 当量计为 880.80kg。

从该核查结果可得，填埋处理方法中，排出温室气体量最多的环节是未用于发电而直接排入大气的甲烷，而甲烷的当量值非常高，因此从环境角度出发，为降低填埋处理方法的碳排放，应该着重加大用于发电的甲烷比例。另外，不管填埋还是焚烧处理，都会产生渗滤液，它的运输和处理过程都会产生相当的碳排放，因此需要从源头上减少渗滤液的产生，并且要在厂区内建设预处理设备。同时，该结果表明，苏州市填埋方法处理产生的温室气体量远远超过焚烧处理方法。填埋处理温室气体排放量较高的原因是由于填埋过程中产生了当量值高的甲烷气体，而由于技术、设备限制沼气发电利用甲烷量有限，因此大量甲烷直接排放。垃圾焚烧的温室气体排放量为负值，主要因为其焚烧发电减排的温室气体量作为汇抵消了其他过程的温室气体排放量。两种方法相较，从二氧化碳减排角度，建议提高垃圾焚烧的比例。

该研究成果具有一定的代表性，为其他区域的、其他领域的温室气体排放量预测提供了一套技术路线和方法，并且提供了一些可供参考温室气体排放数据。

# 第七节　碳捕捉与封存技术

碳捕捉与封存技术（Carbon Capture and Storage，简称 CCS）是减缓温室气体排放的有效途径。第一个为了实现温室气体减排目标的二氧化碳封存项目是在挪威实施的。该项目自 1996 年开始从天然气中分离二氧化碳，并将其注入 800m 深的海底盐沼池中封存。CSS 技术出现以后，在世界范围内，受到了广泛的重视。

## 一、CCS 技术

碳捕捉与封存（CCS）是指将 $CO_2$ 从工业或者相关能源生产过程中分离出来，运输到一个封存地点，并且长期与大气隔绝的一个过程。一个完整的 CCS 过程（系统）由 $CO_2$ 捕捉、$CO_2$ 运输和 $CO_2$ 封存三个部分（环节）组成。

### 1. $CO_2$ 捕捉

$CO_2$ 捕捉指将 $CO_2$ 从化石燃料燃烧产生的烟气中分离出来，并将其压缩至一定压力。由于目前对于空间分布分散且排放量相对较小的燃烧设备（如各种交通运输工具、家用供热供暖设备等）进行 $CO_2$ 收集较为困难，同时成本也较为高昂，出于经济性和可操作性等方面的考虑，$CO_2$ 捕捉的对象主要集中于大型的 $CO_2$ 集中排放源，例如燃煤电厂、合成氨厂、钢铁厂、水泥厂等。由于我国发电用煤量巨大，电力行业自然成为我国 $CO_2$ 减排的首选方向，因此对电厂的各种捕捉技术对我国有较强的实际意义。

目前，针对燃煤电厂的 $CO_2$ 捕捉技术可分为：燃烧后捕捉、燃烧前捕捉和富氧燃烧捕捉三大类。

（1）燃烧后捕捉

燃烧后捕捉的基本原理就是在燃烧设备（锅炉或燃气轮机）的烟气通道上安装分离装置，对烟气中的 $CO_2$ 进行捕捉。燃烧后捕捉的基本过程为：首先对煤炭燃烧后产生的烟气进行脱硝、除尘、脱硫处理；然后让烟气进入吸收装置，利用吸收剂（如 MEA）吸收其中的 $CO_2$；最后这些高浓度的 $CO_2$ 被捕捉后，经过加压、脱水最终实现运输和封存，在此过程中含有 $CO_2$ 少量的烟气将通过电厂烟囱排放到大气中。

由于燃烧后捕捉技术较为成熟，且易于和现役燃煤电厂匹配，便于电厂的改造，使得国际上对于 CCS 的推广更倾向于采用该种技术。不过，由于燃烧后烟道气体积流量大，$CO_2$ 的浓度较低（<15%）、分压较小，捕捉系统体积庞大，能耗较高，导致设备的投资和运行成本较高，从而造成捕捉成本较高。

（2）燃烧前捕捉

燃烧前捕捉的基本原理就是在煤炭燃烧前，将煤炭中的 C 元素通过化学反应转化成 $CO_2$ 去除。燃烧前捕捉系统适合于整体煤气化联合循环发电（IGCC）电厂。IGCC 电厂通过燃烧前捕捉系统捕捉 $CO_2$ 的基本过程为：在化石燃料燃烧前，首先对煤炭进行气化反应，把煤炭转化为 CO 和 $H_2$ 的合成气；待合成气冷却后，再经过蒸汽转化反应，使合成气中的 CO 转化为 $CO_2$，同时产生更多的 $H_2$；此时再将 $CO_2$ 从混合气体中分离出来，让 $H_2$ 作为无碳能源进行发电，最终实现能源与碳的分离。

尽管燃烧前捕捉最初的转化步骤较为复杂，与燃烧后系统相比成本较高，但进入燃烧前捕捉系统的混合气体具有压力高、杂质少的优点，使得 $CO_2$ 浓度较高（15%～60%），分压较高，捕捉系统可采用的分离工艺比较广泛、分离设备的尺寸小、能耗较小、投资较低。

（3）富氧燃烧捕捉

富氧燃烧捕捉的基本原理就是以纯氧代替空气，让煤炭在燃烧后得到浓度较高的 $CO_2$ 气流，经脱水加压就可直接封存。富氧燃烧捕捉系统捕捉 $CO_2$ 的基本过程为：首先运用空气分离装置对空气进行氧气提纯，然后让煤和纯氧进行燃烧；接着对燃烧产生的烟气实施冷却、脱硝、脱硫和除尘处理，这样就得到了高浓度的 $CO_2$；最后经过加压、脱水最终实现 $CO_2$ 运输和封存。

由于富氧燃烧捕捉得到的烟气主要成分就是 $CO_2$ 和水蒸气，经过冷凝后就可以直接进行压缩运输，理论上可以捕捉燃烧产生 100% 的 $CO_2$。但是这种捕捉技术需要专门的纯氧燃烧技术，由于燃烧温度很高（高达 3 500℃），对锅炉材料的耐热性是一个巨大的挑战，目前大型的纯氧燃烧技术仍处于研究阶段；另一方面，由于氧气占空气的比例只有 21%（大部分为氮气），氧气提纯的能耗较高、成本较高。

**2. $CO_2$ 运输**

$CO_2$ 的运输，指将分离并压缩后的 $CO_2$ 通过管道或运输工具运至存储地。若 $CO_2$ 排放源（电厂）直接位于封存场地上部，则不需要运输过程。商业规模运输 $CO_2$ 主要的方式有管道、罐车和船舶三种。

（1）管道运输

就目前而言，管道运输是大规模、长距离运输 $CO_2$ 最经济的方法。从降低运输成本的角度考虑，运输过程中 $CO_2$ 应处于超临界状态（7.38MPa，31.1℃），同时为避免二相流等复杂流动情况，管道内的 $CO_2$ 压力需维持在 8MPa 以上，这就需要对进入管道的 $CO_2$ 加压至 10.3MPa 或者在中途安装加压站。依照国外经验，按运输量 200～300 万 t/年计算，每吨 $CO_2$ 的运输成本约为 1～8 美元/250km。此外，管道运输成本受地理条件的影响也较大，如管道穿越人口稠密区、山区和河流都将大大提高运输成本。而海上管道不受地形条件限制，其运输成本比陆上同样规模的管道成本低 30%～50%。鉴于管道运输技术已经成熟，因此其成本在短时期内的下降空间不大。

（2）罐车运输

$CO_2$ 通过罐车运输是以液态的形式储存于低温绝热的液罐中（1.7MPa，−30℃ 或 2.08MPa，−18℃）。罐车运输可以分为公路罐车和铁路罐车两种，两者在技术上没有太大区别，只是适用的运输规模和运输距离不同：公路罐车适合小容量、短距离运输；铁路罐车适合大容量、长距离运输。

尽管同管道运输相比，罐车运输具有灵活、适应性强等特点，但同时也存在供应间断（无法连续供应 $CO_2$）、蒸发泄露（最大蒸发量可达运输量的 10%）、运输成本较高（铁路罐车运输成本约为每吨 0.2 元/km，公路罐车运输成本约为每吨 1 元/km，分别是管道运输成本的 5 倍和 40 倍）等缺陷。因此针对单个燃煤电厂年排放为几百万吨 $CO_2$ 的现实情况，罐车运输显然不合适。

（3）船舶运输

船舶运输的原理同罐车运输相似，$CO_2$ 以液态的形式储存于船舶的低温绝热容器中。尽管目前还没有大型的 $CO_2$ 运输船舶，但是在石油工业中，液化天然气（LNG）、液化石油气

（LPG）的运输都已经商业化，其经验均可以为液化 $CO_2$ 的大规模船运提供借鉴。船舶运输具有运输方便灵活、运输距离超远等优点；同时也存在运输间断、蒸发泄露等缺点。但是船舶运输成本随运输距离的增加而降低，当运输距离 $>1\,500$ km 时，其运输成本每吨为 $3.5\sim6.0$ 美元/250km，与管道运输成本相当。因此，对于运输距离较长的海上封存场地，船舶运输具有较高的竞争力。

**3. $CO_2$ 封存**

当 $CO_2$ 从排放源被捕捉后，就需要对这些 $CO_2$ 进行处理使之与大气长期隔绝，防止 $CO_2$ 重新进入大气，这个过程就是 $CO_2$ 的封存。根据 IPCC（2005）关于 CCS 的特别报告，目前有四大类方法可以对 $CO_2$ 进行封存，它们分别是地质封存、海洋封存、矿石碳化和工业利用。

（1）地质封存

地质封存就是将 $CO_2$ 注入地下地质结构中，将 $CO_2$ 储存于岩石的孔隙中。通常情况，当地层深度大于 800m 时，地层压力一般就会超过 $CO_2$ 的临界值（$31.1\,℃$、7.38MPa），使 $CO_2$ 处于超临界状态，此时 $CO_2$ 密度可达 $600\sim800$ kg/m$^3$，浮力低于天然气而高于原油。目前地质封存是大规模封存 $CO_2$ 最经济的方法，也是国际上实际推动的 CCS 封存方法。

$CO_2$ 在地层的封存过程中，并不只有单一的一种机理在起作用，而是随着时间的推移，在不同的时间尺度上，其主导作用的封存机理也不相同：当 $CO_2$ 注入到地层后，刚开始其主导作用的是构造地层封存，随着时间的推移（几年至几百年），束缚气封存、溶解封存机理的作用逐渐显现，并逐渐起主导作用，随着时间的进一步推移（几百至上千年），矿化封存的机理就逐渐占据主导。随着时间尺度的延伸，$CO_2$ 封存的稳定性越高，越不容易泄露，其封存的安全性将越来越高。

根据封存地层（储层）的类型不同，$CO_2$ 的地质封存方案有以下几种：

① 枯竭气藏封存。

② 枯竭油藏封存、注 $CO_2$ 驱油（EOR）。

③ 深部盐水层封存。

④ 深部不可开采煤层封存、注 $CO_2$ 驱煤层气（ECBM）。

⑤ 地下其他地质结构（孔洞等）。

目前讨论最多、也最具可行性的方案是枯竭气藏封存、EOR、ECBM 和深部盐水层封存四种。

（2）海洋封存

海洋封存就是将 $CO_2$ 注入到深海（海面 1km 以下），实现 $CO_2$ 长时间与大气隔绝。由于向海洋注入 $CO_2$ 会增加海水的酸度，影响海洋生态平衡，海洋封存并没有被真正采用，也没有开展小规模的试点，只是进行理论探讨和实验室模拟。

由于 $CO_2$ 能溶解于水，长期以来大气与水体在海洋表面不断地进行 $CO_2$ 的自然交换。若大气中 $CO_2$ 浓度增加，海洋则逐渐吸收额外的 $CO_2$；若大气中 $CO_2$ 的浓度降低，海洋则释放出 $CO_2$，直至达到平衡。据预测，在过去 200 年中海洋约吸收了人类排放的 $500\times10^9$ t $CO_2$，目前正以大约 $7\times10^9$ t/年的速度吸收 $CO_2$（这也是气候变暖造成海水酸化的主要原因）。海洋封存的机理就是将海洋被动、缓慢吸收大气中 $CO_2$ 转变为主动大量注入 $CO_2$。

由于目前海洋封存尚处于研究阶段，因此针对海洋封存只是提出了两种潜在的实施方案：

① 将 $CO_2$ 通过固定管道或船舶注入或溶解到水柱中（通常在海面下 1km 以下）。

② 通过固定管道或离岸平台将 $CO_2$ 存放于深海海底（通常在海面下 3km 以下），使 $CO_2$ 在海底沉淀。由于在海底的高压环境下，$CO_2$ 的密度大于水，将形成一个"$CO_2$ 湖泊"，从而延缓 $CO_2$ 向周围的扩散。

（3）矿石碳化封存

矿石碳化是指利用碱性和碱土氧化物，如氧化镁（MgO）和氧化钙（CaO）同 $CO_2$ 反应生成碳酸镁（$MgCO_3$）和碳酸钙（$CaCO_3$），从而将 $CO_2$ 固化，达到 $CO_2$ 长时间的与大气隔绝的目的。目前矿石碳化的技术正在研究之中。

（4）工业利用

通过工业利用来封存 $CO_2$ 实际上就是将 $CO_2$ 转化成含碳的化学制品，从而实现 $CO_2$ 长时间的与大气隔绝。然而，为阻止气候变化，需要封存的 $CO_2$ 量极大，通过工业利用而封存的量相对于需要减排的量非常小（目前年封存能力为 $0.12 \times 10^9$ t），且工业利用只是将 $CO_2$ 短暂的封存在碳化学库中，通常是几天到数月（如碳酸饮料在饮用时，又被释放到大气中），因此工业利用对于利用 CCS 来减缓气候变化的贡献不大。

## 二、CSS 技术发展现状

作为应对全球气候变化的主要手段之一，碳捕捉与封存技术在全球各地受到广泛重视。各国政府和行业内对 CCS 技术的可行性达成越来越多的共识。根据国际能源署（IEA）的统计预估，世界能源消费从 2000～2030 年间将增长近 70%。在综合分析了各类减排技术的长期减排成本后，IEA 认为 CCS 技术的使用可降低总减排成本——如果在不采用 CCS 技术的情况下实现温度控制目标，在全球变暖限制在上升 2℃ 的情况下，到 2050 年总减排成本将比使用 CCS 技术增加 70%。CCS 的减排贡献将从 2020 年占总减排量的 3% 上升至 2030 年的 10%，并在 2050 年达到 19%，成为减排份额最大的单项技术。基于同样采用高成本低碳的电力生产选择而言，相比较于可再生能源和核能技术，CCS 技术成本较低，特别是对以煤炭作为主要一次电力能源的国家来说，潜力更大。按照 IEA2009 年预计，全球 2010～2050 年 $CO_2$ 的实际潜在储存能力至少将达到 16 800 亿 t，2050 年的储存量为 1 447 亿 t，其中美国为 261.14 亿 t，占全部储存量的 20%。

美国继续依赖火力发电的情况在很长时期内难以改变，这是制定任何气候变化政策必须考虑和面对的现实。近期美国指出碳捕捉与封存技术是有效降低火电厂温室气体排放的技术，有助于将全球温室气体排放量减少预期所要求达到的标准，而这是仅仅依靠提高能效、节约能源和可再生能源所做不到的。在美国，奥巴马上台后，便把"碳捕捉"列入清洁煤技术的重要战略组成部分，美国能源部计划在未来 10 年投入 4.5 亿美元在美国 7 个地区进行"捕捉和存储"项目实验。

为确保美国在 CCS 技术上的领先地位，2010 年初，由美国成立能源部和环保署共同负责的 CCS 工作组，大力开发二氧化碳的捕捉、运输、储存技术。2010 年 8 月 12 日，该工作组向奥巴马总统提供了清洁煤技术发展报告，报告指出，推进以 CCS 为代表的清洁煤技术可以从根本上实现政府的清洁能源目标并提供大量就业机会。由于在减少温室气体排放上能够发挥重要作用，CCS 可以帮助美国继续使用煤和其他国内丰富的石化能源，有利于美国保持全球清洁能源领导地位。近年来，美国政府在 CCS 领域的投资空前巨大，2008 年美国能源部投资近 5 亿美元发展 CCS 技术，2009 年增至近 7 亿美元，而"美国复兴与再投资法案"又为 CCS 技术划拨了 34 亿美元资金。CCS 工作小组的报告显示，到目前为止能源部已经批准国家资金近 40 亿美元用于 CCS 示范项目中，并吸引了超过 7 亿美元的私人投资，这些投资将为美国实现 10 年内广泛部署先进 CCS 项目的目标打下坚实基础。根据规划，2016 年前美国将运行 5～10 个 CCS 商业示范项目，并于 2020 年内在美国广泛部署经济可行的 CCS 项目。

我国积极加强碳捕捉和封存（CCS）技术的研发应用，研究制定了碳捕捉和封存利用技术（CCUS）发展路线图并筹建了 CCUS 产业技术创新联盟。在项目布局上探索将二氧化碳捕捉和封存与强化采油技术（EOR）相结合，中国神华、华能集团等企业开展了 CCS 全流程示范项目建设，已经建成了世界上规模最大的燃煤电厂二氧化碳捕捉工程。据中国 21 世纪议程管理中心《碳捕集、利用与封存技术在中国（2010）》报告中的统计，目前国内 CCUS 示范项目筹建、在建、投运实验项目和已投运的项目总共 15 项，其中已投运的项目为 7 项。

## 三、我国大规模发展 CCS 的必要性

### 1. 能源结构以煤炭为主

我国的能源生产消费结构具有一次能源以煤炭为主，二次能源以煤电为主的特征，截至 2009 年底我国总装机容量已达到 $84\,709 \times 10^4$ kW，其中火电约占总装机容量的 75%，据统计，目前我国 $CO_2$ 排放总量的 1/3 来自电力（特别是煤电）行业。但是专家预测短期内能源结构难有根本性的调整，到 2050 年煤炭占我国能源比重仍将达 50% 以上。另一方面，随着国内经济的快速发展，对电力的需求也迅猛增长，电力装机容量不断增大，从 2000～2009 年间，装机容量的年平均增长率达到 13%。尽管清洁能源（水电、风电、核电）发展势头良好，火电装机容量在总装机容量的所占比重未进一步扩大；但受制于我国的能源结构，火电装机容量的绝对值依旧维持增长势头，年平均增长率达 11.82%，2009 年火电的装机容量更是达到 $65\,108 \times 10^4$ kW。因此我国将来难以通过减少火力发电来降低 $CO_2$ 的排放。显然，这种以煤炭和煤电为主的能源结构，对环境的负面影响较大。随着环保压力的日益增大，CCS 很有可能将成为我国温室气体减排的基本途径之一。为了在完成减排目标的同时保证电力供应，关键就是发展清洁煤技术，提高发电效率。目前，整体煤气化联合循环发电技术（Integrated Gasification Combined Cycle，IGCC）已成为全球公认的清洁煤技术，将在中远期燃煤发电中占据重要地位。虽然 IGCC 成本较高，但是 IGCC 产生的 $CO_2$ 浓度较传统煤粉电厂高，可以大幅降低 $CO_2$ 的捕捉及压缩成本，而捕捉成本又占 CCS 总成本的 2/3 以上。

因此相对于其他类型的燃煤电厂，CCS 与 IGCC 相结合将具有一定的成本优势，IGCC＋CCS 也极有可能将成为未来保障我国电力供应的一条重要技术路线。而清洁煤技术特别是 IGCC 的发展极有可能推动 CCS 的大规模发展。

### 2. 地质封存潜力巨大

地质封存的目的层主要包括：石油及天然气储层、深部盐水层以及深部不可开采煤层。由于受多期地质构造运动影响和控制，我国陆域和近海主要大型沉积盆地和平原都发育了大

厚度沉积地层，形成了多层组合的沉积体系，且密封条件较好，为$CO_2$的封存提供了良好的场所。经初步估算，我国的地质封存潜力约为 $15\,000\times10^8$ t，其中：64 个含油气盆地的封存潜力为 $78\times10^8$ t；24 个主要沉积盆地的深部盐水层封存潜力为 $14\,000\times10^8$ t；68 个主要煤层区的封存潜力为 $1\,200\times10^8$ t。若按照我国 2007 年的 $CO_2$ 排放总量（$65\times10^8$ t）计算，我国的地质封存潜力可以满足未来数百年我国二氧化碳地质储存的需要。

此外，据美国西北太平洋国家实验室（Pacific Northwest National Laboratory）研究表明，我国的 $CO_2$ 集中排放源主要分布在我国的东部地区，其中相当一部分就位于沉积盆地之中，离潜在的地质封存场地（特别是深部盐水层）距离较短。这意味着若实施 CCS，可以极大地减少运输成本。

### 3. $CO_2$ 封存可以提高石油采收率

有研究表明，$CO_2$ 在油井的封存，可以提高石油采收率（EOR）。目前我国东部一些主力油田已经进入稳产后期，采用传统的注水法很难大幅提高采收率，但与此同时地下的剩余储量仍十分可观（约为总储量的 60%～70%）。在此种背景下，$CO_2$-EOR 因其适用油藏参数范围较宽，提高采收率幅度较大，已经成为未来提高原油采收率主要技术之一。《中国陆上已开发油田提高采收率第二次潜力评价及发展战略研究》表明目前我国适合 $CO_2$ 驱油的常规稀油油田储量约为 12.3 亿 t，预计可增加可采储量约 1.6 亿 t；对于已探明的 63.2 亿 t 的低渗油藏原油储量，对于其中 50% 左右尚未动用的储量，$CO_2$ 驱油比水驱油具有更明显的技术优势。由于 EOR 可以增产原油，具有额外的经济效益，EOR 已经成为 CCS 大规模实施的首选方案。目前，我国对 $CO_2$ 驱油技术进行了大量的前期研究，取得了良好的效果，在钻井、完井技术方面已具有较高的水平；同时，EOR 的研究及实验反过来也会为 $CO_2$ 的注入和监控累积了一定的实践经验。

可以预计随着 $CO_2$ 驱油技术的发展和应用，必将推动 CCS 的发展。

## 四、CCS 目前存在的问题

### 1. 捕捉成本高昂

$CO_2$ 捕捉成本高昂，占整个 CCS 总成本的 70%～90%。目前 $CO_2$ 捕捉的主要方式有"燃烧后捕捉"、"燃烧前捕捉"和"富氧燃烧捕捉"三种，其中由于富氧燃烧捕捉还处于研发阶段，技术可行的只有前两种。燃烧后捕捉主要是针对传统电厂，根据 IPCC 估算其捕捉成本约为 29～51 美元/t；燃烧前捕捉主要针对新型的 IGCC 电厂，其捕捉成本约为 13～37 美元/t。另外，由于我国传统煤粉电厂并没有安装 CCS 相关装置，若将 CCS 装置安装的前期成本计算在内，$CO_2$ 捕捉成本将更高。尽管 IGCC 产生的 $CO_2$ 浓度较高，捕捉成本相对较低，但整个 IGCC 系统复杂，初期投资极其高昂，固定投资高达 1 430 美元/kW，而传统煤粉电厂（超临界）的固定投资为 1 330 美元/kW。若以一个装机容量 500MW 的电厂为例，两者的投资成本相差 5 千万美元。

### 2. $CO_2$ 封存风险

无论是在注入过程中还是注入完成后都存在 $CO_2$ 泄露的风险，从而造成全球性风险（global risks）和局部性风险（local risks）。

（1）全球风险

全球性风险是指由于封存后的 $CO_2$ 大规模泄漏到大气中，引发气候显著变化的风险。然

而根据目前对 $CO_2$ 封存地点、工程系统和自然生态系统等的观测，只要在注入前对封存地进行科学的挑选，在注入过程中及注入后对封存地进行适当的管理，就可以保证（90％～99％的概率）注入的 $CO_2$ 在储层中安全储存 100 年之久，且泄漏率小于 1％。目前关于 CCS 的各种研究结果表明：只要我们确保 $CO_2$ 在储层中能以 90％～99％的概率安全封存 100 年或以 60％～95％的概率安全封存 500 年，那么地质封存对于减缓气候变化而言，仍然具有十分重要的价值。

$CO_2$ 海洋封存，直接注入海洋后，会对海洋生物和生态系统产生慢性影响；海洋有关物种和生态系统将如何适应或是否能适应持续的化学变化等问题尚不清楚。但有可能会对海洋的生态系统造成危害：如海水 pH 值的降低，海洋生物的繁殖、生长、周期性活动放缓，死亡率上升等。

（2）局部风险

局部性风险就是泄漏的 $CO_2$ 对人类、生态系统及地下水造成的局部危害，如：注入井破裂或废弃油气井泄漏造成的 $CO_2$ 突然快速释放；$CO_2$ 通过隐蔽的断层、裂缝或油气逐渐释放到地面并缓慢扩散，污染地下水。

二氧化碳的运输、注入及封存过程中都有可能因为技术或地质活动等原因发生泄漏，一旦这种泄漏发生，后果将不堪设想。如 1986 年的喀麦隆的尼奥斯湖就曾发生过二氧化碳的泄漏事件，当时因为地震引发了湖底天然积累的大约 120 万 t 二氧化碳被释放出来，导致了附近 1700 人当场死亡。

## 五、CCS 项目的监管

虽然我国已拥有一些已投运的 CCS 示范项目，但该技术的风险巨大。因此，国际范围内，已经实施了这项技术的相关国家或地区均制定或修改了相关法规对其进行严格监管。安全管理是实现 CCS 研究目标并降低安全风险的关键所在，明确的政府政策与法律框架对于 CCS 的推广尤为重要。

### 1. 建立封存场所的管理制度

二氧化碳在封存过程中及闭合后的每一个阶段都存在着风险，需要建立一套完整的封存场所的管理制度，制定相应的管理规则、技术标准以及应对突发事件的指导规则和补救措施。在二氧化碳注入期要对封存场所进行持续监测，提早发现潜在的问题并及时采取补救措施，闭合后要持续监测并提交报告，配套定制长期的监测管理工作，在这漫长的封存场所管理过程中，每一阶段对监管的需求和责任都是不同的。为了有效地管理封存场所，按照规定严格实施对二氧化碳封存的监督和报告制度，有周密的计划预防各种突发事件，是 CCS 项目的关键所在也是成败所在，因此建立健全封存场所的管理制度尤为重要。

### 2. 完善 CCS 的监管制度

CCS 项目持续时间较长，且存在很大的风险，政府的行政部门需拥有相应的管制能力。为了在 CCS 运营过程中明确责任，防止踢皮球现象的发生，应当在中央设立一个独立的监管机构对 CCS 项目的安全运营进行管理和监督，并自上而下建立一个对 CCS 的监管体系，由中央的监管机构统一管理。

完善的监管制度是 CCS 项目安全运营达到预期目标的制度保障。首先是对封存场所选址的审查，对该项目进行环境风险评估，经过科学的估算选择适合长期封存的场所。其次是严格控制准入制度，给符合安全标准、容量、风险系数小的高标准的封存场所颁予许可证，对封存场所的审批实行透明化的许可制度。再次是管理封存场所的长期监测数据，整合报告，梳理 CCS 项目对环境、人类的影响及安全性数据。还包括 CCS 项目运营中的安全责任制度和突发事件应对处理制度。同时政府的长期责任制度是推动 CCS 持续发展、增强民众信心的动力之一。

### 3. 制定 CCS 的安全责任制度

贯穿于 CCS 项目始终的都是安全性的问题，降低局部风险和全球风险发生的可能性，减少 CCS 运营过程中的环境安全危害，加上安全事故之后的责任承担，都要求我们有相应的安全责任制度，这是成败的重要因素。但太重的安全责任会使得大部分的企业望而却步，在 CCS 项目的发展上畏畏缩缩，适时引入责任保险制度，对封存场地投保，建立有资金保障的法律责任制度，有助于鼓励企业主体采用技术，推动 CCS 的发展。对于二氧化碳的运输和灌注，可以比照现有的石油或天然气的行业规定进行立法，在有成熟经验的基础上还可以提高立法的效率。

# 第七章　能源开发利用的环境污染综合防治

如前所述，能源开发利用可以造成大气、地表水、固体废弃物等多种污染。目前在我国，由于能源的开发和利用造成的大气污染压力尤其严重，因此，在这一章里，我们重点介绍大气污染的综合防治。

## 第一节　我国有关大气污染防治的法律规定

我国大气污染防治最重要的法律规定是《中华人民共和国大气污染防治法》。这个法律最初在 1987 年 9 月 5 日颁布，后又经过两次修订，如下所列：

① 1987 年 9 月 5 日第六届全国人民代表大会常务委员会第二十二次会议通过。

② 1995 年 8 月 29 日第八届全国人民代表大会常务委员会第十五次会议修订。

③ 2000 年 4 月 29 日第九届全国人民代表大会常务委员会第十五次会议修订通过；自 2000 年 9 月 1 日起施行。

大气污染防治法的立法目的和立法指导原则是为了防治大气污染，保护和改善生活环境和生态环境，保障人体健康，促进经济和社会的可持续发展。《中华人民共和国大气污染防治法》共七章，规定的一些大气污染防治的基本制度以及燃煤等污染的控制措施，主要内容介绍如下：

### 一、大气污染防治的基本制度

#### 1. 大气污染物排放总量控制

总量控制是防治大气污染的一项重要制度，是在浓度控制的基础上发展起来的。浓度控制，主要采用统一的方法对大气污染源排放进行逐渐严格的控制。这种方法对某些地区不适用，也无法控制污染物总量的增加，且未能建立起大气污染物排放量变化与大气环境质量之间以及实际区域大气环境质量目标与分布削减污染物排放总量之间的定量关系。而总量控制是将管理的地域或空间（例如行政区、流域、环境功能区等）作为一个整体，根据要实现的环境质量目标，确定该地域或空间一定时间内可容纳的污染物总量，采取措施使得所有污染源排入这一地域或空间内的污染物总量不超过可容纳的污染物总量，保证实现环境质量目标。

但是，这项制度涉及面广，操作比较复杂。因此在大气污染防治法中首先规定，国家采取措施，有计划地控制或者逐步削减各地方主要大气污染物的排放总量；地方各级人民政府对本辖区的大气环境质量负责，制定规划，采取措施，使本辖区的大气环境质量达到规定的标准；同时规定，国务院和省、自治区、直辖市人民政府对尚未达到规定的大气环境质量标准的区域和国务院批准划定的酸雨控制区、二氧化硫污染控制区，可以划定为主要大气污染物排放总量控制区。并且进一步明确，主要大气污染物排放总量控制的具体办法由国务院规定。在这个基础上，大气污染防治法中又规定，大气污染物总量控制区内有关地方人民政府依照国务院规定的条件和程序，按照公开、公平、公正的原则，核定企业事业单位的主要大气污染物排放总量，核发主要大气污染物排放许可证。对于有大气污染物总量控制任务的企业事业单位，在大气污染防治法中则要求，必须按照核定的主要大气污染物排放总量和许可证规定的条件排放污染物。

**2. 大气环境质量标准**

大气环境质量标准，是国家为了保护人体健康和生态环境，对大气污染物（或有害因素）容许含量（或要求）所作的统一规定。这种性质的规定是随着大气环境问题的出现而产生的，它体现国家环境保护的目标和政策要求，是衡量大气环境质量的尺度，是制定大气污染物排放标准的依据。因而大气环境质量标准在防治大气污染的法律制度中居于很重要的地位，所以在大气污染防治法中对其作出了以下规定：

（1）大气环境质量标准的制定

首先明确由国务院环境保护行政主管部门制定国家大气环境质量标准；同时规定，省一级人民政府对国家大气环境质量标准中未作规定的项目，可以制定地方标准，并报国务院环境保护行政主管部门备案。这样的规定与标准化法、环境保护法的规定是相衔接的。

（2）大气污染物排放标准的制定

这项标准是从属于大气环境质量标准的，所以规定，国务院环境保护行政主管部门根据国家大气环境质量标准和国家经济、技术条件制定国家大气污染物排放标准。这实际上是要求在制定大气污染物排放标准时，既要考虑大气环境质量的要求，又重视经济、技术条件的实际状况，使两者很好地结合起来。

关于大气污染物排放的地方标准，分为两种情况：一是省、自治区、直辖市人民政府对国家排放标准中未作规定的项目，可以制定地方排放标准；二是对国家排放标准中已作规定的项目，省、自治区、直辖市人民政府可以制定严于国家排放标准的地方排放标准。地方制定排放标准的，都必须报国务院环境保护行政主管部门备案。

（3）对流动污染源的特别规定

这是考虑了大气污染物有固定污染源和流动污染源两种情况，对固定污染源，如果省、自治区、直辖市制定严于国家排放标准的地方排放标准，一般不直接涉及其他省市；但是流动污染源不同，如果地方制定并实施严于国家排放标准的标准，则会直接影响车船在地区间的流动，因此规定，省、自治区、直辖市确有需要制定机动车船大气污染物排放标准严于国家排放标准的，须报经国务院批准。这样，既考虑了特定地区的特定情况，又使对流动污染源的控制统一协调，并能正常流动。

（4）大气污染物排放标准的执行

在大气污染防治法中明确规定，向大气排放污染物的，其污染物排放浓度不得超过国家和地方规定的排放标准；凡是向已有地方排放标准的区域排放大气污染物的，应当执行地方排放标准。

**3. 征收排污费制度**

征收排污费制度的实质是排污者由于向大气排放了污染物，对大气环境造成了损害，应当承担一定的补偿责任，征收排污费就是进行这种补偿的一种形式。这种制度，一是体现了污染者负担的原则，也就是由污染者支付一定的费用，用于治理受污染的大气环境，补偿由污染造成的对社会的损害；二是实行这种制度可以有效地促使污染者积极治理污染，所以它也是推行大气环境保护的一种必要手段。由于大气污染物的种类很多，其物理性质和化学性质非常复杂，排放者的情况有许多区别，因此也难以实行对所有的污染物和所有的排污者都征收排污费。比如当前对来自矿物燃料燃烧、工业生产、农业施用农药、生活原因形成的排污等，就应有所区别，不是一概而论。因此，在大气污染防治法中作出如下一些规定：

① 国家实行按照向大气排放污染物的种类和数量征收排污费的制度，这是从法律上确立了这项制度。

② 根据加强大气污染防治的要求和国家的经济、技术条件合理制定排污费的征收标准。这是从法律上确定了制定排污费征收标准所必须遵循的原则，这些原则是从保护和治理大气环境的需要出发，同时也要认真考虑国家经济、技术的条件，要求所制定的标准是合理的，符合中国国情的。

③ 征收排污费必须遵守国家规定的标准，具体办法和实施步骤由国务院规定。这项规定是一项关键性的规定，它授权国务院根据实际情况决定征收排污费的具体办法和实施步骤，全面地考虑征收排污费的必要性和可行性，有效地实施这项制度。

④ 征收的排污费一律上缴财政，按照国务院的规定用于大气污染防治，不得挪作他用，并由审计机关依法实施审计监督。这项规定首先是保证了征收排污费目的实现，而不允许改变这项收费的目的；第二是确定有效的管理体制，即一律由财政管理，专款专用；第三是纠正可能出现的偏差，就是将征收的排污费挪作他用，如用于办公费用、与治理污染无关的事项等；第四是实施审计监督，增强监督力度。

**4. 大气污染防治的监管**

防治大气污染必须建立和增强相应的监督管理的制度，明确监督管理的对象、采取的措施、贯彻的原则、监管的方法，使大气污染防治规范化、制度化，能以强制力为后盾得以有效的实施。为此，除了上述主要大气污染物排放总量控制、大气环境质量标准、征收排污费三项内容外，还有以下重要内容：

① 新建、扩建、改建向大气排放污染物的项目，必须遵守国家有关建设项目环境保护管理的规定。建设项目的环境影响报告书，必须对建设项目可能产生的大气污染和对生态环境的影响作出评价，规定防治措施；建设项目投入生产或者使用之前，其大气污染防治设施必须依法验收，达不到国家规定要求的，该项目不得投入生产或使用。

② 在国务院和省、自治区、直辖市人民政府划定的风景名胜区、自然保护区、文物保护单位附近地区和其他需要特别保护的区域内，不得建设污染环境的工业生产设施；建设其他设施，其污染物排放不得超过规定的排放标准；《大气污染防治法》施行前已建的设施，依法限期治理。

③ 国务院按照城市总体规划、环境保护规划目标和城市大气环境质量状况，划定大气污染重点城市；直辖市、省会城市、沿海开放城市和重点旅游城市应当列入大气污染防治重点城市。

④ 国务院环境保护行政主管部门会同国务院有关部门，根据气象、地形、土壤等自然条件，可以对已经产生、可能产生酸雨的地区或者其他二氧化硫污染严重的地区，经国务院批准后，划定为酸雨控制区或者二氧化硫污染控制区。

⑤ 企业应当优先采用能源利用效率高、污染物排放量少的清洁生产工艺，减少大气污染物的产生；国家对严重污染大气环境的落后生产工艺和严重污染大气环境的落后设备实行淘汰制度。这种淘汰是使用行政手段实施的，带有强制性。

⑥ 环境保护行政主管部门和其他监督管理部门有权对管辖范围内的排污单位进行现场检查，被检查单位必须如实反映情况，提供必要的资料。这是明确了监督管理部门有现场检查权和获取资料的权力。

⑦ 大、中城市应当定期发布大气环境质量状况公报，并逐步开展大气环境质量预报工作。

## 二、特定污染源、污染物的监督和防治

### 1. 防治燃煤污染的措施

由于我国煤炭占一次能源消费量的70％左右，所以对于燃煤特别是直接燃用煤炭导致的大气污染给予了重视，在大气污染防治法中专列一章规定了相关的措施，主要内容有：

① 国家推行煤炭洗选加工，降低煤的硫分和灰分，限制高硫分、高灰分煤炭的开采；新建的所采煤炭属于高硫分、高灰分的煤矿，必须配套建设洗选设施，使煤炭中的含硫分、含灰分达到规定的标准；已建成的属于是高硫分、高灰分煤的煤矿，依法限期建成煤炭洗选设施。

② 采取措施改进城市能源结构，推广清洁能源的生产和使用；大气污染防治重点城市可以划定禁止销售、使用高污染燃料的区域。

③ 国家采取有利于煤炭清洁利用的经济、技术政策和措施，鼓励和支持使用低硫分、低灰分的优质煤炭，鼓励和支持洁净煤技术的开发和推广。

④ 大、中城市人民政府应当制定规划，对饮食服务企业限期使用天然气、液化石油气、电或者其他清洁能源；对未划定为禁止使用高污染燃料区域的大、中城市市区内的其他民用炉灶，限期改用固硫型煤或者使用其他清洁能源。

⑤ 在锅炉产品质量标准中，城市集中供热的规划中，都应体现防治燃煤产生的大气污染的要求。

⑥ 新建、扩建排放二氧化硫的火电厂和其他大中型企业，超过规定的污染物排放标准或者总量控制指标的，必须建设配套脱硫、除尘装置或者采取其他控制二氧化硫排放、除尘的措施。

⑦ 在人口集中地区存放煤炭、煤矿石、煤渣、煤灰、砂石、灰土等物料，必须采取防燃、防尘措施，防止污染大气。

### 2. 机动车船污染控制的措施

机动车船在流动中排放大气污染物，这种流动污染源有其特点，但是又必须加以控制，因此在大气污染防治法中专门对防治机动车船排放污染作出了规定。这些法律措施有明确的针对性，它根据流动污染源对大气环境造成的影响并确定相应的覆盖范围，对防治机动车船所排放的污染物形成的对大气环境的危害力求有相当大的控制力度。防治机动车船排放污染的重要措施有：

① 机动车船向大气排放污染物不得超过规定的排放标准；任何单位和个人不得制造、销售或者进口污染物排放超过规定标准的机动车船。这两项规定都是从严格控制排放标准着手的，制定和实施科学的、严格的机动车船排放标准，第一个目的就是有效地控制污染物的排放量，使这个量越少越好；第二个目的是通过严格实施排放标准，促进生产、使用低排放、低污染的机动车船，最终达到改善空气质量，保护人体健康的目的。

② 对在用机动车实施排放标准的有关事项作出明确规定，主要为三项：第一，在用机

动车不符合制造当时的在用机动车污染物排放标准的，不得上路行驶。如此规定不仅是考虑了在用机动车的特点，而且也考虑了国际上的通行规则。第二，省、自治区、直辖市人民政府规定对在用机动车实行新的污染物排放标准并对其进行改造的，须报经国务院批准。这是对部分地区采取特定措施的批准程序，对在用机动车采取有别于一般规则的措施，不是绝对地不行，但也要防止随意性，应当慎重，经过国务院批准。第三，机动车维修应当符合防治大气污染的要求，使其达到规定的污染物排放标准。

③ 国家鼓励生产和消费使用清洁能源的机动车船；采取措施减少燃料油中有害物质对大气环境的污染；限期停止生产、进口、销售含铅汽油。

④ 依法按照规范对机动车船排气污染进行年度检测。

⑤ 县级以上人民政府环境保护行政主管部门可以在机动车停放地对在用机动车的污染物排放状况进行监督抽测。这是对监督抽测行为进行规范，防止在不适当的地点由不适当的主体随意拦截机动车进行监督抽测。

# 第二节　大气环境质量标准

## 一、《环境空气质量标准》（GB 3095—2012）

为贯彻落实第七次全国环境保护大会和 2012 年全国环境保护工作会议精神，加快推进我国大气污染治理，切实保障人民群众身体健康，环境保护部于 2012 年 2 月，以环发 [2012] 11 号文件的形式，批准发布了《环境空气质量标准》（GB 3095—2012）。

### 1. 实施《环境空气质量标准》的重要意义

实施《环境空气质量标准》是新时期加强大气环境治理的客观需求。随着我国经济社会的快速发展，以煤炭为主的能源消耗大幅攀升，机动车保有量急剧增加，经济发达地区氮氧化物（$NO_x$）和挥发性有机物（VOCs）排放量显著增长，臭氧（$O_3$）和细颗粒物（PM2.5）污染加剧，在可吸入颗粒物（PM10）和总悬浮颗粒物（TSP）污染还未全面解决的情况下，京津冀、长江三角洲、珠江三角洲等区域 PM2.5 和 $O_3$ 污染加重，灰霾现象频繁发生，能见度降低，迫切需要实施新的《环境空气质量标准》，增加污染物监测项目，加严部分污染物限值，以客观反映我国环境空气质量状况，推动大气污染防治。

实施《环境空气质量标准》是完善环境质量评价体系的重要内容。健全环境质量评价体系，建立科学合理的环境评价指标，使评价结果与人民群众切身感受相一致，逐步与国际标准接轨，是探索环保新道路的重要任务。实施《环境空气质量标准》是落实《国务院关于加强环境保护重点工作的意见》、《关于推进大气污染联防联控工作改善区域空气质量的指导意见》以及《重金属污染综合防治"十二五"规划》中关于完善空气质量标准及其评价体系，加强大气污染治理，改善环境空气质量的工作要求。

实施《环境空气质量标准》是满足公众需求和提高政府公信力的必然要求。与新标准同步实施的《环境空气质量指数（AQI）技术规定˘（试行）》增加了环境质量评价的污染物因子，可以更好地表征我国环境空气质量状况，反映当前复合型大气污染形势；调整了指数分级分类表述方式，完善了空气质量指数发布方式，有利于提高环境空气质量评价工作的科学水平，更好地为公众提供健康指引，努力消除公众主观感观与监测评价结果不完全一致的现象。

**2. 分期实施新修订的《环境空气质量标准》**

在国内很多城市，PM2.5 和臭氧的监测主要停留在科研性研究方面，并没有开展实时的监测。新标准发布后，在全国开展 PM2.5、臭氧和一氧化碳监测一方面必须安装配套的监测设备，另一方面还需在数据质量控制、专业人员的培训、数据发布系统等方面进行改进，而购置仪器设备成本较大，人员培训、数据质量控制、发布又需要进行大量系统的准备工作，因此从监测角度讲在全国范围内实施新标准需要一定的缓冲时间。考虑到我国区域经济发展水平不均衡，实施新标准的准备工作进展将有快有慢，其中一些区域实施标准的经济技术基础较好，且复合型大气污染问题比较突出的地区可以率先实施新标准，环境保护部制定了分步实施方案，以保障新标准平稳落地。

① 分期实施新标准的时间要求。

2012 年，京津冀、长三角、珠三角等重点区域以及直辖市和省会城市；

2013 年，113 个环境保护重点城市和国家环保模范城市；

2015 年，所有地级以上城市；

2016 年 1 月 1 日，全国实施新标准。

② 鼓励各省、自治区、直辖市人民政府根据实际情况和当地环境保护的需要，在上述规定的时间要求之前实施新标准。

③ 经济技术基础较好且复合型大气污染比较突出的地区，如京津冀、长三角、珠三角等重点区域，要做到率先实施环境空气质量新标准，率先使监测结果与人民群众感受相一致，率先争取早日和国际接轨。

**3. 环境空气污染物基本项目的浓度限值**

与 1996 年发布的老标准相比，新标准取消了老标准中的三类区（特定工业区），并入了二类区，执行二类标准；同时参照国外新的研究成果，在一般监测项目中增加了 PM2.5 浓度限值、臭氧 8h 平均浓度限值等指标，并降低了 PM10、二氧化氮、铅和苯并 [a] 芘浓度限值。总的说来，大大提升了对环境质量的要求。2012 年发布的空气质量标准的各项限值如表 7-1 所示。

表 7-1 环境空气污染物基本项目浓度限值

| 序号 | 污染物项目 | 平均时间 | 一级浓度限值 | 二级浓度限值 | 单位 |
|---|---|---|---|---|---|
| 1 | 二氧化硫 ($SO_2$) | 年平均 | 20 | 60 | $\mu g/m^3$ |
| | | 24h 平均 | 50 | 150 | |
| | | 1h 平均 | 150 | 500 | |
| 2 | 二氧化氮 ($NO_2$) | 年平均 | 40 | 40 | |
| | | 24h 平均 | 80 | 80 | |
| | | 1h 平均 | 200 | 200 | |
| 3 | 一氧化碳 (CO) | 24h 平均 | 4 | 4.0 | $mg/m^3$ |
| | | 1h 平均 | 10 | 10.0 | |
| 4 | 臭氧 ($O_3$) | 日最大 8h 平均 | 100 | 160 | $\mu g/m^3$ |
| | | 1h 平均 | 160 | 200 | |
| 5 | 颗粒物（粒径小于等于 $10\mu m$） | 年平均 | 40 | 70 | |
| | | 24h 平均 | 50 | 150 | |
| 6 | 颗粒物（粒径小于等于 $2.5\mu m$） | 年平均 | 15 | 35 | |
| | | 24h 平均 | 35 | 75 | |

注：引自 GB 3095—2012。

其中：一级浓度限值适用于一类区域，即自然保护区、风景名胜区和其他需要特殊保护的地区；二级浓度限值适用于二类区域，即居住区、商业交通居民混合区、文化区、工业区和农村地区。

新标准仅仅与世界"低轨"相接，要真正实现与世界卫生组织提出的指导值接轨，还将有很长的路要走。新标准最重要的是增设了 PM2.5 平均浓度值这一限值项。2005 年，世界卫生组织修订发布《空气质量准则（2005 年全球升级版）》，规定 PM2.5 的指导值，并且为全球不同发展阶段的国家或地区提供了三个阶段的目标值。第一阶段的目标值主要推荐给发展中国家或地区，是最宽松的一个目标值，第二阶段的目标值提供给部分发达国家或地区和部分发展中国家或地区参考，第三阶段的目标值主要由发达国家或地区采用。

上述标准中 PM2.5 污染物控制值实现了与国际接轨，但由于我国还是发展中国家或地区，而且是以煤炭为主要能源的发展中国家或地区，经济技术发展水平决定了 PM2.5 等污染物限制值目前仅能与发展中国家或地区空气质量标准普遍采用的世界卫生组织规定的第一阶段的目标值接轨。

除了空气质量标准，我国还发布了乘用车内空气质量评价指南等大气质量标准。我国发布的主要大气环境质量标准列于附录表1。

## 二、环境空气质量指数（AQI）

为贯彻《中华人民共和国环境保护法》、《中华人民共和国大气污染防治法》等法律，规范环境空气质量指数日报和实时报工作，国家环保部制定了《环境空气质量指数（AQI）技术规定（试行）》（HJ 633—2012）。这个规定依据《环境空气质量标准》，规定了环境空气质量指数日报和实时报工作的要求和程序。

AQI 日报和实时报，要求的发布内容包括七个方面的信息：评价时段、监测点位置、各污染物的浓度及空气质量分指数、空气质量指数、首要污染物及空气质量级别，由地级以上（含地级）环境保护行政主管部门或其授权的环境监测站发布。各城市的 AQI 值可以在国家环保部的网站和各城市的网站上直接找到。

《环境空气质量标准》GB 3095—2012 中各项污染物浓度限值的取值时间一般分为年平均浓度限值、24h 平均浓度限值和 1h 平均浓度限值。其中，CO 只规定了 24h 平均浓度限值和 1h 平均浓度限值，$O_3$ 只规定了 8h 平均浓度限值和 1h 平均浓度限值。环境空气中颗粒物 PM2.5 和 PM10 的短期或长期暴露都会对人体产生不利的健康效应，但迄今为止，有统计学意义的健康影响研究仍以 24h 暴露水平的平均浓度为依据。因此针对短期暴露的健康效应制定了 24h 平均浓度限值，针对长期暴露的健康效应制定了年平均浓度限值，而未对颗粒物 PM2.5 和 PM10 的 1h 浓度限值作出规定。因此《环境空气质量标准》（GB 3095—2012）只规定了 PM2.5 和 PM10 的 24h 平均浓度限值和年平均浓度限值。

空气质量日报时间周期为 24h，日报指标包括二氧化硫、二氧化氮、颗粒物（粒径小于等于 $10\mu m$）、颗粒物（粒径小于等于 $2.5\mu m$）、一氧化碳的 24h 平均，以及臭氧的日最大 1h、臭氧的日最大 8h 滑动平均，共计七项。空气质量日报、预报指标体系选取的指标已经与发达国家和地区基本接轨，而且以可吸入颗粒物（PM10）取代原来的总悬浮颗粒物（TSP），以二氧化氮（$NO_2$）取代原来的氮氧化物（$NO_x$），标志着"环境保护，以人为本"的精神得到了实质性的升华，同时，也从一个侧面体现了人们对污染与人体健康关系认识上的深化。

AQI 计算与评价的过程大致可分为三个步骤：

第一步是对照各项污染物的分级浓度限值，以细颗粒物（PM2.5）、可吸入颗粒物（PM10）、二氧化硫（SO₂）、二氧化氮（NO₂）、臭氧（O₃）、一氧化碳（CO）等各项污染物的实测浓度值（其中 PM2.5、PM10 为 24h 平均浓度）分别计算得出空气质量分指数（Individual Air Quality Index，IAQI）；

第二步是从各项污染物的 IAQI 中选择最大值确定为 AQI，当 AQI 大于 50 时将 IAQI 最大的污染物确定为首要污染物；

第三步是对照 AQI 分级标准，确定空气质量级别、类别及表示颜色、健康影响与建议措施。

空气质量分指数计算公式如下所列：

$$IAQI_P = \frac{IAQI_{Hi} - IAQI_{L0}}{BP_{Hi} - BP_{L0}}(C_P - BP_{L0}) + IAQI_{L0}$$

式中　$IAQI_P$——污染物项目 P 的空气质量分指数；

　　　$C_P$——污染物项目 P 的质量浓度值；

　　　$BP_{Hi}$——HJ 633—2012 表 1 中与 $C_p$ 相近的污染物浓度限值的高位值；

　　　$BP_{L0}$——HJ 633—2012 表 1 中与 $C_p$ 相近的污染物浓度限值的低位值；

　　　$IAQI_{Hi}$——HJ 633—2012 表 1 中与 $BP_{Hi}$ 对应的空气质量分指数；

　　　$IAQI_{L0}$——HJ 633—2012 表 1 中与 $BP_{L0}$ 对应的空气质量分指数。

例如：PM2.5 的 24h 均值浓度为 $239\mu g/m^3$，计算 IAQI 指数方法为

$C_P$：$239\mu g$

$BP_{Hi}$：$250\mu g$

$BP_{L0}$：$150\mu g$

$IAQI_{Hi}$：300

$IAQI_{L0}$：200

$$IAQI = \frac{300-200}{250-150}(239-150) + 200 = 289$$

则 PM2.5 的 IAQI 指数为 289。

在《环境空气质量指数（AQI）技术规定（试行）》中，还对 AQI 指数对健康的影响和建议采取的措施作了规定，如表 7-2 所示。

**表 7-2　空气质量指数及相关信息**

| 空气质量指数 | 空气质量指数级别 | 空气质量指数类别及表示颜色 | | 对健康影响情况 | 建议采取的措施 |
|---|---|---|---|---|---|
| 0～50 | 一级 | 优 | 绿色 | 空气质量令人满意，基本无空气污染 | 各类人群可正常活动 |
| 51～100 | 二级 | 良 | 黄色 | 空气质量可接受，但某些污染物可能对极少数异常敏感人群健康有较弱影响 | 极少数异常敏感人群应减少户外活动 |
| 101～150 | 三级 | 轻度污染 | 橙色 | 易感人群症状有轻度加剧，健康人群出现刺激症状 | 儿童、老年人及心脏病、呼吸系统疾病患者应减少长时间、高强度的户外锻炼 |

| 空气质量指数 | 空气质量指数级别 | 空气质量指数类别及表示颜色 | | 对健康影响情况 | 建议采取的措施 |
|---|---|---|---|---|---|
| 151~200 | 四级 | 中度污染 | 红色 | 进一步加剧易感人群症状，可能对健康人群心脏、呼吸系统有影响 | 儿童、老年人及心脏病、呼吸系统疾病患者避免长时间、高强度的户外锻炼，一般人群适量减少户外运动 |
| 201~300 | 五级 | 重度污染 | 紫色 | 心脏病和肺病患者症状显著加剧，运动耐受力降低，健康人群普遍出现症状 | 儿童、老年人和心脏病、肺病患者应停留在室内，停止户外运动，一般人群减少户外运动 |
| >300 | 六级 | 严重污染 | 褐红色 | 健康人群运动耐受力降低，有明显强烈症状，提前出现某些疾病 | 儿童、老年人和病人应当留在室内，避免体力消耗，一般人群应避免户外活动 |

空气质量实时报周期为 1h，指标包括二氧化硫、二氧化氮、臭氧、一氧化碳、颗粒物（粒径小于等于 $10\mu m$）、颗粒物（粒径小于等于 $2.5\mu m$）的 1h 平均，以及臭氧 8h 滑动平均和颗粒物（粒径小于等于 $10\mu m$）、颗粒物（粒径小于等于 $2.5\mu m$）的 24h 滑动平均，共计九个指标。

### 三、大气污染物排放标准

大气污染物排放标准是根据环境质量标准、污染控制技术和经济条件，对排入环境有害物质和产生危害的各种因素所做的限制性规定，是对大气污染源进行控制的标准，它直接影响到我国大气环境质量目标的实现。科学合理的大气污染物排放标准体系，有助于全面系统地控制大气污染源，从而提高大气环境保护工作效率，改善整体大气环境质量。

污染物排放标准是排污行为的规范，也是判定排污是否合法的依据。

**1. 大气污染排放标准的特点**

1973 年由国家计委、国家建委和卫生部联合发布的《工业"三废"排放试行标准》（GBJ 4—1973），是我国第一项环境保护标准，其中规定了二氧化硫、二硫化碳、铅和烟（粉）尘等 13 种大气污染物的排放速率或浓度，这对我国环境保护工作初创时期的大气污染物排放控制发挥了重大作用。

进入 20 世纪 90 年代，大气污染物排放标准体系发生重大变化，以 1996 年发布的《大气污染物综合排放标准》（GB 16297—1996）为代表，形成了"以综合型排放标准为主体，行业型排放标准为补充，两者不交叉执行，行业型排放标准优先"的排放标准格局。

2000 年以前发布的现行大气污染物排放标准具有以下主要特点：第一，排放标准限值与环境空气质量标准中的功能区对应，不同的功能区执行不同标准。功能区要求越高，标准越严。第二，分时段规定不同标准，但没有现有污染源达到新标准的过渡期要求。第三，除锅炉、炉窑、火电等规定了过量空气系数外，其余主要以浓度限值的控制为主。与功能区挂钩的排放标准分级控制容易强化管理上的主观性，造成"低功能弱保护"的局面；按照建厂时间划分时段则客观上保护了"落后"，而仅控制浓度也难以避免稀释达标排放的发生。

2000 年以后发布的，尤其是近期发布的一系列新的行业型大气污染物排放标准（以下简称"新标准"）从适用范围、控制要求、达标判定、监督执法等方面均提出了更明确的要求，具有以下新特点：

新标准明确其适用范围仅为法律允许的污染物排放行为。对法律禁止的排放行为，排放标准中不规定排放控制要求，并阐明新设立污染源的选址和特殊保护区域内现有污染源的管理，按照现行法律、法规、规章的规定执行。

新标准按照通用型标准与行业型标准不交叉执行的原则，明确规定行业中涉及的恶臭污染物、锅炉大气污染物等仍按现行的《恶臭污染物排放标准》、《锅炉大气污染物排放标准》等相应标准执行。

污染物排放限值不与环境功能区挂钩。排放限值以可行技术为主要依据确定，综合考虑经济成本、环境效益等因素。避免了低功能区由于污染物排放限值宽松引起环境质量下降，同时体现了标准对同一行业企业的公平和公正。

现有企业的标准实施分为两个时间段。在第一时间段，考虑到现有企业的实际情况以及与老标准的衔接，给予相对于新建企业较为宽松的排放限值。经过一定时间的过渡，再要求企业达到第二时间段的限值要求。通过这一要求体现新老企业公平的原则，并达到促进现有企业生产工艺和污染治理技术进步，推动产业升级和结构调整的目的。

新标准明确要求，产生大气污染物的生产工艺和装置必须设立局部或整体气体收集系统和净化处理装置。除锅炉、炉窑等设置过量空气系数外，对于部分行业特征工艺废气增加了排气量的规定，并设定基准排气量限值或基准排放浓度，从而防止企业通过增大风机风量、开设通风口等方式进行稀释排放。基准排气量有了不同的表现形式，可以按单位产品、单位班次、单位数量等计算。新标准对排气筒高度给出了明确的规定，即通常排气筒高度应不低于 15m，对不同行业或不同污染物也有不同规定，并要求周围半径 200m 内有建筑物时，排气筒应高出最高建筑物 3m 以上。取消了过去标准中提出的排气筒高度达不到要求时，排放浓度限值按 50％执行的规定。

新标准明确了达标排放的判定依据，并细化了标准实施与监督的规定。标准中大气污染物排放浓度限值适用于实际排气量不高于基准排气量的情况。如果实际排气量超过基准排气量，必须将实测浓度换算为基准排气量排放浓度，作为判定排放达标的依据。对于标准中未规定基准排气量的，暂以实测浓度判定是否达标排放。环保部门在监督执法过程中可以现场即时采样或监测结果，作为判定排污行为是否符合排放标准的依据。

新标准强调了地方政府要对企业周边敏感区域环境质量负责。明确规定：在现有企业生产、建设项目竣工环保验收后的生产过程中，负责监管的环境保护行政主管部门应对周围居住、教学、医疗等用途的敏感区域环境空气质量进行监测。建设项目的具体监控范围为环境影响评价确定的周围敏感区域；未进行过环境影响评价的现有企业，监控范围由负责监管的环境保护行政主管部门，根据企业排污的特点和规律及当地的自然、气象条件等因素，参照相关环境影响评价技术导则确定。地方政府应对本辖区环境质量负责，采取措施确保环境状况符合环境质量标准要求。

对于涉及总量减排控制指标的行业，新标准设置了大气污染物的"特别排放限值"，以促进区域经济与环境协调发展，推动经济结构的调整和经济增长方式的转变。新标准规定，执行特别排放限值的地区应具有如下特点：国土开发密度较高、环境承载能力开始减弱或环境容量较小、生态环境脆弱、容易发生严重的环境污染问题，因而需要采取特别的保护措施。特别排放限值具体执行的地域范围、时间，由国务院环境保护行政主管部门或省级人民政府规定。目前硫酸、硝酸等排放标准已规定了大气污染物特别排放限值。

大气污染物排放标准很多，这里介绍一个直接为能源利用规定的标准《火电厂大气污染物排放标准》。其他大气污染物排放标准的名称等参见附录表 2。

**2. 《火电厂大气污染物排放标准》**

2011 年 9 月 21 日，国家环境保护部公布了《火电厂大气污染物排放标准》GB 13223—2011，该标准于 2012 年 1 月开始实施。相比于 2003 版的标准，这一新标准中各项污染物排放标准都有很大提高，重点加大了对氮氧化物的控制力度，收严了二氧化硫、烟尘等污染物排放限值；针对环境承载能力弱、容易发生重大环境污染问题的重点地区提出了更加严格的要求，并在重点地区执行不分时段的排放限值；增设了对燃煤锅炉的汞及其化合物排放的控制指标。

《火电厂大气污染物排放标准》规定，自 2014 年 7 月 1 日起，现有火力发电锅炉及燃气轮机组执行表 7-1 规定的烟尘、二氧化硫、氮氧化物和烟气黑度排放限值；自 2012 年 1 月 1 日起，新建火力发电锅炉及燃气轮机组执行表 7-3 规定的烟尘、二氧化硫、氮氧化物和烟气黑度排放限值；自 2015 年 1 月 1 日起，燃煤锅炉执行表 7-3 规定的汞及其化合物污染物排放限值。

**表 7-3　火力发电锅炉及燃气轮机组大气污染物排放浓度限值**

单位：mg/m³（烟气黑度除外）

| 序号 | 燃料和热能转化设施类型 | 污染物项目 | 适用条件 | 限值 | 污染物排放监控位置 |
|---|---|---|---|---|---|
| 1 | 燃煤锅炉 | 烟尘 | 全部 | 30 | |
| | | 二氧化硫 | 新建锅炉 | 100<br>200[1] | |
| | | | 现有锅炉 | 200<br>400[1] | |
| | | 氮氧化物（以 NO₂ 计） | 全部 | 100<br>200[2] | |
| | | 汞及其化合物 | 全部 | 0.03 | |
| 2 | 以油为燃料的锅炉或燃气轮机组氮氧化物 | 烟尘 | 全部 | 30 | 烟囱或烟道 |
| | | 二氧化硫 | 新建锅炉及燃气轮机组 | 100 | |
| | | | 现有锅炉及燃气轮机组 | 200 | |
| | | 氮氧化物（以 NO₂ 计） | 新建燃油锅炉 | 100 | |
| | | | 现有燃油锅炉 | 200 | |
| | | | 燃气轮机组 | 120 | |
| 3 | 以气体为燃料的锅炉或燃气轮机组 | 烟尘 | 天然气锅炉及燃气轮机组 | 5 | |
| | | | 其他气体燃料锅炉及燃气轮机组 | 10 | |
| | | 二氧化硫 | 天然气锅炉及燃气轮机组 | 35 | |
| | | | 其他气体燃料锅炉及燃气轮机组 | 100 | |
| | | 氮氧化物（以 NO₂ 计） | 天然气锅炉 | 100 | |
| | | | 其他气体燃料锅炉 | 200 | |
| | | | 天然气燃气轮机组 | 50 | |
| | | | 其他气体燃料燃气轮机组 | 120 | |

续表

| 序号 | 燃料和热能转化设施类型 | 污染物项目 | 适用条件 | 限值 | 污染物排放监控位置 |
|---|---|---|---|---|---|
| 4 | 燃煤锅炉，以油、气体为燃料的锅炉或燃气轮机组 | 烟气黑度（林格曼黑度，级） | 全部 | 1 | 烟囱排放口 |

1　位于广西壮族自治区、重庆市、四川省和贵州省的火力发电锅炉执行该限值；

2　采用 W 型火焰炉膛的火力发电锅炉，现有循环流化床火力发电锅炉，以及 2003 年 12 月 31 日前建成投产或通过建设项目环境影响报告书审批的火力发电锅炉执行该限值。

《火电厂大气污染物排放标准》规定，在环境承载能力弱、容易发生严重大气环境污染问题的地区（重点地区）的火力发电锅炉及燃气轮机组执行表 7-4 规定的大气污染物特别排放限值。执行大气污染物特别排放限值的具体地域范围、实施时间，由国务院环境保护行政主管部门规定。

表 7-4　大气污染物特别排放限值

单位：mg/m³（烟气黑度除外）

| 序号 | 燃料和热能转化设施类型 | 污染物项目 | 适用条件 | 限值 | 污染物排放监控位置 |
|---|---|---|---|---|---|
| 1 | 燃煤锅炉 | 烟尘 | 全部 | 20 | |
| | | 二氧化硫 | 全部 | 50 | |
| | | 氮氧化物（以 $NO_2$ 计） | 全部 | 100 | |
| | | 汞及其化合物 | 全部 | 0.03 | |
| 2 | 以油为燃料锅炉或燃气轮机组 | 烟尘 | 全部 | 20 | |
| | | 二氧化硫 | 全部 | 50 | 烟囱或烟道 |
| | | 氮氧化物（以 $NO_2$ 计） | 燃油锅炉 | 100 | |
| | | | 燃气轮机组 | 120 | |
| 3 | 以气体为燃料锅炉或燃气轮机组 | 烟尘 | 全部 | 5 | |
| | | 二氧化硫 | 全部 | 35 | |
| | | 氮氧化物（以 $NO_2$ 计） | 燃气锅炉 | 100 | |
| | | | 燃气轮机组 | 50 | |
| 4 | 燃煤锅炉，以油、气体为燃料锅炉或燃气轮机组 | 烟气黑度（林格曼黑度，级） | 全部 | 1 | 烟囱排放口 |

# 第三节　大气污染综合防治

大气污染有多方面的原因，因此要根治大气污染，必须实施大气污染综合防治。大气污染综合防治就是为了达到区域环境空气质量控制目标，对大气污染提出综合的防治方案，并对综合防治方案的技术可行性、经济合理性、区域适应性和实施可能性等进行最优化选择和评价，从而得到最优的控制技术方案和工程措施。

## 一、大气污染要综合治理

近两年来，我国中东部地区出现大范围、长时间、高浓度的灰霾天气，引发了人们对空气污染问题的高度关注。灰霾其实也是一种城市病，产业结构失衡、节能减排欠账是造成灰霾天气的根本原因。目前中国仍是世界最大的建设工地，是名副其实的世界工厂，也是全球最活跃的汽车王国。

大气污染治理是一项系统工程。从宏观层面上讲，要治理大气污染，需要转变发展理念、转变发展方式、转变生活方式。

转变发展理念。改革开放30多年来，我们的物质财富取得了巨大的增长，但是也付出了巨大的环境代价，最近的一系列灰霾事件就是严重的警示。时至今日，我们有必要反思，富起来是为了什么？从人的全面发展来看，致富不是终极目的。发展的优先目标应该是公众的健康和福祉。因此，要认真贯彻落实党的十八大精神，把生态优先的理念落实到发展中，落实到实际工作中。

转变发展方式。灰霾天气之所以出现，就是在一定气象条件下，污染物的排放量大于环境容量，污染物越积越多。治理大气污染核心是要减少污染物的排放量，改变产业结构和能源结构是必由之路和现实途径。要摒弃原来的高投入、重污染、低效益、低产出的粗放发展模式，加快产业转型升级，加大重污染高耗产业治理力度，加强对重污染企业的监管，推动使用清洁能源。

转变生活方式。事实上，大多数人都有意无意间做了大气的污染源。要倡导绿色、节约、低配的生活方式。每个人少开点车、少用一度电、少一些生活中的浪费，都是为减排、为保护环境做贡献。

环境问题的形成非"一日之寒"，环境污染治理也具有长期性、复杂性、艰巨性。因此，治理空气污染任重道远，很多治理措施不可能立竿见影，工作也不可能毕其功于一役。必须着眼长远，立足当前，有所作为，一步一个脚印地扎实推进。

## 二、大气污染防治行动计划

2013年9月，为了应对大气污染，国务院印发了"大气污染行动计划"。为了落实这一行动计划，各地也制定了符合本地条件的计划，例如《杭州市大气污染防治行动计划（2014~2017年）》等。这些行动计划规定了总体思路和工作目标，国务院规定了以下奋斗目标：经过五年努力，全国空气质量总体改善，重污染天气较大幅度减少；京津冀、长三角、珠三角等区域空气质量明显好转。力争再用五年或更长时间，逐步消除重污染天气，全国空气质量明显改善。具体指标为：到2017年，全国地级及以上城市可吸入颗粒物浓度比2012年下降10%以上，优良天数逐年提高；京津冀、长三角、珠三角等区域细颗粒物浓度分别下降25%、20%、15%左右，其中北京市细颗粒物年均浓度控制在 $60\mu g/m^3$ 左右。

这些行动计划规定的主要任务有以下几个方面。

**1. 优化城乡发展布局，调整产业结构**

① 按照主体功能区规划要求，合理确定重点产业发展布局、结构和规模，重大项目原则上布局在优化开发区和重点开发区。所有新、改、扩建项目，必须全部进行环境影响评价；未通过环境影响评价审批的，一律不准开工建设；违规建设的，要依法进行处罚。加强

产业政策在产业转移过程中的引导与约束作用，严格限制在生态脆弱或环境敏感地区建设"两高"行业项目。加强对各类产业发展规划的环境影响评价。

在东部、中部和西部地区实施差别化的产业政策，对京津冀、长三角、珠三角等区域提出更高的节能环保要求。强化环境监管，严禁落后产能转移。

科学制定并严格实施城市总体规划和县（市）域总体规划；合理控制城区建设发展规模，建立并落实与规划区资源环境条件相适应的城市人口规模、人均城市道路面积、人均绿地面积、万人公共汽车保有量等规划指标。强化生态带规划控制，规范各类产业园区和新城、新区的设立和布局。严格执行《规划环境影响评价条例》，推进形成有利于大气污染物扩散和缓解城市热岛效应的城乡空间格局。

② 严控"两高"行业新增产能。修订高耗能、高污染和资源性行业准入条件，明确资源能源节约和污染物排放等指标。有条件的地区要制定符合当地功能定位、严于国家要求的产业准入目录。严格控制"两高"行业新增产能，新、改、扩建项目要实行产能等量或减量置换。

③ 加快淘汰落后产能。结合产业发展实际和环境质量状况，进一步提高环保、能耗、安全、质量等标准，分区域明确落后产能淘汰任务，倒逼产业转型升级。

对布局分散、装备水平低、环保设施差的小型工业企业进行全面排查，制定综合整改方案，实施分类治理。

④ 压缩过剩产能。加大环保、能耗、安全执法处罚力度，建立以节能环保标准促进"两高"行业过剩产能退出的机制。制定财政、土地、金融等扶持政策，支持产能过剩"两高"行业企业退出、转型发展。发挥优强企业对行业发展的主导作用，通过跨地区、跨所有制企业兼并重组，推动过剩产能压缩。严禁核准产能严重过剩行业新增产能项目。

⑤ 坚决停建产能严重过剩行业违规在建项目。认真清理产能严重过剩行业违规在建项目，对未批先建、边批边建、越权核准的违规项目，尚未开工建设的，不准开工；正在建设的，要停止建设。地方人民政府要加强组织领导和监督检查，坚决遏制产能严重过剩行业盲目扩张。

**2. 加大综合治理力度，减少多污染物排放**

（1）加强工业企业大气污染综合治理

全面整治燃煤小锅炉。加快推进集中供热、"煤改气"、"煤改电"工程建设，到 2017 年，除必要保留的以外，地级及以上城市建成区基本淘汰每小时 10t 及以下的燃煤蒸汽锅炉，禁止新建每小时 20t 以下的燃煤蒸汽锅炉；其他地区原则上不再新建每小时 10t 以下的燃煤蒸汽锅炉。在供热供气管网不能覆盖的地区，改用电、新能源或洁净煤，推广应用高效节能环保型锅炉。在化工、造纸、印染、制革、制药等产业集聚区，通过集中建设热电联产机组逐步淘汰分散燃煤锅炉。

加快重点行业脱硫、脱硝、除尘改造工程建设。所有燃煤电厂、钢铁企业的烧结机和球团生产设备、石油炼制企业的催化裂化装置、有色金属冶炼企业都要安装脱硫设施，每小时 20t 及以上的燃煤锅炉要实施脱硫。除循环流化床锅炉以外的燃煤机组均应安装脱硝设施，新型干法水泥窑要实施低氮燃烧技术改造并安装脱硝设施。燃煤锅炉和工业窑炉现有除尘设施要实施升级改造。

推进挥发性有机物污染治理，在石化、有机化工、表面涂装、包装印刷等行业实施挥发性有机物综合整治。

（2）深化面源污染治理

综合整治城市扬尘。加强施工扬尘监管，积极推进绿色施工，建设工程施工现场应全封闭设置围挡墙，严禁敞开式作业，施工现场道路应进行地面硬化。渣土运输车辆应采取密闭措施，并逐步安装卫星定位系统。推行道路机械化清扫等低尘作业方式。大型煤堆、料堆要实现封闭储存或建设防风抑尘设施。推进城市及周边绿化和防风防沙林建设，扩大城市建成区绿地规模。

开展餐饮油烟污染治理。城区餐饮服务经营场所应安装高效油烟净化设施，推广使用高效净化型家用吸油烟机。

（3）强化移动源污染防治

加强城市交通管理。优化城市功能和布局规划，推广智能交通管理，缓解城市交通拥堵。实施公交优先战略，提高公共交通出行比例，加强步行、自行车交通系统建设。根据城市发展规划，合理控制机动车保有量，北京、上海、广州等特大城市要严格限制机动车保有量。通过鼓励绿色出行、增加使用成本等措施，降低机动车使用强度。

加快石油炼制企业升级改造，提升燃油品质。加快淘汰黄标车和老旧车辆。采取划定禁行区域、经济补偿等方式，逐步淘汰黄标车和老旧车辆。不断提高低速汽车（三轮汽车、低速货车）节能环保要求，减少污染排放，促进相关产业和产品技术升级换代。

大力推广新能源汽车。公交、环卫等行业和政府机关要率先使用新能源汽车，采取直接上牌、财政补贴等措施鼓励个人购买。

**3. 加快企业技术改造，提高科技创新能力**

（1）强化科技研发和推广

加强灰霾、臭氧的形成机理、来源解析、迁移规律和监测预警等研究，为污染治理提供科学支撑。加强大气污染与人群健康关系的研究。支持企业技术中心、国家重点实验室、国家工程实验室建设，推进大型大气光化学模拟仓、大型气溶胶模拟仓等科技基础设施建设。

加强脱硫、脱硝、高效除尘、挥发性有机物控制、柴油机（车）排放净化、环境监测，以及新能源汽车、智能电网等方面的技术研发，推进技术成果转化应用。加强大气污染治理先进技术、管理经验等方面的国际交流与合作。

（2）全面推行清洁生产

对钢铁、水泥、化工、石化、有色金属冶炼等重点行业进行清洁生产审核，针对节能减排关键领域和薄弱环节，采用先进适用的技术、工艺和装备，实施清洁生产技术改造。大力发展循环经济。鼓励产业集聚发展，实施园区循环化改造，推进能源梯级利用、水资源循环利用、废物交换利用、土地节约集约利用，促进企业循环式生产、园区循环式发展、产业循环式组合，构建循环型工业体系。

（3）大力培育节能环保产业

着力把大气污染治理的政策要求有效转化为节能环保产业发展的市场需求，促进重大环保技术装备、产品的创新开发与产业化应用。扩大国内消费市场，积极支持新业态、新模式，培育一批具有国际竞争力的大型节能环保企业，大幅增加大气污染治理装备、产品、服务产业产值，有效推动节能环保、新能源等战略性新兴产业发展。鼓励外商投资节能环保产业。

**4. 加快调整能源结构，增加清洁能源供应**

（1）控制煤炭消费总量

制定国家煤炭消费总量中长期控制目标，实行目标责任管理。到 2017 年，煤炭占能源消费总量比重降低到 65％以下。京津冀、长三角、珠三角等区域力争实现煤炭消费总量负增长，通过逐步提高接受外输电比例、增加天然气供应、加大非化石能源利用强度等措施替代燃煤。

京津冀、长三角、珠三角等区域新建项目禁止配套建设自备燃煤电站。耗煤项目要实行煤炭减量替代。除热电联产外，禁止审批新建燃煤发电项目；现有多台燃煤机组装机容量合计达到 30 万 kW 以上的，可按照煤炭等量替代的原则建设为大容量燃煤机组。

（2）加快清洁能源替代利用

加大天然气、煤制天然气、煤层气供应。到 2015 年，新增天然气干线管输能力 1 500 亿 m³ 以上，覆盖京津冀、长三角、珠三角等区域。优化天然气使用方式，新增天然气应优先保障居民生活或用于替代燃煤；鼓励发展天然气分布式能源等高效利用项目，限制发展天然气化工项目；有序发展天然气调峰电站，原则上不再新建天然气发电项目。

积极有序发展水电，开发利用地热能、风能、太阳能、生物质能，安全高效发展核电。到 2017 年，运行核电机组装机容量达到 5 000 万 kW，非化石能源消费比重提高到 13％。

（3）推进煤炭清洁利用

提高煤炭洗选比例，新建煤矿应同步建设煤炭洗选设施，现有煤矿要加快建设与改造；到 2017 年，原煤入选率达到 70％以上。禁止进口高灰分、高硫分的劣质煤炭，研究出台煤炭质量管理办法。限制高硫石油焦的进口。

扩大城市高污染燃料禁燃区范围，逐步由城市建成区扩展到近郊。结合城中村、城乡结合部、棚户区改造，通过政策补偿和实施峰谷电价、季节性电价、阶梯电价、调峰电价等措施，逐步推行以天然气或电替代煤炭。鼓励北方农村地区建设洁净煤配送中心，推广使用洁净煤和型煤。

（4）提高能源使用效率

严格落实节能评估审查制度。新建高耗能项目单位产品（产值）能耗要达到国内先进水平，用能设备达到一级能效标准。京津冀、长三角、珠三角等区域，新建高耗能项目单位产品（产值）能耗要达到国际先进水平。

积极发展绿色建筑，政府投资的公共建筑、保障性住房等要率先执行绿色建筑标准。推进供热计量改革，加快北方采暖地区既有居住建筑供热计量和节能改造；新建建筑和完成供热计量改造的既有建筑逐步实行供热计量收费。加快热力管网建设与改造。

**5. 发挥市场机制作用，完善环境经济政策**

（1）发挥市场机制调节作用

本着"谁污染、谁负责，多排放、多负担，节能减排得收益、获补偿"的原则，积极推行激励与约束并举的节能减排新机制。分行业、分地区对水、电等资源类产品制定企业消耗定额，全面落实"合同能源管理"的财税优惠政策。

（2）完善价格税收政策

根据脱硝成本，结合调整销售电价，完善脱硝电价政策。现有火电机组采用新技术进行除尘设施改造的，要给予价格政策支持。实行阶梯式电价。

推进天然气价格形成机制改革，理顺天然气与可替代能源的比价关系。

按照合理补偿成本、优质优价和污染者付费的原则合理确定成品油价格，完善对部分困难群体和公益性行业成品油价格改革补贴政策。

加大排污费征收力度，做到应收尽收。适时提高排污收费标准，将挥发性有机物纳入排污费征收范围。

（3）拓宽投融资渠道

深化节能环保投融资体制改革，鼓励民间资本和社会资本进入大气污染防治领域。引导银行业金融机构加大对大气污染防治项目的信贷支持。探索排污权抵押融资模式，拓展节能环保设施融资、租赁业务。

在环境执法到位、价格机制理顺的基础上，中央财政统筹整合主要污染物减排等专项，设立大气污染防治专项资金，对重点区域按治理成效实施"以奖代补"；中央基本建设投资也要加大对重点区域大气污染防治的支持力度。

**6. 建立监测预警应急体系，妥善应对重污染天气**

（1）建立监测预警体系

环保部门要加强与气象部门的合作，建立重污染天气监测预警体系。到 2014 年，京津冀、长三角、珠三角区域要完成区域、省、市级重污染天气监测预警系统建设；其他省（区、市）、副省级市、省会城市于 2015 年底前完成。要做好重污染天气过程的趋势分析，完善会商研判机制，提高监测预警的准确度，及时发布监测预警信息。

（2）制定完善应急预案

空气质量未达到规定标准的城市应制定和完善重污染天气应急预案并向社会公布；要落实责任主体，明确应急组织机构及其职责、预警预报及响应程序、应急处置及保障措施等内容，按不同污染等级确定企业限产停产、机动车和扬尘管控、中小学校停课以及可行的气象干预等应对措施。开展重污染天气应急演练。

京津冀、长三角、珠三角等区域要建立健全区域、省、市联动的重污染天气应急响应体系。区域内各省（区、市）的应急预案，应于 2013 年底前报环境保护部备案。

（3）及时采取应急措施

将重污染天气应急响应纳入地方人民政府突发事件应急管理体系，实行政府主要负责人负责制。要依据重污染天气的预警等级，迅速启动应急预案，引导公众做好卫生防护。

**7. 健全法律法规体系，严格依法监督管理**

（1）完善法律法规标准

加快大气污染防治法修订步伐，重点健全总量控制、排污许可、应急预警、法律责任等方面的制度，研究增加对恶意排污、造成重大污染危害的企业及其相关负责人追究刑事责任的内容，加大对违法行为的处罚力度。建立健全环境公益诉讼制度。研究起草环境税法草案，加快修改环境保护法，尽快出台机动车污染防治条例和排污许可证管理条例。各地区可结合实际，出台地方性大气污染防治法规、规章。

加快制（修）订重点行业排放标准以及汽车燃料消耗量标准、油品标准、供热计量标准等，完善行业污染防治技术政策和清洁生产评价指标体系。

（2）提高环境监管能力

完善国家监察、地方监管、单位负责的环境监管体制，加强对地方人民政府执行环境法律法规和政策的监督。加大环境监测、信息、应急、监察等能力建设力度，达到标准化建设要求。

建设城市站、背景站、区域站统一布局的国家空气质量监测网络，加强监测数据质量管理，客观反映空气质量状况。加强重点污染源在线监控体系建设，推进环境卫星应用。建设国家、省、市三级机动车排污监管平台。到2015年，地级及以上城市全部建成细颗粒物监测点和国家直管的监测点。

（3）加大环保执法力度

推进联合执法、区域执法、交叉执法等执法机制创新，明确重点，加大力度，严厉打击环境违法行为。对偷排偷放、屡查屡犯的违法企业，要依法停产关闭。对涉嫌环境犯罪的，要依法追究刑事责任。落实执法责任，对监督缺位、执法不力、徇私枉法等行为，监察机关要依法追究有关部门和人员的责任。

（4）实行环境信息公开

国家每月公布空气质量最差的10个城市和最好的10个城市的名单。各省（区、市）要公布本行政区域内地级及以上城市空气质量排名。地级及以上城市要在当地主要媒体及时发布空气质量监测信息。

各级环保部门和企业要主动公开新建项目环境影响评价、企业污染物排放、治污设施运行情况等环境信息，接受社会监督。涉及群众利益的建设项目，应充分听取公众意见。建立重污染行业企业环境信息强制公开制度。

**8. 明确政府企业和社会的责任，动员全民参与环境保护**

（1）分解目标任务

国务院与各省（区、市）人民政府签订大气污染防治目标责任书，将目标任务分解落实到地方人民政府和企业。将重点区域的细颗粒物指标、非重点地区的可吸入颗粒物指标作为经济社会发展的约束性指标，构建以环境质量改善为核心的目标责任考核体系。

国务院制定考核办法，每年初对各省（区、市）上年度治理任务完成情况进行考核；2015年进行中期评估，并依据评估情况调整治理任务；2017年对行动计划实施情况进行终期考核。考核和评估结果经国务院同意后，向社会公布，并交由干部主管部门，按照《关于建立促进科学发展的党政领导班子和领导干部考核评价机制的意见》、《地方党政领导班子和领导干部综合考核评价办法（试行）》、《关于开展政府绩效管理试点工作的意见》等规定，作为对领导班子和领导干部综合考核评价的重要依据。

（2）明确地方政府统领责任

地方各级人民政府对本行政区域内的大气环境质量负总责，要根据国家的总体部署及控制目标，制定本地区的实施细则，确定工作重点任务和年度控制指标，完善政策措施，并向社会公开；要不断加大监管力度，确保任务明确、项目清晰、资金保障。

（3）加强部门协调联动

各有关部门要密切配合、协调力量、统一行动，形成大气污染防治的强大合力。环境保护部要加强指导、协调和监督，有关部门要制定有利于大气污染防治的投资、财政、税收、金融、价格、贸易、科技等政策，依法做好各自领域的相关工作。

（4）实行严格责任追究

对未通过年度考核的，由环保部门会同组织部门、监察机关等部门约谈省级人民政府及其相关部门有关负责人，提出整改意见，予以督促。

对因工作不力、履职缺位等导致未能有效应对重污染天气的，以及干预、伪造监测数据和没有完成年度目标任务的，监察机关要依法依纪追究有关单位和人员的责任，环保部门要对有关地区和企业实施建设项目环评限批，取消国家授予的环境保护荣誉称号。

（5）强化企业施治

企业是大气污染治理的责任主体，要按照环保规范要求，加强内部管理，增加资金投入，采用先进的生产工艺和治理技术，确保达标排放，甚至达到"零排放"；要自觉履行环境保护的社会责任，接受社会监督。

（6）广泛动员社会参与

环境治理，人人有责。要积极开展多种形式的宣传教育，普及大气污染防治的科学知识。加强大气环境管理专业人才培养。倡导文明、节约、绿色的消费方式和生活习惯，引导公众从自身做起、从点滴做起、从身边的小事做起，在全社会树立起"同呼吸、共奋斗"的行为准则，共同改善空气质量。

# 第四节　二氧化硫控制技术

## 一、我国二氧化硫控制面临的形势

我国是世界上最大的煤炭生产和消费国。在能源结构上原煤占能源消费总量的70%，是世界上少数几个以煤为主要能源的国家之一。煤炭消费分为工业用煤和生活用煤两个部分。工业用煤主要集中在电力、建材、钢铁和化工行业。其中电力行业是我国用煤大户，2004年，电力行业耗煤量占全国煤炭消费的62%。因此，削减火电厂的$SO_2$排放成为我国控制$SO_2$排放总量的重点。

我国火电厂大气污染物纳入控制标准始于1974年颁布的GBJ 4—1973工业"三废"排放试行标准；1991年我国颁布了GB 13223—1991燃煤电厂大气污染物排放标准，替代GBJ 4—1973电站部分，1996年标准修订，即为GB 13223—1996，首次将$SO_2$浓度作为约束性指标纳入火电厂大气污染物排放标准，于1997年开始实施，但只针对1997年1月1日起批准环境影响报告书的新建、扩建和改建火电厂。此后又经过了两次修订，排放限值更严格。$SO_2$排放浓度限值历次修订情况如表7-5所示。

**表7-5　GB 13223历次修订后的$SO_2$排放限值**

单位：$mg/m^3$

| 标准 | 时段 | 1997年前环评机组 | | 1997～2003年环评机组 | | 2004年环评机组 | 2012年后机组 |
|---|---|---|---|---|---|---|---|
| GB 13223—2003 | 实施时间 | 2005年始 | 2010年始 | 2005年始 | 2010年始 | 2004年始 | |
| | 浓度限值 | 2 100 | 1 200 | | | 400/800/1 200 | |
| GB 13223—2011 | 实施时间 | 2014年7月1日 | | | | | |
| | 浓度限值 | 200/400（高硫煤地区）/50（特别限值） | | | | | 50/100 |

由表 7-5 可见，对国家批准的一些特殊区域，二氧化硫的排放标准已经执行 $50mg/m^3$，对新的机组，普遍执行 $100mg/m^3$ 的排放标准，特殊区域执行 $50mg/m^3$。GB 13223—2011 修订颁布使得我国 $SO_2$ 排放限值严于美、日等发达国家和地区，即该标准成为世界最严的标准。其对电力行业和脱硫产业提出了更高的要求，在硫分 $1\%$（折合脱硫装置入口 $SO_2$ 质量浓度 $2\ 100mg/m^3$）时，需要的脱硫效率分别为 $95.2\%$ 和 $97.6\%$。要长期稳定可靠地达到近 $98\%$ 的脱硫效率，是对目前脱硫技术很大的挑战。

20 世纪 70 年代～90 年代早期，我国开展了亚钠循环法、磷氨肥法等自主脱硫技术的研究；20 世纪 90 年代中至 21 世纪初，我国脱硫进入了工程示范阶段，先后完成了基于进口技术的六个脱硫示范工程、三个中德合作项目及以简易湿法为代表的国产技术示范。随着 GB 13223—2003 的修订出台，基本将各时段所建燃煤机组全面纳入 $SO_2$ 浓度限值控制范围，我国烟气脱硫进入快速发展阶段。通过十余年的实践，从设计到运行积累了不少经验，脱硫效率、运行可靠性得到很大提高，运行成本得到有效控制，脱硫系统投运对电厂运行的影响明显下降。

面对世界最严的排放标准，我国今后脱硫技术的发展必将进入高性能、资源化阶段。高效率、高可靠性、高经济性、资源化以及协同控制新技术的研发、示范、推广是脱硫产业发展的主要方向。$SO_2$ 的减排必须进入精细化管理阶段。

① 要加强燃料控制。把好燃料关，建立燃料采购品质监督考核机制，从源头上确保设计硫分和灰分可控，避免脱硫入口 $SO_2$ 浓度过高导致出口排放不达标，或因粉尘偏高影响脱硫运行和石膏品质。

② 要提高运行的经济性，建立脱硫经济运行激励机制，促进系统优化、运行优化、提高维护和管理效率。

③ 要推进专业化运营，进一步推进特许经营，提高运行、维护、管理效率，降低运行维护费用，推进脱硫运营的专业化。

④ 要加强评估和监管。建立完善脱硫设施运行评估和监督机制，促进设施稳定、可靠、经济运行；建立和加强环保风险预防、控制、应急和预警机制。

⑤ 要加强技术培训，建立交流平台。

⑥ 动态完善管理制度，即要对脱硫运行、检修、维护的规范建立定期修订完善制度，不断进行管理制度优化，促进精细化管理水平提升。

对新建设施，完全按新标准设计、考虑指标超前；设计时充分考虑裕度，尤其对煤质变化有充分考虑；技术选择有一定的前瞻性，优先考虑资源回收型、循环经济型工艺。

二氧化硫控制技术基本上可以分为三类：燃烧前脱硫、燃烧中脱硫及燃烧后脱硫即烟气脱硫，目前烟气脱硫被认为是控制 $SO_2$ 排放的最行之有效的途径。

## 二、燃烧前脱硫和燃烧过程脱硫

### 1. 煤炭的选矿脱硫

按工艺及环保要求，各种用煤都有一定的煤质标准。工业发达国家或地区的炼焦用煤要求灰分低于 $8\%$（我国规定不超过 $11.5\%$），硫分低于 $1\%$。国际市场动力煤要求灰分低于 $15\%$，硫分低于 $1\%$。选煤是合理用煤的前提和控制污染的措施。英国、日本原煤入选比例高于 $90\%$，美国大于 $40\%$。我国原煤入选率低，仅为 $18\%$ 左右，应逐步提高。

煤中各种形态硫的比例，直接影响选煤和脱硫方法的选择。煤中含硫铁矿，其相对密度为 4.7～5.2，比煤和矸石重得多。硫铁矿虽无磁性，但在强磁场作用下能转变为顺磁性物质，和煤相比，微波效应不同，化学性质不同。利用这些性质，采用不同的物理和化学方法，可以从煤中不同程度地脱硫。煤中所含有机硫可分为原生硫和次生硫两类，原生硫以各种不同形式的含硫杂环分布在煤的有机质结构中；次生硫与煤中其他有机质构成真正分子，主要存在于黄铁矿包裹体周围。不同煤种有机硫的构成情况不同，且因大多数与煤中有机质构成复杂分子，重力分选不能脱除，可以用化学方法脱硫。煤中的硫酸盐比前两种含量少，除石膏外还含有铁、锰等金属盐，洗选时随灰分脱除。

煤脱硫方法可分为两类：物理法和化学法。

（1）物理脱硫方法

目前基本上是使用物理方法选煤，可以脱除原煤中的外在灰分和结核状黄铁矿硫。重选是利用煤与矸石的密度差异（如烟煤相对密度为 1.2～1.5，矸石相对密度大于 1.8），在水或重介质（重液，加入加重剂的悬浮液）和空气（干法）介质中进行分选的方法，有重介质选、跳汰选、槽选等方法。浮选是利用煤和矸石间表面物理化学性质上的差异进行分离的方法。此外，还有其他物理选煤方法，如利用杂质具有磁性的特点进行磁力选煤，利用煤与杂质间电导率或介电常数不同进行电选煤，以及微波法等。

（2）化学脱硫方法

为了脱除有机硫和很细的浸染状硫铁矿，需要采用氧化脱硫、化学浸出法、细菌脱硫法等新技术新工艺，目前由于技术经济的原因，尚未大量使用。

目前我国主要用跳汰、重介及浮选方式选煤，共占入选煤量的 97%，洗选脱除了入洗原煤总硫的 50% 以上。在提高煤炭入选率的基础上，搞好煤炭的分产分运对口使用，同时对高硫煤及含硫量高于 5% 的矸石应采取回收硫铁矿的措施，以部分解决硫资源的不足，利于提高经济效益和控制污染。

**2. 煤炭的气化和液化**

煤气化和液化的主要目的是提高煤炭的有效利用率，获得使用方便而清洁的二次能源。煤炭在气化、液化的工艺过程中脱除了绝大部分的硫、灰分、氮等污染物质，同时转化为较低分子质量的易燃气体、液体燃料，与直接燃煤相比可减少烟尘 95%，减少 $SO_2$ 90% 以上。煤炭的气化、液化有利于其综合利用，还可获得宝贵的化工原料和化工合成原料气。煤气化除作为民用及工业燃气外，还大规模用作化工合成原料气，如冶金工业用作铁矿石直接还原生产海绵铁所需的还原气（富 CO 和 $H_2$）。

煤气化方法很多，各具特点，其中许多方法已发展成为大规模的工业气化方法，如：固定床气化、流态化气化和气流床气化等，在此不再赘述。

20 世纪 30 年代以来，人们还研究发展了煤炭地下气化的方法。该法不用采矿且能利用不易开采的煤炭资源，由于无矸石堆放和采煤废水问题，对环境影响可能较小。但这种方法技术复杂，涉及问题较多，大规模开发时，某些环境问题还难以预料。

煤气生产过程需要脱除气体中的硫，它主要是 $H_2S$，此外还有一定的有机硫。脱硫方法很多，大型气化装置都需要回收硫。如氨法吸收硫是利用低温下氨类吸收 $H_2S$，然后在较高温度下解吸出 $H_2S$。$H_2S$ 再转化为 $SO_2$ 以进一步利用。

煤的液化是把煤直接转化为液态的碳氢化合物，煤的液化方法很多，到目前为止可实现工业应用的只有加氢液化法。通过加氢进行复杂的化学转化,分子质量降低,同时除掉氧、氮和硫。20世纪90年代以来煤炭液化技术研究较多,美国、日本都进行了大量的研究工作,我国也开展了许多研究。用战略眼光看,开发替代石油液体燃料的能源技术有着重要的意义。

2006年12月16日,世界规模最大的神华煤直接液化试验装置在上海第一次投煤获得成功,神华煤制油百万 t 示范项目于2008年12月30日投料试车,2009年1月12日在连续稳定运行303h后按计划停车。此次试车顺利生产出合格柴油、石脑油和液化气等目的产品,创造了"二战"以后所有直接液化装置首次开车最高纪录。但目前其产品成本比之石油价格高,因此发展受到一定限制。

**3. 燃烧过程脱硫**

(1) 沸腾燃烧脱硫

沸腾燃烧是利用风室中的空气将固定炉箅或链条炉排上的灼热料层(主要是灰粒)吹成沸腾状态,使其与煤粒一起上、下翻滚燃烧的方法,又称流化床燃烧。这种燃烧方式得到了迅速的发展和广泛的应用。它具有一些突出的特点,主要有下述两个方面:

① 燃料的适应性广,包括低发热量、高灰分和高水分的劣质燃料,如泥煤、褐煤及具有相当发热量的煤矸石等。对于充分利用劣质燃料,改善燃料供给平衡,有重要的意义。

② 能够控制燃烧过程产生污染物的排放,有利于环境保护。在燃烧过程中直接向沸腾床中加入石灰石或白云石,其分解产物 CaO 在炉内产生脱硫反应,这对燃烧高硫煤的污染控制有重要的意义。该炉在 800~900℃ 范围内低温燃烧,加上一、二次供风的分级燃烧方式,还可大大减少 $NO_x$ 生成。

沸腾燃烧锅炉通常使用的脱硫剂是石灰石和白云石,将其粉碎至粒度为 2.0~3.0mm,与煤粒一同加入到沸腾床内,煤在流化状态下燃烧,石灰石、白云石受热分解的 CaO 与烟气中的 $SO_2$ 结合,生成硫酸钙随灰渣排除。

(2) 型煤加工与燃烧过程脱硫

将煤或半焦的煤粉加工成煤砖、煤球、蜂窝煤形状的型煤,根据含硫量在型煤中加入一定量的固硫剂,可以在燃烧过程中同时脱硫。型煤可用于民用燃料以及工业锅炉、造气、铸造及炼铁等方面。

型煤固硫剂可用廉价的石灰(同时又是粘结剂)。粘结剂可用电石渣(与石灰作用相同)、焦油沥青、黄泥、纸浆废液等。

燃烧型煤还可大大减少烟尘,并节能 20%~30%。

## 三、燃烧后脱硫即烟气脱硫技术

根据 $SO_2$ 的含量不同,烟气可分为高浓度烟气和低浓度烟气。一般 $SO_2$ 含量高于 2% 的称为高浓度 $SO_2$ 烟气,主要来自硫化矿焙烧和有色金属冶炼过程。高浓度烟气中的 $SO_2$ 是采用通常的催化氧化法制取硫酸。$SO_2$ 含量低于 2% 的(大多为 0.1%~0.5%)称为低浓度烟气,主要来自化石燃料燃烧排放。冶金过程也排放低浓度 $SO_2$ 烟气,如炼铁厂烧结烟气、某些铅精矿的烧结烟气、炼铜反射炉烟气等。

由于烟气中 $SO_2$ 浓度较低,气量又很大,因此目前还没有一种在任何情况下都适用的脱硫方法。烟气脱硫是一个十分典型的化工过程,采用不同的碱性脱硫剂,就构成不同的脱硫方法，比如：以石灰石为基础的钙法，脱硫产品为石膏渣和二氧化碳温室气体；以合成氨为基础的氨法，脱硫产品为硫铵化肥。因此，钙法一般归结为资源抛弃法，而氨法归结为资源回收法。早期烟气脱硫多采用的技术有湿法、半干法和干法等，近期发展的则有生物法、负载催化法及电化学法等。

**1. 湿法烟气脱硫**

湿法烟气脱硫是指应用液体吸收剂（如水或碱性溶液等）洗涤烟气脱除烟气中的 $SO_2$。它的优点是脱硫效率高，设备小、投资省、操作较容易、容易控制以及占地面积小；而缺点是易造成二次污染，存在废水后处理问题，能耗高，特别是洗涤后烟气的温度低，不利于烟囱排气的扩散，易产生"白烟"，需要二次加热，腐蚀严重等。主要的方法有：

① 石灰石——石膏法：该方法是目前世界上应用最广、技术最成熟的方法。该法最早由美国在 1909 年提出来的，1931 年美国巴特西（Battersea）电站建成了第一套石灰/石灰石脱硫系统。它是将石灰石或石灰的浆液作为吸收剂，在吸收塔内与烟气接触混合，烟气中的 $SO_2$ 与浆液中的碳酸钙以及鼓入的氧化空气进行化学反应而被脱除。反应方程式如下：

$$SO_2 + H_2O \longrightarrow H_2SO_3$$
$$CaCO_3 + 2H_2SO_3 \longrightarrow Ca(HSO_3)_2 + CO_2 + H_2O$$
$$Ca(HSO_3)_2 + O_2 + 2H_2O \longrightarrow CaSO_4 \cdot 2H_2O + H_2SO_4$$
$$CaCO_3 + H_2SO_4 \longrightarrow CaSO_4 \cdot 2H_2O + CO_2 \uparrow$$

该方法的优点是脱硫效率高，一般可达 95% 以上，钙的利用率高，可达 90% 以上；单机烟气处理量大，可与大型锅炉单元匹配；煤种适应性好，烟气脱硫的过程在锅炉尾部烟道以后是独立的，不会干扰锅炉的燃烧，不会对锅炉机组的热效率、利用率产生任何影响；石灰石作为脱硫吸收剂其来源广泛且价格低廉，便于就地取材；其副产品石膏可用作水泥缓凝剂、墙板材料，农业土壤改良与修复、矿井回填、道路路基等。

② 钠法：此法是用氢氧化钠、碳酸钠或亚硫酸钠溶液为吸收剂吸收烟气中的 $SO_2$，因该法具有对 $SO_2$ 吸收速度快，管路和设备不易堵塞等优点，所以应用比较广泛，吸收液可以经无害化处理后弃去或适当方法处理后获得副产品 $Na_2SO_4$ 晶体、石膏、硫酸等。

③ 镁法：此法具有代表性的工艺有西德的基里洛法和美国的凯米克法。基里洛法是用吸收性能好并容易再生的 $Mg_xMnO_y$ 为吸收剂吸收烟气中的 $SO_2$，此法所得副产物 $H_2SO_4$ 的浓度可达 98%。凯米克法又称氧化镁法，用串联两个文丘里洗净器除去烟气中微小的尘粒，并用 $MgO$ 溶液吸收烟气中的 $SO_2$。吸收过程中生成的 $MgSO_4 \cdot 7H_2O$ 和 $MgSO_4 \cdot 6H_2O$ 的晶体与焦炭一起在 1 000℃ 下加热分解得到 $SO_2$ 和 $MgO$。再生的 $MgO$ 可重新用作吸收剂。

④ 氨法：此法是用氨水为吸收剂吸收烟气中的 $SO_2$，其中间产物为亚硫酸铵和亚硫酸氢铵，采用不同方法处理中间产物可回收硫酸铵、石膏、单体硫等副产品。

⑤ 磷铵复肥法：该法是利用天然磷矿石和氨为原料，在烟气脱硫过程中副产品为磷铵复合肥料，工艺流程主要包括四个过程，即：活性炭一级脱硫并制得稀硫酸；稀硫酸萃取磷矿制得稀硫酸溶液；磷酸和氨的中和液 $[(NH_4)_2HPO_4]$ 二级脱硫；料浆浓缩干燥制磷铵复肥。脱硫效率为 95% 以上。

**2. 干法烟气脱硫**

干法烟气脱硫是指应用粉状或粒状吸收剂、吸附剂或催化剂来脱除烟气中的 $SO_2$。它的优点是工艺过程简单，无污水、污酸处理问题，能耗低，特别是净化后的烟气温度较高，有利于烟囱排气扩散，不会产生"白烟"现象，净化后的烟气不需要二次加热，腐蚀性小；其缺点是脱硫效率较低，设备庞大、投资大、占地面积大，操作技术要求高。

主要的方法有：

① 吸着剂喷射法：此法按所用吸着剂不同分为钙基和钠基工艺，吸着剂可以干态、湿润态或浆液，喷入部位可以为炉膛、省煤器和烟道。钙硫比为 2 时，干法工艺的脱硫效率达 50%～70%，钙的利用率达 50%，这种方法较适合老电厂改造，因为在电厂排烟流程中不需增加任何设备就能达到脱硫目的。

② 接触氧化法：此法与工业制酸法一样，是以硅石为载体，以五氧化二钒或硫酸钾为催化剂，使 $SO_2$ 氧化成 $SO_3$。$SO_3$ 与水汽作用形成硫酸或与氨作用生成 $(NH_4)_2SO_4$。此法是高温操作，所需费用高，但由于技术上较为成熟，目前国内外对高浓度烟气的治理多采用此法。

③ 电子束辐照法：本法的工艺技术简单，它是利用高能电子束的光化学反应，用氨作为吸收剂。烟气通过辐照反应器，经辐照后，分解产生了大量的氢氧基和氧原子，促进烟气中二氧化硫和氮氧化物形成硫酸和硝酸，继而与添加物氨反应生成硫酸铵、硝酸铵等混合物，作为农用肥料。

**3. 海水脱硫**

海水本身呈一定的碱性，其碱度约为 1.2～2.5mmol/l，原因是雨水从陆上流到海洋时，把陆上岩层的碱性物资带到海中所致。因此，海水具有吸收并中和烟气 $SO_2$ 的能力，$SO_2$ 被海水吸收后曝气氧化，转化为无害的硫酸盐并完全溶于海水中，硫酸盐是海水中固有成分，脱硫水流回大海，其硫酸盐成分轻微提高，不会超越大自然的范围。

总的反应式：

$$SO_2 + H_2O + \frac{1}{2}O_2 \longrightarrow SO_4{}^{2-} + 2H^+$$

$$HCO_3{}^- + H^+ \longrightarrow CO_2 \uparrow + H_2O$$

海水脱硫工艺中有几个问题是要注意克服的：

① 吸收塔出来的海水 pH 值比较低，一般在 3 左右，必须到海水处理场用大量海水进行中和（脱硫水比例为 5%，中和用海水比例为 95%），同时进行曝气，将 $SO_2$ 转化为无害的硫酸盐，pH 值升到 6.5 以上后方可排放。

② 取水口与排水口必须设置得当，避免形成循环。

③ 排水对海洋环境的影响。从挪威 ABB 公司长期跟踪监测及生物鉴定实验，发现脱硫废水对海洋生物及环境没有产生明显的影响，但是不同地点，不同水体条件，海洋环境的跟踪监测仍必不可少。

# 第五节　氮氧化物控制技术

氮氧化物的首要排放源来自于燃煤，排在第二位的是机动车。这一节主要介绍燃煤氮氧化物控制和机动车的氮氧化物控制。

## 一、燃煤氮氧化物控制法律要求

2009 年 3 月环境保护部文件《2009～2010 年全国污染防治工作要点》（环办函〔2009〕

247 号）中明确指出"在京津冀、长三角和珠三角地区，新建火电厂必须同步建设脱硝装置，2015 年年底前，现役机组全部完成脱硝改造"，首次以部委文件的形式对火电氮氧化物控制提出了明确的要求；2010 年 1 月环境保护部颁布《火电厂氮氧化物防治技术政策》（环发〔2010〕10 号），对全国范围内不小于 200MW 以及大气污染重点控制区域内的所有燃煤发电机组提出了氮氧化物控制技术选择；2010 年 2 月环境保护部颁布《燃煤电厂污染防治最佳可行技术指南》（试行）（HJ—BAT—001），为燃煤电厂氮氧化物控制路线的选择提供了可行的技术指导；2010 年 5 月，国务院办公厅转发了环境保护部、国家发展和改革委员会、科学技术部等九部委联合制定的《关于推进大气污染联防联控工作改善区域空气质量的指导意见的通知》（国办发〔2010〕33 号），进一步指出建立氮氧化物排放总量控制制度，重点区域内的火电厂应在"十二五"期间全部安装脱硝设施。

《火电厂大气污染物排放标准》（GB 13223—2011）对氮氧化物的排放提出了强制性的要求，并于 2012 年 1 月 1 日起正式实施。更加严格的排放标准促使火电厂加大了烟气脱硝的力度，火电脱硝已取代脱硫成为减排工作的重中之重。2014 年 7 月是氮氧化物达标"大限"，脱硝电价补贴政策《关于扩大脱硝电价政策试点范围有关问题的通知》和《关于调整可再生能源电价附加标准和环保电价有关事项的通知》的相继出台，进一步刺激了脱硝市场的快速发展，脱硝行业进入黄金发展时期。

氮氧化物排放控制较为严格的国家或地区，其控制的技术路线通常是先采用低氮燃烧技术再进行烟气脱硝，以降低氮氧化物控制综合成本。《火电厂氮氧化物防治技术政策》中的技术路线要求：

① 倡导合理使用燃料与污染控制技术相结合、燃烧控制技术和烟气脱硝技术相结合的综合防治措施，以减少燃煤电厂氮氧化物的排放；

② 燃煤电厂氮氧化物控制技术的选择应因地制宜、因煤制宜、因炉制宜，依据技术上成熟、经济上合理及便于操作来确定；

③ 低氮燃烧技术应作为燃煤电厂氮氧化物控制的首选技术。当采用低氮燃烧技术后，氮氧化物排放质量浓度不达标或不满足总量控制要求时，应建设烟气脱硝设施。

## 二、低氮燃烧技术

低氮燃烧技术就是根据燃料在燃烧过程中氮氧化物的生成机理，通过改进燃烧技术来降低氮氧化物生成和排放的技术，尤其适用于燃用烟煤和褐煤的锅炉。一般情况下，采用低氮燃烧技术比不采用低氮燃烧技术的锅炉 $NO_x$ 排放量低 20%～40%。

该类技术工艺成熟，投资与运行费用较低。从"八五"开始，新建的 30 万 kW 及以上火电机组基本都采用了低 $NO_x$ 燃烧器。"十五"以来，新建燃煤机组全部按要求同步采用了低 $NO_x$ 燃烧方式，一批现有机组结合技术改造也加装了低 $NO_x$ 燃烧器。截至 2008 年，我国火电机组中采用低氮燃烧技术的就占 76.70%。

### 1. 空气分级燃烧技术

空气分级燃烧是目前国内外燃煤电厂采用最广泛、技术上也比较成熟的低 $NO_x$ 燃烧技术之一，$NO_x$ 脱除率达 15%～30%。具体实施步骤将燃烧所需的空气分两级送入燃烧装置，从而分阶段完成燃料的燃烧过程。第一阶段，通过主燃烧器供入炉膛 70%～75%（相当于理论空气量的 80%）的燃烧空气量，使燃料在富燃区缺氧条件下燃烧生成 CO。由于燃烧区

内过量空气系数 $\alpha<1$，降低了燃烧速度和燃烧温度，从而延迟了燃烧过程，在还原性气氛中降低了 $NO_x$ 的生成率。第二阶段，将完全燃烧所需的其余空气以二次风形式通过主燃烧器上方的专门空气喷口送入炉膛，与第一级燃烧区产生的烟气混合。此时过量空气系数 $\alpha>1$，火焰温度较低，既保证了燃料在富氧条件下燃尽，NO 生成量也较少。

**2. 燃料分级燃烧技术**

燃料分级燃烧，也称为"再燃烧"，是利用已生成的 NO 在遇到烃基 $CH_i$ 和未完全燃烧产物 CO、$H_2$、C 及 $C_nH_m$ 时会还原成 $N_2$ 原理，把燃料分成两股或多股燃料流，这些燃料经过三个燃烧区发生燃烧反应，$NO_x$ 脱除率一般为 40%。第一燃烧区为富氧燃烧区（主燃区）供入全部燃料的 70%～90%，采用常规的低过剩空气系数（$\alpha\leqslant1.2$）燃烧生成 $NO_x$；第二燃烧区通常称为再燃烧区，与主燃烧区相邻，空气过剩系数小于 1，为缺氧燃烧区，在此燃烧区只供给 10%～30% 的燃料，而不供入空气，从而形成很强的还原性气氛（$\alpha=0.8\sim0.9$），使在主燃区中生成的 $NO_x$ 在再燃区被还原成 $N_2$ 分子；第三燃烧区为燃尽区，燃尽区只供入燃尽风，在正常的过剩空气（$\alpha=1.1$）的条件下，使未燃烧的 CO 和飞灰中的炭燃烧完全。由于我国气体和液体燃料较为缺乏，为了减少未完全燃烧的损失，通常采用平均粒径小于 $43\mu m$ 的超细煤粉作为再燃燃料。

**3. 烟气再循环技术**

烟气再循环是在锅炉的空气预热器前抽取一部分烟气（一般占总烟气量的 10% 以上）直接送入炉膛燃烧器区域，或与燃烧用的空气混合后送入炉膛。因此，炉膛燃烧的火焰峰值温度将有所降低，使热力型 $NO_x$ 减少；同时，烟气稀释了燃烧空气中的氧气，降低了局部的氧浓度，也使燃料型 $NO_x$ 降低。当烟气再循环率为 15%～20% 时，煤粉炉的 $NO_x$ 排放浓度可降低 25% 左右。

**4. 低氮燃烧器**

通过特殊设计的燃烧器结构以及通过改变燃烧器的风煤比例，可以将空气分级、燃料分级和烟气再循环降低 $NO_x$ 浓度的大批量用于燃烧器，以尽可能地降低着火氧的浓度适当降低着火区的温度达到最大限度地抑制 $NO_x$ 生成的目的，这就是低 $NO_x$ 燃烧器，$NO_x$ 降低率一般在 30%～60%。

## 三、烟气脱硝技术

烟气脱硝技术在我国的发展尚不成熟，主要包括选择性催化还原法（SCR）、选择性非催化还原法（SNCR）、电子束法、脉冲电晕等离子法、吸附法、液体吸收法及微生物法。目前国内应用的主要是 SCR、SNCR 及 SNCR-SCR 联合烟气脱硝技术。

**1. 选择性非催化还原法（SNCR）**

在不采用催化剂的条件下，将还原剂从 800～1 100℃ 烟气高温区喷入，还原烟气中的氮氧化物的一种脱硝方法。SNCR 还原 $NO_x$ 的反应对于温度条件较为敏感，当温度高于 1 100℃ 时，$NO_x$ 的脱除率由于氨气的热分解而降低；温度低于 800℃ 以下时，$NH_3$ 的反应速率下降，还原反应进行得不充分，$NO_x$ 脱除率下降，同时氨气的逸出量可能也在增加。一般炉膛上喷入氨点的温度选择在 850～1 100℃ 之间。

该技术工艺简单，操作便捷，不需要催化剂床层，初始投资相对较低，但脱硝效率较低，一般为 25%～40%，比较适用于对在役机组的改造。福斯特惠勒公司通过对 FW 的循环流化床锅炉采用 SNCR 技术的试验结果证明，无论采用氨还是尿素，都可以有效控制 $NO_x$ 的排放浓度。采用 1.5~3.0 的 $NH_3/NO_x$ 摩尔比，甚至可以实现高达 70%~80% 的脱硝率。

**2. 选择性催化还原法（SCR）**

在有催化剂存在的条件下，将还原剂从 300~400℃ 烟温处喷入，还原烟气中氮氧化物的一种脱硝方法。SCR 法是目前世界上应用最多、最为成熟且最有成效的一种烟气脱硝技术，脱硝效率可高达 80%~90%，氮氧化物排放浓度可降至 $100mg/m^3$ 左右。据中电联统计，截至 2009 年，全国约有 5 000 万 kW 的烟气脱硝机组投运，正在规划及在建的烟气脱硝机组超过 1 亿 kW，其中 90% 以上的机组采用的是 SCR 烟气脱硝技术。该技术适合在煤质多变、机组负荷变动频繁以及对空气质量要求较高的区域的新建燃煤机组上使用。

其缺点是：催化剂价格昂贵；由于使用了腐蚀性很强的 $NH_3$ 或氨水，对管路设备的要求高；氨易泄露，且易形成 $(NH_4)_2SO_4$；烟气成分复杂，某些污染物可使催化剂中毒；高分散的粉尘微粒可覆盖催化剂的表面，使其活性下降；还原剂（液氨、氨水、尿素等）消耗费用大；若用液氨或氨水作为还原剂，由于他们是危险化学品，在储运和使用过程的安全问题尤应引起关注；投资与运行费用较高。催化剂失效和尾气中残留 $NH_3$ 是 SCR 系统存在的两大关键问题，因此，探究更好的催化剂是今后研究的重点。

**3. 选择性非催化还原与选择性催化还原联合法**

SNCR-SCR 法具有两个反应区，首先通过布置在锅炉炉墙上的喷射系统，将还原剂喷入炉膛，在高温下脱除部分 $NO_x$；然后逸出的未反应完的还原剂再进入 SCR 反应器，与未脱除的 $NO_x$ 进行催化还原反应。其最主要的优点是省去了 SCR 工艺设置在烟道里的复杂的氨喷射格栅系统；大幅度减少了催化剂的用量；净化效率可调，达 25%~70%。还原剂喷入炉膛脱除部分氮氧化物，逸出的 $NH_3$ 再与未脱除的氮氧化物进行催化还原反应的一种脱硝方法。该联合工艺于 20 世纪 70 年代首次在日本的一座燃油装置上进行试验，试验结果表明了该技术是可行的，并在美国有较多的工程应用。

## 四、机动车氮氧化物减排

近年来，随着我国经济社会的快速发展，机动车数量快速增长，由机动车排放的氮氧化物也快速增长。机动车作为仅次于火电行业的第二大污染源直接决定着氮氧化物的总量控制。《国民经济和社会发展"十二五"规划纲要》已明确提出了氮氧化物的减排任务和目标。将氮氧化物排放总量削减 10% 作为约束性指标。据有关资料显示，2010 年全国机动车总量接近 1.9 亿辆，其氮氧化物排放量为 599.4 万 t，占总氮氧化物排放量的 30%。因此，从机动车排气污染控制与防治入手，实现氮氧化物减排，是当前和今后我们面临的一个重大课题。做好机动车氮氧化物减排工作，主要由以下几个方面。

**1. 建立联动机制，加强部门协作**

环保、公安、交通、财政、工信、商务、质监、统计等部门要在各司其职、各负其责的基础上通力合作，密切配合，建立机动车总量减排的协商协作机制，制定并有效实施机动车总量减排工作方案。以汽车、低速汽车、摩托车为主要控制对象，以新车注册、外地车转入、在用车管理、油品升级、老旧车辆报废淘汰和市场监管为关键环节，建立源头减排、淘汰减排、油品减排、管理减排的系统的部门联动机制。

### 2. 加速淘汰和治理高排放的黄标车

黄标车是指污染物排放达不到国Ⅰ排放标准的汽油车和达不到国Ⅲ排放标准的柴油车以及摩托车、三轮汽车和低速货车。黄标车排放水平非常高。以呼和浩特市为例，根据该市污染源普查数据显示：2011 年机动车保有量 50.48 万辆，其中黄标车 5.77 万辆，占机动车保有量的 11.4％。机动车氮氧化物排放总量 2.44 万 t，其中黄标车氮氧化物排放量 1.30 万 t，占机动车氮氧化物排放总量的 53.3％。根据该市的机动车排放因子核算，一辆小型黄标车的 $NO_x$ 排放量，相当于 20 辆国Ⅳ车的排放量；13 辆国Ⅲ车的排放量；5 辆国Ⅱ车的排放量。

因此，加速黄标车淘汰是一项非常有效的结构调整措施，是实现氮氧化物减排的重要手段。可根据当地实际情况，参考国家汽车"以旧换新"工作方案，制定经济鼓励政策，支持"黄标车"特别是营运"黄标车"的提前报废。另一方面要推广新能源汽车，推进混合动力、纯电动、天然气等新能源车辆在城市公交、出租、城际客运、邮政、旅游客车等领域的示范应用；建设配套服务设施，促进、保障新能源汽车推广使用。

### 3. 严格实施机动车排放标准

根据国家《轻型汽车污染物排放限值及测量方法（中国Ⅲ、Ⅳ阶段）》（GB 18352.3—2005）、《车用压燃式、气体燃料点燃式发动机与汽车污染物排放限值及测量方法（中国Ⅲ、Ⅳ、Ⅴ阶段）》（GB 17691—2005）、《重型车用汽油发动机与汽车排气污染物排放限值及测量方法（中国Ⅲ、Ⅳ阶段）》（GB 14762—2008）的规定：2011 年 7 月 1 日起轻型汽车执行国Ⅳ排放标准，2011 年 1 月 1 日起车用压燃式、气体燃料点燃式发动机和汽车执行国Ⅳ排放标准，2013 年 7 月 1 日起重型车用汽油发动机和汽车执行国Ⅳ排放标准。新注册及外地转入的机动车严格按照国家规定的排放标准执行。环保部门与公安部门应通力合作，加强对新注册车辆、转入车辆的监管，对于不符合现阶段排放标准的新注册车辆、转入车辆环保部门不予核发环保合格标志，公安部门不予办理注册、转入登记手续。

严格执行机动车强制报废标准。对达到强制报废年限的营运车辆，要及时予以注销并吊销营运执照；对达到报废年限的其他车辆，以及无法达到安全和环保性能要求的车辆，应予以报废注销；对常年未进行检测的车辆，要进行调查、统计，对确已灭失的，应按规定程序注销。

### 4. 治理柴油车

根据环境保护部发布的"2010 年机动车污染控制年报"研究结果，2009 年，我国柴油车排放的氮氧化物分担率已经占到机动车氮氧化物排放总量的 59.6％。因此，对柴油车氮氧化物的控制应该成为机动车氮氧化物控制的主要目标。目前，我国在用柴油车排放检测标准中，只有对烟度的检测，没有对氮氧化物的检测，无法做到对柴油车排放氮氧化物的监督管理。在氮氧化物总量控制的背景下，有关部门应在科学研究的基础上，制定出适合对在用柴油车进行氮氧化物排放检测的标准法规，切实加强对柴油车排放氮氧化物的监督管理。

除机动车以外，其他用途的柴油机排放的氮氧化物也不可忽视。工程机械、船舶、拖拉机、农业机械、机车内燃机、柴油发电机组等用途的柴油机每年消耗的柴油总量和车用柴油机相当，而这类柴油机的排放控制水平低于车用柴油机。初步测算，其氮氧化物排放总量至少和车用柴油机相当。因此，应对这类柴油机的氮氧化物引起重视，并逐步纳入各级环保部门的监督管理范围内。

## 5. 严把监督关

管理减排也是机动车氮氧化物减排的一项重要措施。加强对机动车年度定期检测的监督管理，全面推广采用先进的"简易工况"法检测，提高机动车环保检测率，加大路（抽）检执法检查力度，充分发挥先进的遥感检测技术，提高对超标排放车辆的识别率。机动车年检采用"简易工况"检测后，对超标排放车辆的识别率能够控制在85%～90%。

全面实施机动车环保检验合格标志管理，并根据实际情况实行"黄标车"区域限行，车牌尾号限行等措施。《大气污染防治法》明确规定：在用车不符合制造当时的在用机动车污染物排放标准的，不得上路行驶。通过标志管理和限行措施促进"黄标车"及高排放车辆的提前报废和淘汰。从而达到氮氧化物减排的目的。

## 6. 加强油品质量管理

国家在"十二五"期间推行"车油协同"控制的治理手段，即通过提高排放标准，减少尾气的排放；通过提高燃油的品质，降低尾气中氮氧化物的浓度。"十二五"期间我国机动车排放全面实施国Ⅳ排放标准。同时，配套出台与机动车排放标准相符的国Ⅳ车用燃油标准，可将机动车排气污染物再降低15%～20%左右。因此，加快推出与排放标准相适应的车用燃油已成为实现氮氧化物减排的当务之急。

# 五、机动车氮氧化物排放控制技术

由于汽油车和柴油车的工作原理不同，实际空燃比也相差较大，因此汽油车和柴油车的氮氧化物控制技术有所不同。目前汽油机采用的排放控制技术主要是三元催化器，能同时控制氮氧化物、碳氢化合物和一氧化碳。柴油机由于过量空气系数较大，不适合使用三元催化器，一般采用废气再循环和选择还原技术（SCR）控制氮氧化物的排放。

## 1. 三元催化器技术

它可将汽车尾气排出的一氧化碳、碳氢化合物和氮氧化物等有害气体通过氧化和还原作用转变为二氧化碳和水。其中一氧化碳在高温下氧化为二氧化碳气体；碳氢化合物在高温下氧化成水和二氧化碳；氮氧化物还原成氮气和氧气，使汽车尾气得以净化。

常温下三元催化转化器不具备催化能力，催化器必须加热到一定温度才具有氧化或还原的能力。通常催化转化器起作用的温度在200～250℃之间，正常工作温度一般在350～700℃。催化转化器工作时的内部反应越强烈，氧化还原反应的温度也越高。当温度超过850～1 000℃时，催化器涂层很可能会脱落，载体碎裂，导致实际排放恶化。所以，必须注意控制造成排气温度升高的各种因素，如点火时间过迟或点火次序错乱、失火等，这都会使大量未燃烧的可燃混合气进入催化反应器，在催化器内进一步发生反应，造成排气温度过高，影响催化转化器的寿命，甚至直接烧毁催化器。

三元催化器对硫、铅、磷、锌等元素非常敏感。其中硫和铅来自于汽油，磷和锌来自于润滑油。这四种物质及它们在发动机中燃烧后形成的氧化物颗粒很容易吸附在催化器的表面，使催化器无法与废气接触，失去了催化作用，这就是"催化器中毒"现象。因此使用三元催化器的汽车严格禁止使用含铅汽油，并要尽可能降低燃油中的硫含量。

为使汽油机排放的各种废气的转化效率达到最佳效果（90%以上），需要在发动机排气管中安装氧传感器并实现闭环控制。其工作原理是氧传感器根据废气中剩余氧的浓度给电子控制单元反馈信号，将发动机的空燃比控制在一个狭小、接近理想的区域内（14.7：1）。如果燃油中含铅、硅，会造成氧传感器中毒，影响空燃比控制精度，直接影响三元催化器的工作效率。另外，如果使用不当，还会造成氧传感器积炭、陶瓷碎裂、加热器电阻丝烧断、内部线路断脱等故障。氧传感器的失效会导致发动机的空燃比失控，排气状况恶化，催化转化器效率降低，长时间会使催化转化器的使用寿命降低。催化转化器只要正确使用，一般不需要维护，故不要随便拆卸，如需更换时一定要与发动机匹配。

**2. 废气再循环（EGR）**

其基本工作方式是，将 5%～20% 的燃烧废气重新引入进气管，与新鲜混合气一同进入燃烧室。由于废气不能再燃烧，所以冲淡了混合气，降低了燃烧速度。废气中大多是以二氧化碳和 $H_2O$ 蒸汽为主的三原子分子，热容大，因此废气再循环降低了最高燃烧温度，直接减少了氮氧化物排放。

当 EGR 量太小时，无法有效降低氮氧化物排放；而如果 EGR 量太大，则可能会导致发动机燃烧恶化，运转不稳甚至熄火，碳氢化合物排放量增加。所以，必须根据发动机的工况精确控制废气再循环量。一般情况下，汽油机在怠速和暖机时，由于混合气质量差，燃烧不稳定，所以发动机不需要进行废气再循环，在大负荷和全负荷时，考虑到发动机对输出功率的要求，也不进行废气再循环。

柴油机和汽油机都可以通过 EGR 来降低氮氧化物排放，因为柴油机排气中的氧含量比汽油机高，所以柴油机允许并需要较大的 EGR 率来降低氮氧化物排放。

把再循环的废气加以冷却，采用冷 EGR，可以提高降低氮氧化物排放效果，为防止柴油机采用 EGR 后磨损加剧，应选用高质量润滑油和低硫柴油。

我国重型柴油机广泛采用废气再循环降低柴油的氮氧化物排放，以满足国家Ⅲ阶段排放标准的要求。

**3. 选择性催化还原法（SCR）**

10 多年来，随着各国汽车排放法规的日益严格，SCR 技术已经成为降低车用柴油机氮氧化物排放的最有效手段，是我国重型柴油机为满足国家Ⅳ阶段排放标准的首选技术路线。

在 SCR 系统中发生的是硝基反应，浓度为 32.5% 的尿素水溶液经过精确计量后喷到柴油机的废气中去，然后通过水解反应，尿素中氨分解为氨气。在催化器的作用下，氨与氮氧化物发生反应，将氮氧化物还原为氮气，达到去除氮氧化物的目的。

在 SCR 系统中，氮氧化物的还原效率很高。按目前国家标准规定的测试循环，转化效率最高可以达到 90% 以上，因此可以对发动机按燃油经济性进行优化。实验结果证明，SCR 系统能够降低 10% 左右的燃油消耗率。

采用 SCR 技术以后，需要对排放系统进行有效在线监控，以监测尿素水溶液缺失、浓度不足，尿素喷射计量系统出现故障导致氮氧化物排放升高等问题，因此针对采用 SCR 技术的柴油车，专门制定了相关的 OBD（车载自动诊断系统）监控要求。

氮氧化物传感器是专门针对采用 SCR 系统的排放后处理系统而设置的传感器。这一传感器安置在 SCR 催化器的后面，其工作原理是基于汽油车用的氧传感器发展起来的。目前的测量精度可以达到 ±10%，有较长的使用寿命。在使用了 SCR 技术的排放控制系统上，要求必须安装氮氧化物传感器，作为 OBD 系统的一部分。

氮氧化物传感器可以检测到由于各种原因导致的柴油机氮氧化物超标问题。例如尿素水溶液的缺失、使用了不恰当浓度的尿素水溶液、SCR 催化器老化引起的氮氧化物转化效率下降等问题，并及时将出现的问题反馈给 OBD 系统。OBD 系统根据排放劣化的程度，及时发出排放超标报警信号，或者向发动机控制单元发出降低柴油机扭矩请求。

# 第六节  PM2.5 控制技术

PM2.5 治理是一个长期及系统工程，也是民生工程。随着媒体和公众对 PM2.5 的关注，加快了政府对治理路程的步法。我国各地政府环保部门已经启动监测、公布措施。2011年 12 月 21 日，在第七次全国环境保护工作大会上，环保部部长周生贤公布了 PM2.5 和臭氧监测时间表，PM2.5 监测全国将分"四步走"。他表示，2012 年，将在京津冀、长三角、珠三角等重点区域以及直辖市和省会城市开展 PM2.5 和臭氧监测；2013 年在 113 个环境保护重点城市和环保模范城市开展监测；2015 年在所有地级以上城市开展监测，而 2016 年则是新标准在全国实施的关门期限，届时全国各地都要按照该标准监测和评价环境空气质量状况，并向社会发布监测结果。可见 PM2.5 的治理在中国才刚刚起步。

## 一、《大气污染防治行动计划》向雾霾宣战

近年来，我国以 PM2.5、臭氧为特征的区域性复合型空气污染问题日益突出。在传统煤烟型污染问题尚未得到解决的情况下，PM2.5 作为对我国环境空气质量影响最大的污染物之一，表现出四个重要的污染特征：一是年均浓度绝对值高。2013 年 74 个城市的监测数据表明，PM2.5 浓度年均值高达 $72\mu g/m^3$，超过我国环境空气质量标准 1.1 倍，超过世界卫生组织指导值 6.2 倍。二是超标天数多，重污染过程发生频率高。2013 年 74 个城市的平均达标天数仅为 221 天，达标率占 60.5％。三是区域污染特征明显，其中京津冀污染尤其突出。2013 年京津冀 13 个地级以上城市的 PM2.5 浓度年均值超过 $100\mu g/m^3$，平均达标率仅为 37.5％。四是由二氧化硫、氮氧化物、挥发性有机物、氨等气态污染物通过化学反应形成的二次颗粒物在 PM2.5 中的比例高，部分区域超过了 60％。

严重的 PM2.5 污染影响人体健康，高浓度 PM2.5 和雾霾引起公众生活质量下降、造成航班停飞、高速公路封闭，给社会经济造成重大损失。PM2.5 的污染问题在全社会引起了广泛关注，也引起了党中央国务院的高度重视。为了改善空气质量和保护公众健康，新一届政府采取了历史上最严格的大气污染治理措施，亮出了生态文明建设的第一把"利剑"，于 2013 年 9 月发布了《大气污染防治行动计划》（以下简称《行动计划》），要求到 2017 年，全国地级及以上城市 PM10 浓度比 2012 年下降 10％以上，京津冀、长三角、珠三角等区域 2017 年 PM2.5 浓度分别比 2012 年下降 25％、20％、15％以上，其中北京市 PM2.5 年均浓度控制在 $60\mu g/m^3$。

《行动计划》是建立在国家战略高度的，对大气污染防治工作的顶层设计，是向治理灰霾和 PM2.5 污染的一部"宣战书"，体现了我国大气污染防治工作的四个重要转变：一是在控制目标上，由污染物排放总量控制目标转向环境空气质量改善目标；二是在控制对象上，从传统的二氧化硫、氮氧化物和烟粉尘的单独控制转向二氧化硫、氮氧化物、一次颗粒物、挥发性有机物等大气污染物的多污染物控制；三是在控制手段上，在以前的工业点源和机动车基础上，大幅提高了对面源的控制要求，强调经济结构和能源清洁化以及多污染源综合控制；四是在管理模式上，从传统的属地管理转向属地管理和区域联防联控结合的方式。

　　《行动计划》发布后，各地区、各部门高度重视、迅速行动，将其作为一项重大民生工程来抓，认真贯彻党中央、国务院的决策部署，建立铁腕与铁规"双铁"治污机制，推动大气污染综合治理迈出了新的步伐。

　　《行动计划》实施以来，通过各部门、各省市的共同努力，大气环境质量初步有所好转。2014年1月与2013年同期相比，74个城市PM2.5月均浓度下降了16.3%，其中京津冀和长三角分别下降了27.6%和3.8%，珠三角上升了8.2%。然而，《行动计划》的实施仍然存在着一些有待解决的问题，空气质量距离达到《行动计划》的目标仍有很大差距。尽管灰霾和PM2.5治理是一个长期的过程，但我们不能"等风盼雨"，要主动出击和"双铁"治污，政府、企业、全社会共同努力，打好灰霾和PM2.5治理攻坚战。

**1. 切实落实《行动计划》目标责任**

　　在一些省市，还存在多头管理、分工不清、职责不明、相互扯皮的现象；环保部门单打独斗，其他政府部门参与不够的现象仍普遍存在。为确保《行动计划》各项任务措施落到实处，必须改变政府缺位的局面，做实政府作为政策制定者和执行监督者的角色，由政府对各部门的责任进行统筹、分解和监督，形成《行动计划》实施的合力和真正铁腕治污的力量。

**2. 提高环境执法独立性和威慑性**

　　目前，我国环境执法监督还存在诸多问题。首先是守法成本高、违法成本低，环境守法成本与违法成本倒挂；其次是执法监督队伍素质不高，能力不足，在装置配备、技术手段、系统培训等方面偏软偏弱；再次是监督执法机制不健全，独立性不够，容易受到地方政府的制约；最后是缺乏群众基础，公众参与度低。这些问题在一定程度上降低了我国环境执法的效力，尤其给各项环境保护政策法规在基层的落实造成了困难。强有力的环境执法监管体系是保障《行动计划》落实的根基，必须结合《环境保护法》和《大气污染防治法》等法律的修订和相关管理条例的制定，提高执法监督的独立性，加大环境处罚力度，提升执法人员的素质和执法能力。

**3. 加快实施配套经济政策**

　　十八届三中全会提出，要"使市场在资源配置中起决定性作用"。诸多国际经验也表明，充分发挥市场的作用，能够有效地推动大气污染防治进程。因此，充分运用市场经济政策是落实《行动计划》各项任务的重要保障。到目前为止，已经在价格、税收、投入等方面提出了十余项配套政策措施，但是由于政策的制定需要综合权衡和系统评估各种因素，部分针对大气污染防治重点领域和环节、能带动全局的关键性政策出台还相对滞后；而且这些政策的覆盖面远不能满足现阶段工作需求，需要进一步梳理，研究制定新的配套政策。这主要包括进一步调整价格政策，促进高污染工艺和高污染产品的淘汰；改革税费政策，大幅增加企业的排污成本，推动企业主动减排；调整财政政策，促进以奖代补，推进地方改善空气质量的实效；改革投融资政策，进一步吸纳社会资金参与到治污减排和空气质量改善工作中。

**4. 加强灰霾治理科技支撑**

　　我国面临的大气污染问题是不可持续发展模式的集中体现，其规模和复杂程度在国际上未有先例，没有成熟的控制经验可以借鉴。同时，我国在空气质量管理方面，也缺乏综合技术方法和科学管理体系的支撑，主要体现在三个方面：一是各种污染物排放量和排放时空分布的底数不够清楚，二是不同区域PM2.5污染的来源和形成机理不够清晰，三是污染控制的科学技术和科学管理手段相对缺乏。为了保障我国PM2.5浓度的持续降低和重污染现象的持续减少，实现环境空气质量的持续改善，需要以减少重污染过程、解决影响公众健康和生态环境的 PM2.5 等大气污染问题为研究重点，开展科学监测和技术研究，并为国家、区域和城市的空气质量管理提供相应的导向和工具，引导社会发展和生活方式转型、经济和能源结构调整，促进我国环境空气质量逐步改善。

**5. 推动信息公开和公众参与**

公众环境意识提高和广泛参与是发达国家或地区大气污染防治取得成功的重要基石。《行动计划》的落实同样离不开社会公众的支持和参与。目前，在政策制定的过程中，尚未能广泛、有效地吸收公众的意见。在下一步的工作中，一是要充分利用信息化技术和手段，通过推进企业污染源排放信息公开，促进社会公众主动参与到大气污染防治工作中来。二是要建设公众参与环境管理和决策的机制，以此增加公众对于大气污染防治的主人翁意识，从而进一步完善政府主责、企业施治、社会监督的大气污染防治体系。

## 二、美国洛杉矶地区 PM2.5 治理对策

洛杉矶地区早在 1905 年就开始采取措施改善空气质量。参考洛杉矶的经验，对我国最终取得 PM2.5 治理的胜利，将具有一定的借鉴意义。

洛杉矶地区经过数十年的摸索，建立了区域联防联控组织——加州南海岸空气质量管理局，负责对该地区的空气污染治理工作进行总体规划，与其他空气质量管理机构密切合作，共同落实总体规划，从而形成了完善的区域联防联控机制，为 PM2.5 的治理工作打下了坚实的制度基础。

**1. 加强解析 PM2.5 来源，为精细化治理提供科学依据**

洛杉矶地区于 1999 年启动了由 18 个监控点构成的监控网络，开始对区域的 PM2.5 污染进行全面监测。至 2010 年，监控点增至 23 个。监测结果表明，洛杉矶地区 PM2.5 污染物主要为二氧化硫、氮氧化物、挥发性有机物在大气中经光化学反应形成的硝酸铵盐和硫酸铵盐等二次产物，直接排放的 PM2.5 污染物比例较低。所以洛杉矶地区对 PM2.5 污染采取综合治理、协同减排的办法，将工作重点放在二氧化硫、氮氧化物、挥发性有机物这些前体物的治理上。

当地的监测研究部门依据当地的地理气候条件，选择使用美国英环公司开发的"综合空气质量拓展模型"对监测数据进行分析，逐一确定二氧化硫、氮氧化物等前体物与二次生成的 PM2.5 之间的转换关系。以氮氧化物为例，根据该部门的测算，每减排 1t 氮氧化物，就能减少约 0.127 3t 的 PM2.5，而二氧化硫的比例更高。确定各前体物的转化关系之后，研究部门确定了该地区至 2014 年时一次生成的 PM2.5 以及二氧化硫、氮氧化物、挥发性有机物等前体物所应达到的量化减排指标，为治理规划和治理措施的出台奠定了坚实基础。

**2. 以治理机动车尾气为重要抓手，发展绿色交通**

洛杉矶地区拥有全美最繁忙的港口，大部分货物通过柴油动力的重型货运车辆运往内陆，此外，该地区还拥有 900 万辆轿车。造成包括 PM2.5 在内的空气污染物排放量居高不下。为此，当地的环保部门与交通部门采取了如下应对措施：

（1）多措并举，尽快减少尾气污染

洛杉矶地区环保部门与加州空气资源局密切合作，一是提高车辆尾气排放标准。加州按照美联邦《清洁空气法》的规定，在得到联邦环保署批准后，自行制定了更加严格的车辆尾

气排放标准。以重型卡车为例，2006 年的标准与 1990 年的标准相比，颗粒物（其中约 92％为 PM2.5）减少 85％，氮氧化物减少 65％，而 2010 年的标准则规定新出厂的重型卡车须将排放的空气污染物在 2006 年标准基础上再减少 90％。二是对现有车辆进行环保改造。由于重型卡车的使用寿命很长，加州环保部门提出了重型卡车环保改造计划，要求其加装颗粒物捕捉装置等设备以达到排放标准。三是加速淘汰高污染轿车。进一步严格车辆尾气测试，对于未能通过尾气测试的车辆，强制车主进行维修，或者由环保部门提供补贴进行更换。据统计，每年淘汰老旧车辆达 5 万辆。

（2）制定交通控制措施，最大限度减少尾气排放

大力发展公共交通，改善交通结构。20 世纪 60 年代，洛杉矶地区将城市发展的重点放在高速公路建设上，拆除了遍布该地区的"太平洋电气化客运铁路网"。到 80 年代，在交通拥堵和空气污染的双重压力下，洛杉矶地区不得不重新发展轨道交通。但由于其造价和营运成本高昂，洛杉矶地区比较重视快速公交网络的建设，通过采用公共汽车信号灯优先技术、划定公共汽车专用道、优化线路设计等措施，将快速公交出行时间缩短了约 20％。未来洛杉矶地区将延长现有的两条轻轨线路，继续建设快速公交线路，规划更多的公交专用道，进一步扩充和完善快速公交网络。

鼓励合乘，减少空载里程。2000 年的一次调查表明，在驾车前往工作场所的洛杉矶地区居民中，75％的人为自驾车空载，这不仅造成道路拥堵，还导致更多的尾气排放。为了有效缓解这一问题，加州南海岸空气质量管理局于 1987 年推出了一项强制性的合乘计划，鼓励目的地或出行方向相同的居民合乘车辆出行。要求雇员超过 100 人的企业必须制定具体的激励措施，鼓励雇员合乘或者乘坐公交通勤。在随后的八年间，该计划取得了巨大成功，平均每天减少 27.2 万次自驾车出行。但是由于企业平均每年要为每个员工付出 110 美元的交通补贴，所以该计划一直受到企业界的抵触。1996 年，加州南海岸空气质量管理局逐步中止这一强制性的合乘计划，将工作重点转到鼓励市民自愿合乘上来。

鼓励居民自愿合乘的主要手段是建设合乘专用车道。这些车道多位于交通繁忙路段，在上下班高峰期启用。有些车道与公交专用道重合，有些车道则被专门划为专用车道，只允许合乘车辆使用。在洛杉矶地区，不同地段的车道对"合乘车辆"的要求不同，大部分规定乘坐两人以上的车辆即可视为"合乘车辆"，但也有部分路段规定只有乘坐三人以上的才能视为"合乘车辆"。截至 2010 年，洛杉矶地区的合乘专用车道总长超过 1 500km。未来，洛杉矶地区将进一步加大合乘专用车道的建设力度，并进一步加强各段合乘专用车道之间的衔接，消除运行瓶颈。

完善交通信息系统，减少拥堵。污染洛杉矶地区使用的交通信息系统可分为两类：一类是综合集成了计算机、通讯和控制技术的智能交通控制管理系统，同传统的交通信号控制技术相比，该自动车辆监测和控制系统平均减少出行者 12％的出行时间、32％的交叉口延误和 30％的交叉口怠车。另一类则利用互联网技术，通过向公众提供准确的交通信息，引导、改变其出行方式，达到缓解交通拥堵和减少排放的目标。目前采取了三种做法，一是发布出发地、目的地等合乘信息，帮助陌生人间顺利实现合乘；二是在网络上实时发布交通拥堵状况信息，促使公众选择在交通状况顺畅时出行；三是加大健康出行的宣传力度，号召公众出行时尽量选择公交、轻轨等公共交通工具。这三项交通控制措施不但缓解了交通拥堵，也改善了区域的空气质量。

（3）发展新能源汽车，从根本上治理汽车尾气污染

洛杉矶地区在加州整体规划框架下，以提供购买补贴、向科研单位提供研究经费、与企业共建示范项目等多种方式大力促进纯电动、燃料电池动力、混合动力等多种新能源汽车发展。根据环保部门的预测，到 2020 年前后，在洛杉矶地区的轿车市场上，混合动力汽车的市场占有率将提高到 40％左右，纯电动车的市场占有率提高到 5％左右。

由于新能源载重卡车的技术目前尚不成熟，洛杉矶地区除加大对相关技术研究的扶植力度外，还计划未来在"长滩高速公路"等最为繁忙的货运通道上划定新能源载重卡车专用车道，并到 2025 年前后，将新能源卡车的市场占有率提高到 40％左右，以进一步推动新能源载重卡车的发展。

### 3. 以中长期战略规划指导治理 PM2.5 工作的稳步开展

2007 年加州南海岸空气质量管理局以 2015 年达到联邦环保署 PM2.5 现行标准为首要目标，制定了 PM2.5 治理战略，并将其纳入该局制订的《空气质量管理规划》之中。该规划在制定时，充分考虑了洛杉矶地区人口规模的改变、经济发展等领域的中长期发展趋势，在城市长期发展的大背景下确定 PM2.5 治理的中长期目标，具有很强的前瞻性。该计划采用了动态目标分解法，将 PM2.5 治理的总体目标逐步分解，最后落实到具体、明确的措施上，对于实际工作具有很强的指导意义。该规划针对主要固定污染源提出了 31 条治理措施，针对主要移动污染源提出了 30 条治理措施，并针对每条措施明确了实施单位、时间节点和具体的减排指标。

### 4. 以环保技术研发为突破口，破解经济发展与环保冲突难题

节能环保技术是消除经济发展与空气污染治理之间矛盾的根本途径，加州南海岸空气质量管理局于 1988 年成立了科技推进处，引导、扶植私营企业发展先进的节能减排技术，其重点领域如下：

燃料电池技术。这种电池是一种使用燃料进行化学反应产生电力的装置，既可以作为车辆的动力，也可用于发电。以氢氧为燃料的质子交换膜燃料电池能量转换效率高达 70％以上，且反应产物为水，对环境无害。加州南海岸空气质量管理局一方面积极参与"加州燃料电池合作伙伴项目"，与大型企业、科研机构和其他政府机构一起推动燃料电池技术商业化，另一方面积极建设示范项目，于 2004 年招标建设两个 250kW 燃料电池发电项目，并于 2006 年投入使用。

电动汽车技术。加州南海岸空气质量管理局一方面大力支持电动汽车电池组这一核心部件的开发，另一方面注重研发在途充电系统，计划未来划定电动汽车专用道，在专用道上将实现电动汽车边行驶边充电。

先进发动机及后处理技术。由于低硫柴油的推广使用，柴油发动机能够采取更加先进的技术来控制排放。加州南海岸空气质量管理局目前正在大力推广柴油机颗粒物净化技术、柴油机氧化催化技术、废气再循环技术、先进燃料电喷技术、可变截面涡轮增压技术，提高柴油发动机的能效，降低其污染。

低挥发性有机物技术。挥发性有机物污染主要源于传统涂料、油墨、粘合剂和清洗溶剂的使用。为了减少挥发性有机物的排放，加州南海岸空气质量管理局积极推动企业界进一步加强水性化技术、辐射固化技术、高固体份技术、静电粉末喷涂技术的研发和推广使用。

远距尾气检测技术。该技术由加州南海岸空气质量管理局资助研发，目前已投入使用。

该技术通过红外线探测，可在道路两侧实时检测行驶中车辆的尾气排放情况，使环保部门能够及时发现排放不达标的车辆，敦促车主尽快维修或更换。

**5. 把市场机制作为推动**

PM2.5减排的重要手段从20世纪70年代至90年代初，加州南海岸空气质量管理局一直采用强制性指令来规范企业的减排行为。虽然取得了良好效果，但随着空气质量治理工作的不断深入，这一手段的缺陷也日益暴露出来。在经济持续高速增长时，尽管环保标准和法规等强制手段已经十分严格，但污染物的总量仍会持续增加，如果进一步收紧标准，达标成本就会高得令大量企业无法承受，对社会经济产生较大影响。而且强制性指令"一刀切"运作方式没有考虑到企业之间的差异，技术水平较为先进的企业在达到环保标准之后可能会丧失进一步减排的动力，不利于环保工作的进一步推进。

对此，加州南海岸空气质量管理局联合相关企业和组织与美国国家环保署于1994年1月启动了"加州南海岸区域清洁空气激励市场"，允许氮氧化物和二氧化硫年排放超过4t的企业进入该市场进行交易。对于新进入的企业，加州南海岸空气质量管理局会依据企业的峰值产量和现行环保规定确定其初始排放指标，此后按照逐年削减8％的比率确定企业每年的排放指标。指标可以在企业之间买卖，在年度结束时，企业拥有的指标数（包括年初分配的指标和净购入的指标）要高于或等于实际排放数，否则将面临严厉处罚。

目前，在加州南海岸区域清洁空气激励市场上，参与氮氧化物排污交易的企业有三百五十余家，参与硫氧化物排污交易的企业有四十余家。这些企业来自各个行业，包括发电厂、炼油厂等。据美国环保署评估，项目实施10年来，加州地区氮氧化物年度实际排放量从约2.5万t降至约1万t；硫氧化物实际排放总量则由约7 000t降至3 500t，减排效果显著。这一市场机制的建立将不同企业的污染控制能力差异纳入制度设计，通过允许企业在符合规范的前提下出售排污指标，用经济手段激励企业自主减排，使企业减排的能力越强，节省的排污限额越多，其获得的经济收益也越高，鼓励了企业自主研发、采用环境清洁技术。而且，引入市场机制可以在控制污染物排放总量的同时，避开经济发展与环境保护之间发生直接对立。

**6. 推动治理高污染地区市镇，降低污染对健康的危害**

2006年3月，加州南海岸空气质量管理局完成了为期两年的第三阶段"多种空气有毒污染物影响研究"，该项目重点研究了空气污染物对于居民罹患癌症的影响，结果表明空气污染在整个洛杉矶地区导致平均每百万居民中有大约1 200人患上癌症，而在所有的空气污染物中，柴油发动机直接排出的PM2.5颗粒物毒性最高，对于癌症患病机率的影响占全部污染物的83％。经过深入研究分析后，管理部门确定了PM2.5污染对健康影响最大的区域——港口地区，癌症风险高达3 700例/百万。此外，高速公路和交通枢纽附近地区的居民健康风险也会显著增加。对此，加州南海岸空气质量管理局在积极推动高危区内的市镇采取更加有力的措施治理PM2.5污染的同时，与市镇政府合作，共同提高居民的空气污染防护意识。一方面通过印发宣传品等手段帮助居民了解PM2.5的危害和在重污染天气情况下应当减少户外活动等环保知识，另一方面通过各种媒体及时向居民通报天气变化情况和污染物浓度，帮助居民提前采取防护措施，降低面临的健康风险。

**7. 鼓励和引导民众参与，推动PM2.5治理工作全面落实**

控制PM2.5污染不能只依赖政府和环保部门，还需要公众的广泛参与。为此，洛杉矶地区环保部门出台了多种措施，提高公众的参与度。

（1）利用经济手段激励公众投身环保

卡尔·摩耶计划是洛杉矶地区为减排 PM2.5 重点推行的项目。该计划由加州空气资源局与各区域的空气质量管理部门共同负责，于 1998 年在全州推广，目的是通过提供经济补贴，鼓励个人和企业更新、改造重型柴油动力车辆设备，从而使其排放低于现行标准。

根据规定，如要获得补贴，车辆设备至少应有 75% 的时间在其辖区内使用，且新更换车辆设备的排放至少比现有排放标准降低 30%，改造后的车辆设备排放至少降低 15%。2010～2011 财年，洛杉矶地区用于该项目的资金达 2 500 万美元。

（2）推广环保产品标签，引导公众消费行为

洛杉矶地区环保部门 2003 年启动了名为"清洁空气选择"的项目，与辖区内的汽车销售商合作，将符合低排放标准的车辆明确地标示出来，便于消费者选购，取得良好效果。未来，环保部门将推广这一成功经验，对生产除臭剂、发胶等可能含挥发性有机物的消费品厂商进行认证，通过认证的厂商可在符合或低于相关标准的产品上增贴"无挥发性有机物"或"低挥发性有机物"标签，促使消费者选购。

环保部门准备将该措施与一定的经济激励手段协同运用，预计届时每天可减排挥发性有机物 2.1～2.2t。

（3）加大宣传力度，倡导绿色生活

洛杉矶环保部门采取加大公共广告投放、开设绿色环保网站等手段，着力宣传居民个人为改善空气质量、降低 PM2.5 排放可采取的 10 项举措：驾驶低油耗车辆；出行时尽量拼车、乘坐公共交通、骑自行车或步行；尽可能减少使用以燃油为动力的车辆和设备；尽可能购买由可再生能源产生的电力装置；考虑安装家用太阳能设备；使用低能耗的家用电器；在住宅和办公室增装隔热层；节水节能；尽量购买本地生产的产品，减少长途运输的尾气排放；支持政府为促进上述举措而采取的激励措施。这十条措施由加州南海岸空气质量管理局、南加州政府联合会联合加州空气资源局和加州环保局共同提出。

# 第八章 可持续发展框架下的能源利用

## 第一节 中国能源面临的问题

### 一、中国能源储量不够丰富

#### 1. 我国煤炭储量并不丰富

煤炭能源是中国最主要的能源形式，近几年来中国煤炭能源生产和消费都有了明显的上升，2010 年中国煤炭生产量占全国能源生产总量的 81.3%，煤炭消费量占全国能源消费总量的 71.9%，可见无论生产与消费，煤炭都是中国最主要的能源形式。与全球其他国家或地区相比，中国煤炭的生产量也占绝对优势，近几年来，中国煤炭生产量约占全球煤炭生产总量的一半左右，产量明显高于其他国家或地区。

然而，中国煤炭能源的储量并非全球第一。如在第二章中所述（表 2-1），2012 年底，中国煤炭储量为 1 145 亿 t，占全球煤炭储量的 13.3%，仅排在全球煤炭储量的第三位；同期美国的煤炭储量为 2 372.95 亿 t，占全球煤炭储量的 27.6%，排在全球煤炭储量的第一位；俄罗斯的煤炭储量为 1 570.1 亿 t，占全球煤炭储量的 18.2%，排在全球煤炭储量的第二位。与中国煤炭的生产量全球第一以及储量全球第三的地位形成鲜明对比的是中国煤炭的储采比，2012 年底中国煤炭的储采比只有 31，这意味着以目前产量计算，中国的已探明煤炭储量只能持续生产 31 年；而同期美国的储采比为 257，俄罗斯的储采比为 443，储采比超过中国的国家或地区共有 27 个。综上所述，虽然中国煤炭的产量目前居世界第一，储量居世界第三，但是中国煤炭产业存在严重的过度开采，相对于发达国家或地区，中国煤炭产业不具备可持续发展的能力，因此，中国未来必须寻找适当的能源形式来代替煤炭作为中国第一能源的地位和作用，以保证中国能源经济的可持续发展。

#### 2. 我国石油储量贫乏

2010 年中国石油产量占全国能源生产总量的 10.4%，石油消费量占全国能源消费总量的 20.0%。虽然产量和消费量都远远低于煤炭，但石油仍然是中国第二大能源形式，对于中国经济发展至关重要。从储量上来看，中国石油储量远远低于中国煤炭的储量。如表 8-1 所示，2012 年底中国石油储量 173 亿桶，仅占全球石油总储量的 1%，石油储量非常缺乏。而同期石油储量较大的委内瑞拉、沙特阿拉伯和加拿大分别为 2 976 亿桶、2 659 亿桶和 1 739亿桶，远远高于中国的石油储量，2012 年底石油储量高于中国的国家或地区共有 13 个。从目前的情况来看全球石油资源主要分布中东（沙特阿拉伯、伊朗、伊拉克、科威特和阿联酋）和美洲（委内瑞拉和加拿大），亚洲石油储量最为贫乏。

从石油生产方面来看，2012 年中国石油产量占全球石油总产量的 5%，位于沙特阿拉伯、俄罗斯和美国之后，居全球第四位。另外 2012 年底中国石油储采比为 11.4，居世界第 33 位。可见，在中国石油储量相对贫乏的情况下，中国的石油生产量很大，在中国石油过度开发的情况下，中国石油未来的开发潜力极其有限，未来面临石油资源枯竭的可能性。

**表 8-1　2012 全球各国石油能源储量情况**　　　　　单位：10 亿桶

| 国家和地区 | 1992 | 2002 | 2012 | 占全球比重 | 储采比 |
|---|---|---|---|---|---|
| 中国 | 15.2 | 15.5 | 17.3 | 1.0% | 11.4 |
| 美国 | 31.2 | 30.7 | 35.0 | 2.1% | 10.7 |
| 加拿大 | 39.6 | 180.4 | 173.9 | 10.4% | >100 |
| 北美洲合计 | 122.1 | 228.3 | 220.2 | 13.2% | 38.7 |
| 中南美国家或地区合计 | 78.8 | 100.3 | 328.4 | 19.7% | >100 |
| 欧亚大陆国家或地区合计 | 78.3 | 109.2 | 140.8 | 8.4% | 22.4 |
| 中东合计 | 661.6 | 741.3 | 807.7 | 48.4% | 78.1 |
| 非洲合计 | 61.1 | 101.2 | 130.3 | 7.8% | 37.7 |
| 亚太国家或地区合计 | 37.5 | 40.6 | 41.5 | 2.5% | 13.6 |

最后，从中国能源已探明储量的发展情况来看，1992 年、2002 年和 2012 年中国石油探明剩余储量为 152 亿桶、155 亿桶和 173 亿桶，这说明和其他多数国家或地区一样，随着经济发展和技术进步，中国在不断发现新的石油储量，这可以在一定程度上延长中国石油开采年限。然而，问题在于中国石油的总储量是不变的，除非未来中国发现新的、更多的石油储备，否则中国这种过度的石油生产方式，必将在短期内造成中国石油更大的消费缺口。

**3. 我国天然气储量同样贫乏**

天然气是中国第三大化石能源，但是储量同样贫乏。如表 8-2 所示，2012 年底中国天然气储量为 31 000 亿 $m^2$，占全球天然气总储量的 1.7%，居全球第 13 位。

**表 8-2　2012 全球各国天然气能源储量情况**　　　　　单位：万亿 $m^3$

| 国家和地区 | 1992 | 2002 | 2012 | 占全球比重 | 储采比 |
|---|---|---|---|---|---|
| 中国 | 1.4 | 1.3 | 3.1 | 1.7% | 28.9 |
| 印度 | 0.7 | 0.8 | 1.3 | 0.7% | 33.1 |
| 俄罗斯 | — | 29.8 | 32.9 | 17.6% | 55.6 |
| 美国 | 4.7 | 5.3 | 8.5 | 4.5% | 12.5 |
| 北美洲合计 | 9.3 | 7.4 | 10.8 | 5.8% | 12.1 |
| 中南美国家或地区合计 | 5.4 | 7.0 | 7.6 | 4.1% | 42.8 |
| 欧亚大陆国家或地区合计 | 39.6 | 42.1 | 58.4 | 31.2% | 56.4 |
| 中东合计 | 44.0 | 71.8 | 80.5 | 43.0% | >100 |
| 非洲合计 | 9.9 | 13.8 | 14.5 | 7.7% | 67.1 |
| 亚太国家或地区合计 | 9.4 | 13.0 | 15.5 | 8.2% | 31.5 |

数据来源：BP 公司全球能源消费统计，2013 年 6 月。

从全球天然气储备情况来看，伊朗以 336 000 亿 $m^3$ 的储量位居全球第一位，占全球天然气总储量的 18%，俄罗斯和卡塔尔紧随其后，分别以 329 000 亿 $m^3$ 和 251 000 亿 $m^3$ 的储量位居全球第二位和第三位，分别占全球天然气总储量的 17.6% 和 13.4%。可见，从储量上来看，中国天然气目前的储量并没有任何优势。

从天然气生产潜力方面来看，2012 年底中国天然气储采比为 28.9，而同期伊朗、俄罗斯、卡塔尔等天然气高储量国家或地区的储采比分别为大于 100、55.6 和大于 100，可见中国天然气长期开采潜力较弱。从天然气探明剩余储量方面来看，2012 年中国天然气已探明剩余储量较 2002 年提高了 18 000 亿 $m^3$，这说明虽然过去的十年间中国天然气开采量有所增长，但新探明的天然气储量明显超过了开发掉的天然气储量，而中国天然气开发还处于早期阶段，这说明如果未来不断探明新的天然气储量，则中国天然气的开采年限还会不断延长。

## 二、我国可再生能源发展空间巨大

根据统计数据，1980 年中国可再生能源产量为 744.552 万 t 标准煤，仅占中国当年能源生产总量的 1.2%，远远低于煤炭、石油和天然气的生产水平。随着中国经济的快速发展以及政府对于可再生能源的重视程度不断加大，到 2010 年，中国可再生能源产量达到 10 756.6 万 t 标准煤，占当年能源生产总量的 3.8%，该产量为 1980 年中国可再生能源产量的 14.45 倍。以上数据表明，过去 30 年内，中国可再生能源的发展速度明显高于煤炭、石油、天然气等化石能源，目前可再生能源的产量已经开始接近天然气的产量，并且与煤炭、石油的产量之间的差距也在逐年减小。从中国可再生能源增长过程来看，1990 年以前中国可再生能源增长非常缓慢；1991~2000 年，中国可再生能源产量呈现波动式增长，但总体来看，增长效果并不明显；2000 年以后，中国可再生能源产量开始迅猛增长，特别是 2005 年以来，受《中华人民共和国可再生能源法》颁布以及随后相关政策出台的影响，中国可再生能源产量增长速度明显加快，可见中国政策对可再生能源的重视程度正在逐步加强，未来中国可再生能源的发展空间将会非常巨大。

## 三、我国能源消费面临的问题

### 1. 人均能源消费水平低

我国是一个发展中国家，正处于工业化和城市化的过程中。随着经济发展，能源的消费量也在不断增加。

表 8-3 列出了我国人均能源消耗量。

表 8-3 1990~2012 年我国人均能源消费量

| 年份 | 能源消费量（t 标准煤） | 人均能源消费量（t 标准煤/人） |
|---|---|---|
| 1990 | 98 703 | 0.86 |
| 1995 | 131 176 | 1.08 |
| 2000 | 145 531 | 1.15 |
| 2005 | 235 997 | 1.80 |
| 2010 | 324 939 | 2.42 |
| 2011 | 348 002 | 2.58 |
| 2012 | 361 732 | 2.67 |

由表 8-3 可见，人均能源消费量在二十余年中从 1990 年的 0.86t 标准煤上升到了 2.67t 标准煤，达到并超过了世界人均能源消费量。但是，相比发达国家或地区，我国人均能源消

费量还依然较低。表 8-4 列出了 2002～2011 年美国、加拿大人均能源消费量，由表可见，他们的人均每年的能源消费量在 7～8t 标准油之间。

由于人均消费量较低，从而也就蕴藏着较强的增长潜力。

表 8-4 美国、加拿大 2002～2011 年人均能源消费量 单位：kg 标准油

| 地区 | 2011 年 | 2010 年 | 2005 年 | 2004 年 | 2003 年 | 2002 年 |
|------|---------|---------|---------|---------|---------|---------|
| 加拿大 | 7 333.28 | 7 380.98 | 8 424.31 | 8 364.40 | 8 272.44 | 7 914.66 |
| 美国 | 7 032.35 | 7 162.35 | 7 846.80 | 7 881.75 | 7 794.17 | 7 843.39 |

### 2. 能源结构以煤为主

我国能源生产和消费构成中煤占有主要地位。煤炭在我国目前一次能源中占 70％以上。全国直接燃烧煤炭占总煤耗量的 84％，与世界能源构成相比，我国煤炭的比重比世界平均水平高 1 倍以上。我国是世界上少数几个能源以煤为主的国家之一，世界一次能源消费结构中煤炭仅占 26.7％，而中国在一次商品能源消费结构中占 70％左右，比世界平均值高出近 45 个百分点。大量的煤炭开发利用导致严重的大气污染。

### 3. 我国的能源利用效率低

国际上通常采用国内生产总值（GDP）的能耗强度作为衡量能源效率的宏观指标。GDP 能耗强度定义为单位国内生产总值所消费的能源量，GDP 能耗强度低，表示能源利用效率高。与发达国家相比，我国单位 GDP 能耗要比他们高得多。

### 4. 从能源安全角度考虑，我国能源面临挑战

能源安全是指保障能源可靠和合理的供应，主要是石油和天然气。我国自 1993 年从石油净出口国变为净进口国以来，石油进口依存度（净进口量占消费量的比重）呈上升趋势。1993 年石油净进口量为 920 万 t，目前进口依存度已超过 50％。在国际风云变幻的世界上，保障石油的可靠供应对国家或地区安全至关重要。这是我国能源领域面临的一项重大挑战。

冯飞认为，到 2020 年，我国的石油对外依存度可能超过 55％，由此带来的石油安全问题是一个极具挑战性的重大问题：

① 存在着国际石油供应暂时短缺的可能，石油进口依存度不断增大，加大了石油供应的风险，国际上可能出现短期和局部的供应短缺，敌对势力也可能对石油供应造成威胁；

② 国际上的石油价格有可能出现短期的较大波动，降低我国 GDP 的增长速度，也可能造成国内石油行业的亏损。

### 5. 能源品种结构不合理，优质能源供应不足

随着能源供求总量矛盾的缓和，结构性问题上升为主要矛盾，成为制约能源工业进一步发展的关键因素。由于长期能源紧张的历史状况，造成了能源工业发展"重能力增长，忽视质量结构优化"的倾向。煤炭在一次能源结构中所占比重过高，特别是煤炭直接用于终端消费的比例过大；石油受资源条件限制，近年来产量徘徊不前；天然气在能源结构中所占比重过低；水电开发程度低，西部丰富的水能资源尚未得到充分利用；煤层气、风能和太阳能发电等清洁能源刚刚起步，其地位和作用尚未得到应有的重视。能源行业内部发展不平衡，结构失调。煤炭工业采掘能力很大，但洗选、型煤、配煤和水煤浆等发展缓慢。石油工业新增可采储量无法满足产量增长的需要，储采比下降。天然气探明储量增长较快，但下游市场开发缓慢，生产及输送管道能力不能充分发挥。电力工业发电、输电和配电结构矛盾突出，高

压输电网发展滞后于电源建设，导致网架结构弱、输电能力不足、运行可靠性低；城乡配电网建设滞后，制约了生产用电的合理增长，影响了居民生活水平的提高；小火电无序发展，火电设备单机容量过小，造成能源效率低下。

**6. 能源环境问题突出**

能源在使用过程中会造成环境污染，实际上，能源生产过程中造成的环境污染问题也十分突出。

（1）大气污染物的排放

能源在开采、炼制及供应过程中，也会产生大量有害气体，严重影响大气环境质量。如采掘业 2000 年 $SO_2$ 排放量为 33.08 万 t，烟尘排放量为 21.5 万 t；石油加工及炼焦业排放 $SO_2$37.8 万 t，烟尘 24.8 万 t；电力煤气及水的生产供应业 $SO_2$ 排放量为 719.9 万 t，烟尘排放量约 300 万 t。2000 年，能源生产相关行业烟尘排放量占全国烟尘总排放量的 29.8%，对大气环境造成严重的污染。

（2）水污染排放

煤炭开采过程中，为保证安全生产而进行的排水破坏和污染了地下水资源。与此同时，大量未经处理含有煤粉、岩粉和其他污染物的矿井水外排，又影响到矿区及其周边环境。

据调查，全国 96 个国有重点矿区中，缺水矿区占 71%，其中严重缺水矿区占 40%。随着煤炭开采强度和延伸速度的不断加大提高，矿区地下水位大面积下降，使缺水矿区供水更为紧张，以致影响到当地居民的生产和生活。另一方面，大量地下水资源因煤系地层破坏而渗漏矿井被排除，这些矿井水被净化利用的不足 20%，对矿区周边环境形成新的污染。据统计，中国煤矿每年产生的各种废污水约占全国总废污水量的 25%。2000 年，全国煤矿的废污水排放量达到 27.5 亿 t，其中矿井水 23 亿 t，工业废水 3.5 亿 t，洗煤废水 5 000 万 t，其他废水 4 500 万 t。

洗煤过程也会排出大量废水。1999 年原煤入洗量 3.17 亿 t，入洗比例 30%，其中国有重点煤矿入洗比例达到 48%。2002 年原煤入洗量 5.8 亿 t，入洗洗煤 4.56 亿 t，入洗比例 33.7%。原煤被入洗的同时，也排放出大量的煤泥水，污染土壤植被及河流水系。因洗煤全国每年排出洗矸 4 500 万 t，煤泥 200 万 $m^3$。

石油的开采、炼制、储运、使用过程中，原油和各种石油制品进入环境而造成的污染。石油对水域（海洋、河流）的污染，包括来自炼油厂、石油化工厂的废水，沿河、海石油开采事故泄漏的石油，油船事故和各种机动船的压舱水、洗船水等含有废水。石油及其制成品进入水体后，可发生复杂的物理和化学变化，如扩散、蒸发、溶解、乳化、光化学氧化、形成沥青块等。严重影响水质及水生生物的生存。据有关资料统计，每年通过各种途径泄露在海洋中的石油和石油产品约占世界石油总产量的 0.5%，其中以油轮遇难造成的污染最为突出。炼油厂也会排放大量油污，污染地表水源。

能源生产相关行业（主要包括采掘业、石油加工及炼焦业和电力煤气及水的生产供应）在能源生产过程中会排放大量的废水，产生大量的水体污染物质。而且，污染物质的排放量变化情况与能源生产数量变化趋于一致，说明能源生产与水环境污染有着密切的关系。

（3）固体废弃物排放

能源生产与消费过程中，必然会产生大量的固体废弃物，对环境造成严重的污染。能源产业产量与其排放的固体废弃物有着重要的联系。工业固体废弃物主要集中在煤炭、采矿、冶金、化工等行业，尤其是煤炭业产生的固体废弃物占一半左右。全国历年工业固体废弃物占地面积达 700 多平方千米，累计贮存量近 70 亿 t，其中矿业及相关行业排放的废渣累计约 58 亿 t，占全国废渣储存量的 90%。矿业城市的工业固体废弃物较多，污染比较重，许多煤炭城市的煤矸石堆积如山。

# 第二节 能源效率与能源审计

## 一、我国能源利用效率的国际比较

我们已经在第四章中讨论了我国的能源强度走势和特点，对我国的能源利用效率有了许多了解，这里我们从高耗能工业品的能耗进一步分析我国能源利用效率，并与国际先进水平进行对比，找出其中的差距。

表 8-5 数据是根据行业二氧化碳的排放量来估算的，从而反映生产各类产品的耗能情况。估算分行业的各类能源消费量和由此产生的二氧化碳排放量，对于分析我国行业的节能潜力，制定行业节能减排的政策措施具有重要的参考价值。

表 8-5 中外 2007 年高耗能高产品能源消耗情况比较

| 项目名称 | 中国 | | | 国际先进 | 2007 年能耗差距（+%） |
|---|---|---|---|---|---|
| | 2000 | 2002 | 2007 | | |
| 煤炭生产电耗（kW·h/t） | 30.9 | 26.7 | 24 | 17 | 41.2 |
| 火电发电煤耗（gce/kW·h） | 363 | 343 | 333 | 299 | 11.4 |
| 火电供电煤耗（gce/kW·h） | 392 | 370 | 356 | 312 | 14.1 |
| 钢可比能耗（kgce/t）（大中型企业） | 784 | 714 | 668 | 610 | 9.5 |
| 电解铝交流电耗（kW·h/t） | 15 480 | 14 680 | 14 488 | 14 100 | 2.8 |
| 铜冶炼综合能耗（kgce/t） | 1 277 | 780 | 610 | 500 | 22 |
| 水泥综合能耗（kgce/t） | 181 | 167 | 158 | 127 | 24.4 |
| 平板玻璃综合能耗（kgce/质量箱） | 25 | 22 | 17 | 15 | 13.3 |
| 原油加工综合能耗（kgce/t） | 118 | 114 | 110 | 73 | 50.7 |
| 乙烯综合能耗（kgce/t） | 1 125 | 1 073 | 984 | 629 | 56.4 |
| 合成氨综合能耗（kgce/t） | 1 699 | 1 650 | 1 553 | 1 000 | 55.3 |
| 烧碱综合能耗（kgce/t） | 1 453 | 1 297 | 1 203 | 910 | 32.2 |
| 纯碱综合能耗（kgce/t） | 406 | 396 | 363 | 3l0 | 17.1 |
| 电石电耗（kW·h/t） | | 3 450 | 3 418 | 3 030 | 12.8 |
| 纸和纸板综合能耗（kgce/t） | 1 540 | 1 380 | | 640 | 115.6 |

从我国国内能耗变化来看，各类高耗能产品单位能耗在逐渐降低。从 2000～2007 年，所有高耗能产品的单位产品能耗都是在一路降低，其中下降速度最快的是铜冶炼行业，从 2000～2007 年降低幅度达到 52.2%。从每年的平均下降速度来比较，一些行业的下降速度正在减缓，但是这种下降趋势没有改变，在今后的几年里还将继续保持下去。

从国际比较来看，我国高耗能产品单位能耗差距仍然很大。2007 年我国的高耗能产品的单位产品能耗已经有较大下降，但是与国际先进水平相比仍然存在较大的差距。所有产品的单位能耗都高于先进水平，而且大部分产品的这种差距超过了 10%，其中差距最大的是乙烯的生产，高达 56.4%。差距的存在意味着节能的潜力，随着我国节能技术水平的提高、经济结构的调整等，这种差距将逐步缩小。

根据以上的分析可知，我国的能源消费主要集中在工业部门的几个产业中，而且与国际先进水平相比，这几个主要的高耗能产业存在着很大的节能潜力，这些行业正是实现我国能源节约的主要领域。

## 二、行业能源效率

### 1. 行业能源效率的变化特征

研究者采用 DEA 方法，研究并获得了 14 个工业部门的能源效率变化趋势与能源效率损失。研究者通过数据分析后发现，从时间（1987～2005 年）发展趋势角度观察，行业能源效率的变化呈现三个特征：

第一个特征是，总体上看，除个别行业外（石油加工炼焦及煤气、橡胶与塑料），绝大部分行业的期末（2005 年）的能源效率值要高于期初（1987 年），全部行业的整体能源效率值由 0.77 上升到 0.87，这表明总体上存在着能源使用效率上的改善。

第二个特征是，能源使用效率的改善并非是持续的，而是存在一个先降后升的"U"型转变，转折期在 1990～1995 年间，所有行业的能源效率最低值都出现在此时间段内，而从 1997 年开始各行业的能源效率值又开始持续地提高。全部行业的能源效率值由 1987 年的 0.77 降低到 1995 年的 0.66，然后开始持续增加到 2005 年的 0.87。能源效率的这种"U"型转变模式与工业生产领域的市场开放、企业生产效率提高的趋势基本相符。20 世纪 80 年代开始的改革开放，在工业生产领域主要体现在一些乡镇企业的迅速崛起，而原来的国有企业则是生产效率普遍下滑，整个经济是以供给不足为主要特征，生产的效率（尤其是国有企业）较为低下。1992 年以后，是中国经济全面向市场化转变的开端，市场的进一步开放带来了竞争的加剧，外部市场竞争的压力与内部的激励机制共同作用，推动企业寻求更有效率的生产方式，而缺乏效率的企业会在市场中被淘汰，从而使各行业的生产效率都有所提高。

第三个特征是，尽管各行业的能源效率值都有增加的趋势，但行业间的能源效率差异性没有明显的趋同趋势。寻求造成行业间能源效率差异的因素是进一步提高能源使用效率的重要方面。

### 2. 行业的能源效率损失与潜在节能效果

虽然近年来各行业的能源效率在逐步提高，但每期的能源消耗总量也在快速增加，因此每期能源损失的绝对量取决于上述两个因素的综合效果。由于这种能源效率损失是在不减少产出且不增加其他要素投入情况下可实现的能源减少目标，因此也就意味着是各期潜在的可节省能源的绝对量。

从分行业的角度观察，电力蒸汽热水生产和供应业、石油加工炼焦及煤气业、化学工业、非金属矿物制品业的能源效率损失量高于行业历年能源损失量的平均水平（1 568 万 t 标准煤）。其中能源效率损失最高的是化学工业，平均每年可达 4 030 万 t 标准煤，这表明该部门在不减少产出且不增加其他投入的情况下还存在着很大的节能潜力。化学工业、电力蒸汽热水生产和供应业、石油加工炼焦及煤气业、非金属矿物制品业构成了能源损失的主要行业，以 2005 年为例，这几个行业的能源效率损失量占了全部 14 个部门的 80％左右。煤炭采选业、石油和天然气开采业、食品饮料和烟草业、纺织业、造纸业、橡胶与塑料制品业、金属冶炼及压延加工业、金属制品业、机械工业、交通运输设备制造业的能源效率损失量低于历年平均水平。其中橡胶与塑料制品业、金属制品业、交通运输设备制造业的能源效率损失量在所有行业中处于较低的水平，每期只有 350 万 t 标准煤左右，说明这三个行业在不减少产出或增加其他要素投入情况下要大幅度降低能源损失量将存在一定困难。

从全部行业来看，1987～1997 年间的能源效率损失的绝对值一直在增加，1997 年达到高值 30631 万 t 标准煤，此后开始缓慢地下降。尽管从 1997 年开始能源效率损失的变化趋势是在下降，但绝对量仍然很高，2005 年 14 个部门的潜在可节省能源量仍高达 18 541 万 t 标准煤，占当年 14 个工业部门能源消耗总量的 13％。

## 三、能源审计

能源审计是提高能源利用效率的有力举措。

1997 年，我国颁布了国家标准 GB/T 17166—1997《企业能源审计技术通则》，这是目前国内唯一的能源审计专项标准，是开展能源审计工作的技术依据。2006 年 9 月 7 日，国家发改委等五部委联合印发《千家企业节能行动实施方案》的通知，通知明确要求"各企业要按照国家标准 GB/T 17166—1997《企业能源审计技术通则》的要求，开展能源审计，完成审计报告；通过能源审计，分析现状，查找问题，挖掘潜力，提出切实可行的节能措施。在此基础上，编制企业节能规划，并认真加以实施。"随后，国家发改委办公厅下发了《企业能源审计报告审核指南》，对能源审计所必须涵盖的主要内容和审核流程进行了明确的规定，从而规范了审计工作的开展。

### 1. 能源审计的类型

能源审计作为一种加强企业能源科学管理和节约能源的辅助手段和方法，可分为初步能源审计、全面能源审计和专项能源审计三种类型。

（1）初步能源审计

可采用初步能源审计的对象一般比较简单，只是要求通过对现场和现有历史统计资料的了解，对能源使用情况仅作一般性的调查即可。其所花费的时间也比较短，一般为 1～2 天，主要工作包括三个方面：

一是对用能单位的主要建筑物情况、供热系统、空调系统、管网系统、用水系统，以及其他用能设备情况进行调查，掌握用能单位的总体情况。

二是对用能单位的能源管理状况进行调查，了解用能单位的主要节能管理措施，查找管理上的薄弱环节。

三是对用能单位能源统计数据的审计分析，重点是主要耗能设备与系统的能耗指标的分析（如供暖、空调、供配电、给排水等），若发现数据不合理，就需要在全面审计时进行必要的测试，取得较为可靠的基本数据，便于进一步分析查找设备运转中的问题，提出改进措施。初步能源审计不但可找出明显的节能潜力以及在短期内可以提高能源效率的简单措施，还为下一步全面能源审计奠定了基础。

（2）全面能源审计

对用能系统进行深入全面的分析与评价，就要进行详细的能源审计。该方法要求用能单位有比较健全的计量设施，或者在全面审计前安装必要的计量表，全面地采集企业的用能数据；必要时还需进行用能设备的测试工作，以补充一些缺少计量的重要数据，进行用能单位的能源实物量平衡。对重点用能设备或系统进行节能分析，寻找可行的节能项目，提出节能技改方案，并对方案进行经济、技术、环境评价。

（3）专项能源审计

对初步审计中发现的重点能耗环节，针对性的进行的能源审计称为专项能源审计。在初步能源审计的基础上，可以进一步对该方面或系统进行封闭的测试计算和审计分析，查找出具体的能耗原因，提出有效的节能技改项目和措施，并对其进行定量的经济技术评价分析，也可称为专项能源审计。

无论开展上述哪种类型的能源审计，均要求能源审计小组应由熟悉节能法律标准、节能监测相关知识、财会、经济管理、工程技术等方面的人员组成，确保能源审计的作用充分发挥。

**2. 能源审计形式**

根据委托形式能源审计一般分为两种：

（1）受政府节能主管部门委托的形式

省政府或地方政府节能主管部门根据本地区能源消费的状况，结合年度节能工作计划，负责编制本省（市）、自治区或地方的能源审计年度计划，下达给有关用能单位并委托有资质的能源审计监测部门实施。这种形式的能源审计也可称为政府监管能源审计。

（2）受用能单位委托的形式

在用能单位领导部门认识能源审计的重要意义和作用或在政府主管部门要求开展能源审计的基础上，能源审计部门与用能单位签订能源审计协议（或合同），确定工作目标和内容，约定时间开展能源审计工作。或者是用能单位根据自身生产管理和市场营销的需要，主动邀请能源审计监测部门对其进行能源审计。这种形式的能源审计也可称为用能单位委托能源审计。

**3. 原理和内容**

能源审计是一套科学的、系统的和操作性很强的程序，但其基本原理是物质和能量守恒原理。物质和能量守恒，是能源审计中最重要的一条原理，是进行能源审计的重要工具。在获得被审计用能单位的资料后，可以测算能源投入量、产品的产量，可有助于理清用能单位的能源管理水平及其物质能源的流动去向，帮助发现用能单位的能源利用瓶颈所在。物质和能量守恒这种工具是对用能单位用能过程进行定量分析的一种科学方法与手段，是用能单位能源管理中一项基础性工作和重要内容。

能源审计的主要内容包括：

① 查阅建筑物竣工验收资料和用能系统、设备台账资料，检查节能设计标准的执行情况。

② 核对电、气、煤、油、市政热力等能源消耗计量记录和财务账单，评估分类与分项的总能耗、人均能耗和单位建筑面积能耗。

③ 检查用能系统、设备的运行状况，审查节能管理制度执行情况。

④ 检查前一次能源审计合理使用能源建议的落实情况。

⑤ 查找存在节能潜力的用能环节或者部位，提出合理使用能源的建议。

⑥ 审查年度节能计划、能源消耗定额执行情况，核实公共机构超过能源消耗定额使用能源的说明。

⑦ 审查能源计量器具的运行情况，检查能耗统计数据的真实性、准确性。

# 第三节　可持续发展能源指标体系

## 一、可持续发展能源指标体系产生背景

可持续发展的观念被提出以后，对可持续发展程度进行量化的衡量和监测也成为各国和相关机构的研究目标。率先开展可持续发展指标体系研究的是 1995 年联合国可持续发展工作计划（WPISD），该计划开发了一套包含环境、社会、经济和制度因素的指标体系，对可持续发展进行多方面的综合评价。其他一些比较重要的可持续发展指标体系包括经合组织和欧洲统计局的环境指标体系，以及国际能源机构等开发的指标体系。

这些指标体系，以及一些国家或地区分别开发的可持续发展指标体系，大多偏重于环境方面的可持续性，即使包含一些能源指标，也比较零散。国际原子能机构于 1999 年启动了"可持续发展能源指标（EISD）"项目，推动了专门针对能源可持续发展指标的研究。EISD指标体系的设计目的是为研究和决策者提供可持续发展能源问题的分析和决策辅助工具，系统地提供能源、经济、环境以及社会方面的数据，表达这些数据的内在联系，以便进行对比、趋势分析以及在必要的情况下进行政策评价。项目综合各联合国成员国、国际组织在能源指标方面的工作成果，构建一个得到广泛认同、并可以普遍适用的可持续发展能源指标体系。国际原子能机构（IAEA）、联合国经济和社会事务部（UNDESA）、国际能源机构（IEA）、欧洲统计局（Eurostat）以及欧洲环境机构（EEA）的专家都参与了该能源指标体系的构建。

在这些机构和项目专家的努力下，最终于 2005 年完成了该可持续发展能源指标体系的建立。国际原子能机构随后出版了相关报告《可持续发展能源指标体系指南与方法学》，报告对指标体系的内容架构和使用方法都有详细介绍。

## 二、EISD 指标体系的结构和作用

### 1. EISD 的结构

国际原子能机构组织构建的可持续发展能源指标体系（EISD）涉及社会、经济和环境三大领域（表 8-6～表 8-8），包含 30 个核心指标。其结构自上而下，各个领域包含了主题—子主题—指标三个层次。例如，社会领域包含"公平"和"健康"两大主题、4 项子主题和4 项指标；经济领域包含"能源的利用和生产方式"和"能源安全"两大主题、8 项子主题和 16 个指标；环境领域包含"大气"、"水"和"土壤"三大主题、6 项子主题和 10 个指标。此外，一些指标还可分解成多个分指标，如"大气污染物浓度"指标（ENV2）就分解为多项主要大气污染物的浓度数据。

### 2. EISD 指标体系的作用

当今人类社会的能源生产和消费主要以有限的化石能源为主，是不可持续的。而且，不论是开采、供应和消费整个能源链，还是任何一项能源技术，都不可避免地向环境排

放污染物。例如，化石燃料的燃烧导致城市空气污染、区域性酸雨，乃至全球的气候变化；在一些发展中国家或地区，非商业化生物质能源的利用甚至可能导致沙漠化、生物多样性的减少等。

由于现有的能源生产和消费方式在短期内不可能完全改变，因此，在选择燃料、能源转换技术、输送和能源消费方式时，应充分考虑能源利用对人类健康、社会、大气、土壤和水环境的影响，评估目前的能源利用方式的可持续性，制定均衡的能源政策和激励措施，引导能源投资和消费，改变现状，建立能源与经济、社会和环境的和谐关系。正是基于能源在社会、经济、环境问题中的关键作用，可持续发展能源指标体系（EISD）为评价能源相关的可持续发展提供了一个适用的分析工具。

EISD 可以反映一个国家或地区的整体能源可持续发展水平。它不仅仅是数据的集合，更重要的是，它们是基本统计数据的延伸和拓展，每一项指标往往是能源生产和消费诸多方面的综合，所有能源指标的综合则能全面地描述整个能源系统状态及其与社会经济和环境因素之间的相互关系等，这往往是基础统计数据不能反映的。

EISD 能够反映实现可持续发展目标的进程。例如，能源部门为了达到某一项排放要求，可以设定相关的指标，通过监测指标的变化，了解实际情况与目标的差距，确定相应的行动计划和对策措施等。政府部门可以通过一组综合而简单的数据，指导决策、分析政策实施的效果等。

EISD 还能够反映结构调整、技术进步、政策措施的影响作用，指标的变化趋势不仅描述历史发展过程，而且能够预测未来的前景。建立可持续发展能源指标体系，有助于将能源发展纳入社会经济规划中统筹考虑，促进能源统计的规范化，提高信息透明度。为实现可持续发展目标，需要社会各方面的共同努力，通过实施科学的战略规划和有效的激励政策，促进能源资源和能源技术的合理开发和利用。

为此，EISD 对政府、能源研究者和统计部门都是十分有用的分析工具，可为政府科学规划决策提供依据，为实施可持续发展行动提供指南（表 8-6、表 8-7、表 8-8）。

**表 8-6　EISD 可持续发展能源指标（社会领域）**

| 主题 | 子主题 | | 能源指标 | 相关参数 |
|---|---|---|---|---|
| 公平 | 能源可获得性 | SOC1 | 无法获得电力或商业能源，或严重依赖非商业能源的家庭（人口）比例 | 无法获得电力或商业能源，或严重依赖非商业能源的家庭（人口）数量　家庭（人口）总数 |
| | 能源费用的支付能力 | SOC2 | 家庭收入中燃料和电力开支的比例 | 家庭收入中用于燃料和电力开支　家庭收入（所有家庭总收入和最贫困 20% 家庭的收入） |
| | 能源消费的两极分化 | SOC3 | 各类收入群体的家庭能源用量和燃料构成 | 各类收入群体的户均能源消费量　各类收入群体的户均收入　各类收入群体的燃料构成量 |
| 健康 | 健康安全 | SOC4 | 各燃料链的事故年死亡人数/能源产量 | 各燃料链的年死亡人数　年能源生产量 |

表 8-7　EISD 可持续发展能源指标（经济领域）

| | | | |
|---|---|---|---|
| 能源利用和生产方式 | 消费总量 | ECO1 | 人均能源消费 | 能源消费量（一次能源总供应量，最终能源消费总量和用电量）<br>总人口 |
| | 总体效率 | ECO2 | 单位 GDP 能源消费 | 能源消费量（一次能源消费总量，最终能源消费量和用电量）<br>GDP |
| | 供应侧效率 | ECO3 | 能源转换和配送效率 | 转换系统的损耗，包括电力生产和输配电的损耗 |
| | 生产 | ECO4 | 产量/储量比 | 已探明的可开发储量<br>总能源产量 |
| | | ECO5 | 产量/资源量比 | 预计总资源储量（包括已探明和估计尚未探明的）<br>总能源产量 |
| | 终端消费 | ECO6 | 工业能耗强度 | 工业领域能源消费量<br>工业产值增加值 |
| | | ECO7 | 农业能耗强度 | 农业领域能源消费量<br>农业产值增加值 |
| | | ECO8 | 服务业/商业能耗强度 | 服务业/商业领域能源消费量——服务业/商业产值增加值 |
| | | ECO9 | 家庭能耗强度 | 家庭能源消费量<br>家庭数量，室内面积，户均人口和家用电器归属 |
| | | ECO10 | 交通能耗强度 | 交通运输行业的能源用量（按照不同交通工具划分）<br>旅客和运输公里数（按照不同交通工具划分） |
| | 燃料结构 | ECO11 | 能源和电力的燃料结构 | 各类燃料的一次能源供应、最终消耗、发电量和发电装机<br>一次能源供应总量、最终消耗量、发电量和装机容量 |
| | | ECO12 | 能源和电力中无碳能源比率 | 各类无碳能源的一次能源供应、最终消耗、发电量和发电装机<br>总的一次能源供应、最终消耗量、发电量和发电装机 |
| | | ECO13 | 能源和电力中可再生能源比率 | 各类可再生能源的一次能源供应量、最终消耗、发电量和发电装机<br>一次能源供应总量、最终消耗量、发电量和发电装机 |
| | | ECO14 | 不同燃料、不同领域的末端能源价格 | 能源价格（包括考虑税收/补贴和不考虑税收/补贴的情况 |
| 能源安全 | | ECO15 | 能源进口依赖度 | 能源进口量<br>一次能源供应总量 |
| | | ECO16 | 战略燃料储备量/相应燃料消耗量 | 战略燃料储备（例如油、气）<br>战略燃料消耗量 |

表 8-8　EISD 可持续发展能源指标（环境领域）

| | | | | |
|---|---|---|---|---|
| 大气 | 气候变化 | ENV1 | 单位人口单位 GDP 的由于能源生产和消费引起的温室气体排放 | 能源生产和消费引起的温室气体排放量<br>人口<br>GDP |
| | 空气质量 | ENV2 | 城市大气污染物浓度 | 大气污染物浓度 |
| | | ENV3 | 能源系统的大气污染物排放量 | 大气污染物排放量 |
| 水 | 水质量 | ENV4 | 能源系统的液态排污量，包括油的排放 | 液态排污量 |
| 土壤 | 土壤质量 | ENV5 | 土壤酸化超过临界负载值的土壤面积 | 受影响的土壤面积<br>临界负载值 |
| | 森林 | ENV6 | 由于能源使用引起的森林消失 | 两个不同时期的森林面积<br>生物质利用情况 |
| | 固体废弃物产生与管理 | ENV7 | 固体废弃物产生速度/产出的能源单位 | 固体废弃物量<br>能源产量 |
| | | ENV8 | 经适当处理的固体废弃物量/固体废弃物总量 | 经适当处理的固体废弃物量<br>固体废弃物总量 |
| | | ENV9 | 固体放射性废弃物量/产出的能源单位 | 固体放射性废弃物量（一段时间内的累计值）<br>能源产量 |
| | | ENV10 | 待处理的固体放射性废弃物量/固体放射性废弃物总量 | 待处理的固体放射性废弃物量<br>固体放射性废弃物总量 |

## 三、EISD 指标体系应用实例

这里以 EISD 在浙江的应用为例，主要说明 EISD 指标体系应用所能得到的结论。研究者通过收集浙江省的社会、经济和环境数据，代入指标体系，经过运算和分析，获得了结论，并给出相应的发展建议如下所述：

### 1. 能源安全应当引起重视

浙江的能源资源保有量和能源自给率在全国都处于较低水平。浙江省煤资源已接近枯竭，水电资源开发程度已经达到 60% 以上，在一次能源供应中的比重下降趋势将难以改变。5% 以下一次能源供应来自本地，基本是水电和核电，其余依赖省外和国外进口。

核能会成为未来较有前景的本地能源，风电也已呈现加速发展的态势。但是，相当一段时间内，核电和风电在一次能源供应结构中的比例不会有明显提高，能源供应仍以外来能源为主。

### 2. 民用能源基本有保障

从指标体系的社会领域看，浙江省居民对能源的需求得到了较好地满足。浙江省的无电家庭数量已经基本接近于零；居民家庭能源支出在总可支配收入中的比例不大，普遍在 10% 以下；但是城乡居民之间以及不同收入城乡居民家庭的能源支出占家庭收入比例差距明显。收入差距在增加，而能源消费相对弹性较小，造成低收入家庭的能源使用成本负担相对较重。农村居民人均能源消费量与城镇居民相比差距较大。农村地区非商品能源的使用量虽然逐年下降，但总量仍占总能源消费的 2/3，商品能源使用比例有待继续提高。

### 3. 能源生产和消费效率优于全国平均水平，但潜力仍较大

浙江省能源生产效率相对全国其他地区较高，发电煤耗明显低于全国平均水平，但是较国外先进水平还有很大节约空间。浙江省的能源消费水平和效率都明显稳步上升，并优于全国平均水平，单位能耗 GDP 产出高。浙江省人均能耗和人均电耗明显高于全国平均水平。从终端能源消费构成看，工业仍是最大的终端能源消费者。工业能耗已占总能源终端消费量的 72% 左右，农业约占 4%，交通占 9% 左右，居民生活消费占 7%。从产业构成趋势看，农业能耗比例下降趋势明显；工业能耗比重 1995~2003 年间有明显下降趋势，但是 2004 年又基本回升到过去水平；交通能耗的比例有上升趋势，从 1995 年的 7.2% 上升到 2004 年的 9.4%；生活消费能耗的比重十年间变化较小。

从终端能源消费的资源构成看，优质能源的消费比例有上升趋势。煤在终端能源消费中比例持续下降，而电力和石油制品的消费比例则逐渐上升。这种能源消费的模式更趋合理，但是电力和石油制品的供应面临更严峻的形势，需要从鼓励降耗、积极开发可再生能源发电和替代交通燃料方面缓解这一难题。

1990~2004 年，浙江省工业、农业和第三产业的能耗强度都大幅下降随后逐渐平稳。初期的能耗强度下降主要是由于能效措施的实现。继续采取能效措施还有一定潜力。但是，未来进一步降低能耗则需要在产业结构升级上下工夫，进一步促进高技术、高附加值、低能耗产业的发展，抑制高耗能产业发展。

### 4. 温室气体减排和氮氧化物及酸雨污染须成为环境质量问题重点

过去 20 几年里浙江省大气污染的构成发生了变化。大气中总悬浮颗粒物和二氧化硫的浓度得到有效控制，明显下降，而 $NO_x$ 和酸雨污染逐年加重。这种变化与终端能源消费构成有一定关系。未加有效控制的氮氧化物的污染和交通污染不容忽视。

温室气体排放量是近两年才引起重视的一个环境指标。它的影响不同于上述大气污染物那样明显，但其影响从空间和时间尺度上看是最大的，后果也可能最为严重和难以逆转。从研究得到的初步结果看，浙江省 $CO_2$ 排放为 $4.73 tCO_2$/人，单位 GDP 排放量为 $0.22 kgCO_2$/元（2004 年）。

1990~2004 年间，人均 $CO_2$ 排放量增加了近 3 倍，单位 $GDPCO_2$ 排放量则下降了 38%。与全国平均水平比较，浙江省的人均排放水平高而单位产值排放水平明显偏低，说明在社会经济发展水平和能源利用效率两方面都优于全国平均水平，但是与发达国家或地区水平仍有差距。为降低排放水平，需要进一步降低能耗、增加无碳能源的使用和增加碳汇。减排重点放在电力、水泥、造纸、交通等领域。京都议定书框架下的清洁发展机制创造了为发展中国家或地区减排项目引进资金和技术的机会，这一机遇应及时把握。

### 5. 应加大开源和节流力度

对浙江省未来能源问题的情景分析发现，浙江省能源供应中以煤为主的化石燃料仍将长期占主导地位；水电的进一步发展受到资源的制约；可再生能源开发量虽然将以较高的速度增长，其总量和比例仍非常小，需要加大政策支持力度。在更长的时期后，可再生能源有望成为主导能源；继续开发核能会有助于减少对化石燃料的依赖。

按照预测结果，未来必须面临以较低的人均能耗支持较高的经济发展速度的局面。因此，从生产、生生活各方面节能降耗，发展新型能源是必然选择。

## 四、中国实现可持续能源发展的政策措施

低成本的能源供应是实现工业化和提高人民生活水平的重要条件，而可持续发展意味着必须部分牺牲近期低成本和较快发展速度带来的利益。可以预见，未来 20 年将是追求经济高速发展的动机，与能源可持续发展的矛盾不断显现的过程，不可能一帆风顺。必须从中长期经济、社会、环境协调发展的角度，通过制定和实施国家能源发展战略加以平衡。

**1. 将节约资源提升到基本国策的高度**

根据研究，如果采取强化节能和提高能效的政策，与情景照常的趋势相比，到 2020 年能源消费水平可以减少 15%～27%，单位 GDP 能耗将每年下降 2.3%～3.7%。虽然下降的幅度与过去 20 年相比可能趋缓，但仍大大超过届时世界 1.1% 的年均下降率。中国能效利用率低的另一面是节能的潜力巨大。能否以较少的能源投入实现经济增长的目标，在很大程度上取决于节能的潜力能否被有效挖掘。因此，应将节约资源提升到基本国策的高度，将"控制人口，节约资源，保护环境"作为中国新时期的基本国策。

为此，应加强政府节能管理体系的建设，切实转变政府职能；建立和完善节能经济激励政策；建立终端用能设备能效标准和标识体系；建立市场经济条件下的节能新机制。

**2. 实施环境友好的能源战略**

国际经验表明，环境约束政策对实施可持续能源战略和能源供求技术发展有基础性作用。由于受环境容量、全球温室气体减排以及中国"环境小康"需求等的制约，环境保护将成为中国中长期能源发展必须考虑的一个重要因素。能源与环境的关系主要体现在如下方面：能源是环境问题的核心，能源生产、利用对当地、区域和全球大气环境产生重要影响；环境是能源决策的关键因素，环境评价应是所有能源项目确立的先决条件，环境应作为一种资源纳入综合资源规划；能源是环境外交的中心，耗能产品是国际贸易绿色壁垒的对象；能源生产和使用是绿色运动的主要目标。

实施环境友好战略需要通过政府驱动、公众参与、总量控制、排污交易四个方面加以落实。要按空气质量要求，对主要污染物实行更为严格的总量控制；提高排污收费标准、实行排放交易；实行环保折价，将环境污染的外部成本内部化，即实施全成本竞争；控制城市交通环境污染；取消对高耗能产品的生产补贴；应对全球气候变暖。

**3. 实施调整和优化能源结构的政策**

能源结构的优化对能源需求总量影响很大。有研究表明，2020 年能源消费结构中煤炭的比重每下降一个百分点，相应的能源需求总量可降低 1 000 多万 t 标准煤。因此，未来 20 年应充分利用结构优化所产生的节能效果。

从未来走势看，由于对石油、天然气等优质能源消费增加迅速，将出现由需求方推动的结构性变动。当前在居民生活用能领域和发达地区已经出现较明显的结构变动，这就为能源结构的调整和优化提供了较好的市场基础。总体而言，制定中国能源结构调整政策将体现如下原则：一是立足国内资源、充分利用国际资源，在保证供给和经济可承受性的前提下最大限度地优化能源结构；二是国家能源安全有充分保障；三是环境质量明显改善，可持续发展能力明显增强。

根据上述原则和中国的能源禀赋条件，应逐步降低煤炭消费比例，加速发展天然气，依

靠国内外资源满足国内市场对石油的基本需求，积极发展水电、核电和先进的可再生能源，利用 20 年的时间，初步形成结构多元的局面，使得优质能源的比例明显提高。

**4. 加大能源领域的体制改革和技术创新**

保证可持续发展战略落实的关键，是必须在体制改革和技术创新两个方面有新的突破。应尽快完善能源领域的法律法规体系；切实转变政府职能，形成有利于促进能源可持续发展的政府管理体制；加快能源领域的市场化改革，打破行政垄断，充分引入市场竞争，构建市场条件下的价格形成机制；深化能源领域的国有企业改革。

确立技术创新在能源可持续发展中的关键作用。加大政府在能源领域的研发投入，显著提高能源研发投入所占的比例；根据终端能源需求选择关键技术，动员产、学、研各方的力量组织攻关；通过建立能够形成有效竞争的市场结构和规范的公司治理结构，形成不断推动技术创新的有效激励机制，步入良性发展的轨道。

**5. 采取综合措施保障石油安全**

从长远和全球的观点来看，能源问题确切地说就是"石油问题"。石油是创造社会财富的关键因素，也是影响全球政治格局、经济秩序和军事活动的最重要的一种商品。几乎所有国家都把石油安全置于能源战略的核心位置。石油安全就是保障数量和价格上能满足社会经济持续发展需要的石油供应。石油不安全主要体现在石油供应暂时突然中断或短缺和价格暴涨对一个国家经济的损害，其损害程度主要取决于经济对石油的依赖程度、油价波动的幅度以及应变能力。应变能力包括战略储备、备用产能、替代能源、预警机制等。石油资源、石油供需状况和石油安全对策等三大因素构成了影响中国石油安全的框架。应加快国内油气资源的勘探开发，加快石油科技发展；在准确把握现代国际石油市场和石油地缘政治特点的基础上建立我的石油战略，并采取综合措施保障石油安全；加入国际石油合作架构中，全面进入国际市场，参与期货和现货交易，将市场作为获得石油产品的主要手段；逐步建立和完善石油战略储备制度和预警体系。

能源是国家战略性公共产品，是国家经济的生命线。到 2020 年的中国能源战略，是实现全面建设小康社会目标的重要基础。我们必须及早制定高瞻远瞩的总体战略，实现三中全会提出的经济、社会、环境和人的协调发展，才能使人民得到最大利益。

# 第四节　生命周期评价

## 一、生命周期评价的概念

### 1. 生命周期评价产生的背景

生命周期评价（LCA），有时也称为"生命周期分析"、"生命周期方法"、"从摇篮到坟墓"、"生态衡算"等。其最初应用可追溯到 1969 年美国可口可乐公司对不同饮料容器的资源消耗和环境释放所作的特征分析。该公司在考虑是否以一次性塑料瓶替代可回收玻璃瓶时，比较了两种方案的环境友好情况，肯定了前者的优越性。自此以后，LCA 方法学不断发展，现已成为一种具有广泛应用的产品环境特征分析和决策支持工具。

最初生命周期评价主要集中在对能源和资源消耗的关注，这是由于 20 世纪 60 年代末和 70 年代初爆发的全球石油危机引起人们对能源和资源短缺的恐慌。后来，随着这一问题不再像以前那样突出，其他环境问题也就逐渐进入人们的视野，生命周期评价方法因而被进一步扩展到研究废物的产生情况，由此为企业选择产品提供判断依据。在这方面，最早的事例之一是 20 世纪 70 年代初美国国家科学基金的国家需求研究计划（RANN）。在该项目中，采用类似于清单分析的"物料—过程—产品"模型，对玻璃、聚乙烯和聚氯乙烯瓶产生的废物进行了分析比较。另一个早期事例是美国国家环保局利用生命周期评价方法对不同包装方案中所涉及的资源与环境影响所作的研究。

20 世纪 80 年代中期和 20 世纪 90 年代初，是生命周期评价研究的快速增长时期。这一时期，发达国家或地区推行环境报告制度，要求对产品形成统一的环境影响评价方法和数据；一些环境影响评价技术，例如对温室效应和资源消耗等的环境影响定量评价方法，也不断发展。这些为生命周期评价方法学的发展和应用领域的拓展奠定了基础。虽然当时对生命周期评价的研究仍局限于少数科学家当中，并主要分布在欧洲和北美地区，但是那时对生命周期评价的研究已开始从实验室阶段转变到实际应用中来。

1990 年国际环境毒理学和化学学会（SETAC）成立，在美国的佛蒙（Vermont）会议上统一了 Life Cycle Assessment 即 LCA 的称谓，LCA 的研究在世界范围内正式展开。1993 年国际标准化组织（ISO）成立了 ISO/TC207/SC5（国际标准化组织环境管理技术委员会第五分技术委员会）来负责完善与生命周期评价相关的国际标准，从此开始了 LCA 的标准化作业。国际标准化组织制定和发布了关于 LCA 的 ISO 14040 系列标准。其他一些国家（美国、荷兰、丹麦、法国等）的政府和有关国际机构，如联合国环境规划署（UNEP），也通过实施研究计划和举办培训班，研究和推广 LCA 的方法学。在亚洲，日本、韩国和印度均建立了本国的 LCA 学会。此阶段各种具有用户友好界面的 LCA 软件和数据库纷纷推出，促进了 LCA 的全面应用。

从 20 世纪 90 年代中期以来，LCA 在许多工业行业中取得了很大成果，许多公司已经对他们的供应商的相关环境表现进行评价。同时，LCA 结果已在一些决策制订过程中发挥很大的作用。

生命周期评价（LCA）作为一种产品环境特征分析和决策支持工具技术上已经日趋成熟，并得到较广泛的应用。由于它也同时是一种有效的清洁生产工具，在清洁生产审计、产品生态设计、废物管理、生态工业等方面发挥应有的作用。

**2. 生命周期评价的内涵**

（1）生命周期评价的定义

对于 LCA 的定义，存在着不同的表述，但随着对 LCA 研究的发展，各国际机构目前已经趋向于采用比较一致的框架和内容，其中最具权威性的是国际标准化组织（ISO）和国际环境毒物学和化学学会（SETAC）给出的定义。

ISO 定义：汇总和评估一个产品（或服务）体系在其整个寿命周期期间的所有投入及产出对环境造成的和潜在的影响的方法。

SETAC 定义：生命周期评价是一种对产品生产工艺以及活动对环境压力进行评价的客观过程，它是通过对能量和物质利用以及由此造成的环境废物排放进行辨识和进行量化的过程。

总的核心就是：LCA 是对贯穿产品生命全过程——从获取原材料、生产、使用直至最终处置的环境因素及其潜在影响的研究。LCA 是评价一个产品系统生命周期整个阶段，从原材料的提取和加工，到产品生产、包装、市场营销、使用、再使用和产品维护，直至再循环和最终废物处置的环境影响的工具。

（2）LCA 的技术框架

LCA 作为一项用于评价产品的环境因素与潜在影响的技术，由四个相互联系的要素组成：目标和范围界定（Goal and Scope Definitions，GSD）确定评价的目的并按照评价目的界定研究的范围；清单分析（LCI）即列出一份与研究系统相关的投入与产出清单；影响评价（LCIA）即评价与这些投入及产出相关的潜在环境影响；结果评价（Life Cycle Interpretation）即对列出的清单和环境影响进行分析，以指导产品开发和利用。这四者相互关系如图 8-1 所示：

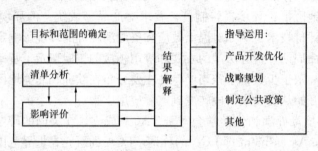

图 8-1　LCA 的技术框架

目标和范围的确定。目标和范围界定是 LCA 研究中的第一步，也是最关键的部分。它一般先确定 LCA 的评价目的，然后按评价目的确定研究范围。目标确定即要清楚地说明开展此项生命周期评价的目的和意图，以及研究结果的预计使用目的。如提高系统本身的环境性能，用于环境声明或获得环境标志。范围确定的深度和广度受目标控制，一般包括功能单位、系统边界、时间范围、影响评价范围、数据质量要求等的确定。

清单分析。清单分析是量化和评价所研究的产品、工艺或活动的整个生命周期阶段资源和能源输入及对环境排放输出的过程。清单分析数据的准确性直接关系到影响评价结果的可靠性。通过清单分析，能够发现该类产品对环境影响最大或者较大的一些阶段，为新产品的设计和改进提供一定的理论依据，使产品更具有环境优势，为建立标准化的清单数据库提供科学可靠的信息资源。

生命周期影响评价。生命周期影响评价（Life Cycle Impact Assessment，LCIA）是 LCA 的第三阶段，也是其核心部分。它对清单分析所识别的环境影响进行定性与定量的表征评价，确定产品系统的物质能量交换对其外部环境，主要是对生态系统及人体健康等方面的影响。

生命周期结果解释。生命周期解释的目的是根据 LCA 前几个阶段的研究或清单分析的发现，以透明的方式来分析结果、形成结论、解释局限性、提出建议并报告生命周期解释的结果，尽可能提供对生命周期评价研究结果的易于理解的、完整的和一致的说明。生命周期改善评价的作用就在于能通过产品（工艺或活动）的生命周期中物质和能量的输入、输出的考察和分析，提出一些资源消耗和污染排放的改进措施，以利于减少环境污染负荷和资源消耗。

生命周期评价方法已经成为一种环境管理国际标准，并在全球贸易与环境领域发挥越来越大的作用。比较而言，我国在生命周期评价领域的研究和应用比较缺乏。虽然一些研究和咨询机构已开始把这种新技术引入我国，但由于缺乏必要的基础研究、基础数据和经费支持，目前进展缓慢。但随着实践经验的不断积累，LCA 会日趋完善，它的重要性会不断增强。

到目前为止，在能源开发和利用领域已经完成了许多有关生命周期评价的研究，生命周期评价技术正在走向指导人类环境友好地开发利用能源的活动。这里我们以清洁燃煤发电技术为例，说明生命周期评价的应用。

## 二、洁净燃煤发电技术全生命周期评价

### 1. 生命周期边界与研究对象

（1）生命周期边界的确定

清洁燃煤发电系统的全生命周期分为建造、运行和退役三个阶段。主要包括原料与燃料的开采、加工、运输，电力生产和排放，以及固废的运输和处理，这里建立的生命周期边界未包括电力输送。

（2）研究对象

根据我国目前清洁燃煤发电技术的研发及商业化应用现状，示范性电厂投入运行情况，未来发展趋势，选取四种清洁燃煤电厂：循环流化床（circulating fluidized bed combustion，CFBC）、增压流化床联合循环（pressurized fluidized bed combustion combined cycle，PF-BC-CC）、整体煤气化联合循环（integrated gasification combined cycle，IGCC）和超超临界（ultra super critical，USC）清洁燃煤电厂作为研究对象，其具体参数如表所示。

清洁燃煤发电系统以输出 $1kW \cdot h$ 作为该系统的功能单元。表 8-9 列出了四种清洁燃煤电厂的基本参数。

表 8-9　四种清洁燃煤电厂基本参数

| 参数 | CFBC | PFBC-CC | IGCC | USC |
|---|---|---|---|---|
| 额定功率（MW） | 300 | 360 | 300 | 1 000 |
| 净效率（%） | 39.0 | 41.5 | 44.0 | 45.0 |
| 年利用率（%） | 75 | 75 | 75 | 75 |
| 服役期限（a） | 30 | 30 | 30 | 30 |
| 厂用电率（%） | 7.0 | 4.0 | 11.0 | 4.97 |

### 2. 数据获取与计算方法

（1）电厂建造

电厂建造阶段主要包括原材料开采、加工、运输，厂房建造和设备安装。

由于厂房建造和设备安装过程数据缺乏，建造阶段能耗只考虑原材料的开采、加工、运输过程所消耗的煤、石油、天然气产生热能和电能。建造阶段总能耗由原材料消耗量，各种原材料在开采、加工、运输中的能耗因子计算得到。假定建造阶段原材料全部采用公路运输，运距采用全国公路货物运输的平均运距 69km，燃煤、燃油、天然气热值分别取 20 209 $kJ/kg$、41 816$kJ/kg$、38 937$kJ/m^3$。

建造阶段资源消耗包括非能源和能源资源消耗。非能源资源主要有钢材、水泥、铁、铝、铜，根据选定的额定功率和折算得到的不同电厂单位功率原材料需求量，计算四种清洁燃煤电厂建造阶段原材料清单，如表 8-10 所示。能源资源指开采、加工、运输非能源资源所消耗的煤、石油、天然气。

由于水可以进行循环利用，故未包括在内。能源资源消耗由非能源资源需求量，单位非能源资源在开采、加工、运输的能源资源消耗值计算得到。

表 8-10　四种清洁燃煤电厂建造阶段原材料清单　　　　单位：t

| 电厂建造原材料 | CFBC | PFBC-CC | IGCC | USC |
|---|---|---|---|---|
| 钢材 | 25 875.0 | 13 998.2 | 12 020.0 | 40 293.0 |
| 水泥 | 47 627.4 | 61 306.0 | 56 900.0 | 74 257.0 |
| 铁 | 185.7 | 222.8 | 196.0 | 619.0 |
| 铝 | 125.7 | 204.4 | 125.7 | 255.0 |
| 铜 | 281.3 | 408.7 | 171.0 | 454.0 |

建造阶段污染物排放主要来自四个方面：①能源资源生产过程产生的排放；②非能源资源开采、加工过程中，由于能源资源的使用产生的排放；③生产能源与非能源资源消耗的电力在其生产过程中的排放；④非能源资源的运输过程的排放。排放包括 $CO_2$、$SO_2$、$NO_x$、CO、$CH_4$、化学需氧量（chemical oxygen demand，COD）、固体废弃物、烟尘和灰尘。能源生产过程的污染物排放量由能源产量与各种排放因子计算得到。非能源资源开采加工过程中污染物排放量根据各种能源消耗量和相应排放因子计算得到。生产能源与非能源资源消耗的电力，非能源资源的运输产生的污染排放，同理可由消耗量与排放因子计算得出。

由电厂建设阶段的总能耗、资源消耗、污染物排放和全生命周期发电量，计算四种清洁燃煤发电方式在建造阶段清单，如表 8-11 所示。

表 8-11　四种清洁燃煤电厂建造阶段的清单

| 建造阶段指标 | | 电厂类型 | | | |
|---|---|---|---|---|---|
| | | CFBC | PFBC-CC | IGCC | USC |
| 能源消耗[kJ/(kW·h)] | | 4.66 | 5.11 | 5.22 | 2.24 |
| 资源消耗 | 煤[kg/(kW·h)] | $8.38\times10^{-4}$ | $1.20\times10^{-4}$ | $1.05\times10^{-3}$ | $9.29\times10^{-4}$ |
| | 石油[kg/(kW·h)] | $3.32\times10^{-5}$ | $5.29\times10^{+}$ | $4.30\times10^{-5}$ | $4.27\times10^{-5}$ |
| | 天然气 [m³ (kW·h)] | $1.59\times10^{-2}$ | $2.86\times10^{-3}$ | $1.47\times10^{-2}$ | $9.47\times10^{-3}$ |
| | 钢[kg/(kW·h)] | $4.37\times10^{-4}$ | $1.97\times10^{-4}$ | $2.03\times10^{-4}$ | $2.04\times10^{-4}$ |
| | 铁[kg/(kW·h)] | $3.14\times10^{-6}$ | $3.14\times10^{-6}$ | $3.32\times10^{-6}$ | $3.14\times10^{-6}$ |
| | 水泥[kg/(kW·h)] | $8.05\times10^{-4}$ | $8.64\times10^{-4}$ | $9.62\times10^{-4}$ | $3.77\times10^{-4}$ |
| | 铜[kg/(kW·h)] | $4.76\times10^{-6}$ | $5.76\times10^{-6}$ | $2.89\times10^{-6}$ | $2.30\times10^{-6}$ |
| | 铝[kg/(kW·h)] | $2.13\times10^{-6}$ | $2.88\times10^{-6}$ | $2.13\times10^{-6}$ | $1.29\times10^{-6}$ |
| 环境排放 | $CO_2$[kg/(kW·h)] | $9.04\times10^{-2}$ | $1.59\times10^{-2}$ | $8.84\times10^{-2}$ | $6.16\times10^{-2}$ |
| | $SO_2$[kg/(kW·h)] | $7.43\times10^{-4}$ | $1.30\times10^{-4}$ | $7.31\times10^{-4}$ | $5.14\times10^{-4}$ |
| | $NO_x$[kg/(kW·h)] | $4.41\times10^{-4}$ | $7.74\times10^{-5}$ | $4.32\times10^{-4}$ | $3.01\times10^{-4}$ |
| | CO[kg/(kW·h)] | $2.32\times10^{-4}$ | $4.09\times10^{-5}$ | $2.27\times10^{-4}$ | $1.58\times10^{-4}$ |
| | $CH_4$[kg/(kW·h)] | $1.83\times10^{-2}$ | $3.21\times10^{-3}$ | $1.80\times10^{-2}$ | $1.26\times10^{-2}$ |
| | COD[kg/(kW·h)] | $2.15\times10^{-6}$ | $3.75\times10^{-7}$ | $2.13\times10^{-6}$ | $1.50\times10^{-6}$ |
| | 固体废弃物[kg/(kW·h)] | $3.34\times10^{-3}$ | $5.86\times10^{-4}$ | $3.29\times10^{-3}$ | $2.31\times10^{-3}$ |
| | 烟尘和灰尘[kg/(kW·h)] | $6.75\times10^{-4}$ | $1.18\times10^{-4}$ | $6.64\times10^{-4}$ | $4.64\times10^{-4}$ |

（2）电厂运行

电厂运行阶段主要包括燃料和原料的开采、运输，电力的生产，污染物的排放和控制，固废和粉尘的运输。

电厂运行阶段能耗包括直接能耗和间接能耗。直接能耗指电厂在整个生命周期内消耗燃料产生的能量，其值由消耗的燃料总量和对应的发热量计算得到。间接能耗指电厂运行所需燃料和原料的开采、加工、运输及固体废弃物运输的耗能，其值由燃料和原料的消耗量与对应各过程的能耗因子计算得到。在计算过程中假定燃料和原材料70%采用铁路运输、30%采用公路运输，铁路运距取为757km，固体废弃物完全采用公路运输，运距取为5km。

运行阶段的资源消耗主要有煤、石油、天然气、石灰石和氨水，计算过程与电厂建造阶段相似。为了使四种发电方式有相同的对比基准，选取同一种煤样，$Q_{ar,net}/(MJ/kg)$ 为20.95。

运行阶段除建造阶段列举的四个方面产生的污染物排放外，还包括发电过程产生污染物排放。USC电厂采用烟气脱硫、选择性催化还原烟气脱硝、静电除尘，脱硫效率取为90%，脱氮效率取为75%，粉尘的去除率取为99.5%；CFBC和PFBC的脱硫效率取为90%，两种电厂均采用布袋除尘器，粉尘去除率取为99%；由于IGCC机组中普遍采用气流床气化炉，同时该机组又具有粗煤气的净化系统，所以其在运行过程中不仅具有较好脱硫、脱氮、除尘的性能，而且可以减排一定量的 $CO_2$，二氧化碳的减排率取为30%。IGCC采用文丘里洗涤器湿法除尘和甲基二乙醇胺法脱硫，由于甲基二乙醇胺法脱硫数据的缺乏，脱硫过程消耗暂用浓度为20%的氨水溶液数据替代，粉尘的去除率取为99%。对于石灰石、氨水生产过程的部分排放数据，通过将生产能耗折算为标煤计算得到。

由运行阶段的总能耗、资源消耗、污染物排放和全生命周期发电量，计算出四种清洁燃煤发电方式在运行阶段清单，如表8-12所示。

**表 8-12　四种清洁燃煤电厂运行阶段的清单**

| 运行阶段指标 | | 电厂类型 | | | |
|---|---|---|---|---|---|
| | | CFBC | PFBC-CC | IGCC | USC |
| 能源消耗[kJ/(kW·h)] | | 1 218.64 | 1 040.58 | 1 275.48 | 1 000.10 |
| 资源消耗 | 煤[kg/(kW·h)] | $5.68\times10^{-1}$ | $5.34\times10^{-1}$ | $5.03\times10^{-1}$ | $4.92\times10^{-1}$ |
| | 石油[kg/(kW·h)] | $2.36\times10^{-3}$ | $2.22\times10^{-3}$ | $2.09\times10^{-3}$ | $2.02\times10^{-3}$ |
| | 天然气[m³/(kW·h)] | $9.42\times10^{-6}$ | $8.86\times10^{-6}$ | $2.49\times10^{-6}$ | $9.29\times10^{-4}$ |
| | 石灰石[kg/(kW·h)] | $2.31\times10^{-2}$ | $2.17\times10^{-2}$ | 0 | $1.10\times10^{-2}$ |
| | 氨水[kg/(kW·h)] | 0 | 0 | $1.04\times10^{-2}$ | $3.87\times10^{-3}$ |
| 环境排放 | $CO_2$[kg/(kW·h)] | 1.61 | 1.61 | 1.15 | 1.35 |
| | $SO_2$[kg/(kW·h)] | $6.47\times10^{-3}$ | $6.08\times10^{-3}$ | $4.74\times10^{-3}$ | $5.20\times10^{-3}$ |
| | $NO_x$[kg/(kW·h)] | $5.07\times10^{-3}$ | $4.76\times10^{-3}$ | $2.57\times10^{-3}$ | $2.82\times10^{-3}$ |
| | CO[kg/(kW·h)] | $2.76\times10^{-3}$ | $2.59\times10^{-3}$ | $2.33\times10^{-3}$ | $2.28\times10^{-3}$ |
| | $CH_4$[kg/(kW·h)] | $4.50\times10^{-3}$ | $4.23\times10^{-3}$ | $3.98\times10^{-3}$ | $3.89\times10^{-3}$ |
| | COD[kg/(kW·h)] | $3.48\times10^{-5}$ | $3.27\times10^{-5}$ | $2.96\times10^{-5}$ | $2.86\times10^{-5}$ |
| | 固体废弃物[kg/(kW·h)] | $1.26\times10^{-1}$ | $1.19\times10^{-1}$ | $8.98\times10^{-2}$ | $9.87\times10^{-2}$ |
| | 烟尘和灰尘[kg/(kW·h)] | $1.30\times10^{-2}$ | $1.21\times10^{-2}$ | $1.08\times10^{-2}$ | $1.08\times10^{-2}$ |

（3）电厂退役

由于电厂拆除和废弃物再循环过程数据缺乏，退役阶段只考虑废弃物运输的影响。退役阶段的总能耗、资源消耗、环境排放计算方法与其他两个阶段一致，其中，废弃物采用公路运输，运距取为 69km。由退役阶段的总能耗、资源消耗、污染物排放和全生命周期发电量，计算出四种清洁燃煤发电方式在运行阶段清单，如表 8-13 所示。

表 8-13　四种清洁燃煤电厂退役阶段的清单

| 退役阶段指标 | | 电厂类型 | | | |
|---|---|---|---|---|---|
| | | CFBC | PFBC-CC | IGCC | USC |
| 能源消耗[kJ(kW·h)] | | $5.26 \times 10^{-1}$ | $4.51 \times 10^{-1}$ | $4.93 \times 10^{-1}$ | $2.47 \times 10^{-1}$ |
| 资源消耗 | 石油[kg/(kW·h)] | $1.59 \times 10^{-5}$ | $1.37 \times 10^{-5}$ | $1.49 \times 10^{-5}$ | $7.48 \times 10^{-6}$ |
| 环境排放 | $CO_2$[kg/(kW·h)] | $2.06 \times 10^{-5}$ | $1.76 \times 10^{-5}$ | $1.93 \times 10^{-5}$ | $9.64 \times 10^{-6}$ |
| | $SO_2$[kg/(kW·h)] | $1.31 \times 10^{-8}$ | $1.34 \times 10^{-8}$ | $1.47 \times 10^{-8}$ | $7.37 \times 10^{-8}$ |
| | $NO_x$[kg/(kW·h)] | $6.61 \times 10^{-8}$ | $5.66 \times 10^{-8}$ | $6.19 \times 10^{-8}$ | $3.10 \times 10^{-8}$ |
| | $CO$[kg/(kW·h)] | $6.69 \times 10^{-8}$ | $1.91 \times 10^{-7}$ | $2.09 \times 10^{-7}$ | $1.05 \times 10^{-7}$ |

### 3. 生命周期评价结果

（1）全生命周期资源消耗

电厂全生命周期资源消耗（resource consumption，REC），由建造、运行和退役三个阶段能源和非能源资源消耗总和得到。经计算得到，在全生命周期内资源消耗量最大的为CFBC，资源消耗量最小的为 USC，其值分别为 607.2g/(kW·h) 和 518.2g/(kW·h)。资源消耗量中煤所占的比例在 93.7%～95.2% 之间，因此煤的特性对资源消耗的影响比较显著。由于 CFBC 资源消耗量较大，所以不宜将其建在离煤矿较远的地方，而对于 USC 和 IGCC 完全可以实现电厂与煤矿的远距离分布。石灰石在 CFBC、PFBC-CC 和 USC 电厂中的消耗量仅次于煤，主要是由于这些电厂都采用石灰石脱硫。IGCC 电厂中粗煤气经过常温煤气净化系统，净化过程需要消耗以液氨为原料的甲基二乙醇胺溶液，所以 IGCC 电厂的氨水消耗量比其他电厂高。其他种类的资源消耗主要在电厂的建造阶段，从整个生命周期来看数值均较小。

（2）全生命周期环境影响

依据国际环境毒理学与化学学会（society of environmental toxicology and chemistry，SETAC）、联合国政府间气候变化专家委员会（intergovernmental panel on climate change，IPCC）和 ISO 14042 建立的框架，将环境影响进行分类和特征化。考虑到已建立的清单和中国环境的实际情况，将电厂整个生命周期过程环境影响潜值分为：全球变暖潜值（global warming potential，GWP）、酸化潜值（acidification potential，AP）、富营养化潜值（eutrophication potential，EP）、人体毒性潜值（human toxicity potential，HTP）、固体废弃物潜值（solid waste potential，SWP）和烟尘及灰尘潜值（soot and dust potential，SAP）。

特征化过程中全球变暖潜值以 $CO_2$ 当量计算，酸化潜值以 $SO_2$ 当量计算，富营养化潜值以 $NO_3$ 当量计算。由每种物质的排放量乘以相应的当量因子，计算得到分类后的环境影响潜值如表 8-14 所示。

**表 8-14　四种清洁燃煤电厂在全生命周期内的环境影响潜值**

| 环境影响潜值 | CFBC | | | |
|---|---|---|---|---|
| | 建设阶段 | 运行阶段 | 退役阶段 | 合计 |
| GWP[kgCO$_2$eq/(kW·h)] | $6.16×10^{-1}$ | 3.34 | $4.18×10^{-5}$ | 3.95 |
| AP[kgSO$_2$eq/(kW·h)] | $1.05×10^{-3}$ | $1.00×10^{-2}$ | $5.93×10^{-8}$ | $1.1×10^{-2}$ |
| EP[kgNO$_3$eq/(kW·h)] | $4.95×10^{-7}$ | $8.00×10^{-6}$ | 0 | $8.49×10^{-6}$ |
| HTP[kg/(kW·h)] | $1.24×10^{-3}$ | $1.18×10^{-2}$ | $6.87×10^{-8}$ | $1.3×10^{-2}$ |
| SWP[kg/(kW·h)] | $3.34×10^{-3}$ | $1.26×10^{-1}$ | 0 | $1.29×10^{-1}$ |
| SAP[kg/(kW·h)] | $6.75×10^{-4}$ | $1.30×10^{-2}$ | 0 | $1.31×10^{-2}$ |

| 环境影响潜值 | ICCC | | | |
|---|---|---|---|---|
| | 建设阶段 | 运行阶段 | 退役阶段 | 合计 |
| GWP[kgCO$_2$eq/(kW·h)] | $6.04×10^{-1}$ | 2.06 | $3.95×10^{-5}$ | 2.66 |
| AP[kgSO$_2$eq/(kW·h)] | $1.03×10^{-3}$ | $6.54×10^{-3}$ | $5.80×10^{-8}$ | $7.57×10^{-3}$ |
| EP[kgNO$_3$eq/(kW·h)] | $4.90×10^{-7}$ | $6.82×10^{-6}$ | 0 | $7.31×10^{-6}$ |
| HTP[kg/(kW·h)] | $1.22×10^{-3}$ | $7.72×10^{-3}$ | $6.84×10^{-8}$ | $8.94×10^{-3}$ |
| SWP[kg/(kW·h)] | $3.29×10^{-3}$ | $8.98×10^{-2}$ | 0 | $9.37×10^{-2}$ |
| SAP[kg/(kW·h)] | $6.64×10^{-4}$ | $1.08×10^{-2}$ | 0 | $6.74×10^{-4}$ |

| 环境影响潜值 | PFBC-CC | | | |
|---|---|---|---|---|
| | 建设阶段 | 运行阶段 | 退役阶段 | 合计 |
| GWP[kgCO$_2$eq/(kW·h)] | $1.08×10^{-1}$ | 3.23 | $3.61×10^{-5}$ | 3.33 |
| AP[kgSO$_2$eq/(kW·h)] | $1.84×10^{-4}$ | $9.42×10^{-3}$ | $5.30×10^{-8}$ | $9.6×10^{-3}$ |
| EP[kgNO$_3$eq/(kW·h)] | $8.63×10^{-8}$ | $7.52×10^{-6}$ | 0 | $7.6×10^{-6}$ |
| HTP[kg/(kW·h)] | $2.17×10^{-4}$ | $1.10×10^{-2}$ | $6.26×10^{-8}$ | $1.12×10^{-2}$ |
| SWP[kg/(kW·h)] | $5.86×10^{-4}$ | $1.19×10^{-1}$ | 0 | $1.19×10^{-1}$ |
| SAP[kg/(kW·h)] | $1.18×10^{-4}$ | $1.21×10^{-2}$ | 0 | $1.21×10^{-2}$ |

| 环境影响潜值 | USC | | | |
|---|---|---|---|---|
| | 建设阶段 | 运行阶段 | 退役阶段 | 合计 |
| GWP[kgCO$_2$eq/(kW·h)] | $4.23×10^{-1}$ | 2.34 | $1.98×10^{-5}$ | 2.76 |
| AP[kgSO$_2$eq/(kW·h)] | $7.25×10^{-4}$ | $7.17×10^{-3}$ | $2.91×10^{-8}$ | $7.89×10^{-3}$ |
| EP[kgNO$_3$eq/(kW·h)] | $3.45×10^{-7}$ | $6.57×10^{-6}$ | 0 | $6.91×10^{-6}$ |
| HTP[kg/(kW·h)] | $8.53×10^{-4}$ | $8.47×10^{-2}$ | $3.43×10^{-8}$ | $8.55×10^{-2}$ |
| SWP[kg/(kW·h)] | $2.31×10^{-3}$ | $9.87×10^{-2}$ | 0 | $1.01×10^{-1}$ |
| SAP[kg/(kW·h)] | $4.64×10^{-4}$ | $1.08×10^{-2}$ | 0 | $1.12×10^{-2}$ |

① 对全球变暖潜值有贡献的气体主要有 $CO_2$、$NO_x$、$CO$ 和 $CH_4$。整体上 GWP 最低的为 IGCC 2.67kg $CO_2$ eq/(kW·h)，最高的为 CFBC3.95kg $CO_2$ eq/(kW·h)，建设和退役阶段 GWP 总和约为全生命周期 GWP 的 15%。这四种发电方式的 GWP 比国外相关研究者得出的结果高出 3～5 倍，主要是由于在全生命周期中，非能源资源所需的能源（煤、石油、天然气、电）在生产和消耗过程中排放大量温室气体，尤其是能源开采中 $CH_4$ 的大量排放，其对 GWP 的贡献率在 50% 以上。电厂全生命周期内各阶段消耗电力对总的 GWP 贡献率最大，去除该因素后得到 GWP，其值分别为 1.62kg $CO_2$ eq/(kW·h)、1.59kg $CO_2$ eq/(kW·h)、0.65kg $CO_2$ eq/(kW·h)、0.96kg $CO_2$ eq/(kW·h)，由于 IGCC 对燃料进行燃烧前净化，故其在运行阶段具有较好的温室气体减排效果。

② 对酸化潜值有贡献的气体主要有 $SO_2$ 和 $NO_x$。整体上 AP 由高到低依次为 CFBC、FBC-CC、USC、IGCC，AP 的范围由 IGCC 中的 0.007 6kg $SO_2$ eq/(kW·h) 到 CFBC 中的 0.011kg $SO_2$ eq/(kW·h) 之间分布，建造和退役阶段 AP 所占比例分别为 9.4%、1.9%、13.6%、9.2%。即使 AP 在最大值时也仅为常规电厂的 10% 左右，因此这几种清洁燃煤发电方式都有很好的低 AP 特性。整个生命周期内各个过程消耗电力产生的 AP 所占比例，分别为 74.0%、74.0%、92.0%、82.0%。IGCC 的 AP 受电力消耗的影响较大，因此降低电力消耗产生的 AP，将使 IGCC 更具有环境优势；CFBC 和 PFBC-CC 的 AP 虽然受电力消耗影响较小，但它们整体的 AP 较大。

③ 采用对富营养化有贡献的 COD 来计算富营养化潜值。CFBC 在全生命周期内表现出高 EP 特性，USC 在全生命周期内表现出低 EP 特性。四种电厂的建造阶段 EP 所占比例较低，范围为 1.1%～6.7%，全生命周期内资源生产和消耗电力产生的富营养化约占到总 EP 的 66%，退役阶段无富营养化的影响。运行阶段的电力生产过程中富营养化影响，由大到小依次为 CFBC、PFBC-CC、IGCC、USC，这些 EP 占到全生命周期 EP 的 33.3%～35.1%。所以对于水质受外界环境影响较敏感的区域，发展火电应优先考虑 USC。

④ 对人体毒性潜值有贡献的气体主要有 $SO_2$、$NO_x$ 和 $CO$。CFBC 在四种发电方式中 HTP 最大，值为 0.018kg/(kW·h)，IGCC 的 HTP 最小，值为 0.007 7kg/(kW·h)。不同发电方式运行阶段 HTP 占整个生命周期比例分别为 90.5%、98.1%、86.4%、90.8%，而发电过程的 HTP 在运行阶段比例分别为 22.9%、22.9%、4.5%、14.6%。由此可以看出，运行阶段的非电力生产对整个生命周期内 HTP 贡献率最大，主要由于燃煤的生产和运输过程，引入大量对 HTP 有贡献的气体。

⑤ 对固体废弃物潜值有贡献的物质主要有煤矸石、废渣和炉渣。四种发电方式中 CFBC 的 SWP 最高，值为 129.6g/(kW·h)，PFBC-CC 和 USC 的 SWP 次之，IGCC 的 SWP 最小。主要是因为 CFBC 效率较低，脱硫时的硫、钙摩尔比高，增加了固体废弃物排放量。建造阶段的 SWP 占全生命周期的 SWP 比例依然很低，分别为 2.6%、0.5%、3.5%、2.3%，所以固体废弃物的减排应从运行阶段着手。

⑥ 根据电厂三个阶段的烟尘和灰尘排放量，得到不同发电方式的烟尘和灰尘潜值。CFBC 在整个生命周期内 SAP 最高，值为 13.6g/(kW·h)，PFBC-CC 的 SAP 值为 12.3g/(kW·h)，IGCC 的 SAP 值为 11.4g/(kW·h)，USC 的 SAP 值最小为 11.2g/(kW·h)，此时四种电厂因电力消耗和运输产生的 SAP 约为全生命周期 SAP 的 98%。从运行阶段的电力生产过程来看，CFBC 中飞灰占总灰分的比例较高、净效率较低，使 SAP 依然最高；PF-

BC-CC 由于使用循环流化床锅炉，飞灰占总灰分的比例也较低，所以 SAP 略低于 CFBC；IGCC 将燃料气化后除尘，降低了灰尘和烟尘的排放，此时 IGCC 的 SAP 为 CFBC 的 4/5；USC 采用液态排渣，安装效率很高的 ESP，因此 USC 的 SAP 最小。

综上所述，从整体上看，IGCC 的各种环境影响最小，其次为 USC，而 PFBC－CC 的环境影响最大，主要是由于 IGCC 采用燃料的前处理方式，使得整体环境影响较小。因此，建议从技术和工艺上进一步降低 IGCC 电厂耗能，并利用 IGCC、USC 良好的环保特性，积极发展这两种电厂。

# 第五节　为环境而设计

## 一、为环境而设计的概念

为环境而设计（Design for Environment，DfE），一些相近的并传达相近概念的用词有"生态设计"、"面向环境的设计"等。DfE 是在世界"绿色浪潮"中诞生的一种新的产品设计理念和方法，它与传统设计不同的是，DfE 涉及产品整个生命周期，并运用生命周期分析（Life Cycle Assessment，LCA）方法对产品生命周期各个阶段产生及可能产生的环境影响进行分析，在设计阶段寻求解决方案，进而改进产品的设计或重新设计产品，减少并预防环境影响的出现。之所以强调在设计阶段就应注重环境因素，是因为 70%～80% 的产品性能是在这个阶段达成的。

在产品的生命周期内是否会产生环境影响、产生哪些影响以及有多大影响，都是由这一阶段决定的，而且产品一旦生产出来或进入市场后再试图改变其环境性能其成本高昂或是根本不可能的。因此，设计阶段是改善环境性能可以大有作为的阶段。

DfE 的设计思路和方法是在 20 世纪 90 年代初提出的，经过近 20 年的发展已在世界范围内达成了共识，同时也得到了快速发展。目前，DfE 的方法有 LCA 方法、检查清单法、矩阵法和 MIPS 最小化法等。DfE 是一种方法也是一种工具，它可以帮助设计人员系统考虑各种方案的创建、评估和选择。

DfE 要实现的目标是：减少产品和服务的物料使用量，减少产品和服务的能量使用量，减少有毒物质的排放，加强物质的循环使用能力，最大限度可持续地利用再生资源等。DfE 可以被用于各行各业，大到关系国民经济命脉的交通运输系统，小到人们日常生活中使用的各种物品。因此，了解 DfE 在发达国家或地区的研究与应用，对于我国开展 DfE 具有十分重要的借鉴意义。

## 二、DfE 在欧洲的研究与应用

### 1. 德国、荷兰对 DfE 的研究

德国的 Wuppertal 研究所是最早开展 DfE 的先进单位之一。以这个研究所为中心对于 MIPS（Material Intensity Per Service Unit 即单位服务的物质集约度）概念的研究已取得很大的进展。这个概念正在应用于现代的 DfE 中。基于在产品开发中最重要的是资源投入阶段这一认识，该研究所得出了"MIPS 的最小化是生态设计的主要原则"的结论。各种材料、能源、运输等的 MI（物质集约度）的数据库和软件正在得到发展。

荷兰作为生态设计的先进国也广为人知。以 Delft 理工大学布雷泽特（H. Brezet）教授和菲利普斯（Phillips）大学史蒂夫（Ab. Stevel）博士为中心，编纂生态设计手册，在许多中小企业实施。其中生态设计手册和阿姆斯特丹大学韦纳（Weenen）博士编辑的《生命周期设计》斯普林格［(Springer) 出版社，1997］的检查清单（checklist）很相似，可以说生态设计手册引入了检查清单法。

**2. RAVEL 项目和 REPID 项目中的 DfE**

长期以来，铁路被视为最符合可持续发展模式的一种长途运输方式。为了保持这种竞争优势，铁路行业正在积极采取措施，不断地为提高环境绩效做出贡献。由欧盟 Brite-Eu Ram Ⅲ 计划（欧共体在支持先进制造技术研究开发的主要有"Esprit 计划"和"Brite-Eu Ram 计划"）支持的 RAVEL（Rail vehicle eco-efficient design）项目和 REPID（Rail sector framework and tools for standardizing and improving usability of Environmental Performance Indicators and Data formats）项目很好地阐述了这种努力。在 RAVEL 项目和 REPID 项目中，通过引入为环境而设计方法促进了铁路行业环境绩效的提高。

（1）RAVEL 项目

RAVEL 项目于 1998～2001 年间运行，其参与者为铁路运营商、列车制造商及一些大学研究组织。该项目在运行过程中形成了为环境而设计（DfE）系统，为铁路行业沿着对环境友好的方向发展提供了有利保证。RAVEL 项目成果也被称为 RAVEL 系统或 RAVEL 方法，其主要目的是提高铁路列车在其整个生命周期中的生态效率。在这个项目中，主要关注的问题是环境绩效指标（Environmental Performance Indicators，EPIs）的开发，因为环境绩效指标可以用来衡量生态设计改进的效果。在 RAVEL 项目中列出了 15 项环境绩效指标，反映了铁路工业的需求，如表 8-15 所示。

**表 8-15　RAVEL 项目中的环境绩效指标种类**

| 系统质量 | Eco-indicator-99 绩效指标 |
|---|---|
| 违禁材料的数量 | 在环境管理体系中的供应商的比例 |
| 限制材料的数量 | 总能源消耗量 |
| 可再生材料的数量 | 处置和再循环指南 |
| 可再循环材料的数量 | 组件复杂性 |
| 可再使用组件的数量 | 材料和构件组的标记比例 |
| 从摇篮到大门的材料指标 | 潜在的材料循环率 |
| 清单中物质的分类 | |

支持 DfE 的系统（或工具）主要是帮助设计人员完成各个对应阶段的设计工作，它们有信息系统、数据库系统、决策支持系统等。在 RAVEL 项目中，工作人员构建了一个信息平台，该信息平台是为 DfE 数据存储开发的标准数据结构，便于在列车设计时进行信息交流。图 8-2 是 RAVEL 信息平台的模型，其中包括了主要的概念和信息领域。

从图 8-2，我们可以看出一辆铁路列车的设计（属于 5 设计范畴）隶属于一个项目（属于 1 工程范畴），该设计与一般的产品（属于 2 产品范畴）相关。这些一般产品具有环境属性，称为指标（属于 2 环境、指标范畴）。设计指标的定量化结果与项目目标（4 项目目标）

具有可比性。每个项目都应设定项目目标（5 目标设定）。知识基础为用户在为环境而设计过程中的所有任务提供知识、指导方针和帮助。

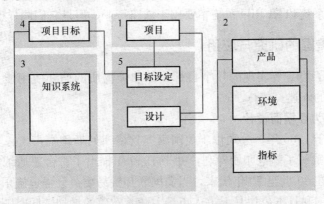

图 8-2　RAVEL 信息平台模型

注：1　代表项目管理数据；2　代表包含产品环境数据的基础数据库；3　代表包含指导方针和帮助系统的知识基础；4　代表包含设计的定量目标的项目目标；5　代表形成支撑 RAVEL 理论和设计活动的工具的信息和数据。

（2）REPID 项目

欧盟 REPID 项目于 2002～2004 年间实施，是 RAVEL 项目的延续，通过进一步引入为环境而设计（DfE）来推动铁路行业的健康发展。该项目由国际铁路联盟和欧洲铁路联盟共同组织协调开展。REPID 方法是一种为环境而设计的方法，该方法为在产品开发早期对产品的环境性能进行测量提供了可能，因为在产品开发早期引进为环境而设计比较容易，同时还可以减少不必要的花费。

从 REPID 的英文解释中，我们可以看出 REPID 的主要目的是获得一套切实可行的环境绩效指标（EPIs）和有效的数据格式，并对这些环境绩效指标进行标准化，这样有利于铁路行业的供应商、制造商和用户能够更好地进行交流，能够更好地促进铁路行业的发展。这是因为在同一部门中，要想使环境绩效具有意义并具有可比性，环境绩效指标和数据格式的标准化是一个先决条件。

通过使用 REPID 方法，用户可以和制造商沟通环境要求和想达到的目标，然后制造商根据一些限定的环境绩效指标来计算得到实际的环境绩效，再把结果反馈给用户。制造商在与他们的次级供应商交流环境性能时也可以使用这种方法。

在 REPID 项目中，环境绩效指标（EPIs）仍然是关注的重要方面。在 DfE 系统中，使用的环境绩效指标的重要特征是其具有可测量性、能够被 DfE 过程所控制、能够很好地定义环境问题，同时还要求其易于理解。在 REPID 中，根据环境政策和 ISO 14031 定义了一套 21 项环境绩效指标。

在 REPID 的实施过程中还形成了环境数据库和相应的支持软件。REPID 环境数据库是由查尔姆斯理工大学（Chalmers University of Technology）工业环境信息（IMI）部开发的，包含了所有的计算功能和必要的信息，这些功能与信息是 REPID 网络工作中定义好的、与物料相关的环境绩效指标在计算时所需要的。工业环境信息（IMI）负责维护 REPID 环境数据库，并负责保证这种为环境而设计方法的实施。在 REPID 项目中，支持 DfE 实施的软件已得到应用，这种软件可以用来分析列车和列车零件设计的生态效益。通过使用标准化的环境绩效指标和数据格式，铁路行业能够减少对环境的影响，继续走在生态高效运输的前列。

虽然 RAVEL 系统和 REPID 系统主要用于铁路行业，但是它们同样也可用于其他行业。

### 三、DfE 在美国的研究与应用

上面我们提到了 DfE 要实现的几个目标，如加强物质的循环使用能力等，下面的这些例子可以给予很好的阐述。

#### 1. 施乐公司的为环境而设计

施乐公司成立于 1906 年，公司位于美国康涅狄格州的斯坦福市，一开始从事复印纸生产。1947 年，施乐购买了静电印刷专利，并于 1949 年推出了首台普通纸复印机，从此施乐获得了巨大发展。在 20 世纪 70 年代末，当美国联邦贸易委员会强迫施乐与其他公司分享其专利时，其他的美国和日本公司马上进入市场。随着竞争的增加，同时随着人们对环境越来越多的关注，该公司积极地采取措施应对，如在 1980 年该公司组织一个环境健康与安全部（EH&HS）。在 90 年代初，施乐公司实施了一个项目，称为环境领导项目战略。对该项目而言，最重要的是引入了为环境而设计（DfE）方法。

复印机墨盒的改造设计可以说是 DfE 的一个典范。复印机墨盒是施乐复印机中的一个内部小零件，是一种关键的静电印刷组件。在复印机使用阶段，需要经常更换墨盒以保证复印质量和复印机的可靠性。墨盒的使用量增加势必带来大量的资源消耗，给环境带来一定的影响。把 DfE 观念引入到复印机墨盒的设计中，在保证质量要求的同时，通过简化设计、重复使用零件可以很好地提高环境绩效。经富士施乐公司规定的资源循环型商品标识认定的全彩色复印机按照资源循环型的生产工程进行生产，该产品再生部件的使用率（质量）达 45％以上，可再资源化率超过 95％。

#### 2. Herman Miller 公司的为环境而设计

赫尔曼·米勒（Herman Miller）公司总部在美国密歇根的泽兰（Zeeland），是一个家具和家具系统领先的跨国公司。这个公司从 1997 年以来一直坚持使用环境友好型材料，在产品设计时考虑环境因素，所有的产品都设计成可拆卸的，这样家具的各个部分都可以被再利用和再循环。公司产品 Avian 椅子从泡沫椅垫到轮角都设计成可再循环的，甚至它坚硬的塑料框架也是再循环或者再回用的。当椅子的生命周期结束后，可以再把它分解成部件材料，从而在新产品中再加以利用。通过减少椅子部件的数量，简化了椅子的拆卸和再循环利用。

### 四、DfE 在日本的研究与应用

日本是电器、电子制造大国，而电子产品会给环境带来巨大的影响，比如电子废弃物带来的危害。因此，现在许多大公司正在努力实施为环境而设计，为提高环境绩效而努力。日立公司在 1999 年 3 月开发了一套应用在每个产品开发阶段进行评估的环境评估系统。制定了一系列的产品 DfE 目标，定义两种类型的绿色产品：

① 环境意识产品（减少产品对环境造成的影响）。

② 环保产品（例如采用先进技术减少产品使用时对环境造成危害）。索尼公司采用生命周期设计进行产品的开发与设计，已经取得了明显的效益。索尼公司为了将为环境而设计融

入其产品的概念开发阶段，实施了一项新的为环境而设计项目。该项目的目标最大限度地降低整个生命周期内的环境负荷。所有零部件均由单一材料制成以易于再循环。通过再设计，总体环境影响可以减少 61%。

日本的家电生产商也是废弃家电处理商，为了实施为环境而设计，家电设计人员通过对废弃家电产品进行拆解，找出改进设计的关键环节，着力推进可拆解设计，并用于新产品的设计中。例如，为了对洗衣机聚丙烯内桶进行重复再生利用，减轻洗涤过程中洗涤剂、软化剂等对桶体外壁浸泡导致的材料恶化，公司改进了设计，将均匀分布在桶体壁上的开孔移至桶的上部。这种从"拆解"实践中来，又到"设计"实践中去的思路和作法，把家电产品生命周期末端（废弃）与源头（设计）有机地联系起来，使实施 DfE 有了坚实基础和不竭源泉。

### 五、努力促进 DfE 发展，降低产品环境影响

通过对 DfE 在欧盟、在美国、在日本的应用简介，我们可以看到：①DfE 在保证产品的基本属性条件下，充分考虑产品的环境属性；②DfE 将环境约束作为优先控制目标；③DfE 可实现资源和能源的有效持续利用，可将产品对环境的影响降低到最低程度或最终消除。为环境而设计技术的发展特点是将环境绩效指标量化、规范化，并将 DfE 观点规则化、工具化，这在 REPID 项目中有所体现。

为环境而设计是一种观念，又是一种工具，它要求设计出对环境影响小或无影响的绿色产品。但实际操作起来就会遇到许多困难，因为 DfE 所涉及的范围比较广，目前在许多方面还存在许多不足之处，如数据格式不统一，各利益相关方无法很好地进行信息沟通。为了使 DfE 发挥其最大功效，在未来为我们应该努力做到以下几点：①更加深入地了解 DfE 的理论和方法；②建立更加健全的 DfE 的设计准则及全面的环境数据库；③对环境绩效指标和数据格式进行标准化；④开发针对具体产品 DfE 软件和设计工作平台。

通过灵活运用 DfE 方法，可以促进企业的环境效率经营和社会向可持续发展方向的进展。与此同时，DfE 当然也会得到不断发展。

# 附　录

表 1　大气环境质量标准

| 标准名称 | 标准编号 | 发布时间 | 实施时间 |
|---|---|---|---|
| 环境空气质量标准 | GB 3095—2012 | 2012-2-29 | 2016-1-1 |
| 乘用车内空气质量评价指南 | GB/T 27630—2011 | 2011-10-27 | 2012-3-1 |
| 室内空气质量标准 | GB/T 18883—2002 | 2002-11-19 | 2003-3-1 |
| 环境空气质量标准 | GB 3095—1996 | 1996-1-18 | 1996-10-1 |
| 保护农作物的大气污染物最高允许浓度 | GB 9137—1988 | 1998-4-30 | 1998-10-1 |

表 2　大气污染物排放标准

| 标准名称 | 标准编号 | 发布时间 | 实施时间 |
|---|---|---|---|
| 城市车辆用柴油发动机排气污染物排放限值及测量方法（WHTC工况法） | HJ 689—2014 | 2014-1-16 | 2015-1-1 |
| 水泥工业大气污染物排放标准 | GB 4915—2013 代替 GB 4915—2004 | 2013-12-27 | 2014-3-1 |
| 电池工业污染物排放标准 | GB 30484—2013 | 2013-12-27 | 2014-3-1 |
| 砖瓦工业大气污染物排放标准 | GB 29620—2013 | 2013-9-17 | 2014-1-1 |
| 《轻型汽车污染物排放限值及测量方法（中国第五阶段）》 | GB 18352.5—2013 代替 GB 18352.3—2005 | 2013-9-17 | 2018-1-1 |
| 电子玻璃工业大气污染物排放标准 | GB 29495—2013 | 2013-3-14 | 2013-7-1 |
| 炼焦化学工业污染物排放标准 | GB 16171—2012 | 2012-6-27 | 2012-10-1 |
| 铁合金工业污染物排放标准 | GB 28666—2012 | 2012-6-27 | 2012-10-1 |
| 轧钢工业大气污染物排放标准 | GB 28665—2012 | 2012-6-27 | 2012-10-1 |
| 炼钢工业大气污染物排放标准 | GB 28664—2012 | 2012-6-27 | 2012-10-1 |
| 炼铁工业大气污染物排放标准 | GB 28663—2012 | 2012-6-27 | 2012-10-1 |
| 钢铁烧结、球团工业大气污染物排放标准 | GB 28662—2012 | 2012-6-27 | 2012-10-1 |
| 铁矿采选工业污染物排放标准 | GB 28661—2012 | 2012-6-27 | 2012-10-1 |
| 火电厂大气污染物排放标准 | GB 13223—2011 | 2011-7-29 | 2012-1-1 |
| 摩托车和轻便摩托车排气污染物排放限值及测量方法（双怠速法） | GB 14621—2011 | 2011-5-12 | 2011-10-1 |
| 稀土工业污染物排放标准 | GB 26451—2011 | 2011-1-24 | 2011-10-1 |
| 钒工业污染物排放标准 | GB 26452—2011 | 2011-4-2 | 2011-10-1 |
| 平板玻璃工业大气污染物排放标准 | GB 26453—2011 | 2011-4-2 | 2011-10-1 |
| 橡胶制品工业污染物排放标准 | GB 27632—2011 | 2011-10-27 | 2012-1-1 |

| 标准名称 | 标准编号 | 发布时间 | 实施时间 |
|---|---|---|---|
| 陶瓷工业污染物排放标准 | GB 25464—2010 | 2010-9-27 | 2010-10-1 |
| 铝工业污染物排放标准 | GB 25465—2010 | 2010-9-27 | 2010-10-1 |
| 铅、锌工业污染物排放标准 | GB 25466—2010 | 2010-9-27 | 2010-10-1 |
| 铜、镍、钴工业污染物排放标准 | GB 25467—2010 | 2010-9-27 | 2010-10-1 |
| 镁、钛工业污染物排放标准 | GB 25468—2010 | 2010-9-27 | 2010-10-1 |
| 硝酸工业污染物排放标准 | GB 26131—2010 | 2010-12-30 | 2011-3-1 |
| 硫酸工业污染物排放标准 | GB 26132—2010 | 2010-12-30 | 2011-3-1 |
| 非道路移动机械用小型点燃式发动机排气污染物排放限值与测量方法（中国第一、二阶段） | GB 26133—2010 | 2010-12-30 | 2011-3-1 |
| 煤层气（煤矿瓦斯）排放标准（暂行） | GB 21522—2008 | 2008-4-2 | 2008-7-1 |
| 电镀污染物排放标准 | GB 21900—2008 | 2008-6-25 | 2008-8-1 |
| 合成革与人造革工业污染物排放标准 | GB 21902—2008 | 2008-6-25 | 2008-8-1 |
| 储油库大气污染物排放标准 | GB 20950—2007 | 2007-6-22 | 2007-8-1 |
| 加油站大气污染物排放标准 | GB 20952—2007 | 2007-6-22 | 2007-8-1 |
| 煤炭工业污染物排放标准 | GB 20426—2006 | 2006-9-1 | 2006-10-1 |
| 水泥工业大气污染物排放标准 | GB 4915—2004 | 2004-12-29 | 2005-1-1 |
| 火电厂大气污染物排放标准 | GB 13223—2003 | 2003-12-30 | 2004-1-1 |
| 锅炉大气污染物排放标准 | GB 13271—2001 | 2001-11-12 | 2002-1-1 |
| 饮食业油烟排放标准 | GB 18483—2001 | 2001-11-12 | 2002-1-1 |
| 工业炉窑大气污染物排放标准 | GB 9078—1996 | 1996-3-7 | 1997-1-1 |
| 炼焦炉大气污染物排放标准 | GB 16171—1996 | 1996-3-7 | 1997-1-1 |
| 大气污染物综合排放标准 | GB 16297—1996 | 1996-4-12 | 1997-1-1 |
| 恶臭污染物排放标准 | GB 14554—1993 | 1993-8-6 | 1994-1-15 |
| 重型车用汽油发动机与汽车排气污染物排放限值及测量方法（中国Ⅲ、Ⅳ阶段） | GB 14762—2008 | 2008-4-2 | 2009-7-1 |
| 摩托车污染物排放限值及测量方法（工况法，中国第Ⅲ阶段） | GB 14622—2007 | 2007-4-3 | 2008-7-1 |
| 轻便摩托车污染物排放限值及测量方法（工况法，中国第Ⅲ阶段） | GB 18176—2007 | 2007-4-3 | 2008-7-1 |
| 非道路移动机械用柴油机排气污染物排放限值及测量方法（中国Ⅰ、Ⅱ阶段） | GB 20891—2007 | 2007-4-3 | 2007-10-1 |
| 汽油运输大气污染物排放标准 | GB 20951—2007 | 2007-6-22 | 2007-8-1 |
| 摩托车和轻便摩托车燃油蒸发污染物排放限值及测量方法 | GB 20998—2007 | 2007-7-19 | 2008-7-1 |
| 车用压燃式发动机和压燃式发动机汽车排气烟度排放限值及测量方法 | GB 3847—2005 | 2005-5-30 | 2005-7-1 |

| 标准名称 | 标准编号 | 发布时间 | 实施时间 |
|---|---|---|---|
| 装用点燃式发动机重型汽车曲轴箱污染物排放限值 | GB 11340—2005 | 2005-4-15 | 2005-7-1 |
| 装用点燃式发动机重型汽车燃油蒸发污染物排放限值 | GB 14763—2005 | 2005-4-15 | 2005-7-1 |
| 车用压燃式、气体燃料点燃式发动机与汽车排气污染物排放限值及测量方法（中国Ⅲ、Ⅳ、Ⅴ阶段） | GB 17691—2005 | 2005-5-30 | 2007-1-1 |
| 点燃式发动机汽车排气污染物排放限值及测量方法（双怠速法及简易工况法） | GB 18285—2005 | 2005-5-30 | 2005-7-1 |
| 轻型汽车污染物排放限值及测量方法（中国Ⅲ、Ⅳ阶段） | GB 18352.3—2005 | 2005-4-15 | 2007-7-1 |
| 三轮汽车和低速货车用柴油机排气污染物排放限值及测量方法（中国Ⅰ、Ⅱ阶段） | GB 19756—2005 | 2005-5-30 | 2006-1-1 |
| 摩托车和轻便摩托车排气烟度排放限值及测量方法 | GB 19758—2005 | 2005-5-30 | 2005-7-1 |
| 车用点燃式发动机及装用点燃式发动机汽车排气污染物排放限值及测量方法 | GB 14762—2002 | 2002-11-18 | 2003-1-1 |
| 农用运输车自由加速烟度排放限值及测量方法 | GB 18322—2002 | 2002-1-4 | 2002-7-1 |
| 车用压燃式发动机排气污染物排放限值及测量方法 | GB 17691—2001 | 2001-4-16 | 2001-4-16 |
| 轻型汽车污染物排放限值及测量方法（Ⅰ） | GB 18352.1—2001 | 2001-4-16 | 2001-4-16 |

# 参考文献

[1] IPCC. CLIMATE CHANGE 2013-The Physical Science Basis. WORKING GROUP I CONTRIBUTION TO THE FIFTH ASSESSMENT REPORT OF THE INTER-GOVERNMENTAL PANEL ON CLIMATE CHANGE，2014.

[2] IPCC 核心撰写组. 气候变化 2007 综合报告. 政府间气候变化专门委员会，2008.

[3] 包贞，冯银厂，等. 杭州市大气 PM2.5 和 PM10 污染特征及来源解析[J]. 中国环境监测，2010，26(2).

[4] 薄志胜，张屹峰. 谈机动车氮氧化物减排[J]. 北方环境，2012，28(6).

[5] 曹慧晶. 21 世纪我国能源与环境危机[J]. 科技风. 2014(7).

[6] 陈昊，王纲. 太阳能发电潜力及前景分析[J]. 经济导刊，2012，103(2~3).

[7] 陈启红，黄艳飞. 酸雨的危害及防治[J]. 吉林农业，2011(5).

[8] 陈媛，岑况，等. 北京市区大气气溶胶 PM2.5 污染特征及颗粒物溯源与追踪分析[J]. 现代地质，2010，24(2).

[9] 程念亮，李云婷. 我国 PM2.5 污染现状及来源解析研究[J]. 安徽农业科学，2014，42(15).

[10] 储呈阳. 我国太阳能利用的现状及发展前景[J]. 企业改革与管理，2012(8).

[11] 戴华茂. 光化学烟雾研究综述[J]. 广东化工，2009，35(7).

[12] 段宁，柴发合，等.《火电厂大气污染物排放标准》与火电厂大气污染控制[J]. 中国能源，2004，26(12).

[13] 樊瑛，袁强，方福康. 中国经济增长中资本产出比分析[J]. 北京师范大学学报：自然科学版，1998，34(1).

[14] 冯俊小，李君慧主编. 能源与环境[M]. 北京：冶金工业出版社，2011.

[15] 傅敏宁，郑有飞，等. PM2.5 监测及评价研究进展[J]. 气象与减灾研究，2011，34(4).

[16] 高霁. 气候变化综合评估框架下中国土地利用和生物能源的模拟研究[D]. 首都师范大学博士学位论文，2012.

[17] 高小升. 伞形集团国家在后京都气候谈判中的立场评析[J]. 国际论坛，2010，12(4).

[18] 耿涌，董会娟，等. 应对气候变化的碳足迹研究综述[J]. 中国人口·资源与环境，2010，20(10).

[19] 韩缨. 气候变化国际法问题研究[D]. 华东政法大学博士学位论文，2011.

[20] 何丽. 二氧化硫及其酸雨(雾)对人体的危害[J]. 湖北气象，1999(1).

[21] 何斯征，黄东风. 浙江省可持续发展能源指标的研究[J]. 能源工程，2007(2).

[22] 何斯征. 可持续发展能源指标体系及应用实例[J]. 能源工程，2007(5).

[23] 贺静，钱伯章. 石油消费持续低迷，能源市场变化加剧——BP 公司 2013 年世界能源统计综述[J]. 中国石油和化工经济分析，2013(8).

[24]　侯喆瑞，张鑫，等. 风力发电的发展现状与关键技术研究综述[J]. 智能电网，2014，2(2).

[25]　胡云岩，张瑞英. 中国太阳能光伏发电的发展现状及前景[J]. 河北科技大学学报，2014，35(1).

[26]　环境保护部，环境空气质量指数(AQI)技术规定(HJ 633—2012)[S]，2012.

[27]　环境保护部、国家质量监督检验检疫总局，环境空气质量标准(GB 3095—2012)[S]，2012.

[28]　黄磊，李巧萍，等. 气候变暖，时不我待[J]. 中国减灾，2007(7).

[29]　吉祝美. 环境空气质量标准新标准解读[J]. 污染防治技术，2021，25(6).

[30]　冀华，王兴春. 中国生物能源开发利用发展策略[J]. 河北农业科学，2010，14(10).

[31]　江梅，张国宁，等. 国家大气污染物排放标准体系研究[J]. 环境科学，2012，33(12).

[32]　金博文. 1952 年英国伦敦烟雾事件原因探析[J]. 安庆师范学院学报(社会科学版)，2014，33(2).

[33]　金艳萨. 二氧化硫对水稻的影响[J]. 江苏环境科技，1997(4).

[34]　李洁. 中国能源强度与经济结构关系的数量研究[D]. 西南财经大学博士学位论文，2012.

[35]　李挚萍. 环境法基本法中"环境"定义的考究[J]. 政法论丛. 2014(3).

[36]　李挚萍.《京都议定书》与温室气体国际减排交易制度[J]. 环境保护，2004(2).

[37]　刘军. 后京都时代国际气候合作机制的前景分析[J]. 东南亚纵横，2010(1).

[38]　刘睿劼，张智慧. 中国工业二氧化硫排放趋势及影响因素研究[J]. 环境污染与防治，2012，34(10).

[39]　刘亦文. 能源消费、碳排放与经济增长的可计算一般均衡分析[D]. 湖南大学博士学位论文，2013.

[40]　卢平主编. 能源与环境概论[M]. 北京：中国水利水电出版社. 2011.

[41]　吕晓莉，缪金盟. IPCC 在气候变化全球治理中的作用研究[J]. 国际论坛，2011(6).

[42]　马风哪，程伟琴. 国内火电厂氮氧化物排放现状及控制技术探讨[J]. 广州化工，2011，39(15).

[43]　马洪亭，黄悦，等. 能源审计对提高能源利用效率的作用[J]. 节能，2013(1).

[44]　梅磊，韦保仁. 为环境而设计( DfE) 在发达国家的研究与应用[J]. 安全与环境工程，2011，18(2).

[45]　聂洪光. 中国能源消费增长的问题及对策研究[D]. 吉林大学博士学位论文，2013.

[46]　聂祚仁. 碳足迹与节能减排[J]. 中国材料进展，2010，29(2).

[47]　彭良才. 论中国生物能源发展的根本出路[J]. 华中农业大学学报(社会科学版)，2011，92(2).

[48]　祁悦，谢高地，等. 基于表观消费量法的中国碳足迹估算[J]. 资源科学，2010，32(1).

[49]　任建兴，翟晓敏，等. 火电厂氮氧化物的生成和控制[J]. 上海电力学院学报，2002，18(3).

[50]　任姝艳，王蓓，等. 2011 年世界天然气工业发展评述[J]. 天然气技术与经济，2012，6(4).

[51]　任泽平，安风楼. 中国能源消耗的国际比较与节能潜力分析[J]. 发展研究，2011(11).

[52] 桑绮，乐园园，等. 火电厂大气污染物排放标准、现状及减排技术[J]. 浙江电力，2011(12).

[53] 盛青，武雪芳，等. 中美欧燃煤电厂大气污染物排放标准的比较[J]. 环境工程技术学报，2011，(6).

[54] 水利部应对气候变化研究中心.《中国应对气候变化国家方案》简介[J]. 中国水资源，2008(2).

[55] 司蔚，李晓甦，谷雪景. 我国固定源大气污染物排放标准评析[J]. 环境保护，2011(10).

[56] 苏蕾，曹玉昆，等. 国际碳排放交易体系现状及发展趋势分析[J]. 生态经济，2012(11).

[57] 孙广生，杨先明，等. 中国工业行业的能源效率（1987～2005）——变化趋势、节能潜力与影响因素研究[J]. 中国软科学，2011（11）.

[58] 孙虎，刘月. 基础石油炼制方法研究[J]. 化学工程与装备，2011(5).

[59] 孙江涛. 美国政府拒绝《京都议定书》的三大理由分析[J]. 红河学院学报，2010，8(6).

[60] 汤道路，苏小云. 美国"碳捕捉与封存"（CCS）法律制度研究[J]. 郑州航空工业管理学院学报(社会科学版)，2011，30(5).

[61] 汤文，王芸. 中外能源审计比较与启示[J]. 能源与节能，2013(5).

[62] 唐红君，吴志均. 中国天然气资源潜力分析[J]. 天然气，2011(6).

[63] 陶奕杉. 新疆光伏发电发展前景展望[J]. 能源研究与管理，2014(1).

[64] 田琼. 火电厂二氧化硫控制技术概述[J]. 内蒙古环境科学，2009，21(4).

[65] 涂瑞和.《联合国气候变化框架公约》与《京都议定书》及其谈判进程[J]. 环境保护，2005(3).

[66] 汪萍，常毓文，等. 中国石油储量现状及变化特点[J]. 特种油气藏，2011，18(1).

[67] 王健. 我国风能资源最优化开发研究[D]. 江苏大学博士学位论文，2011.

[68] 王洁，韦保仁. 建筑生命周期评价工具的现状分析[J]. 江苏建筑，2010(4).

[69] 王金南，雷宇，宁淼. 实施〈大气污染防治行动计划〉：向PM2.5宣战[J]. 环境保护，2014，42(6).

[70] 王利. 后《京都议定书》时代的前景探析[J]. 武汉科技大学学报(社会科学版)，2009，11(3).

[71] 王众. 中国二氧化碳捕捉与封存（CCS）早期实施方案构建及评价研究[D]. 成都理工大学博士学位论文，2012.

[72] 韦保仁. 中国能源需求与二氧化碳排放的前景分析[M]. 北京：中国环境科学出版社，2008.

[73] 乌恩图，温玫，等. 我国面临的主要环境问题及其防治对策的探讨[J]. 内蒙古林业调查设计，2006，29(2).

[74] 吴碧君. 燃烧过程中氮氧化物的生成机理[J]. 电力环境保护，2003，19(4).

[75] 吴丹，王式功，等. 中国酸雨研究综述[J]. 干旱气象，2006，24(2).

[76] 吴鸣. 太阳能光热与热电耦合发电技术综述(上)[J]. 节能于环保，2014，236(2).

[77] 伍艳. 论联合国气候变化框架公约下的资金机制[J]. 国际论坛，2011，13(1).

[78] 向仁军. 中国南方典型酸雨区酸沉降特性及其环境效应研究[D]. 中南大学博士学位论文，2011.

[79] 谢星乐. 二氧化硫污染控制方法综述[J]. 新疆化工，2010(1).

[80] 胥蕊娜，陈文颖，等. 电厂中$CO_2$捕集技术的成本及效率[J]. 清华大学学报（自然科学版），2009，49(9).

[81] 徐敬，等. 北京地区PM 2.5的成分特征及来源分析[J]. 应用气象学报，2007，18(5).

[82] 徐岭，周珂. 新环境空气质量标准的法律解读[J]. 环境保护，2012(7).

[83] 徐莹. 中国与气候变化类国际组织的互动关系[J]. 国际视野，2012(6).

[84] 徐振伟. 美国生物能源政策的实施及对中国的启示[J]. 南开大学学报（哲学社会科学版），2014(2).

[85] 许月阳，薛建明，等. 燃煤电厂应对新标准二氧化硫控制对策研究[J]. 中国电力，2012，45(4).

[86] 杨楠，王雪. 氮氧化物污染及防治. 环境保护与循环经济[J]，2010(11).

[87] 杨兴.《框架公约》研究——兼论气候变化问题与国际法[D]. 武汉大学博士学位论文，2005.

[88] 杨雪. 浅谈环境空气质量新旧标准的差异[J]. 科技信息，2013(15).

[89] 杨宇，刘毅，等. 世界石油探明储量分布特征与空间格局演化[J]. 世界地理研究，2014，23(1).

[90] 姚玉刚，朱燕玲，等. 环境空气质量指数（AQI）的EXCEL实现研究[J]. 环境科学与管理，2013，38(6).

[91] 叶文波. 宁波市大气可吸入颗粒物PM10和PM2.5的源解析研究[J]. 环境污染与防治，2011，33(9).

[92] 于林平，贾建军. 城市光化学烟雾的形成机理及防治[J]. 山东科技大学学报（自然科学版），2001，20(4).

[93] 张百良，王吉庆，等. 中国生物能源利用的思考[J]. 农业工程学报，2009，25(9).

[94] 张国钧，侯红串，等. 气候变化科技——碳捕捉与封存的技术介绍和实施研究[J]. 太原科技，2010(2).

[95] 张金恒，李曰鹏，等. 二氧化硫对水稻产量构成因子的影响[J]. 农业环境科学学报，2008，27(5).

[96] 张丽峰. 中国能源供求预测模型及发展对策研究[D]. 经济贸易大学博士学位论文，2006.

[97] 张苟，柏源，等. 火电厂氮氧化物控制对策研究[J]. 电力科技与环保，2014，30(1).

[98] 张燕. 美国洛杉矶地区PM2.5治理对策研究[J]. 城市管理与科技，2013(2).

[99] 张庸. 英国伦敦烟雾事件. 环境导报[J]，2003(21).

[100] 张友国. 内蒙古能源工业发展与环境问题[J]. 中国能源，2007，29(2).

[101] 中国工业节能与清洁生产协会，中国节能环保集团公司编. 2013中国节能减排发展报告[M]. 北京：中国经济出版社，2013.

[102] 中华人民共和国环境保护部. 2012中国环境状况公报. 2013，5.

［103］　周亮亮，刘朝. 洁净燃煤发电技术全生命周期评价［J］. 中国电机工程学报，2011，31(2).

［104］　朱法华，王圣. 氮氧化物控制技术在电力行业中的应用［J］. 中国电力，2011，44(12).

［105］　朱谦. 气体减排的清洁发展机制研究——以行政许可为中心［D］. 苏州大学博士学位论文，2006.

［106］　朱文婷，韦保仁. 苏州市生活垃圾处理碳足迹核查［J］. 环境科学研究，2011，24(7).

［107］　朱先磊，张远航. 北京市大气细颗粒物 PM2.5 的来源研究［J］. 环境科学研究，2005，18(5).

［108］　李雯婧，孙娜，张令戈. 大连市生活垃圾处理的生命周期评价［J］. 环境卫生工程，2009，17(6).

中国建材工业出版社
China Building Materials Press

我们提供

图书出版、图书广告宣传、企业/个人定向出版、设计业务、企业内刊等外包、
代选代购图书、团体用书、会议、培训，其他深度合作等优质高效服务。

**编 辑 部**
010-88364778

**宣传推广**
010-68361706

**出版咨询**
010-68343948

**图书销售**
010-88386906

**设计业务**
010-68361706

邮箱：jccbs-zbs@163.com　　　网址：www.jccbs.com.cn

发展出版传媒　　服务经济建设

传播科技进步　　满足社会需求